船舶人因工程
理论、技术及应用

廖镇 等著

国防工业出版社

·北京·

内容简介

本书梳理和总结了作者团队近年来在船舶人因工程方面所做的主要工作,包括如何运用系统工程思想研究并改善人的因素与装备因素、任务因素、环境因素之间的相互关系,以及为确保安全、高效、宜人地达成相关方目标形成的一系列原理、技术、方法和数据。

本书不仅适合船舶行业设计师队伍、项目管理人员阅读,也可作为即将从事人因工程专业工作者的技术参考书,同时对其他行业的工作者也具有借鉴价值。

图书在版编目(CIP)数据

船舶人因工程理论、技术及应用/廖镇等著. —北京:国防工业出版社,2023.12
ISBN 978 – 7 – 118 – 12717 – 1

Ⅰ.①船… Ⅱ.①廖… Ⅲ.①船舶工程–人因工程 Ⅳ.①U66②TB18

中国国家版本馆 CIP 数据核字(2023)第 035311 号

※

国防工业出版社出版发行
(北京市海淀区紫竹院南路23号 邮政编码100048)
北京虎彩文化传播有限公司印刷
新华书店经售

*

开本 787×1092 1/16 插页7 印张 26¼ 字数 606 千字
2023 年 12 月第 1 版第 1 次印刷 印数 1—1500 册 定价 188.00 元

(本书如有印装错误,我社负责调换)

国防书店:(010)88540777   书店传真:(010)88540776
发行业务:(010)88540717   发行传真:(010)88540762

序

　　人因工程是近些年发展很迅速的一门新兴交叉学科,研究对象很宽泛,包括一切有人参与、操作或使用的产品或系统。它不仅着眼于系统绩效的提高,更把消除隐患确保安全置于首位,同时把满足人的多层次需求与系统功能及性能有机地统一起来,在系统/产品(设计者)和使用者之间架起一座科学合理的方法学桥梁。

　　自21世纪初期诞生以来,人因工程一直受到发达国家的高度重视,它倡导"以人为中心"的设计理念,在航空航天、国防装备、交通运输、医疗卫生、建筑设计、日常生活等领域发挥了重要作用。美国航空航天局(NASA)大力推广并发展人因工程与人-系统整合方法与技术,美国国防部(DoD)更是要求在武器装备研制与采办中强制贯彻人因与工效学要求与标准,并将人机协作、人机交互与人体增强技术列为未来战略性技术重点布局。人因工程发展呈现以下特点:一是研究领域从传统人机关系研究扩大到人与工程设施、生产制造、技术工艺、方法标准、生活服务、组织管理等要素的相互协调适应上;二是应用范围从航空航天、复杂工业系统扩展到人类生活与工作的各个领域;三是与认知神经科学结合越来越紧密。

　　人因学思想在中国萌芽较早,但学科发展曾一度与我国工业化发展进程不相适应。近20年来,在国家载人航天工程、863计划、973计划以及大型船舶、飞机、高铁、核电站等国家重大计划和专项的支持下,我国在人因工程学研究与应用方面取得了一批原创性理论和技术成果。中国人类工效学学会成立于1989年,逐步发展到目前拥有14个分会、会员3000多人,成为国际最大人因与工效学学会。自2016年起,由学界发起、政府支持的中国人因工程高峰论坛已连续成功举办7届,围绕"铸魂大国重器、共创美好未来"主题,开展广泛研讨交流,极大提高了人因工程在学界业界的影响力。此外,国内还组建有用户体验联盟、用户体验专家组、国际体验设计协会及工程心理学分会等人因相关学术组织。但与发达国家相比,在理念、理论、方法及应用等方面还有较大提升空间,大力推动中国人因工程发展,对于提升中国制造核心能力与工业化水平至关重要。同时,ChatGPT、元宇宙、无人驾驶、机器人等新技术发展,也将为人因工程发展带来更大的挑战和机遇。

　　船舶工业是实施海洋强国战略、制造强国战略、科技强国战略和建设世界一流海军的重要支撑。船舶产品系统设备多、用户群体大,使用环境恶劣,人机关系复杂,系统开展人因工程的需求非常迫切,意义重大。中国船舶集团有限公司综合技术经济研究院敏锐抓住船舶工业"由大到强"转型窗口期,较早成体系布局建设船舶人因工程专业,开展了大量卓有成效的探索工作,取得了令人瞩目的成绩。2023 年,中国航天员科研训练中心联合清华大学、中国船舶集团有限公司综合技术经济研究院重组获批人因工程全国重点实验室。在此背景下,作者团队将近十年的技术积累、工程经验和实践思考,总结提炼形成本专著,体现了引领专业发展的使命和担当,可喜可贺!

相信该书的出版发行,将对推广人因工程学科理念,丰富和完善我国人因学科体系,特别是推动人因工程融入到船舶、飞机、国防等大国重器研制和使用过程中,支撑制造业高质量发展,产生积极且重大的作用。

国际宇航科学院　院士
人因工程全国重点实验室　主任
中国载人航天工程原副总设计师

前言

人因工程（Human Factors Engineering，HFE）是随着军事装备的发展，科技和社会的进步，特别是工业化水平提升而迅速发展起来的一门综合性交叉学科。自2013年以来，我和我的同事们一直在船舶行业推广和应用人因工程，得到了越来越多的理解和支持，也陆续实施了一批开创性项目，在一系列重要装备研制中发挥了积极作用。同时，我们深刻地体会到大家对人因工程如何融入大型装备和复杂系统研制、专业建设等问题，还存在很多认识不统一甚至偏颇的地方。因此，在有关部门支持下，我们把近年来在船舶人因工程方面的工作做了梳理和回顾，希望能够帮助即将从事人因工程专业的工作者，形成对船舶人因工程的总体认识，掌握相关专业知识；希望能够帮助船舶行业设计师队伍、项目管理人员构建人因工程理念，清楚人因工程融入的时机、形式和价值，了解开展工作的基本方法和途径；希望能够为其他行业的工作者提供借鉴。

需要说明的是，本书是集体智慧的结晶。我负责全书的策划组织、审定以及第1、2章的撰写，第3章由梁晋、余阳、张雨和张宜静（清华大学，负责3.5节）、刘双（北京航空航天大学，负责3.6节）撰写，第4章由张良、黄天成、余阳撰写，第5章由李宁、王红瑀、黄天成、张贝、周颖伟、杨超撰写，第6章由周晓易、尹凯莉、黄天成、张展硕、刘源撰写，第7章由王鑫、梁晋、余阳、张良、张驰撰写，第8章由周晓易、黄天成、张展硕撰写，第9章由傅得强、李宁、陈子昂撰写，第10章由邓野、王红瑀、黄天成撰写。全书由余阳统稿。除了以上参与撰写的同志，还有团队的其他同志，他们的实践经验和智慧，也融入本书，不一一列举。

人因工程在国内全面推广的时间不长，案例不多，相应的标准规范也不齐全。本书以我们团队实操的案例为主，强调实践性，侧重于人因工程在船舶研制过程中的工程应用，是相关技术改进、应用经验、工程实际的提炼总结，在理论的系统性、逻辑的严谨性以及语言的精确性方面难免有所遗漏或不足，但是我们要大胆地把团队多年的所行、所思、所悟写出来，不怕贻笑大方，欢迎读者批评指正，以便更好地促进专业发展。

本书在形成过程中，得到了船舶人因工程基础技术项目组的大力支持，以及国防工业出版社的修改完善，在此一并表示感谢。

廖镇

2023年7月

目录

上篇　理论与技术

第1章　人因工程基础理论和方法 3

 1.1　人因工程发展概述 3
  1.1.1　人因工程发展历程 3
  1.1.2　人因工程研究前沿 9
  1.1.3　美军人因工程做法 12

 1.2　人因工程概念 16
  1.2.1　人因工程概念 16
  1.2.2　人因工程特点 17
  1.2.3　人因工程目标 18
  1.2.4　人因工程收益 19

 1.3　人因工程常用方法 20
  1.3.1　实验方法 20
  1.3.2　设计方法 24
  1.3.3　测评方法 40

 1.4　人因工程伦理 46

第2章　船舶人因工程概论 48

 2.1　船舶人因工程概念及典型应用场景 48
  2.1.1　船舶人因工程研究对象 48
  2.1.2　船舶人因工程需求 50

2.1.3　船舶人因工程概念 ································· 52
　　　2.1.4　船舶人因工程典型应用场景 ···················· 54
2.2　船舶人因工程实施程序 ·· 57
　　　2.2.1　整体框架 ··· 57
　　　2.2.2　主要实施阶段 ······································· 59
　　　2.2.3　小结 ··· 59
2.3　船舶人因工程工作体系 ·· 60
　　　2.3.1　整体框架 ··· 60
　　　2.3.2　主要工作项目 ······································· 60
　　　2.3.3　小结 ··· 62
2.4　船舶人因工程技术体系 ·· 62
　　　2.4.1　整体框架 ··· 62
　　　2.4.2　主要技术方向 ······································· 63
　　　2.4.3　小结 ··· 65
2.5　船舶人因工程标准体系 ·· 65
　　　2.5.1　整体框架 ··· 65
　　　2.5.2　主要标准科目 ······································· 66
　　　2.5.3　小结 ··· 69

第3章　船员特性研究与测评 ·· 70

3.1　船员特性概念 ·· 70
　　　3.1.1　船员基本特征 ······································· 70
　　　3.1.2　船员基本能力 ······································· 72
　　　3.1.3　船员岗位能力 ······································· 82
3.2　船员特性表征 ·· 84
　　　3.2.1　定性的船员特性表征指标体系 ·················· 84
　　　3.2.2　定量的船员特性表征指标体系 ·················· 86
3.3　船员特性测量方法 ·· 87
　　　3.3.1　船员基本特征测量 ································· 87
　　　3.3.2　船员基本能力测量 ································· 90
3.4　船员能力评估方法 ·· 104
　　　3.4.1　船员能力常模参照划定方法 ····················· 104
　　　3.4.2　船员能力标准参照划定方法 ····················· 109
3.5　船员工作负荷测评方法 ·· 111

　　　　3.5.1　单人工作负荷测评 ·· 111
　　　　3.5.2　多人协同工作负荷测评 ·· 114
　3.6　船员团队协同能力测评方法 ·· 116
　　　　3.6.1　TSA概念描述模型 ·· 116
　　　　3.6.2　TSA量化表达模型 ·· 117
　3.7　小结 ·· 126

第4章　船员仿真建模方法 ·· 127

　4.1　船员仿真模型概念及要点 ·· 127
　　　　4.1.1　船员仿真模型概念 ·· 127
　　　　4.1.2　船员仿真建模要点 ·· 128
　4.2　三维人体模型建模方法 ·· 128
　　　　4.2.1　参数化建模方法 ··· 129
　　　　4.2.2　三维扫描建模方法 ·· 133
　　　　4.2.3　基于人群特点的模型修正 ··· 133
　4.3　任务动作建模方法 ·· 134
　　　　4.3.1　基于关键帧的动作建模 ·· 135
　　　　4.3.2　基于动作捕捉的动作建模 ·· 138
　　　　4.3.3　船舶运动环境对动作模型的影响 ····························· 139
　4.4　认知建模方法 ·· 140
　　　　4.4.1　认知建模的概念和内涵 ·· 140
　　　　4.4.2　认知建模方法 ··· 140

第5章　船舶人因工程设计技术 ··· 147

　5.1　概念 ·· 147
　5.2　船舶人因工程总体要求 ·· 147
　5.3　船舶平台人因工程设计技术 ·· 149
　　　　5.3.1　船舶平台人因工程设计范畴 ···································· 149
　　　　5.3.2　船舶平台人因工程设计流程 ···································· 150
　　　　5.3.3　通行空间设计技术 ·· 152
　　　　5.3.4　作业环境分析技术 ·· 156
　　　　5.3.5　基于人因工程的舱室空间布置技术 ························ 162
　　　　5.3.6　疏散方案设计技术 ·· 169
　5.4　船舶信息系统人因工程设计技术 ·· 174

5.4.1　船舶信息系统人因工程设计范畴 …………………………… 174
　　　5.4.2　船舶信息系统人因工程设计流程 …………………………… 174
　　　5.4.3　GOMS 任务分析方法 ………………………………………… 178
　　　5.4.4　台位适配技术 ………………………………………………… 180
　　　5.4.5　基于认知能力的软件人机界面设计技术 …………………… 185
　　　5.4.6　任务与界面信息要素映射关系构建技术 …………………… 187
　5.5　船舶设备人因工程设计技术 …………………………………………… 191
　　　5.5.1　船舶设备人因工程研究范畴 ………………………………… 191
　　　5.5.2　船舶设备人因工程设计流程 ………………………………… 191
　　　5.5.3　船舶设备功能需求分析 ……………………………………… 192
　　　5.5.4　船舶设备外观外形设计 ……………………………………… 194
　　　5.5.5　船舶设备器件布局设计技术 ………………………………… 202

第6章　船舶人因工程测评技术 ……………………………………………… 205

　6.1　概念 ……………………………………………………………………… 205
　6.2　船舶人因工程测评总体要求 …………………………………………… 205
　6.3　船舶人因工程测评实施程序 …………………………………………… 208
　6.4　船舶人因工程评估指标体系及评估模型构建技术 …………………… 210
　　　6.4.1　评估指标体系 ………………………………………………… 210
　　　6.4.2　指标权重分配方法 …………………………………………… 213
　　　6.4.3　评估模型构建技术 …………………………………………… 215
　6.5　基于数字仿真的人因工程测评技术 …………………………………… 219
　　　6.5.1　基于数字船员的测评技术 …………………………………… 220
　　　6.5.2　舱室环境仿真测评技术 ……………………………………… 222
　6.6　基于半实物仿真的人因工程测评技术 ………………………………… 227
　　　6.6.1　工作舱室测评技术 …………………………………………… 228
　　　6.6.2　生活舱居住性测评技术 ……………………………………… 232
　6.7　基于实船的人因工程测评技术 ………………………………………… 236
　　　6.7.1　实船测试用例设计技术 ……………………………………… 237
　　　6.7.2　非侵入式多维数据采集技术 ………………………………… 239
　　　6.7.3　小样本抽样技术 ……………………………………………… 240
　　　6.7.4　实船舱室环境数据采集技术 ………………………………… 243

下篇　应用与实践

第7章　"海狼"系列大型涉人隔离密闭实验 249

7.1　实验简介 250
7.2　实验目的 251
7.3　实验设计 251
7.3.1　实验设计原则 251
7.3.2　实验总体流程 252
7.3.3　实验变量 253
7.3.4　实验条件模拟 257
7.4　实验组织 258
7.4.1　培训和基线期 258
7.4.2　适应期 259
7.4.3　实验期 260
7.4.4　恢复期 263
7.4.5　回访期 263
7.5　测试方法及实验平台 263
7.5.1　测试方法 264
7.5.2　实验平台 266
7.5.3　隔离密闭实验舱 268
7.5.4　船舶典型任务模拟系统 273
7.5.5　人员心理与认知特性测试系统 276
7.6　伦理要求 282
7.7　实验结论 283
7.8　小结 287

第8章　船舶人因工程标准研制 288

8.1　标准研制总体情况 288
8.1.1　研制背景 288
8.1.2　研制过程 289
8.1.3　研制依据 289
8.2　空间布局的人因工程要求 290
8.3　舱室环境的人因工程要求 293
8.4　人机界面的人因工程要求 296

8.5 特种作业的人因工程要求 297
8.6 标准应用情况 301

第9章 信息系统人机界面设计软件 302

9.1 软件概述 302
9.2 软件开发依据 302
9.3 软件部署环境 303
9.4 软件总体架构 303
9.5 软件组成 304
    9.5.1 基础平台 305
    9.5.2 元素库 305
    9.5.3 控件库 306
    9.5.4 构件库 308
    9.5.5 软件通用功能模板 308
9.6 软件特点 311
    9.6.1 标准性 311
    9.6.2 基础性 312
    9.6.3 规范性 312
    9.6.4 便捷性 313
    9.6.5 友好性 313
    9.6.6 兼容性 314
    9.6.7 可维护性 314
9.7 软件测试与验证 315
9.8 软件使用方法 315
    9.8.1 自定义模板使用方式 315
    9.8.2 单个插件使用方式 315
    9.8.3 第三方库使用方式 316
    9.8.4 软件应用前景 316

第10章 豪华邮轮人因工程设计案例 317

10.1 中国乘客特性分析 317
    10.1.1 中国乘客团组构成与消费特征分析 317
    10.1.2 中国乘客疏散行为特性研究 320
    10.1.3 中国乘客路径标识认知特性研究 323

10.2 邮轮特殊规范应用需求研究 330
    10.2.1 邮轮特殊规范需求分析 330
    10.2.2 特殊规范对比分析 335
  10.3 邮轮典型场景人因工程仿真与设计 346
    10.3.1 邮轮的布局特点 347
    10.3.2 公共区域典型空间人因工程疏散仿真 348
    10.3.3 居住舱室典型区域人因工程仿真 351
参考文献 365

上篇

理论与技术

第1章

人因工程基础理论和方法

1.1 人因工程发展概述

1.1.1 人因工程发展历程

大约从距今1.8万年到5000多年前,人类社会进入以使用磨制石器为主的时代,也称为新石器时代。从人类制作第一件工具开始,对"人的因素"考虑就从未间断过。新石器时代河姆渡文化中的石斧,器形较大,是基本对称的双面刃,刃面一面磨制较光滑,便于握持;另一面残留有打制痕迹,刃口有破损,主要用于砍伐和加工木材。之后,人类社会历经青铜时代、铁器时代,在改造世界过程中发明创造了大量制作精良、便于使用的工具,展现出高超的工艺水平,但主要来源于直观感性认识,以制作者(工匠)自身主观感受为主导。

直到19世纪末,美国人泰勒(Frederick W. Taylor,1856—1915)首次应用实验设计、数理统计、综合寻优等现代科学方法,开展了铁锹实验,研究并改善人、工具与生产效率之间的关系,人因工程作为一门现代科学开始萌芽。

根据各阶段主要特征,本书将人因工程的发展历程分为萌芽期(19世纪末到第二次世界大战(简称二战)时期)、诞生期(二战时期)、快速发展期(20世纪60年代到21世纪初)、拓展提升期(21世纪初至今)4个阶段,如表1-1所示。

表1-1 人因工程发展阶段

时期	时间阶段	研究主题和案例
	二战前	研究出发点:让人适应机器
萌芽期	20世纪初期	培训:人如何学习一项技能,如何使学习曲线变陡?1898年,桑代克发表了第一个学习曲线,并在随后的几年里研究了学生和工人如何学习一系列不同的技能
	20世纪10年代	流程:为使得生产效率最大化,应如何创建工作流程,如何把劳动划分为简单的重复性任务?1911年,泰勒出版了标志性著作《科学管理》
	20世纪20年代	选拔:如何预测哪些操作人员比其他人生产效率更高,或者更有可能发生事故?随后的几十年里,研究人员对这一主题进行了大量研究

续表

时期	时间阶段	研究主题和案例
	二战后	研究出发点：使机器适应人
诞生期	20世纪40年代	人因科学诞生。研究人员开展了早期人因研究，包括海军人员如何保持对雷达屏幕的注意力，如何设计驾驶舱仪器以使飞行员有效地分配视觉注意力，以及对飞行员在驾驶舱中操作错误的研究。这些研究大多在二战期间进行，战后发表
	20世纪50年代	旋钮和刻度盘研究。研究人员开始在大学里建立实验室，研究什么样的显控设计方案可以提高人员操作绩效。但此时人因科学仍没有太多的理论或数学模型
快速发展期	20世纪60年代以后	研究出发点：人机适配
	20世纪60年代	引入工程模型。旋钮和刻度盘相关人因研究逐渐减少，人因研究人员开始研究是否可以利用工程领域的理论（如控制理论、信号检测理论、信息论）对人的绩效进行数学建模。这些模型能让我们更好地理解人如何与机器合作完成任务（尤其是手动控制跟踪任务）？
	20世纪70年代	人机交互研究。在某些场景（如航空飞行驾驶）中，当人的角色从操作者转变为监督者时，人的行为是怎样的，需要什么样的反馈和支持
	20世纪90年代	适应自动化。是否可以有一种新的人机合作方式，即机器可以随着环境、任务绩效或人员状态（如注意力、压力）的变化，自动地适应人，或者把控制权交给人？
拓展提升期	21世纪以后	研究出发点：人机融合
	21世纪初期	共享控制。监督控制意味着人或机器的视角，而共享控制的支持者认为应该采用人和机器的视角，即是否让人和机器同时执行一项复杂的任务（如驾驶汽车）更有意义和成效？
	21世纪10年代	面向现实世界中更广泛的应用，如驾驶员如何从自动驾驶中拿回控制权？自动驾驶需要什么样的人机界面？
	21世纪20年代	人与机器的交互和连接。在一个复杂的环境中，多个人如何与多个机器交互？信息和知识应该如何分配？机器如何向人学习？机器如何支持人？如何在医疗健康和农业等领域对远程作业机器进行监督？

注：改编自 de Winter 和 Hancock(2021)[1]。

1. 人因工程萌芽期(1900—1930年)

萌芽期，人因工程的核心任务是通过最大限度地挖掘人的潜能，提高工作效率。泰勒铁锹实验[2]后，美国和欧洲一些国家纷纷推行"泰勒制"。1915年，英国成立了军火工人保健委员会，专门研究生产工人的疲劳问题；1919年，该组织更名为"工业保健研究部"，开展关于工效的广泛研究，包括作业姿势、体能、工间休息、工作光照、环境温湿度等。这个时期的工具相对简单，如铁锹，主要是通过设计操作流程、操作姿势等让人适应工具，推动了工业化进程，但也带来了诸如《摩登时代》中的黑色幽默，如图1-1所示。

2. 人因工程诞生期(1930—1960年)

二战期间，随着科技的进步，复杂系统的设计和使用均面临严峻挑战。例如，一战时期英国SE-5a战斗机驾驶舱只有7个仪表，二战时期"喷火"战斗机仪表增加到了19个，如图1-2所示。飞行员不仅要在高空飞行，还要高度警觉地搜索、识别、跟踪和攻击敌机，或

图 1-1 《摩登时代》电影中生产线工人能力无法匹配设备工作效率

躲避与摆脱对方的威胁,战斗期间需要快速做出决策,并行完成多项操作,使得即使经过严格选拔、培训的飞行员也容易由于误操作导致意外事故和伤亡。针对这类问题,美国、英国等国家开始聘请生理医学、心理学专家参与设计,通过改进仪表的显示方式、尺寸大小、指针刻度和底板的色彩搭配、仪表空间布局,使之与人的视觉特性相符合,显著提高了识别速度、降低了误读率。各国科技界初步形成共识:机器设计只有工程技术知识是不够的,还需要解剖学、生理学、心理学、人体测量学、生物力学等方面的知识。这个时期的人因工程完成了一次重大的转变:从以机器为中心转变为以人为中心,强调机器的设计应适合人的因素。

图 1-2 二战时期军事运输机驾驶舱仪表和操控杆

1946年,人的因素(Human Factors)作为专业术语第一次正式出现于 Ross McFarland 的专著《航空运输设计中的人因问题》[3]中。同期,美国贝尔实验室建立了人因研究专业实验室[4]。欧洲一般采用工效学(Ergonomics,国内也译为人类工效学、人机工效学等)一词描述人机关系与工作效率问题。1949年英国工效学研究学会,1957年美国人因学会(1992年改为人因与工效学学会,Human Factors & Ergonomics Society),1959年国际工效学联合会(International Ergonomics Association,IEA)相继成立[5]。这些学会为推动人因工程在欧洲、美洲乃至全世界范围内的研究和应用做出了重要贡献。

3. 人因工程快速发展期(1960—2000年)

20世纪60年代,国防和军事领域重大工程的实施以及核电、石油等行业重大事故频发,对人因工程产生了迫切、务实的需求,计算机、心理学等学科的发展为人因工程学科提供了丰富土壤。在此阶段,人因工程研究和应用逐步从军事领域延伸到核电等民用工业领域,以及汽车、电子产品等民生领域。

1) 重大工程牵引人因发展

随着美国、苏联太空竞赛拉开帷幕,人因研究迅速成为美国、苏联两国太空计划的重要组成部分。美国国家航空航天局(National Aeronautics and Space Administration,NASA)在对大量飞行数据和经验总结的基础上,于1994年发布了第一部人机系统标准《人-系统整合标准》(NASA-STD-3000),目的是保障航天员安全健康的工作,适用于航天飞机和国际空间站设计,并在随后十几年中逐渐迭代形成了《航天飞行人-系统标准》(NASA-STD-3001)、《人整合设计手册》(NASA/SP-2010-3407/REV1)以及针对各个工程项目的设计标准规范,成为各类航天器设计的重要依据标准。《NASA系统工程手册》将人因工程认定为一种专业学科,系统工程必须依靠它在系统生命周期发挥重要作用[6]。

2) 重大灾难倒逼人因发展

不幸的是,20世纪80年代也是发生大规模技术灾难的10年。1979年发生三哩岛核电站事故,虽然没有人员伤亡,财产损失也仅限于反应堆本身,但这起事故差点导致核泄漏,约20万人紧急撤离。1984年,印度博帕尔联合碳化物农药厂发生异氰酸甲酯(MIC)泄漏事故,造成近4000人死亡,20万人受伤。两年后,苏联的切尔诺贝利核电站发生爆炸和火灾,导致300多人死亡,人们广泛暴露在有害辐射中,数百万英亩(1英亩 = 4046.86m^2)土地受到了放射性污染。1986年,美国"挑战者"号航天飞机在升空后73秒时,爆炸解体坠毁,机上7名宇航员全部遇难。1989年,得克萨斯州菲利普斯石油公司的一家塑料厂发生爆炸,造成23人死亡,另有132人受伤,并导致美国历史上最大的单笔商业保险损失(15亿美元)。事故调查显示,对人的因素不够重视是导致这些灾难的重要原因[7]。

由于三哩岛、切尔诺贝利核电站事故造成的严重后果,核电领域颁布相关法律法规强制实施人因工程。美国核管理委员会(Nuclear Regulatory Commission,NRC)于1994年发布了《人因工程项目评审模型》(NUREG-0711)[8],建立了现代核电站设计中人因评审认证的标准,于1996年修订了《人-系统界面设计评审指南》(NUREG-0700)[9],制定了控制室人机界面评审指南。随后20多年里,美国核管理委员会对这些标准进行了多轮修订,形成了人的可靠性分析方法、人员效能等相关标准和报告,构成了比较完整的核电领域人因工程法规与标准体系。我国也陆续颁布了《核电站人因工程与控制室的安全审评大纲》《核电厂控制室设计的人因工程原则》以及《核电厂控制室设计验证和确定》等标准文件,将人因工程正式纳入核电设计和评审范围。

3) 著名学者引领人因发展

John W. Senders、Thomas B. Sheridan、Christopher D. Wickens、Peter A. Hancock、Raja Parasuraman等专家学者在研究实践中形成了一系列经典的人因工程的概念、模型、工具等,丰富了人因工程的理论和方法。

人因工程开拓者John W. Senders是最早将数学模型应用于实际环境中人的行为研究的科学家之一[10],他的工作促进了诸如脑力工作负荷、注意力和视觉采样、眼球运动和人误建模等理论建立,应用范围包含太空飞行器设计、驾驶员行为建模、高速公路安全、飞行员行为、飞机座舱设计、用药错误和患者安全、核电站安全,甚至电子出版物等[11]。他在驾驶安全方面开创的遮挡视觉范式(occluded vision paradigm)[12],如今已经成为对飞机驾驶舱、核电站和汽车仪表板设计至关重要的国际标准(ISO 16673:2017)[13]。Thomas B. Sheridan是机器人和远程控制技术的先驱,他提出了人-机器交互相关的一些重要概念,对人和技术在自动化中的角色开展了大量研究,并将相关成果总结为著作《人与自动化》。Christopher D. Wickens一直专注于基础研究和人因应用领域之间的联系,并提出了两种经典的注意力理论模型:一种是20世纪80年代初发展起来的多资源理论,另一种是20世纪90年代末至21世纪初形成的阐述注意力选择性的SEEV(Salience,Effort,Expectancy and Value)理论。他著有《心理学导论》《人因工程学》等8本专著,其中《工程心理学和人的绩效》是使用最广泛的人因工程高等教科书之一。

国际标准化组织(ISO)于1974年成立了TC159技术委员会,专门负责制定人因工程领域的标准。作为这一时期人因学发展的标志之一,美国人因学会的成员从20世纪60年代的500人左右增加至90年代的5000多人。

4. 人因工程拓展提升期(2000年至今)

进入21世纪以来,社会和技术发展的背景下,人因工程在研究对象(人机关系、人-机-环范畴)、理论方法、应用领域、价值目标等方面呈现了新特点:

(1)(研究客体)人机关系从独立、静态的人机匹配向协同、动态的人机融合拓展。

自动化与智能化新技术背景下,人机关系研究从人机匹配扩大到人机协同、人机互知、人机互信、人机互懂(团队)、人机融合等。人机关系的变化不仅带来了自适应界面设计、生态界面设计等新的研究命题,也使得在人机团队的方向上,产生了许多需要研究的特殊问题,其中人机信任、伦理导向的人工智能设计等问题尤其突出。而新型人机交互则除了解决手势、眼动、脑机等交互的多模态交互理论与感知机制,还需要考虑未来人机交互界面将从实体交互到虚拟(现实)交互的发展。这些问题的研究,可以提升人机交互的效率和安全性,还可以提升系统/产品的用户体验。此外,相关人因学命题的解决可支持人工智能安全良性发展,从而避免可能给人类带来不可预知的风险。

(2) (研究客体)人-机-环系统的范畴由工具、机器、物理环境等拓展至社会技术系统。

人因工程强调在特定的环境中研究人机系统,以达到最佳的人-机-环境匹配,研究所考虑的环境开始由物理环境(照明、噪声、振动、温度、微重力等)向社会技术系统(sociotechnical systems)拓展。如今,人因学科所面对的研究对象是比以往任何时候更复杂的人-机-环境系统,如融合人工智能、大数据、云计算、物联网等技术的智慧城市、智慧交通、智能制造、智能/精准医疗等。基于社会技术系统理论的宏观工效学(macroergonomics)提倡在社会技术系统的环境中设计整个工作系统,充分考虑人的各种需求(用户隐私、法律和伦理、决策权、技能成长等),超越以往仅注重用户界面交互设计的具体点方案,追求人因学科整体解决方案。

(3) (理论方法)人因工程进一步与人相关的基础学科交叉融合。

人因工程与认知科学、生命科学等基础学科的融合越来越紧密,将相关理论(人的认知过程、机制等)和方法(神经电生理测量、脑成像等)用于指导人因研究、设计和测评,神经人因学等新的人因学科方向逐渐兴起。

(4) (应用领域)人因工程的应用领域由军工、制造等行业继续向各行业各领域延伸。

在保持对军工、制造等传统领域深耕的基础上,人因工程的研究和应用继续向更为广阔的领域拓展,包括医疗保健、用户体验等,并且开始面向未来人类社会尝试给出人因方案,包括特定人群(如老人、儿童和失能人士)的人因设计、应急管理与灾难应对、全球化和可持续性发展、网络化问题(如游戏成瘾、网络诈骗、隐私安全等)。

(5) (应用价值)人因工程目标的侧重点逐渐从安全、高效等初阶目标,向舒适度、幸福感、满意度、品质、尊严等高阶目标拓展覆盖。

人因工程逐渐超越了对生产力和安全的关注与贡献,而更多地致力于提高生活和工作质量,包含更多无形的标准,如满意度、幸福和尊严等。

5. 我国人因工程的发展

人因学思想在中国萌芽较早,以陈立先生20世纪30年代出版的《工业心理学概观》一书以及所开展的工作选择和工作环境工效等研究为主要标志。20世纪50—60年代中期是人因学科的起步建设期,后经历了近20年的停滞期,自90年代起,随着我国科技和工业化水平提高以及重大工程牵引,人因学科进入快速成长期。

人因学在中国的研究涵盖界面显示、人机控制交互、人和环境界面、负荷与应激、安全与事故分析、人与计算机交互、产品可用性、神经工效学和人因可靠性等研究领域。人因工程的基础研究从早期的人体测量学等传统方向发展到认知工效学、神经人因学、认知建模和智能系统交互等方面,应用领域也从劳动生产、机械或电子产品、汽车驾驶等拓展到空间站工效学测评、高铁人因工程分析、大飞机与舰船人因设计、核电站人因学测评和医疗人因等重大复杂系统与民生应用领域。中国人因工程在航天领域的发展尤为引人瞩目,经过20余年的研究和工程实践,开展了面向长期空间飞行的人的能力规律与机制研究,研发了我国首个具有自主知识产权的航天员建模仿真系统,建立了一套较完善的工效学测评技术、方法、流程和规范,形成了具有中国特色的航天人因工程体系。

中国人类工效学学会成立于1989年,截止到2022年12月31日,已发展到11个分会,会员2200多人,成为国际第二大人因学会。随着人因理念在用户体验领域的渗透,国内组建有用户体验联盟、用户体验专家组、国际体验设计协会及工程心理学分会等人因相关学术组织。2011年我国首个人因工程全国重点实验室成立,2023年经有关部门批准,纳入第一批重组全国重点实验室,依托中国航天员科研训练中心、清华大学、中国船舶集团有限公司综合技术经济研究院。自2016年起,由学界发起、政府支持的中国人因工程高峰论坛已连续成功举办7届,围绕人因设计与测评、人因工程与工业4.0、人因工程与人工智能等主题以及推动行业应用等专题进行了研讨交流。船舶行业的人因工程起步相对较晚,但是近年来得到了较快的发展,2021年中国船舶集团成立了舰船人因工程中心,更好地统筹和推动舰船人因工程的发展。

总体而言,目前国内人因工程学科发展势头良好,但在国际上处于整体跟随、部分应用领域(如载人航天)崭露头角的状况,基础研究更多是基于国外理论、模型进行本地化、改进或应用,在理论层次、研究技术手段以及结合应用领域验证等方面尚存在不小差距[5]。重大领域方向和行业管理部门对人因工程价值和意义的认识还在逐步深入,基础研究、实验室建设和标准规范方面逐渐完善。

1.1.2 人因工程研究前沿

人因工程学科目前仍在快速发展,通过对国际11个人因工程领域期刊(表1-2)近10年(2012—2021年)所刊载的15085篇论文进行检索分析,可以了解人因工程研究前沿。

表1-2 本节检索的国际11个人因工程领域期刊

序号	期刊名称	影响因子 (2021—2022年度)
1	Reliability Engineering & System Safety	7.2
2	Safety Science	6.4
3	International Journal of Human – Computer Studies	4.9
4	International Journal of Human – Computer Interaction	4.9
5	Applied Ergonomics	3.9
6	Human Factors	3.6
7	Journal of Experimental Psychology – Human Perception and Performance	3.1
8	International Journal of Industrial Ergonomics	2.9

续表

序号	期刊名称	影响因子 （2021—2022 年度）
9	Ergonomics	2.6
10	Human Factors and Ergonomics in Manufacturing	1.7
11	Interacting with Computers	1.6

通过分析高被引论文发现,研究热点主要集中于工作负荷、工作环境、生物节律、数字建模、系统可用性、3D 运动学测量、游戏化、自动驾驶、人工智能、虚拟现实、可穿戴设备、医疗保健质量和患者安全、风险评估、可靠性分析等方面。

1. 人的作业能力特性及其作用机制研究

（1）对人员作业特性相关传统人因概念和理论进行厘清,包括人误(human error)[14]、脑力工作负荷(mental workload)[15]、情景意识(situation awareness)[16]等。以脑力工作负荷为例,该概念是人因学中应用最广泛的概念之一,但也是最模糊的概念之一,有学者对近30年来关于脑力工作负荷的理解、测量和应用现状进行了概述,并讨论了当前应用研究面临的挑战,如脑力工作负荷和体力工作负荷之间的相互作用,以及工作负荷"红线"的量化,即作业人员的工作负荷承受能力[15]。

（2）人的作业能力研究深入神经元等细胞层面和血红蛋白等蛋白质层面[5]。近年来,人因研究越来越多地关注操作者的神经机制,近期也有学者开始从机制层面(如褪黑素激素分泌)来研究自发光显示器(如平板电脑)对用户睡眠和生物节律的影响[17]。

2. 人机交互研究

（1）人机交互研究的工具、模型等改进:如学术界普遍采用的技术接受模型的未来研究方向[18],系统可用性量表的过去、现在和未来[19],智能手机使用自评量表的效度问题[20]。

（2）人与自动化、智能交互:在自动化与智能化的背景下,人机关系的研究从人机匹配扩大到人机协同、人机融合等,相应地带来了人机信任等人-智能体交互问题,以及语音交互等新的交互方式研究问题。近 10 年高被引的具体研究涉及:可解释人工智能的感知、信任和接受研究[21],人对自动化或机器人信任的影响因素研究[22-23]。

（3）用户体验:对现在无处不在的智能手机和平板设备的使用研究仍然保持较高的热度,其中通过虚拟现实技术、游戏化设计等方式改善交互系统用户体验[24-25]是近期研究重点之一。

3. 职业健康与安全

肌肉骨骼失调/损伤看起来是一个传统的人因学问题,随着久坐办公人群增加、相关技术发展等,仍然受到较多关注。其具体研究包括特定作业人员的肌肉骨骼损伤风险分析[26-27];适用于工作场所人因测评的便携式三维运动捕捉系统[28];机械外骨骼的工业应用及其对于降低体力负荷、减少肌肉骨骼损伤的作用[29]。

4. 驾驶安全

驾驶安全作为传统的人因研究领域依然具有很强的存在感,除了对经典问题(分心驾驶、驾驶风险感知、认知负荷的监测及影响)的持续探索,对非主流驾驶群体(年轻新手驾驶人、摩托车驾驶人、老年人驾驶人、酒后驾驶人等)的研究逐渐增多[30],自动驾驶和车联网中驾驶员的行为、接管等也成为研究的热点[26,31]。

5. 医疗健康

医疗健康并不是传统的人因工程研究和应用领域,但自21世纪以来,医疗健康人因研究开始呈指数级上升,医疗健康组织倡议改善他们的组织文化、团队以及员工的绩效和福祉[32-33]。该领域最新的研究主题涉及:从社会技术系统的角度研究改善文化(即高可靠性组织和安全文化)、改进团队、改进技术集成等[34];将经典人因工程技术方法(如工作域分析)应用于医院区域(如急诊室)[35];研究医疗保健场景下新技术的交互与集成[36]等。

6. 老年人因

各类设施和服务、工作环境、消费品的设计等考虑老人的特点和需求。其具体研究包括老年人健康监测中智能穿戴设备的接受模型[37]、数字化时代老年人的互联网使用[38]等。

由于前述文献计量方法选取的是高被引论文,可能会遗漏一些研究前沿和趋势,但是暂时并未称为热点的研究主题,综合参考2021年陈善广等《人因工程研究进展及发展建议》的论述[5]和Haslam在2017年人因工程顶级期刊 *Ergonomics* 创刊60周年编辑文章中的预测[39],对未来研究前沿的补充如下,主要涉及未来社会发展的人因方案相关研究。

(1) 特定人群的人因设计。各类设施和服务、工作环境、消费品的设计等都应该全面考虑到各类特殊人群(如老人、儿童和失能人士),让所有人都拥有安全舒适的工作和生活条件,而不因其年龄、体形和能力等受到影响。普适性设计(universal/inclusive design)已成为国际人因工程的一个重要方向,正受到越来越多的关注。

(2) 应急管理与灾难应对。人类时常面临严重事故、突发公共卫生事件、重大自然灾害等的威胁,在应急管理中建立人因方案,可通过科学设计及预防与救护流程,建立人机协同方案,提高人员绩效和系统反应效率,减少无谓损耗和浪费等,在灾难预防、应急处置、灾难后恢复与重建等方面发挥作用。

(3) 全球化和可持续性发展。跨文化问题目前也是国际人因工程学术界研究的重要方向之一。国际交流与合作、企业的全球布局、产品的国际推广、参与国际工程建设等都需要考虑文化差异的问题。节能节水、减少粮食和资源浪费、减少交通拥堵等可持续性发展问题既要从技术发展的角度,也要从人类行为引导的角度寻求解决方案。人因研究和应用将通过认知协调与行为引导,降低跨文化的沟通成本,提高社会资源利用率。

(4) 网络化等特定领域的应用研究。网络化信息化时代除了带给人生活便利,还带来了游戏成瘾、网络诈骗、隐私安全等众多问题,这些问题的形成机理及社会影响机制等都是人因研究的方向。

1.1.3 美军人因工程做法

作为世界军事强国,美国历来重视人因工程研究及其在军事领域的应用,开展了丰富的实践,科技水平和工程管理均处于领先地位。美国国防部是军事人因工程的总策源地,通过装备采办、标准规范、科研支持等手段,推动人因技术发展和落地应用。

1. 美国国防部采办条令中提出强制要求,使人因工程有效贯穿于武器装备研制全周期

美国国防部采办条令中提出人–系统整合(Human System Integration,HSI)强制要求,使人因工程有效贯穿于武器装备研制全周期。

美国国防部将人–系统整合定义为"为人因工程(human factor)、人员编制(manpower)、人员资质(personnel)、培训(training)、安全和职业健康(safety and occupational health)、部队防护和可生存性(force protection and survivability)以及适居性(habitability)的需求、概念和资源提供整合与全面的分析、设计和评估的系统工程过程与项目管理工作"[40]。这7个领域是相互关联和相互依赖的,具体含义如下[41]:

(1) 人因工程:将人的特性整合到武器系统的定义、设计、开发和评估中,来优化操作条件下人–系统的绩效。

(2) 人员资质:基于现有的或分配到该任务的人员编制,确定和选择培训、操作、维护和维持系统所需的认知、体质和社交能力。

(3) 适居性:建立并落实个人和团队对物理环境、人员服务和生活条件的要求,以避免或减轻对人员的绩效、生活质量和士气,以及人员的招聘或留用产生不利影响的风险。

(4) 人员编制:确定操作、维护、培训及支持系统所需的最能胜任且性价比最高的在编人员和合同人员配置。

(5) 培训:开发高效、经济的能够提高用户能力、维持技能熟练程度的面向操作人员和维护人员的个人、集体和联合培训方案。

(6) 安全与职业健康:在确定系统设计特点时考虑环境、安全和职业健康,以提高工作绩效,并将操作人员和维护人员的疾病、残疾、受伤和死亡风险降至最低。

(7) 部队防护和可生存性:对系统设计(如出口、可生存性)提出要求,以使个人和团队免受一些事件与事故的直接威胁(包括化学、生物和核威胁)。

人–系统整合主要是一个技术和管理概念,是《系统工程和管理手册》[42]中描述的系统工程和管理各个级别的重要补充。HSI概念与系统工程中系统定义、开发和部署等生命周期过程以及系统工程方法、工具和技术等完全兼容。

系统工程(systems engineering)是工程和工程管理的跨学科领域,采用系统的思维和方法,从全生命周期(立项、开发/生产/建造、运维、消亡)的视角,对系统进行设计、整合和管理。系统工程要求对系统中相互联系、相互制约的各组成部分进行协调权衡,从而实现系统整体最优。人–系统整合就是在系统工程中,对人的能力与局限性进行充分、综合的考虑。

实际工作中,人–系统整合是系统工程团队的一部分,他们参与所有常规的系统工程活动(需求分解、权衡分析、整合等),但重点放在与人相关领域。一方面,他们协调各与人相关学科的工作,最大限度地发挥他们之间的协同作用,减少重复工作;另一方面,确保与人相关学科在整个工程中得到适当的重视。

1982年,美国陆军率先推出一个普适性很强的HSI实施程序(manpower and personnel integration,MANPRINT)。美军装备采购全寿命周期采取军民融合的方式,许多私营技术公司聚焦于人因工程专业、项目管理、人员培训等,与军方在HSI专业知识、经验方面成功对接。如今,在美国防部发布的5000系列法案及其发展出来的国防采办指导手册指导下,美国国防部和各军兵种装备研制采办管理部门,在装备采办全寿命周期基本固化了基于人-系统整合理论的实施程序,主要相关文件见表1-3。

表1-3 美国军事领域人因工程相关文件

部门	文件编号	文件标题
国防部	DAG	《国防采办指南》
国防部	JSSSEH	《国防部联合软件系统安全工程手册》
国防部	DOD D 5000.01	《国防采办系统》
国防部	DOD I 4715.1E	《环境、安全和职业健康》
国防部	DOD I 5000.02	《国防采办系统操作》
国防部	MIL-STD-1472	《美国国防部标准-人因工程》
国防部	MIL-STD-46855A	《军事系统、设备和设施的人因工程要求》
国防部	MIL-STD-882	《国防系统安全》
空军	AFD-090121-054	《人-系统整合手册》
空军	AFD-090121-055	《美国空军人-系统整合需求袖珍指南》
空军	AFD-100122-034	《采办中的人-系统整合:采办阶段指南》
空军	AFI 38-201	《人力需求和授权管理》
空军	AFI 63-101/20-101	《整合生命周期管理》
空军	AFI 63-1201	《生命周期系统工程》
空军	AFI 99-103	《基于能力的测试和评估》
空军	AFMAN 63-119	《专用运行测试中的系统就绪认证》
空军	AFPD 63-1/20-1	《整合生命周期管理》
空军	AFPD 91-2	《安全项目》
海军	NETCINST 1510.4	《海军教育与培训指挥工作职责任务分析用户手册》
海军	OPNAVINST 5100.19E	《用于海上兵力的海军安全与职业健康工作手册》
海军	OPNAVINST 5100.24B	《海军系统安全计划政策》
海军	OPNAVINST 5310.23	《海军人员人-系统整合》
海军	SECNAVINST 5000.2E	《海军国家采购系统、联合能力整合与发展系统执行与操作条例》
海军	SECNAVINST 5100.10J	《海军安全、灾祸预防、职业健康和火灾保护计划政策》
海军	SPAWARINST 5400.3	《系统工程技术复审过程手册》
陆军	AR 40-5	《预防医学》

续表

部门	文件编号	文件标题
陆军	AR 40-10	《陆军物资采购决策过程中健康危害评价手册》
陆军	AR 70-75	《陆军人员与物资生存性》
陆军	AR 71-9	《战争能力决心》
陆军	AR 385-10	《陆军安全手册》
陆军	AR 570-4	《人力管理》
陆军	AR 602-2	《系统采购过程的人力与人员》

2. 美国国防部制定健全的标准体系,指导人因工程应用于军事装备研制

美国国防部制定了大量适用于军事领域的标准、手册和规范,形成了权威的军事人因标准体系(MIL),更新及时,反映人因工程的最新理念。美军标准包括通用类标准与各军兵种专项标准,有些标准还含有非常特定的领域信息,侧重于特殊人群、特种系统和系统功能。

《美国国防部标准-人因工程》(MIL-STD-1472)为军队系统、设备、设施建立的通用标准。该标准详细规范了美国全军武器装备在设计和研发军用系统、设备和设施方面所应遵循的一般性人因工程准则,提出在系统、设备和设施设计中适用的人机工程设计准则、原理和实践,目的是:①方便实现人员的操作、控制和维护;②减少人员技能要求和培训时间;③人机设备协调可靠;④加强系统内和系统间的设计标准化。

美国空军的《空军人机整合手册》(Air Force Human Systems Integration Handbook)中描述了人-系统整合流程,并确定了人-系统整合计划制订与人-系统整合项目实施的关键因素。美国海军进行了"系统工程、采办和人员整合"(System Engineering, Acqusition and Personnel Integration, SEAPRINT)项目,目的在于将人-系统整合贯穿整个系统工程过程中。

《海军系统、设备、设施人因工程设计》(ASTM F1166 Standard Practice for Human Engineering Design for Marine Systems, Equipment, and Facilities)提供了海上船舶和建筑物设计的人因工程设计标准,包括设备、系统、分系统、供应商采办硬件和软件等。该标准侧重于人机接口设计,如人员与船舶结构中的特殊设备或结构等。设备包括控制、显示、物理环境、结构、面板、工作站、布局和空间、维修空间、标示标志、警告、计算机屏幕、材料处理和阀门等。

3. 美军建立众多专业的人因工程研究机构,系统开展军事领域人因工程研究

美国国防部、海军、陆军、空军均在其研发机构体系内设置了与人因研究直接相关的部门,开展系统、深入、前沿的军事人因工程研究应用,各研究机构和研究方向汇总如图1-3所示。同时,美国国家科学院设立了人-系统整合委员会(Board on Human-Systems Integration, BOHSI),为国家提供人机(技术、环境)关系理论方法的新观点和建议,该委员会的5家核心支持单位中有3家为美国军方研究机构,即空军研究实验室、海军研究办公室和陆军研究实验室。

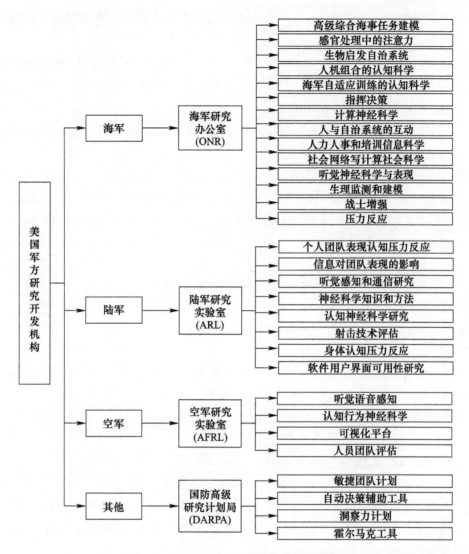

图1-3 美军人因工程研究机构和研发方向

海军研究办公室(Office of Navy Research,ONR)设置了战士绩效部,该部门通过生物工程、医疗技术等,改进人力、人事、培训和系统设计等,提高作战人员的绩效,下设人体与生物工程系统部和作战人员防护与应用部。其中,人体与生物工程系统部的使命是指导、计划、培养和启发认知科学、计算神经科学、生物科学和生物模拟技术、生理学和生物物理学、免疫学、社会/组织科学、培训、人因等学科与海军需求相关的研究决策。作战人员防护与应用部的使命是开展研究和技术示范计划,旨在维持海军和海军陆战队人员在训练、日常作战、特种作战时的生存、健康和绩效。

陆军研究实验室(Army Research Laboratory,ARL)设置了人类研究和工程理事会(the Human Research and Engineering Directorate,HRED),该理事会旨在开展提升士兵绩效以及士兵与机器协作的科学和技术研究,从而最大限度地提高战场效率,并确保在技术开发和系统设计中充分考虑士兵的特点,主要包括未来士兵技术、士兵战场融合以及高级培训模拟三个研究方向。

空军研究实验室(Air Force Research Laboratory,AFRL)设置了第711人员绩效部(the 711th Human Performance Wing,711 HPW),旨在加强人员绩效相关研究、教育和咨询。711 HPW由人类工效理事会(Human Effectiveness Directorate,HE)、美国空军航空航天医学院(US Air Force School of Aerospace Medicine,USAFSAM)和人员绩效整合理事会(Human Performance Integration Directorate,HP)组成。

国防高级研究计划局(Defense Advanced Research Projects Agency,DARPA)的信息创新办公室(Information Innovation Office,IIO)、战略技术办公室(Strategic Technology Office,STO)、战术技术办公室(Tactical Technology Office,TTO)和生物技术办公室(Biological Technologies Office,BTO)均组织开展人因相关研究和实践。

1.2 人因工程概念

1.2.1 人因工程概念

人因工程最早在美国称为"Human Factors Engineering"或"Human Engineering",西欧国家称为"Ergonomics"(工效)。人因工程在我国起步较晚,受国外和学科领域的影响,我国也出现了多种命名,如人因工程、人机工程、人体工程、人类工效、人机工效等。近几年,"人因工程/人因学"与"工效学"这两个命名使用得较多。

1. "工效学"和"人因学"

从历史上看,工效学早期关注体力劳动相关的因素多一些,后面的发展与人因工程基本趋同。人因工程研究范畴更宽泛,并特别突出人的因素在系统中的主导和关键作用,除了考虑针对系统(产品)设计中的人机关系问题,已经扩展到在系统研发制造、运行使用等全周期过程中所有涉及人的因素问题。

目前,人因学和工效学常常被认为可以互换使用,如国际工效学联合会在官网的定义中明确将两者等同[43]。国内外学者倾向于使用人因工程或人因学作为学科名称,相关学会或学术会议则多并称为人因与工效学(Human Factors and Ergonomics)。

2. "人因学"和"人因工程"

有人试图从理论和应用的角度将"人因学"和"人因工程"作区分,认为"人因学"是关于人的能力、期望、局限等与设备、系统等之间交互的研究,即更侧重理论研究,而"人因工程"是指人因的原则在设备、系统设计中的应用。这种界定有一定的道理,然而,由于人因学科自身的应用属性,这种界定也不一定令人信服,并且也常见人因与人因工程等同使用的情况。

人因工程在各国、各领域中有不同的发展阶段,而且其内涵、外延也还在不断界定和拓展中,因此,给人因工程下一个准确的定义不太容易。

Mark S. Sanders 在其经典人因学专著 *Human Factors in Engineering and Design* 中将人因学定义为"探索有关人的行为、能力、限度和其他特征的各种信息,并将它们应用于工具、机器、系统、任务、工作和环境的设计中,使人们对它们的使用更具价值,更安全、舒适和有效"[7]。

国际标准化组织(International Organization for Standardization,ISO)将人因(工效)学定义为:理解系统中人与其他要素间的相互作用,以及应用理论、原则、数据和方法进行设计,以优化人类福祉和系统整体效能的一门专业学科[44]。

我国著名科学家钱学森认为[45]:"人机工程是一门非常重要的应用人体科学技术,它专门研究人和机器的配合,考虑到人的功能能力,如何设计机器以求得人在使用机器时整个人和机器的效果达到最佳状态。"

目前,学界普遍认可的是国际工效学联合会在 2000 年给出的表述:工效学(人因学)是研究系统中人与其他要素之间交互作用的学科,并运用相关原理、理论、数据与方法开展系统设计以确保系统实现安全、高效且宜人的目标[46]。

3. "人因工程"和"人-系统整合"

除了上述,还有一个重要的概念与人因工程的关系需要厘清。例如 1.1 节所述,人-系统整合是在系统工程过程中,对与人相关的领域进行充分、综合考虑的管理和技术方法,以确保优化人的绩效,从而提高系统整体绩效、最小化系统成本。人因工程是 HSI 中 7 个与人相关的领域之一,它将人的特性整合到系统的定义、设计、开发和评估中,来优化操作条件下人-系统的绩效。HSI 在系统工程和项目管理工作中为与人相关的 7 个领域提供需求、资源等方面的分析、设计和评估等,促进这些领域内部,以及与其他系统工程和设计领域之间的权衡,但 HSI 并不取代人因工程等领域开展具体的工作。

1.2.2 人因工程特点

作为一门学科,人因工程具有以下明显特点[5]:

1. 强调以人为中心的理念

人因工程聚焦一切有人参与的系统、产品或过程,人是其中的核心;主要研究人与其他要素的交互规律,人是设计的出发点和落脚点;人是最灵动、最活跃的因素,设计必须充分认识并考虑人的特性(生理心理特点、能力与局限等),充分发挥人的积极作用。

2. 遵循系统工程方法

一方面,人与其他要素交互构成整体,这里的其他要素是指系统中所有的人造物(如工作场所、产品、工具、技术过程、服务、软件、人工环境、任务、组织设计等)和其他人;另一方面,人具有不同方面的特性(生理、心理和社会)和不同层面的属性(从操作人员的个体层面到群体组织甚至民族、地区和国家的宏观层面)。人与系统所处的环境也包含物理、社会、信息等不同方面。这些典型的系统特征要求进行人因工程分析设计时必须遵循系统思维和系统工程方法。

3. 设计驱动

人因工程本质上是面向设计、面向系统实现的应用学科，涵盖策划、设计、实现、评估、维护、再设计和持续改进等阶段。其中设计最为关键，因为2/3以上的故障均可追溯到设计源头。人因工程强调与系统研制相关方面均应参与到策划、设计和研发中，且人因专家应发挥广泛而独特的作用，如可以作为系统中人的要素的总代表，从微观到宏观层面考虑个体或团队属性；作为用户代表，与管理层和工程师建立良好的沟通协调界面。

4. 学科目标协调

学科目标协调，一要确保系统具有高效能（system performance），包括（系统的）安全性、生产力、效率、有效性、质量、创新、灵活性、可靠性、可持续性等；二要确保系统宜人（well-being），即满足人的多层级需求，包括安全与健康、满意度、愉悦（审美）、价值实现与个性发展等。以往多将此目标表述为"人的安全、健康与舒适"，陈善广等[5]认为不够全面准确，特将well-being译为"宜人"以达其意。因此，人因工程应确保系统实现安全、高效和宜人的目标。当然，同时确保所有目标要素实现是不容易的，往往存在矛盾和挑战，在某些情况下需要进行取舍和综合权衡。例如，在以命相搏的场合需要战斗员聚集力量发挥装备最大战力时，有可能降低一些舒适性要求。

此外，人因工程涉及人的特性、机器设计、系统集成等多学科专业领域，在学科形成和发展过程中主要以心理学、生理学、生命科学、社会学、人类学和统计学为学科基础，并综合利用控制科学、设计学、信息科学、系统科学等学科的理论和方法，因此多学科交叉融合也是人因工程学科的典型特征。

1.2.3 人因工程目标

人因工程追求的高安全性、高效率、高满意度、人机融合、缩短周期、降低成本等目标，无论对于决策管理者、工程师还是最终用户，甚至大众都具有重要的价值和意义。

人因工程是沟通人员和系统/产品的桥梁。人-机关系本质上反映的是人-人关系，因为机是人的创造物，必然会打上人的烙印；处理好人机关系就必须处理好设计者与使用者之间的关系，它是对立统一的。实践中，一方面，设计者收到需求时，往往只是明确了产品/系统功能和性能要求，而未能考虑到用户的真实需求；另一方面，使用者则期望系统/产品完全了解并满足个人需求，而不能理解设计者或工程上的约束，因此抱怨系统/产品不好用；此外，有些场景下，向设计者提出需求的是采购者，不是实际使用者，更加容易导致设计者设计出的产品与一线的实际需求不一致。人因工程会在产品设计的初始阶段就创建一个设计者、使用者、采购者以及人因工程专家共同对话的平台，将使用需求转化为设计输入，形成与需求密切相关的人因工程要求、标准、准则、优化解决方案、测试评估建议等，为系统/产品（设计者）和使用者之间架起一座科学合理的沟通和方法学桥梁[5]。

人因工程是系统效能和满意度的倍增器。如果系统设计缺乏人因工程考虑，将会导致用户不满意甚至造成人员身体疾患或损伤,带来系统性能下降、效率低下,或者让人容易发生失误;人因工程考虑不周还常常造成系统研发周期延长,研发费用增加。人因工程把"任务-人-机-环境"作为整体系统,强调设计以人为中心,不仅着眼于系统绩效的提高,更把消除隐患确保安全置于首位,同时把满足人的多层次需求与系统功能及性能有机地统一起来,提高系统的整体效能和满意度。

1.2.4 人因工程收益

有人担心产品研制中开展人因工程项目会增加额外成本,而事实上恰恰相反。数据统计与分析表明,如果在产品设计早期就引入人因工程,费用仅占总投入的2%;而如果在产品交付使用时发生问题而进行整改的费用可能增加10倍以上[47]。关于人因工程项目所能带来的收益,我们先看下面三个例子。第一个是关于美军"宙斯盾"系统[48],单凭软件界面设计优化,使得人的感知和认知时间缩短了4s,系统战斗力提高10%,相当于花费过亿美元改善雷达硬件达到的效果,如图1-4和图1-5所示。

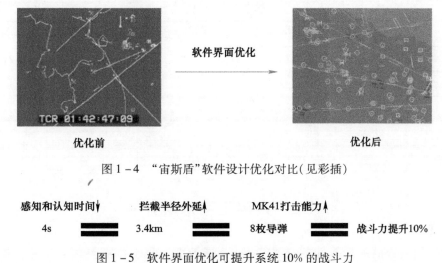

图1-4 "宙斯盾"软件设计优化对比(见彩插)

图1-5 软件界面优化可提升系统10%的战斗力

下面再来看两个关于直升机的例子,"科曼奇"直升机通过增加人因工程方面约7490万美元的资金投入,可获得32.9亿美元的收益,投资回报率高达44∶1;"阿帕奇"直升机通过投入约1230万美元的人因工程研究费用,实现关键设计改进,获得了2.68亿美元的收益,投资回报率也达到了22∶1。详细计算如表1-4所示。

表1-4 人因工程在直升机项目中的投资回报

类型	资金投入	效果	投资回报率
"科曼奇"直升机采购	7490万美元(占4%)	32.9亿美元	44∶1
"阿帕奇"直升机关键设计改进	1230万美元	2.68亿美元	22∶1

近年来,人因工程研究的收益逐渐被认可,效益/成本分析向管理者全面说明了这项投入可带来的益处,实践也逐渐证明人因工程研究的价值,人因工程研究也不再被误认为是

项目额外的成本[49]。

人因工程成本估算相对容易,因为人员和材料的成本投入是比较明确的。估算人因工程项目成本时应考虑的因素包括:①符合人因工程的硬件或软件的成本;②实施人因工程所需的人力成本;③用户学习系统或接受培训花费的时间成本。

然而,收益估算就比较困难,因为收益估算必须基于一定假设。Mayhew[47]提出了10种可量化估算的收益:增加销售、降低提供培训的成本、降低客户支持成本、降低开发成本、降低维护成本、增加用户生产力、减少用户的出错、提高服务质量、减少培训时间、降低用户的周转周期。Alexander[47]也补充了一些其他和人员健康与安全相关的量化效益,包括增加员工满意程度(低周转)或者减少生病在家、意外事故或剧烈伤害的数量,慢性长期伤害(如累积性外伤)的数量,降低医疗和康复开支、引用他人技术或罚款数量以及诉讼数量等。

R. W. Goggins[50]分析了大量案例,发现通过实施人因工程可以大幅降低人力成本、提高生产力,平均费效比达1∶45.5,见表1-5。

表1-5 基于案例的费效分析[50]

度量	案例数	平均	中位数	95%置信区间	范围
生产效率	61	25% ↑	20% ↑	5%	-0.2% ~ 80%
人工成本	6	43% ↓	32% ↓	26%	10% ~ 85%
报废/错误	8	67% ↓	75% ↓	18%	8% ~ 100%
投资回收期	36	0.7年	0.4年	0.3年	0.03 ~ 4.4年
成本/收益比	6	1∶45.5	1∶10	1∶45	1∶2.5 ~ 1∶140

1.3 人因工程常用方法

作为一门具有很强实践性的交叉学科,开展人因工程工作需要很多方法。据Neville A. Stanton整理,包含11类超过300种人因学方法和技术,《人因工程学研究方法:工程与设计实用指南》(第二版)一书详细介绍了12类107种方法[51]。本节根据团队实践情况,分基础研究实验、工程设计、测试评价3种主要类型,整理了常用的16种方法。需要说明的是,某些方法在3类工作中均有应用,如德尔菲法既可用于基础研究实验数据采集,也可用于设计过程中任务分析,更常见的是用于验证中测评指标体系构建等。实际工作中,通常是多种方法组合使用。

1.3.1 实验方法

实验是有目的地控制研究条件或变量,以及研究自变量和因变量之间关系的方法[52]。人因工程实验研究中,因变量通常是作业绩效、工作负荷、情绪状态、疲劳水平、喜好程度或者其他主观评价指标。实验的目的是考察在没有其他变量(自变量之外)影响的前提下,自变量的变化对因变量的影响。

实验方法可以系统地观测一个或多个原因,也就是自变量的变化,对一个或多个结果,即因变量造成的影响。从不同角度出发,实验方法可分为不同类型:按所控制的自变量因素数量,可分为单因素实验和多因素实验;按实验情境特点,可分为实验室实验和现场实验;按实验变量控制的要求,可分为真实验和准实验。真实验的特点是能够按照实验的目的随机选取、分配被试,严格控制无关变量及自变量的改变,准确测量因变量的变化。准实验不采取随机化的原则选取、分配被试,但是和真实验一样也能严格控制无关变量及自变量的改变,准确测量因变量的变化。各种类型实验各有优缺点,可根据实验需求选择合适的实验方法。

1. 实验变量

实验的关键是控制自变量,即只有自变量在变化,别的变量都保持不变,或者被控制在某种可接受的水平。如式(1-1)所示,x 是自变量,Y 是因变量,ε 是无关变量。

$$Y = f(x) + g(\varepsilon) \tag{1-1}$$

自变量是研究者根据实验目的主动控制的、能引起因变量发生变化的因素或条件。在具体的实验实施中,研究者可根据研究问题设置不同水平的自变量。

因变量是实验研究中由自变量变化而引起的、与研究问题相关的、实验被试展现的某种特定的表征量。人因工程研究领域,因变量可分为客观指标和主观指标两种类型。客观指标指的是在实验过程中使用实验设备或软件记录下来的客观数据,如绩效数据和生理数据。主观指标指的是在实验过程中通过实验被试主观陈述形成的受自变量影响的指标,如实验被试的主述、主观评价等。

无关变量又称干扰变量,指的是实验过程中对实验结果有一定干扰作用的变量。实验设计的一个重要环节是考虑所有可能影响因变量的变量,并采取合适的控制方法对干扰变量进行严格控制,使它对因变量不产生干扰,或者尽可能地降低干扰。例如,常用随机分配法避免被试特征给因变量带来影响,该方法将所有的被试随机分配给各个实验条件,理论上只要样本足够大,可以抵消被试个体特征的影响。

此外,还有一个常见的无关变量要重视,即实验次序。次序效应指的是人们遍历一连串不同的实验条件时,被测的因变量可能仅仅因为次序的变化而产生变化。次序可能引起两种截然不同的结果:一种是随着实验的持续进行,被试可能出现疲劳,表现出反应迟钝或更多的失误;另一种是对于一项难度或复杂度较高的测试,被试可能会随着测试次数的增加带来练习效应,可能因为多次练习更熟练而表现出较好的绩效。这些因疲劳和练习带来的次序效应都是潜在的干扰变量,它们的作用是相反的,但是不一定能互相抵消。有很多方法可以避免次序效应对实验结果的影响。例如,在不同实验条件之间给被试一定的时间休息,可以减少疲劳效应;强化练习,并设定一定练习阶段的考核标准,可以减少练习效应。应对次序效应,研究者最常用的是对抗平衡技术,且采用拉丁方实验设计。简单讲,就是不同组的被试以不同的次序来遍历不同的实验条件。总之,必须严格控制干扰变量,保证它们不对实验结果产生影响或控制在可接受范围内,否则无法分辨因变量的哪些变化是由什

么变量引起的,使得实验的结果无法得到正确解释。

2. 实验设计

实验设计是对实验变量和实验样本选择与操作的过程,包括自变量和因变量的确定、自变量和因变量的合理配置、无关变量的控制、样本及其数量的选择。不同实验设计的主要区别是:从自变量来看,每一个自变量有两个水平还是多个水平,有几个自变量被调控;从因变量来看,几个实验条件下是用同一组被试,还是用多组被试。根据实验测试的不同维度,可对实验设计进行以下分类:根据随机化原则,可分为完全随机设计和随机区组设计;根据被试遍历实验处理的不同情形,可分为被试内设计、被试间设计和混合设计;根据自变量多少,可分为单因素设计和多因素设计。

针对同一个问题,不同的测试方法往往可以设计出不同采集数据的方法,以达到相同的实验目的。虽然没有统一的标准评判哪一种实验设计是最好的,但合格的实验设计一般满足以下基本要求:

(1) 根据实验目的,实验情境可以设置、实验条件严格可控,可排除干扰或无关因素对实验结果的影响,确保变量之间的因果关系和变化规律客观可靠。

(2) 获得的实验结果可反复观测和验证。

(3) 可运用统计分析方法对实验结果量化分析和解释。

1) 完全随机设计

完全随机设计是指要从某一确定的人群总体中随机地抽选参加实验的被试样本,并给被试样本随机分配各个实验处理。随机两组设计考察的是一个自变量(因素)的两种条件(即两种水平)。实验中被试分为两组:一组作为控制组,不进行任何实验处理;另一组作为实验组,给予某种程度自变量的变化。随机多组设计有多个实验组接受不同水平(条件)的实验处理,实验者可以从实验结果获得更多的信息。在随机多组设计中,可以设置一个不经历实验处理的控制组,其他实验组经历不同的实验处理;也可以设置不同的控制组,各个实验组经历不同的实验处理。例如,想要考察显示界面里字符大小对人员知觉的影响,需要设置若干个水平的字符大小,从而找到最优的字符大小设置。用5个实验组考察5种不同字符大小,会比用2个实验组考察2种字符大小获得更多的信息。然后通过统计分析中的单因素方差分析来说明不同字符大小设置之间的实验效应,并用事后多重比较来检验这种效应。最后,还可能提出一个定量的模型,或者定量的方程,用来预测作业绩效随着字符大小的改变。

2) 随机区组设计

考虑个体差异对实验结果的影响,实验设计可以采取随机区组设计。在完全随机实验设计中,被试虽然都是从研究总体中随机选取的,但被试间存在差异(如年龄、性别、人格特性等),测试环境(如不同测试时段引起被试不同工作状态)也可能不同。为了减少这些差异对实验结果的影响,就可以采用随机区组实验设计,从而保证实验结果的有效性。例如,可以将被试的性别或者年龄段作为区组,以保证同一个区组的被试是同质的。采取这样的实验设计,数据分析实践可以分离出被试个体差异引起的区组效应,以确保实验组间效应的准确性。值得提出的是,如果不能保证区组内被试的同质性,这种设计可能会带来更大的实验误差。

3）被试内设计

在实验中,让每个被试或每组被试参与实验设置的各种不同条件,比较同样的被试在不同条件下的作业绩效就是被试内设计。这种设计的最大优点就是对被试数量要求相对较少。此外,由于被试遍历了所有实验条件,有利于避免被试个体差异造成不同实验处理效应的误差,如果实验时间较长,需要考虑次序效应。由于组内设计更加敏感,实验者更容易获得不同实验条件之间统计学上的显著差异。

4）被试间设计

被试间设计是每个被试或每组被试只接受一种水平的自变量处理,不同水平的自变量处理由不同的被试或被试组完成。也就是说,实验的每一个条件(水平)使用一组不同于其他组的被试,有多少个不同变量结合的水平,就要有多少组被试来一一对应。考察同一自变量的不同水平对因变量的影响,往往采用被试间设计。此外,如果同一组被试遍历不同的实验条件可能产生某种问题,那么也应该用组间设计。例如,要比较不同类型训练效果的差异,就不能让被试接受一种类型训练(如某种模拟器),再让他们接受另一种类型训练(如实际靶场),因为他们已经知道要学习的内容,次序产生的学习效应可能会明显影响实验结果。

5）混合设计

实验中有些实验条件是每个被试或者被试组都需要遍历的,而有的实验条件仅有部分被试遍历。也就是说,有的自变量被同时设计为组内和组间的,这种设计就是混合设计。例如,上面考察界面字符大小对人员知觉的影响实验,如果一组被试在暗黑界面主题背景下测试两种不同字符大小对人员知觉的影响,而另外一组被试在明亮界面主题背景下也测试两种不同字符大小对人员知觉的影响,这就是一个典型的混合设计。

6）单因素设计

单因素设计是指只有一个自变量的实验设计。单因素设计中的自变量可以只有一个水平,也可以有多个水平。例如,在研究光照照度对被试作业绩效的影响时,光照照度可以只有 400lx 一种水平,也可以有 300lx、400lx、500lx 三种水平。单因素设计往往是和其他实验设计方法一起使用的。例如,考虑到被试的个体差异,可以采取随机区组设计,也可以采用实验组和控制组设计。

7）多因素设计

多因素设计有几个不同水平的自变量,是在一个实验中同时考察多个变量(因素)的影响。人因工程研究中,研究对象往往是复杂系统,这就涉及两个以上的变量之间关系的问题,所以最常用的是采用多因素设计,有两个方面的好处:效率高,不仅可以在一个实验中同时考察系统的多个方面,还可以考察变量之间是否存在交互作用;实验结果更有普遍意义,研究对象更接近实际。

3. 数据采集

按照数据类型,采集方法可分为定性方法和定量方法;按照数据采集是否对实验任务造成干扰,可分为非干扰式和干扰式。常用的数据采集方法有访谈法、观察法、问卷及量表调查法、键盘鼠标操作记录法和生理信号采集法。实验采取何种数据采集方法,可根据表1-6中各方法适用范围和优缺点进行选择,有时也可以几种方法配合使用以获取更多的数据。为了检查实验水平设置、实验流程设计是否合理、被试是否适应实验设置,特别是针对一些大型实验(被试人数多、实验时间长),有必要开展预实验验证后再开展正式实验。一般遵循以下原则:

(1) 优先采用信效度高的数据采集方法。
(2) 优先采用客观定量和非干扰式的数据采集方法。
(3) 优先采用资金和人力投入少的数据采集方法。

4. 数据分析

完成实验数据采集后,研究者需要进一步确定因变量的变化是否是由实验条件所引起的。为了评价研究的问题和提出的假设,研究者通常可进行描述统计、推断统计等数据分析。为了保证实验数据的效度,数据分析时需要先剔除异常值或不同质的数据、进行缺失值填充等数据预处理。异常值一般是指正态分布中处于正负两个或三个标准差之外的数据,也包括不符合客观事实的数据。常用的缺失值填充方法有均值法、最小邻居法、比率/回归法、决策树法等方法。根据研究问题的不同,这些数据分析方法大致可分为5类,即描述统计(集中度量法、差异度量法)、趋势分析(回归分析和时间序列分析,这也是一种数据模型方法)、相关分析、差异分析(参数检验和非参数检验)、数据模型方法(聚类分析、判别分析、主成分分析、因子分析)等。研究者可根据研究问题选择合适的分析类型,再根据样本和数据特征,选择具体的数据分析方法。针对不同人因工程研究问题,表1-7给出了人因实验中的常用数据分析方法,同时给出了各种方法的适用范围。

1.3.2 设计方法

设计方法一般用于描述产品生命周期早期阶段针对特定系统、装备、产品(包括软件)采用的方法,使之具备符合用户要求的特性。人因工程设计方法特指如何将"人的因素"与其他因素关联、耦合、整合的方法,而不是一般意义上的设计方法,主要有任务分析方法、社会网络分析法、功能分配分析法、焦点小组法、界面设计方法、基于DoDAF的人因分析法6类,以及EAST方法[51]应用等。

1. 任务分析方法

1) 概述

任务分析方法是一种通用设计方法,是对系统相关活动的描述和说明,使用这种方法可在操作程序和需求分析的基础上产生设计要求。该方法由英国航空航天(British Aerospace, BAE)系统公司开发,在欧洲战斗机项目中得到应用[51]。虽然这种方法最初是为航空领域开发的,但这种程序性的方法在其他领域的人机界面设计、使用手册和辅助工具设计、确定

表 1-6 常用数据采集方法对比

名称	用途	优点	缺点	适用范围	方法掌握时间	所需工具
访谈法	广泛应用于各个方面,是一种灵活的数据采集方法,它可以用于采集用户的主观感受和反应等	(1)使用灵活,便于实施;(2)访谈人员可以引导分析,便于获取有关主观认知成分的数据;(3)成本低	(1)数据分析费时费力;(2)容易受个体主观偏见的影响;(3)信度难以评价	希望获取主观评价与体验、态度动机数据的实验	长	笔和纸、录音设备
观察法	主要用于采集与任务或场景相关的身体动作和语言方面的信息,包括任务本身(任务步骤和顺序)、完成任务的人员,任务执行中人和人之间的沟通、差错,人和系统所采用的技术(控制、显示、沟通技术等)、系统和组织环境	(1)观察记录的数据是复杂系统中的真实活动和行为;(2)从观察研究中可收集到各种各样的数据;(3)可在真实的特定场景中进行观察	(1)观察法可能会对任务绩效产生干扰;(2)观察的数据容易带有观察者偏见;(3)观察法无法收集到心理认知方面的信息;(4)观察研究的准备和实施过程十分困难且需要花费很高的成本;(5)不易弄清差错产生的原因;(6)研究人员对观察过程的实验控制很有限	希望获取外显行为数据的实验	短	笔和纸、视频和音频录制工具、行为分析软件
问卷及量表调查法	能够从庞大的样本群体中快速地收集特定的数据,可以不同的形式来收集许多人因设计问题相关的数据	(1)问卷及量表调查是一种非常灵活的数据收集方式;(2)如果问卷及量表设计合理,后续数据分析比较快捷;(3)问卷及量表设计完成以后,不需要太多的物力;(4)问卷及量表调查容易很容易对大量的参与者进行施测;(5)娴熟的量表设计者可以用问题来引导数据收集	(1)设计、试测、施测和分析问卷及量表十分耗费时间;(2)问卷及量表的信度和效度难度存在疑问;(3)问卷及量表中提供的备选项经常是匆忙做出的、模棱两可的选项;(4)问卷及量表的输出结果有限	希望获取主观评价与体验、态度动机数据的实验	短	笔和纸、视频和音频录制工具

续表

名称	用途	优点	缺点	适用范围	方法掌握时间	所需工具
键盘鼠标操作记录法	主要涉及使用软件来捕获用户使用交互设备与界面之间的数据信息,特别是基于鼠标运动、键盘按键和鼠标点击的数据。实验数据可用于开发用户模型,分类识别潜在的人因问题	(1)简单易懂的数据汇总; (2)任务绩效不受干扰; (3)不需要过多的培训和专业知识; (4)可以进行远程实验和自然环境下的实验,不需要特定研究场所; (5)与生理数据采集法相比,成本更低	该方法只提供肢体活动的相关信息,无法提供肢体活动和认知之间的关系	人机界面相关的实验	短	计算机和软件
生理数据采集法	用于采集被试静息状态或任务状态或发生反应的变化。常用方法涉及有心电率、大脑活动、皮电反应、肌电活动反应、呼吸、眼动、乳突反应以及事件相关电位等	(1)不同的生理数据采集方法表明均对任务变化的敏感度; (2)可连续记录整个任务实施过程中的数据不稳干扰; (3)不仅可在模拟环境中采集,也可在真实环境中采集; (4)技术的进步使各种生理学采集设备具有更高的准确性和敏感度	(1)数据采集精度很容易被外在干扰影响,如温度和运动、电磁环境; (2)设备通常非常昂贵,设备的性能也许不稳定使用比较困难; (3)在现场使用某些设备可能存在困难,如脑电采集设备和眼动追踪装置; (4)技能要求高(包括研究能力和技术),采集耗时; (5)生理数据与任务绩效的关系缺乏逻辑证明	希望获取观生理指标的实验	长	心电设备、眼动仪、脑电设备等采集设备,相关实验耗材及配套软件,计算机

注:本表在文献[51]基础上完善。

表1-7 常用人因数据分析方法

序号	研究问题	数据分析方法（大类）	数据分析方法（小类）	适用范围
1	研究实验中因变量的多个测量数据的特征：描述数据集中趋势	集中度量法	中数、众数等	因变量是离散数据
			算数平均数、加权平均数、几何平均数、调和平均数等	因变量是连续数据
2	研究实验中因变量的多个测量数据的特征：描述数据离散趋势	差异度量法	全距、百分位差和中心动差（平均差、方差、标准差）	四分位差是最为常用的百分位差；标准差是最为常用的中心动差
3	研究实验中因变量与时间的关系，主要用于获取被试在实验全流程任务模拟条件下因变量的变化趋势。例如，研究长航条件下人员能力随时间增加的变化规律	回归分析	一元线性回归分析	只有一个自变量X与因变量Y有关，X与Y都必须是连续型变量，因变量Y或其残差必须服从正态分布
			多元线性回归分析	分析多个自变量与因变量Y的关系，自变量与Y都必须是连续型变量，因变量Y或其残差必须服从正态分布
			Logistic回归分析	一般用于因变量是离散的情况
			其他回归方法（非线性回归、有序回归、Probit回归、加权回归等）	
4	研究变量之间是否存在某种依存关系，对具体有依存关系的变量探讨相关方向及相关程度。例如，研究隔离密闭环境下人员作业绩效与人员作业能力、作业环境之间的相关性	相关分析	单相关分析	研究时只涉及一个自变量和一个因变量
			复相关分析	研究时涉及两个或两个以上自变量和因变量相关
			偏相关分析	研究时当两个变量同时与第三个变量相关时，将第三个变量的影响剔除，只分析另外两个变量之间的相关程度

续表

序号	研究问题	数据分析方法（大类）	数据分析方法（小类）	适用范围
5	研究因变量在不同自变量水平下，计算统计学意义上是否有差异性。例如，研究长航条件下人员作业能力在不同时间点上的差异性。参数检验用于连续型数据分布在正态分布的情况；非参数检验用于总体分布不明确的情况，常用于离散型数据	参数检验-T检验	单样本T检验	分析样本来自的总体均数与已知的某一总体均数（常为理论值或标准值）有无差别
			独立样本T检验	用于分析样本一次实验样本与其他样本之间是否有显著差异，从而判断其能力是否发生变化，或是否有相同的变化规律
			配对样本T检验	利用来自两个总体的配对样本（被试），推断两个总体的均值是否存在显著差异
		参数检验-方差分析	单因素方差分析	研究时只有一个自变量，或者存在多个自变量时，只分析一个自变量与因变量的关系
			多因素有交互方差分析	研究时分析多个自变量与因变量的关系，同时考虑多个自变量之间的关系
			多因素无交互方差分析	研究时分析多个自变量与因变量的关系，但是自变量之间没有影响关系或忽略影响关系
			协方差分析	研究时排除协变量分析的影响，是将线性回归与方差分析结合起来的一种分析方法
		非参数检验-拟合优度检验	卡方检验、二项式检验	对分类变量是一项或多项分布的总体分布进行一致性检验
		非参数检验-分布位置检验	两个独立样本检验、多个独立样本检验、两个相关样本检验	在样本所属总体类型不明或非正态时，研究样本是否具有相同分布
6	针对多个变量采集大量的数据，通过数据模型来抽述变量之间的关系	数据模型方法	聚类分析、判别分析、主成分分析、因子分析等	

人员编制、人员训练以及系统评估中也普遍适用。任务分析是人因工程对系统设计的核心贡献[53],全面的任务分析对于安全并有效地进行操作和维护系统是至关重要的。

2) 特点

任务分析方法可以明确提出系统要求,详尽分析系统的潜在用户需求,并引导设计,以确保满足所有要求。但执行耗时费力、信度和效度未验证,选择代表性的任务配置文件对分析结果影响较大,如果任务配置文件选择不当,可能无法获得真实的系统使用要素。

3) 原则和要求

大部分人因工程研究都需要以任务分析作为开端或基础、或作为其他分析方法的输入,如人因可靠性分析、功能分配、工作负荷评估、人机界面设计和测试评估等都需要先进行任务分析。

4) 步骤与流程

如图 1-6 所示,任务分析方法主要步骤如下:

步骤 1:编制任务配置文件列表。

步骤 2:选择强制性任务。

步骤 3:对所要分析的强制任务进行层次任务分析(Hierarchical Task Analysis,HTA)。

步骤 4:将任务细分为一组任务阶段。

步骤 5:确认操纵模式。

步骤 6:将每个任务模式划分为任务步骤表。

步骤 7:确定任务功能需求。

步骤 8:确定任务/控制要求。

5) 使用建议

需要使用者具备足够的相关领域专业知识,掌握关于分析系统或任务的大量知识,如任务类型、具体任务和设备自动化水平等方面的知识。

2. 社会网络分析法

1) 概述

社会网络分析法是 20 世纪 70 年代以来在社会学、心理学、人类学、数学、通信科学等领域逐步发展起来的一个研究分支。社会网络分析法主要是分析复杂系统的网络属性结构,研究系统中节点或者数据之间的联系。采用这种方法,可将复杂的人-机-环系统抽象成社会网络,将人-机-环中的关键因素作为节点,各因素之间的关系作为各节点之间的连线。在这个网络中,关键词为社会网络中的节点,贡献则由节点与节点间存在直接联系来体现。

社会网络分析法通过构建凝聚子群,概括总结网络中具有紧密联系的关键词和聚类团体特征,反映关键词之间的内在联系。开展社会网络分析,能够透过表象发现客观存在的真实关系网络,对于深入剖析系统的结构、规模,明确人-机-环要素和关联关系等具有深远意义。

2) 特点

社会网络分析法属于一种通用的方法,简单易学,便于使用,利用分析软件包能大幅度

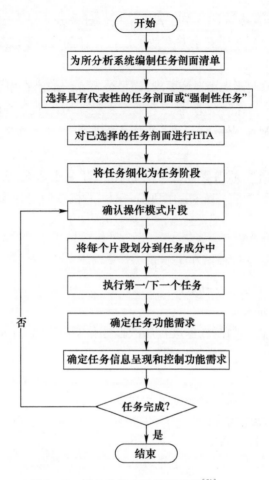

图1-6 任务分析方法使用流程[51]

缩短使用时间。该方法可用于确定团队或社会组群内不同个体的重要性,对所讨论的网络提供一个综合分析,适用于指挥、控制、通信、计算机和情报类的场景分析。但该方法在数据收集阶段需要占用大量资源,难以收集到综合数据,要求使用者具备一定的数学知识,并且对于大型、复杂的网络,难于实施。

3) 原则和要求

首先要求分析对象是一组或一队具有相互关系的成员,针对分析的任务或场景,这个团队是完整和齐全的。输出结果一般用于促进团队系统的设计和分析、团队训练干预以及团队绩效或活动的评估。

4) 步骤与流程

如图1-7所示,社会网络分析法主要步骤如下:

步骤1:定义网络或组群。

步骤2:定义场景。

步骤3:收集数据。

步骤4:构建社会人的关联矩阵。

步骤5:构建社会网络图。
步骤6:计算社会人的中心性。
步骤7:计算社交地位。
步骤8:计算网络密度。

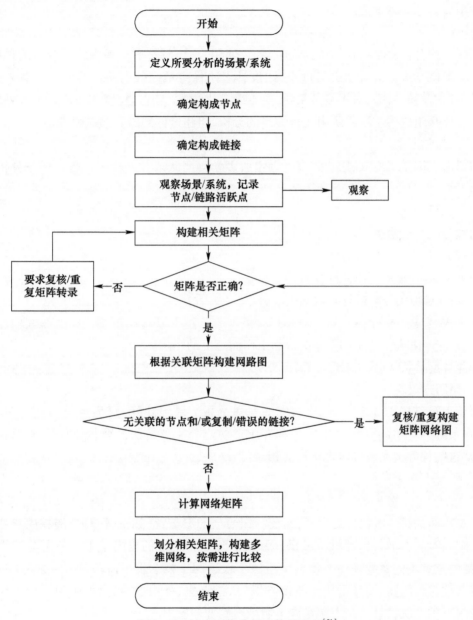

图1-7 社会网络分析法使用流程[51]

5) 使用建议

需要使用者具备一些数学分析知识,社会网络分析法的时间成本受团队或社会网络规模和复杂性影响显著,且这种分析方法需要以分析场景的观察数据为基础。

3. 功能分配分析法

1）概述

功能分配分析法的目的是将作业、任务、功能和职责在所分析系统的人与产品之间进行分配和功能分配。随着系统自动化水平不断提高和技术复杂度不断增强,功能分配分析法的作用显得越来越重要。

2）特点

功能分配分析法是一种简单的程序,如果使用人员合适,实施程序就会变得简单明了。该方法可提供结构化的自动决策过程,让设计者确保由最高效的系统要素执行各项任务。但该方法执行耗时费力,对于复杂系统,这点表现得更加突出。且该方法需要由人因专家、用户和设计师组成多学科团队来进行恰当的分析,组建这样的团队存在困难。

3）原则和要求

需要由人因工程专家、用户和设计师组成多学科团队来开展分析。需要任务分析为其提供输入。

4）步骤与流程

功能分配分析法主要步骤如下：

步骤1:定义所要分析的任务。

步骤2:对所分析的任务进行 HTA。

步骤3:对功能分配进行利益相关者分析。

步骤4:考虑人机能力。

步骤5:评估功能分配对任务执行和工作满意度的影响。

功能分配分析法使用流程如图1-8所示。

5）使用建议

分析人员需要具备多项技能,如掌握任务分析方法。此外,熟悉系统的功能图、原型机、操作系统等对功能分配分析也非常有用。功能分配分析法需要设计团队考虑各项任务,以及这些任务由人或机器来执行的相对优、缺点。

4. 焦点小组法

1）概述

焦点小组法是一种团体访谈法,需要一组恰当的参与者(如主题专家、潜在用户或现有用户)来讨论特定的设计、原型机或操作系统。焦点小组法的输出结果一般是陈述性的内容,包括同意和不同意的陈述。焦点小组法不仅适用于概念设计阶段,用于搜集用户需求和调查各种设计问题;而且适用于测评阶段,从错误率、可用性、脑力负荷和情景意识等方面评价现有的系统设计。该方法在许多领域得到普遍应用。

2）特点

焦点小组法用途广泛、灵活多变,既可探析用户反应和意见,也可测查特定系统或装置的潜在错误。如果焦点小组组建得当,可为设计提供有效的输入。该方法分析的焦点和方向可控,参与者可以自由地讨论各种问题,适用于需要较多背景知识但不需要制作调查问

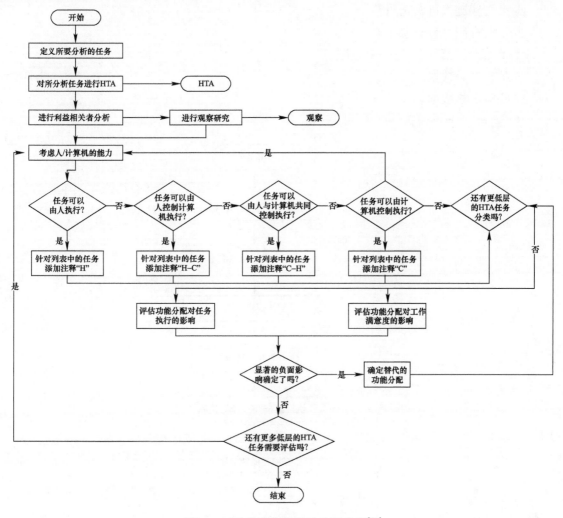

图1-8 功能分配分析法使用流程[51]

卷的主题。但组建和聚集恰当的焦点小组非常困难,成员之间关系对所采集到的数据有较大影响,数据主观性很强,转录和分析这些数据耗时较长,且数据难以进行统计处理,信度和效度受到质疑,对主持人要求较高。

3)原则和要求

典型的焦点小组需要一组恰当的参与者(6名及以上)和1~2位主持人,主持人需要事先列出一张清单,包括将要讨论的问题和各类数据的收集目标,且推动讨论以满足既定目标。

4)步骤与流程

焦点小组法主要步骤如下:

步骤1:定义所要分析的任务。

步骤2:确定需要讨论的关键主题。

步骤3:组建焦点小组。

步骤4:实施人口调查问卷。
步骤5:介绍设计概念。
步骤6:介绍第一个/下一个主题。
步骤7:转录数据。
步骤8:分析数据。

焦点小组法使用流程如图1-9所示。

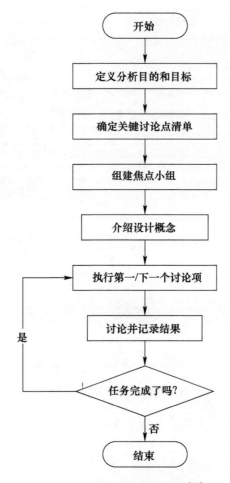

图1-9 焦点小组法使用流程[51]

5)使用建议

典型的小组会时长为1.5~2h,需要录音录像设备辅助。该方法可基于网络视频会议扩展成在线焦点小组法,可直接使用网络视频工具的会议录制功能。

5. 界面设计方法

1)概述

这里的界面包括人机和软件之间的界面。界面设计过程中,人因工程专家需要完成三项基本任务。一是收集和分析人因工程资料和影响人员绩效的数据,包括常识和经验、群体人体形态数据、历史失误率、专家的判断、设计标准或规范。二是界面分析,用于分析系统、产品或设备的人机界面或软件界面,分析内容包括可用性、用户满意度、防误设计、空间布局、显示样式、界面标识等方面。三是人员绩效研究,包括完成任务的时间和失误,通过开展实验对人员绩效进行测量。绩效研究的结果,结合人因工程专家的专业知识,可为界面设计提供非常有价值的输入。

界面分析是界面设计非常关键的一环,本书重点介绍界面分析的相关方法。界面分析方法贯穿于系统整个生命周期,设计阶段用于指导设计概念,测评阶段用于评价系统性能。界面分析有许多不同种类的方法,如界面启发式分析、界面测量方法、空间布局分析,还有常用的各种问卷或量表,如软件可用性测试量表、用户界面满意度测试问卷等。本书介绍一种较为常用且简单便捷的界面分析方法,即界面启发式分析方法。这种方法要求分析者根据交互经验给出主观意见。该方法简单、易用,占用资源量少,因此在界面设计中非常受欢迎。

2)特点

界面设计方法可应用于任何产品形式的设计,在整个设计生命周期内可重复使用,可突出相关问题,其输出结果可直接使用。但该方法是一种非结构化的方法,需要主题专家的参与,执行比较困难。且该方法的一致性受到质疑,具有主观性,信度、效度较差,缺乏全面性。

3)原则和要求

实施界面启发式分析选取一组具有代表性的任务和场景执行一系列与界面交互的活动,并观察记录下交互过程中的现象和结果。该方法应贯穿于设计始终,重点是评估设计概念并针对人因问题提出解决措施。该方法有两种比较经典的分析形式,即施耐德曼的8项黄金法则和尼尔森的10项启发式原则。

施耐德曼的8项黄金法则:

(1)保持一致性。

(2)提供快捷方式。

(3)提供有效的信息反馈。

(4)设计对话提示。

(5)提供恰当的错误处理机制。

(6)允许可逆操作。

(7)满足用户的控制需求。

(8)减少短期记忆负担。

尼尔森的10项启发式原则:

(1)系统可见性:在合理的时间内通过适当的反馈让用户清楚了解系统状态。

(2)真实匹配性:使用用户熟悉的语言和概念。

(3)用户控制性:支持用户撤销和重做。

(4)一致性:不同的语句、情况或动作遵循统一性和标准化。

（5）防错性：应该在一开始就防止错误的发生。

（6）可识别性：最大限度地减少用户的认知负担，系统使用说明应该清晰可见或易于检索。

（7）灵活性和效率性：满足不同熟悉程度用户的使用需求。

（8）美观性和简约性：去除不相关的信息和很少用到的需求。

（9）错误恢复性：帮助用户识别、诊断并修复错误。

（10）帮助性：提供帮助提示和文档。

4）流程与步骤

界面设计方法主要步骤如下：

步骤1：定义所要分析的任务。

步骤2：定义启发式清单。

步骤3：熟悉阶段。

步骤4：执行任务。

步骤5：提出补救措施。

界面设计方法使用流程如图1-10所示。

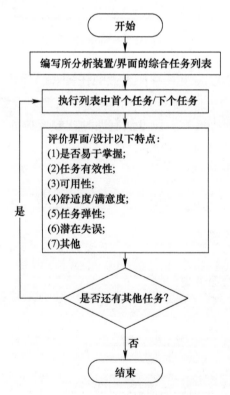

图1-10　界面设计方法使用流程[51]

5）使用建议

为了确保分析价值，需要主题专家积极参与，并事先做好充分准备。

6. DoDAF 方法

为适应信息时代系统规模和范围急剧增加的趋势,美国国防部颁布了系统工程方法 DoDAF(Department of Defense Architecture Framework,DoDAF),用于指导军事系统工程特别是指控系统开发。通过视图,相关方可以既专注自身的领域,也能方便了解全貌,便于系统综合集成、互联互通和高性价比。DoDAF 2.0 围绕数据、模型和视图组织,提出了全局视图、能力视图、运维视图、服务视图、系统视图、项目视图、标准视图、数据和信息视图 8 个视图,每个视图均对应若干项体系架构产品[54]。

A. Bruseberg 和 Lintern 认为 DoDAF 面向产品,HFI(Human Factors Integration,HFI)面向过程,应该把二者整合起来应用于复杂社会技术系统设计开发,并提出 7 个"人的因素视图"(Human Views,HV)及其关系模型[55]:

HV - A 能力约束:将设计变更的影响和约束映射到需求和设计变量,设计约束条件包括所需的 HFI 活动(例如培训)。

HV - B HFI 的质量目标和指标:提供体现人的价值和绩效标准,从高水平的质量标准到度量和目标。

HV - C 社会网络结构与交流:捕捉人的角色的结构网络和频繁(或关键)信息交换的需要,可以包括系统。

HV - D 组织角色和依赖:通过定义额外的组织属性和关系(例如部分 - 整体结构、等级结构、互动类型)澄清 OV - 4(组织视图)概念。

HV - E 系统接口的人机功能:明确人承担的功能和负责的活动与系统定义之间的关系,作为 OV - 5(操作视图)之外详细解决方案的一部分。

HV - F 角色和能力的人员功能:明确人力资源的需求和高水平解决方案。

HV - G 人员绩效动力学:创建基于人员动力学的个人和团队行为预测方法,作为设计和绩效评估的基础。

Handley 和 Smillie[56]提出北约体系架构下人因整合视角,包括准确表达人在系统中的概念、人在系统中的能力和局限、描述任务、定义角色、人际网络尤其是时间和空间分布、训练清单、反映人员的价值观/优先级/绩效及与其他视角的关系、人员绩效动力学等,重点分析了人员绩效动力学视角。Hause 和 Wilson 等[57]开发了 11 个视图和 10 个要素域构成的联合体系架构,如图 1 - 11 所示,提出要构建元模型并在元模型层面集成,力图通过标准化工具将人的因素融入系统全生命周期。Orellana 和 Madni 认为当前的系统工程实践中是将人 - 系统集成问题作为事后考虑(例如,在系统架构已经创建之后),提出 HSI 本体模型,试图建立通用术语,定义 HSI 因素(包括需求、人类智能体、行为、结构、参数和机制),将人的因素更全面地集成到系统中,搭建系统开发人员和人因分析人员之间的桥梁[58]。

基于 DoDAF 人因视图的分析架构,是为了在系统开发和集成中更好地将"人的因素"纳入,可作为指控系统人因分析过程中关于"人的因素"建模参考,但总体上偏宏观,未涉及具体要素的表征和度量,未建立作战业务流程与"人的因素"的映射关系。

	分类 Tx	结构 Sr	连接 Cn	过程 Pr	状态 St	交互场景 Is	信息 If	规范 Pm	限制 Ct	路线图 Rm	追溯 Tr
元数据 Md	元数据 分类 Md-Tx	体系观点 Md-Sr	元数据 连接 Md-Cn	元数据 过程 Md-Pr	—	—			元数据 限制 Md-Ct	战略部署 St-Rm	元数据 追溯 Md-Tr
战略的 St	战略分类 St-Tx	战略结构 St-Sr	战略连接 St-Cn	—	战略状态 St-St				战略限制 St-Ct	战略阶段 St-Rm	战略追溯 St-Tr
操作的 Op	操作分类 Op-Tx	操作结构 Op-Sr	操作连接 Op-Cn	操作过程 Op-Pr	操作状态 Op-St	操作交互 场景 Op-Is			操作限制 Op-Ct	—	—
服务 Sv	服务分类 Sv-Tx	服务结构 Sv-Sr	服务连接 Sv-Cn	服务过程 Sv-Pr	服务状态 Sv-St	服务交互 场景 Sv-Is	概念数据 模型	环境 Pm-En	服务限制 Sv-Ct	服务路线图 人员可用 Sv-Rm	服务追溯 Sv-Tr
人员 Pr	人员分类 Pr-Tx	人员结构 Pr-Sr	人员连接 Pr-Cn	人员过程 Pr-Pr	人员状态 Pr-St	人员交互 场景 Pr-Is	逻辑数据 模型	能力,驱动 因素,表现	人员限制 Pr-Ct	性人员变化 人员预测 Pr-Rm	人员追溯 Pr-Tr
资源 Rs	资源分类 Rs-Tx	资源结构 Rs-Sr	资源连接 Rs-Cn	资源过程 Rs-Pr	资源状态 Rs-St	资源交互 场景 Rs-Is	物理模式 现实世界 结果		资源限制 Rs-Ct	资源演化 资源预测 Rs-Rm	资源追溯 Rs-Tr
安全 Sc	安全分类 Sc-Tx	安全结构 Sc-Sr	安全连接 Sc-Cn	安全过程 Sc-Pr	—	—		测量 Pm-Me	安全限制 Sc-Ct		
项目 Pj	项目分类 Pj-Tx	项目结构 Pj-Sr	项目连接 Pj-Cn	—	—					项目 路线图 Pj-Rm	项目追溯 Pj-Tr
标准 Sd	标准分类 Sd-Tx	标准结构 Sd-Sr	—	—	—					标准 路线图 Sd-Rm	标准追溯 Sd-Tr
实际资源 Ar		实际资源 结构 Ar-Sr	实际资源 连接 Ar-Cn		模拟				参数执行 /评估		
					字典*Dc						
					概述SmOv						
					要求Rq						

图 1-11 UAF 视点网格图[57]

7. EAST 方法

1) 概述

在英国国防部长期资助下,由国际航空公司牵头,包括伯明翰大学、布鲁内尔大学、格林菲尔德大学、南安普顿大学等英国高校和企业的学者专家组建了人因综合防御技术中心,利用新方法重新理解和分析指挥控制系统。该中心 Neville A. Stanton 教授及其团队提出了一套整合的系统事件分析方法(Event Analysis of Systematic Teamwork method,EAST),其内部结构如图 1-12 所示。该方法通过任务网络、社会网络和信息网络对分布式团队工作进行描述,其中,任务网络描述了系统内正在执行的目标和后续任务;社会网络分析了系统的组织关系和团队中工作人员之间的沟通;信息网络描述了不同行为在任务执行过程中使用和共享的信息与知识(态势感知)。EAST 方法侧重于团队协作绩效分析,整合了分层任务分析、关键决策方法、协调需求分析、通信使用图和操作序列图等多种人因方法,扩展了定量和定性的网络分析方法,并建立了三个网络可视化模型,有助于深入评价复杂的指挥控制系统[59]。

初期,Stanton 等[16,60-61]在潜艇模拟器中选取了三种典型任务进行分析,结果表明,声呐控制员和作战军官是指挥队伍中最忙的,这些操作人员之间的沟通是指挥团队潜在瓶颈,尤其是在需求较高的情况下。EAST 方法应用到军事指挥控制以外的民用领域,包括应

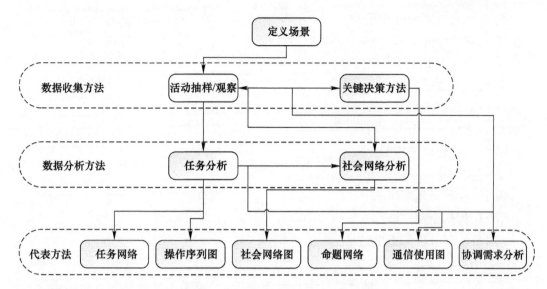

图1-12 EAST框架体系的内部结构[51]

急服务[62]、能源调度[63]、铁路维护[64]和自动驾驶[65]等,均报告取得了较好成效,验证了方法的科学性与可行性。不足之处主要在于该方法过于依赖成型产品使用过程的数据收集,适用于事后评估和改进,缺乏预测性。

2018年以来,研究人员对EAST方法进一步完善,并围绕潜艇指挥室内的声呐室是否单独设置[66]、团队协同与人员编组编制[67]、台位环形布局[68]等,该团队应用EAST方法,开展了一系列深度研究,得出了一些对工程有用的启示,很大程度上解决了原方法偏重于事后评估的做法,但某些地方还需要进一步商榷:一是EAST方法似乎以人因专业者为主,对人因融入系统设计以及与系统其他工作的接口考虑不多,可能会制约该方法的推广应用;二是利用网络科学所构建的数学模型与真实世界内在的逻辑关系没有阐明,让人难免对方法的信度和效度产生质疑。

2) 特点

EAST方法基于客观和明显的现象,分析非常全面,可根据分析的需要来选择方法,并可从不同的角度对活动进行分析。其结果以图形化表示,易于理解,可呈现大量的细节。且该方法可用于验证和影响系统、技术、程序和训练的设计,具有通用性,可对一系列人因学概念进行评估,其结果在不同领域具有可比性。但掌握该方法需要花费大量的培训时间,执行非常耗时,部分分析耗时耗力,很难以报告、论文以及演示文稿的形式来呈现,且需要对所分析的领域、任务以及主题专家会议法非常熟悉。

3) 原则和要求

这种成套的方法体系并不局限于某种方法,分析者可根据分析的需要选择不同的方法。实施EAST,需要对所分析的领域和任务非常熟悉。

4) 流程与步骤

步骤1:定义分析的目的。

步骤2:定义所要分析的任务。
步骤3:对所要分析的任务和场景进行观察研究。
步骤4:进行关键决策方法访谈。
步骤5:转录数据。
步骤6:重新进行层次任务分析。
步骤7:进行协作需求分析。
步骤8:构建通信使用图。
步骤9:实施社会网络分析。
步骤10:执行操作顺序图。
步骤11:构建命题网络。
步骤12:验证分析的输出结果。

5) 使用建议

EAST不仅适用于深入评估复杂社会-技术系统,也适用于复杂社会-技术系统内部结构检验和系统、培训、程序和技术设计的验证。分析结果对发现具体问题的性能局限和系统再设计非常重要。

1.3.3 测评方法

一切与人有关的系统或者产品的设计都应该符合人因工程指标要求,评判各项指标是否满足要求,需要开展测试评估,这个过程就是测评。根据人因工程测评结果,可以对人机系统进行调整与改进,改善设计薄弱环节,消除不良因素或潜在危险,以达到系统的最优化。

人因工程测评对于复杂人机系统尤为重要。例如船舶中的人机系统,其包括人(船员或乘客)、机(船舶设备或系统)、环境(舱室内作业环境与外部自然环境)三个方面,任何一方面都是一个复杂的系统,而三方面的交互又增加了系统的复杂性。如何使这样复杂系统协调工作,需要分阶段、分层次地开展人因工程测评,既包括部件级测评也包括装置或系统级测评,既包括单项测评也包括综合测评。通过人因工程测评对船舶系统或设备进行改进,使船舶系统或设备更加安全、可靠和高效。

人因工程测评方法很多,有定量方法,也有定性方法。可以根据工程实际选择定性方法或定量方法,也可以将二者结合使用。常用的人因工程测评方法[2]包括动作分析法、问卷调查法、校核表法、环境指数法、海洛德分析法、德尔菲法、模糊综合评估法、绩效度量法、认知预演以及回顾式测试。

1. 动作分析法

动作分析法是一种分析技术,它以人在操作过程中人体各部位(手、眼和身体)的动作(抓取、搜索、移动)为研究对象,通过分析,找出并剔除不必要的动作要素、减少无效动作,简化操作方法,以消除实施动作过程中存在的浪费、不合理性和不稳定性。动作分析法简单易行,对降低操作者身体疲劳、增加其操作舒适性及提高工作效率具有重要意义。该方法是基于吉尔布雷斯提出的18种动素理论以及动作经济原则而形成的。动作分析法为制定标准的作业方法与程序和进行作业时间研究提供基础,可广泛应用于具有大量的重复性操作类作业过程评估。为了对动作进行分析,必须了解动作的活动状况,观察动作分析的常用方法包括目视动作分析法和摄像动作分析法。目视动作分析法只适用于比较简单的操作活动。摄像动作分析法可以对细微的动作进行更精确的分析与描述。该方法的缺点是不同研究者对交互过程的分解可能不同,导致分析结果无法验证。

动作分析法的主要步骤包括选择研究对象、发现问题、分析问题出现场景、找出问题的真因、拟订动作改善方案、实施改善方案、确认改善效果、标准化等,且用于船舶甲板作业、驾驶等操控类作业,以及复杂设备设施维修作业等方面的人因工程测评中建议考虑使用该方法。

2. 问卷调查法

问卷调查法可用于评价多种定性变量(如可接受性、使用便捷性等),是使用最频繁的一种主观评价方法,具有易发现用户主观偏好、易重复进行等优点,详见表1-6。

一般而言,问卷调查法的主要步骤包括确定调查目标、设计调查问卷、进行预调查与问卷修改完善、对调查对象进行抽样、实施调查、问卷回收与审核、问卷整理与数据分析以及撰写结果报告等。适用于船舶领域显示与控制系统新技术的可接受性、舱室环境的适居性、信息系统可用性等人因工程测评。需要注意的是,使用问卷调查法需要进行问卷预答并进行信效度检验以确保数据结果的有效性与可靠性。

3. 校核表法

校核表法(也称检查表法)是一种较为普遍的人因工程测评方法,它是利用工效学原理检查构成人机系统各因素及作业过程中操作人员的能力、生理心理反应状况的测评方法。该方法快捷易行,既可以应用于综合测评,也可以应用于单项测评。该方法最初是在风险评估技术中广泛使用,用于识别危险及风险评估分析。对于校核表法而言,其核心是要编制一套具有针对性、科学性的检查表,编制检查表必须根据测评对象和要求特点编制,要尽可能系统、详细,具体要求如下:

(1)从人、机、环境要求出发,利用系统工程方法和工效学方法将系统划分为单元,以便集中分析问题。

(2)以各种规范、规定与标准为依据。

(3)要充分收集有关资料和信息。

(4)由工效学技术人员、生产技术人员和有经验的操作人员共同编制,并通过实践检验不断修改,使之完善。

校核表法的主要步骤包括确定校核检查对象与范围、编制能充分覆盖校核范围的检查表、检查人员对表中的项目进行审查看是否有缺失、校核检查过程实施以及校核检查结果整理等。校核表法可用于产品或系统的生命周期的任何阶段,尤其针对船舶信息系统显示、操纵装置设置、舱室作业空间以及舱室环境等对象的人因工程测评,推荐使用该方法。

4. 环境指数法

环境指数法是对作业空间、光照色彩等视觉环境以及噪声等环境进行测评并形成综合指数等级的一种测评方法。该方法最初是从建筑领域室内环境指数综合评价过程中形成的，现广泛运用于航空航天、轨道角度、船舶等领域的环境测评。环境指数法通常包括空间指数法、可视性指数法和会话指数法。

1）空间指数法

空间狭窄会妨碍操作，使作业人员不得不采取非正常的姿势和体位等，影响作业能力的正常发挥，提早产生疲劳或加重疲劳；狭窄的作业空间、通道或入口还会造成作业人员无意触碰危险部件或误操作，导致事故发生。因此，为了评估人机系统的作业空间大小、通道和入口通畅性，用空间指数作为评估指标，包括密集指数和可通行指数。

密集指数表明作业空间对操作人员作业活动的限制程度。查耐儿（Channell R. C.）和托克特（Tolcote M. A.）将密集指数划为 4 级，3 为最好，0 为最差，如表 1-8 所示。

表 1-8　密集指数表

指数值	密集程度	典型事例
3	能舒服地进行作业	在宽敞的地方操作机床
2	身体的一部分受到限制	在无容膝空间的工作台上工作
1	身体的活动受到限制	在高台上仰姿工作
0	操作受到显著限制，作业相当困难	维修化铁炉内部

可通行指数表明通道、入口的通畅程度，也分为 4 级，如表 1-9 所示。

表 1-9　可通行指数表

指数值	入口宽度/cm	说明
3	>90	可两人并行
2	60~90	一人能自由通行
1	45~60	只可一人通行
0	<45	通行相当困难

实际工作中，可通行指数的选择，与作业场所中作业人员的数量、出入频率、是否可能发生紧急状态造成堵塞以及这种堵塞可能带来的后果严重性有关。

2）可视性指数法

可视性指数法也称视觉环境综合评价指数法，是测评作业场所的能见度和判别对象（显示器、控制器等）能见状况的评估标准。该方法借助评价问卷，考虑光环境中多项影响人的工作效率与心理舒适程度的因素，通过主观判断确定各评估项目所处的条件状态，利用评估系统计算各项评分及总的可视性指数，以实现对环境的测评。

3）会话指数法

会话指数法是指房间中的会话能达到两人自由交谈的畅通程度，考虑噪声、距离等因素而得出的评估基准值。在某些环境里，为了衡量噪声对会话通畅程度的影响，通常采用语言干扰级来衡量在某种噪声条件下，在一定距离下讲话，必须达到多少强度的讲话声才能正常会话；或者相反，在某一强度的讲话声下，噪声必须降低到多少才能使会话通畅。使用语言干扰级测评是十分方便的，距离与语言干扰级的关系如表 1-10 所示。

表1-10 距离与语言干扰级的关系

讲话者与听者的距离/英寸	语言干扰级/dB			
	正常声	高声	大声	呼喊
0.5	71	77	83	89
1	65	65	77	83
2	58	58	71	77
3	55	55	67	73
4	53	59	65	71
5	51	57	63	69
6	49	55	61	67
12	43	49	55	61

注:1英寸=2.54cm。

在船舶舱室作业空间、通道以及出入口的测评中建议使用空间指数法;在船舶舱室光环境、色彩环境、舱室适居性等测评中建议使用可视性指数法;在船舶噪声较大的机舱、设备舱、甲板部位等作业区域的声环境测评中建议使用会话指数法。该方法的优点是可实施性强、结果能定量或分级,缺点是评价过程较为烦琐。

5. 海洛德分析法

海洛德分析法(Human Error and Reliability Analysis Logic Development,HERALD)是用于评价仪表与控制器的配置和安装位置对人是否适当的方法,即人的失误与可靠性分析逻辑推算法。海洛德分析法主要是对人在回路中人的可靠性进行测评,该方法在飞机驾驶舱驾控界面的测评中广泛应用。

按海洛德分析法规定,求出人们在执行任务时成功与失误的概率,然后进行系统评价。人在最佳视野内,即人的水平视线的上下15°范围内对目标的判读或操作的效果最佳,最不容易失误。距离最佳视野越远,操作和判断的失误概率越高。因此,在海洛德分析法中对不同的视区以劣化值的形式规定了操作失误的概率。

如表1-11所示,以人的视线为中心,向外每隔15°划分一个区域,在每个扇形区域内规定了不同的劣化值De及失误概率。若显示仪表安置在15°以内最佳位置上,则劣化值De为0.0001~0.0005。若将该仪表安置在80°的位置上,则劣化值增大到0.0030。在进行仪表布局时,应该考虑使它的劣化值尽量小。有效作业概率的计算公式为 $p = \prod_{i=1}^{n}(1 - De)$。

表1-11 区域与De值

区域	De值	区域	De值
0°~15°	0.0001~0.0005	45°~60°	0.0020
15°~30°	0.0010	60°~75°	0.0025
30°~45°	0.0015	75°~90°	0.0030

海洛德分析法的使用步骤主要包括确定待测评系统中仪表显示屏等显示装置以及控制装置的数量与位置、从操作人员视点出发以15°为一个等级作视锥、判断每一个显示装置与控制装置所在视区、计算每一个装置的有效作业概率、计算整体有效作业概率等五大步。该方法的应用面较为狭窄,对于有众多显示器件与控制器件的人机界面的人因工程测评可考虑使用该方法。

6. 德尔菲法

德尔菲法是专家调查法中很重要的一种方法,根据经过调查得到的情况,凭借专家的知识和经验,直接或经过简单的推算,对研究对象进行综合分析评价,寻求其特性和发展规律,并进行预测。它的最大优点是简便直观,无须建立烦琐的数学模型,而且在缺乏足够统计数据和没有类似历史事件可借鉴的情况下,也可能对研究对象的未知或未来的状态做出有效的预测。德尔菲法最早出现于20世纪50年代末期,1964年,美国兰德公司的赫尔姆和戈尔登首次将德尔菲法应用于科技预测中,并发表了《长远预测研究报告》。此后,德尔菲法便迅速在美国和其他许多国家广泛应用。

德尔菲法的关键在于选取合适的专家团队。一般而言,专家应为对所要预测的问题有一定的专门知识及丰富的经验,能为解决预测问题提供某些较为深刻见解的人员。德尔菲法是一种反馈匿名询函法,其主要研究步骤包括确定调查预测目标、选聘10~15人的专家团队、开展3~5轮的专家意见征询、对各专家最后一次征询的意见进行统计处理并做出调查预测结果等四个步骤。

德尔菲法具有以下三个特点:

(1) 匿名。咨询过程中,给各位专家发出咨询表,要他们回答所问的问题。专家互不见面,直接与咨询主持人联系,因而消除了专家之间的相互影响,做到充分自由地发表意见。

(2) 循环和有控制的反馈。德尔菲法要经过几次循环才能完成,各轮循环都是在精心控制下的反馈。

(3) 统计团体响应。最后一轮,要适当集中每位专家的意见,组合成专家群体的集体意见。

由于以上特点,德尔菲法在航空航天、船舶等复杂系统的人因工程分析和测评中得到广泛应用,尤其对于测评指标体系的构建具有重要的指导意义。但是,德尔菲法存在耗时多、结果依赖专家主观意见、寻找合适专家困难等明显缺点,在具体使用时应高度关注。

7. 模糊综合评价法

模糊综合评价法是一种基于模糊数学理论的综合评价方法,它以模糊数学为基础,应用模糊关系合成的原理,将一些边界不清、不易定量的因素定量化,从多个因素对被评价对象隶属等级状况进行综合性评价。复杂系统进行人因工程测评时,通常会同时受到多种因素影响,需要依据多个有关指标对复杂系统做出整体性、全局性评价。过去的几十年里,不断的研究和实践发现,评估对象所具有信息的不完备性和不确定性以及人们在表述问题时的模糊性降低了评价的质量,如究竟达到什么程度才算"感觉舒适"?环境照度到什么量级才算"合适"?因此,正是这种模糊性与不确定性,给人因工程测评提出了新的研究方向。

尽管模糊综合评价法可有效解决评估对象边界的模糊性与不确定性,但是该方法计算复杂、对指标权重向量的确定主观性较强。

模糊综合评价法的主要步骤包括模糊综合评价指标的构建、通过专家经验法或者层次分析法(Analytic Hierarchy Process, AHP)构建好权重向量、建立适合的隶属函数,从而构建好隶属矩阵、采用适合的合成因子对其进行合成并对结果向量进行解释。传统的综合评价方法很多,应用也较为广泛,但是没有一种方法能够适合各种场所,解决所有问题,每一种方法都有其侧重点和主要应用领域,如果要解决新领域内产生的新问题,模糊综合评价法显然更为合适。

8. 绩效度量法

绩效度量法是一种通过让用户或模拟用户完成预先设定的测试任务,收集所用时间和出错等绩效数据的方法。该方法是可用性工程中常用的一种度量方法,对于评估是否达到可用性目标以及对竞争产品进行比较的工作起着重要作用,但需注意的是该方法不能发现单个可用性问题,使用时需结合其他测评方法。绩效度量法是建立在参加测试用户的行为之上,而不仅仅是其主观的意见与想法。在众多绩效度量指标中,任务成功率、错误率以及任务完成时间三个绩效指标最受关注。

绩效度量法的主要步骤包括测试场景搭建、测试任务设计、在主试的引导下开展测试、记录任务完成时间等绩效数据、绩效分析等。需要进行方案对比的客观分析,建议使用绩效度量法。需要注意的是,对于任务完成情况的记录通常采用二分式记录法,即完成和未完成,但是在需要分析错误率的情况下,主试需要认真观察被试在完成任务的过程中出现错误情况,而不仅仅只记录最终是否完成的实验任务。

9. 认知预演

认知预演是通过对目标用户每个任务的行动进行预演并不断提出问题的方法。该方法首先要定义目标用户、代表性的测试任务、每个任务正确的行动顺序,用户界面用来发现设计中存在的问题,包括用户能否顺利达到任务目的、用户能否获得有效的行动计划、用户能否采用适当的操作步骤、用户能否得到正确的反馈信息,最后进行评论,诸如要达到某个效果,某个行动是否有效,某个行动是否恰当,某个状况是否良好。

认知预演的主要步骤包括定义目标用户、选取代表性的测试任务、定义每个任务正确的行动顺序、选取评估专家、实施评估等。该方法适用于评估对象为低保真原型的场景,包括纸原型,适合界面设计的早期阶段。需要注意的是,该方法被试不是真实的,不一定能很好地代表最终用户。

10. 回顾式测试

回顾式测试是指在测试期间录像,让被试温习录像的内容来收集额外的信息,有时也称为录像测试法。观看录像带时,被试没有执行测试任务时的紧张感,因此会说出更多的意见。当然,实验人员也能随时停止播放,以便向被试询问一些更详细的问题,不需要担心对测试过程造成影响。回顾式测试在难以找到有代表性的测试用户时尤其有价值,因为它能从每一个测试用户那里获得更多的信息,但是也存在需要分析程序来处理大量数据、侵犯用户隐私等问题。

1.4 人因工程伦理

2018年11月26日,南方科技大学副教授贺建奎宣布一对名为露露和娜娜的基因编辑婴儿诞生[69]。这对双胞胎的一个基因经过修改,她们出生后能天然抵抗艾滋病病毒,该消息一传出便震动了中国和世界。社会各界和业内专家对实验的动机与必要性、实验过程的合规性、实验影响的不可控性都提出了相关质疑。此事件折射出人们对科技创新和工程应用中相关伦理问题的关注与思考。

2019年7月,中央全面深化改革委员会第九次会议通过了《国家科技伦理委员会组建方案》。会议表示,组建该委员会目的就是加强统筹规范和指导协调,推动构建覆盖全面、导向明确、规范有序、协调一致的科技伦理治理体系。要抓紧完善制度规范,健全治理机制,强化伦理监管,细化相关法律法规和伦理审查规则,规范各类科学研究活动。2020年6月,教育部发布《高等学校课程思政建设指导纲要》,明确要求工学类专业课程要注重强化学生工程伦理教育,培养学生精益求精的大国工匠精神,激发学生科技报国的家国情怀和使命担当。

2021年3月,国家卫健委在《涉及人的生命科学和医学研究伦理审查办法(征求意见稿)》中提出,开展涉及人的生命科学和医学研究的二级以上医疗机构和设区的市级以上卫生机构(包括疾病预防控制、妇幼保健、采供血机构等)、高等院校、科研院所等机构都应当设立伦理审查委员会。其他开展涉人研究且未设立伦理审查委员会的机构,可以书面方式委托区域伦理审查委员会或有能力的机构伦理审查委员会开展伦理审查。此外,研究者也可通过"国家医学研究登记备案信息系统"(https://61.49.19.26/login)申请对研究项目进行伦理审查。

2022年3月,中共中央办公厅、国务院办公厅印发了《关于加强科技伦理治理的意见》,明确指出科技伦理是开展科学研究、技术开发等科技活动需要遵循的价值理念和行为规范,是促进科技事业健康发展的重要保障。要以习近平新时代中国特色社会主义思想为指导,深入贯彻党的十九大和十九届历次全会精神,坚持和加强党中央对科技工作的集中统一领导,加快构建中国特色科技伦理体系,健全多方参与、协同共治的科技伦理治理体制机制,坚持促进创新与防范风险相统一、制度规范与自我约束相结合,强化底线思维和风险意识,建立完善符合我国国情、与国际接轨的科技伦理制度,塑造科技向善的文化理念和保障机制,努力实现科技创新高质量发展与高水平安全良性互动,促进我国科技事业健康发展,为增进人类福祉、推动构建人类命运共同体提供有力的科技支撑。提出了伦理先行、依法依规、敏捷治理、立足国情、开放合作等五条治理要求,明确了增进人类福祉、尊重生命权利、坚持公平公正、合理控制风险、保持公开透明等五项原则。

人因工程伦理学要求主要涉及三个层面。第一个是操作层面,不同于一般科学实验,研究对象是相对固定的"物",人因工程研究、测试评估研究对象往往是"人"或者以"人"为载体,有的研究如人在特定环境下的操作能力,甚至可能试图最大限度地掌握人的能力边界,这就要求实验设计等方面充分考虑被试人员的健康和安全。实验方案必须通过伦理学审查,开展人因工作较多的单位应建立专门的伦理学委员会。第二个是技术实现层面,无论是设定人因工程要求,还是设计人因评估指标,都要把确保人的安全放在首要位置,尽可能兼顾健康需求,并考虑适当的健康弥补或补偿措施。一项新技术应用和一个新产品论证,均应开展人因工程分析,坚守科技向善的原则,梳理对使用者构成明显的或潜在的不利条件、风险因素,尽量通过设计避免或减缓,至少应该在可控和可接受范围内。第三个是价值取向层面,作为一名人因工程工作者要有一颗"仁爱"之心。人因工程学科本身就是弥合技术(设备)与人之间缝隙的,运用一整套科学的方法把"以人为本"落实到客观世界改造中去。既要避免"世人皆醉我独醒"式孤芳自赏,又要避免"你好我好大家好"式和光同尘,努力与设计师团队、项目管理团队、决策者等相关方一道,基于合作基础开展斗争,共同改善和增加人类福祉。

第2章

船舶人因工程概论

2.1 船舶人因工程概念及典型应用场景

2.1.1 船舶人因工程研究对象

从事水上运输、捕鱼、作战以及其他水上活动的工具统称为"船舶"[70]。船舶用于军事用途的,通常简称军用舰船,包括航空母舰、巡洋舰、驱逐舰、护卫舰、快艇、两栖舰、潜艇、扫雷舰艇、军辅船等。船舶用于运输、捕捞、科学调查、工程作业、资源开发等民事用途的,称为民用船舶,简称民船,包括客船、货船、渡船、驳船、海洋工程平台等。船舶行业范畴要更加宽泛,除了船体,还包括船上的系统和设备。根据中国船舶集团公司官网,海洋防务装备产业主要产品覆盖水面舰艇、潜艇、电子信息装备、舰艇武备、舰艇动力、机电装备、公务执法装备、舟桥等。本书面向的是整个船舶行业,既包括船舶平台,也包括安装部署在船舶平台上的动力、电子信息、武备、机电等系统和设备。

从人因工程的视角看,船舶行业特点鲜明,集中体现在任务操作、自然环境、装备形态和使用群体4个方面。

1. 任务操作

民用船舶和军用舰船使命定位不同,任务操作方面既有一定共同点,又有各自特色。大型民用船舶如油轮、集装箱船等,任务特征一般是长时间远航,远离家人和正常社会生活;随着智能化技术的发展,耗费大量体力的操作任务大幅度减少,以视听觉监控机械化作业为主。海洋工程平台主要用于海洋资源开发(包括油气、矿产、渔业、风电等),长期固定或半固定于海上,高风险、高强度的专业性操作任务较多。小型民用船舶多用于短途和内河运输,任务操作特点主要体现在高速航行、安全驾驶等方面。

军用舰船以海上作战任务为核心,特征主要体现在:多人多战位协同、高风险、高应激、高不确定性以及强对抗,包括夜间在内的24小时全天候、全海域,长时间持续高强度作业、特殊值更制度等,要求快速反应、精准操作、规范有序。随着海军战略转型,面向深海远海的长航时是必须考虑的一个因素。2020年,中国海军第35批护航编队全程170天不靠港休整,航行10万余海里(1海里=1852m),完成27批49艘中外船舶伴随护航等任务,刷新人民海军舰艇编队海上连续奋战时间最长的纪录。为确保隐蔽性,潜艇任务还有高度保密、与社会断绝信息往来的要求。

随着无人技术快速发展,预计不久的将来无人装备将在海洋上发挥重要作用,但人在回路的特点相当长时间内不会改变,无人装备只不过是人不在运载工具上,还是需要人在线远程操控,而且需要在搭载平台(往往也是战斗一线)操控,有人-无人协同更加值得关注。

2. 自然环境

船舶自然环境主要受海况影响,大致可以分为两类:一类是风、浪、流通过船舶平台作用到人,如摇摆、晃动、颠簸、抨击、上浪等;另一类是直接作用到人,如潮湿、盐雾、高温、严寒、风雪雷雨等。长期暴露在恶劣的海洋环境下,会对人员作业绩效、身体健康产生重大影响,如晕船让人难以忍受、摇摆晃动影响操作准确性、剧烈颠簸会对脊柱造成一定伤害,有的会诱发安全事故甚至对人员生命造成威胁。2015年6月1日,"东方之星"号客轮航行至湖北省监利县长江大马洲水道时突遇飑线伴有下击暴流袭击,瞬间极大风力达13级并伴有特大暴雨。船长虽采取了稳船抗风措施,但在强风暴雨作用下,最大风压倾侧力矩达到该客轮极限抗风能力的2倍以上,船舶持续后退,处于失控状态,倾斜进水并在1分钟内倾覆,造成442人死亡。国务院调查组查明[71],该客轮抗风压倾覆能力虽符合规范要求,但不足以抵抗所遭遇的极端恶劣天气,船长和当班大副对极端恶劣天气及其风险认知不足,在紧急状态下应对不力。

随着人类对海洋认识的深入和海洋强国战略的实施,从人因工程视角看,船舶自然环境中远洋、深海、极地、极端天气有了新含义,对外部环境特征的认识也有了新要求。传统远洋环境主要体现在运输特别是货物运输方面,今后需要人员连续长时间驻留的海洋资源开发、科考、旅游、作战等活动将成为常态。深海环境主要是潜艇和深海空间站,海水的运动、温度、成分以及海底地形会对装备的运动、结构、外形等产生直接影响。极地环境主要特点是严寒和冰区,人员需要穿戴厚重的防护服才能工作和生活。极端天气既包括突发极端恶劣天气,如台风、暴雨等;也包括超出装备应对能力的复杂气候环境,如高海况对航空母舰舰载机起降的影响。

3. 装备形态

外部环境主要是指客观存在的自然环境,船舶舱室内部环境可称为微环境,可改造可调节。装备形态是指船舶提供的微环境、内部空间、载荷。从实现功能角度看,船舶装备形态可分为运输平台、保障平台、作业/作战平台,大型船舶一般体现为不同空间位置和设备,如对于豪华邮轮游客而言,运输、生活、保障、娱乐是融为一体的;对于导弹艇、冲锋舟等小型船舶和蛙人潜航器等特种装备,可能会出现多个功能重合叠加的情况,既是运输平台也是作战平台并提供必要的人员保障。

作为运输平台,船舶按要求把人和物安全送达规定的位置,装备形态主要体现在驾驶室和驾驶操控相关的系统设备方面,琳琅满目的仪器仪表显示船舶航行状态,鼠标、轨迹球、手柄、转向盘等多种操控方式保障命令执行,照明系统既能满足灯火管制要求又能保证必要的夜间作业,高温高湿的动力舱室,受限空间内使用的损管系统和设备。由于水下航行,潜艇操纵控制系统担负潜艇航向、深度、姿态的控制任务,一般与作战信息系统部署在同一个舱室。

作为保障平台,船舶要保障人员健康安全,并维持一定的生活和工作状态,装备形态主要体现在生活舱室、通道、环境控制设备、医疗健康和休闲娱乐设施,高噪声、振动、狭小空间、污浊空气环境是主要特征。利用光的生物效应、绿植等,营造更好的舱室生活空间是当前研究的热点。客船特别是豪华邮轮保障要素更多、标准更高,在确保人身安全红线的前提下,最大限度地满足乘客需求,提供大量便利、舒适甚至奢华的生活和休闲娱乐设施。

作为作业/作战平台,船舶要为完成使命任务提供物质手段,装备形态种类多、差异大。人在回路的复杂巨系统是船舶重要装备形态之一,主要体现为设备数量多、种类多、专业性强、协同程度高,如航空母舰上一架飞机从机库牵出到放飞降落最后回到机库一个完整流程涉及数千台系统设备,需要几百人的大型团队协同配合。人机高度耦合的装备形态主要体现在指挥控制系统,多通道的海量信息、多模态的频繁交互、多战位的深度联动,人机功能分配合理性、人机界面友好性、人机交互便捷性直接影响装备效能的发挥,多通道之间、多模态之间、多战位之间的融合是今后一个研究重点。

4. 使用群体

船舶使用群体可分为专业用户和非专业用户两类,专业用户是指操纵船舶系统设备的用户群体,如海员、舰员、艇员,船舶等同于工作岗位、工作场所、劳动工具、作战武器;非专业用户是指使用船舶系统设备实现其他目的的用户群体,如乘客、游客,船舶等同于休息、娱乐、社交等场所和设施。专业用户一般以青壮年男性为主,身体条件和素质较为趋同,均受过系统训练和培训,具有较高的知识水平和专业能力。内部组织结构稳定清晰,通常具有严密的组织性和等级关系。对船上工作和生活的困难有明确的预期,必要时,能够承受一定的痛苦和伤害。非专业用户则不然,类似于一般社会大众短时间内将生活场所主体迁移到船上,年龄、性别、文化等方面具有高度随机性,相互之间基本不了解,更谈不上组织性,对船舶系统设备缺乏深度了解,对所能提供的服务有较高预期。需要高度关注的是老人、幼儿、残障人士等弱势人群的需求和期望,特别是发生紧急情况时,其身体能力和行为方面的诸多限制。本书将专业用户统称为船员,将非专业用户统称为乘客。

2.1.2 船舶人因工程需求

从用户的视角,一个产品状态可以用"四用"模型来表达,即能用、顶用、好用、想用,如图 2-1 所示。能用体现为产品固有的功能和性能指标,衡量标准是功能是否齐备、性能是否达标,能够满足用户基本需求和诉求。顶用体现为产品质量可靠性,衡量标准是功能和效能是否稳定、持续,能够满足用户在不同场景下的使用要求。好用体现为产品真正做到以用户为中心,衡量标准是用户体验水平,能够满足用户实现产品基本功能基础上额外有情感上的获得感。想用体现为产品对客户的高度黏性,能够激发人性最深处的痛点。

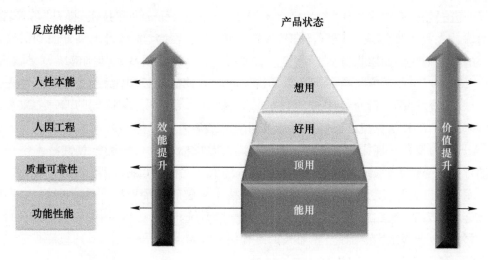

图 2-1 产品状态的"四用"模型(见彩插)

社会、产业的初级阶段产品以能用为目标,先解决有无问题。随着市场成熟和技术发展,顶用成为取胜的关键,大幅度提升产品质量可靠性。到了后期,则是千方百计让用户觉得好用、想用,主要途径之一是利用人因工程技术,充分挖掘用户需求,不断迭代优化提升用户体验。这既是产品效能提升的过程,也是价值提升的过程,有时也是价格提高的过程,典型例子是以华为为代表的国产智能手机行业由小到大、由弱到强的发展历程。当然,产品想用走到另一个极端就是依赖甚至上瘾,如游戏公司花大价钱聘请专业团队研究青少年心理,然后运用于游戏环节设置和场景开发,从而导致相当数量的青少年沉迷于游戏,造成了严重的社会问题。虽然产品自身价值提升了,游戏公司和开发团队赚得盆满钵满,却损害了社会整体利益,违背了科技向善的基本伦理准则。

中国现代船舶行业起源于清末江南机械制造总局,但积贫积弱的旧中国并没有促使船舶工业实现强国富民的产业愿景。中华人民共和国成立后,我国船舶工业重新起步,取得了举世瞩目的辉煌成就。据统计,2021 年中国造船完工量、新接订单量、手持订单量全球份额分别为 47.6%、51.8% 和 48.3%,三大造船指标均居全球首位,出口船舶比重分别占 96.1%、95% 和 87.1%。2023 年 6 月 6 日,首艘国产大型邮轮"爱达·魔都"号在中国船舶集团有限公司旗下上海外高桥造船有限公司顺利出坞,意味着民船领域最后一颗皇冠上的明珠即将被中国人摘取。随着国产航空母舰、万吨大驱、两栖攻击舰交付入列,军用船舶领域已经能够完全覆盖。可以说,中国船舶"能用",已经解决有无问题,但从各方面情况来看,军民船舶领域与国际一流水平还有不小差距,很大程度上是在"顶用、好用"方面下的功夫不够。国际权威智库瑞典斯德哥尔摩国际和平研究所 2016 年曾在一份报告中指出:"中国武器装备的质量在 20 年来有了长足的进步,其性能在许多领域已足以同西方和俄制武器相媲美。但是,目前可见的领域主要是在射速、射程等易于观察的方面,而武器内部的电子系统、软件、人因工程尚有待观察。"

当前及将来相当长一个时期,实施海洋强国、制造强国战略,建设世界一流海军,都需要世界一流船舶行业提供支撑,迫切需要充分应用人因工程理论和技术,提升"好产品"供给能力。首先是管理体系上,理念认识、采购政策、研制程序、项目组织等方面均需要以系统工程的思维把人的因素贯穿到产品全寿命周期,军用船舶领域尤其是解决好采购方、最终用户、研制方、专业研究机构共同发力的机制问题。其次是标准体系上,普遍存在先进性不够,落后于技术发展,针对性不强,颗粒度过大缺乏指导性或过细缺乏灵活性,覆盖面不全,很多装备产品和任务流程没有直接标准对应。最后是技术体系方面也存在需要提升的地方,人员能力及特性规律认识不足,复杂系统人因指标预计与分配等关键技术空白。由于船舶行业自身特点,系统设备数量多、用户群体大,意味着实施人因工程费效比更高;船舶行业军民高度融合,属于典型大国重器,关键技术突破后可辐射推广到更多行业,形成更佳的社会经济效益;船舶应用场景复杂恶劣和巨型系统特点,更容易提炼出有价值的科学问题,引领专业走深走实。因此,船舶人因工程研究需求非常强烈。

2.1.3 船舶人因工程概念

Salmon,Read,Walker 等认为[72]:人因工作的目标是理解和优化个人、团队、组织和系统的绩效,包括工作和社会系统,需要系统的理论和方法,支撑开展以下工作:

(1) 描述和理解个人、团队、组织和系统的行为表现;

(2) 指导产品、工具、设备、工作和任务、环境、培训计划、程序、规则和公共政策、整个社会技术系统等相关的设计和评估。

美军将人-系统整合定义为将人因工程、系统安全、训练、全体人员、人员编制、健康/危害、生存等整合到国防系统装备采购的全寿命周期的一个过程(详见1.1.2节)。美国NASA要求适人性认证必须贯穿系统整个生命周期的所有活动项目,包括设计和开发、测试和验证、程序管理和控制、飞行准备认证、任务操作、支持工程、维修、升级和报废,并制定了航天飞行人-系统标准(NASA-STD-3001),旨在降低载人航天项目中飞行乘组的健康和人因风险,包括《乘员健康》和《人因、适居性与环境健康》两卷。NASA-STD-3001 第 1 卷《乘员健康》对参与任务乘员的身体素质、航天飞行容许暴露限值、医疗护理等级、医疗诊断、干预和护理以及对抗措施设定了标准,关注点是把人的生理参数看作一个系统。NASA-STD-3001 第 2 卷《人因、适居性与环境健康》着重于人的身体和认知的能力与局限性,并为航天器(包括航天飞机轨道器、居住舱和航天服)、内部环境、设施、有效载荷以及太空运行期间的乘员界面相关设备、硬件和软件系统确定了标准,包括操作和地面维修组装,关注点转向人-系统整合,即人和系统能否配合好并且完成确保飞行任务成功所需的工作。

船舶人因工程可以理解为:运用系统工程思想,以船舶及系统设备论证策划、设计建造、使用维护、报废处置全寿命周期综合效益最优为目标,研究并改善人的因素与装备因素、任务因素、环境因素之间相互作用的学科,是确保安全、高效、宜人地达成相关方目标的一系列原理、技术、方法和数据的总和,构建"两核两环四柱"的船舶人因工程内涵模型如图 2-2 所示。

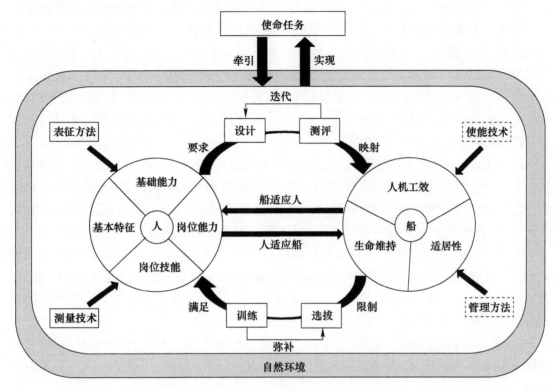

图 2-2 船舶人因工程两核两环四柱概念图

两个核心要素:一个是"人",包括船员和乘客,是指特定群体特征以及在特定自然环境下的变化规律,如潜艇声呐兵长期密闭隔离环境下听音辨别能力[74]、舰载机飞行员夜间在甲板上起降时的视觉辨别能力等,称为人员特性及其规律,可以分解成为基本特征、基础能力、岗位能力、岗位技能 4 类,其中基本特征主要包括人员的人体尺寸、外形、可达域、性格、品格、社会组织中的地位和属性、生存和健康的条件,一般是比较稳定的;基础能力主要包括人员的体能、认知、感知能力、睡眠、生物节律、情景意识、人误等,在不同环境下会发生变化,具有规律性;岗位能力是指适应岗位任务特点的能力特征,主要包括生理适应能力、心理适应能力和特殊岗位需要的某种潜在能力,如指挥人员的团队协同能力、飞行员的空间定位能力等;岗位技能主要是指能够熟练运用设备的能力,作为一个维度纳入考虑范畴,一般不作为人因工程研究范畴。除此之外,还有"人"的表征方法和测量技术,如人体测量/建模/仿真、工作负荷测试评估、人因可靠性等方面的内容。工作中有人认为应该把"人"的事情都纳入人因工程研究范畴,也有人疑惑人因工程与医学、心理学等学科的界限如何划分。医学和心理学等是人因工程重要的学科基础,但各有侧重,医学和心理学研究的是"人"的本体,人因工程研究的是"人"的表现,完成任务所涉及的能力特征及其规律,如要研究任务背景下人因生物节律及调节措施,但不渗透到导致生物节律的神经机制、细胞影响等。另一个核心要素是"船",主要包括生命维持、适居性和人机工效三类,其中生命维持主要是指满足船员和乘客生存需要的生活保障设施、医疗保障设施、应急保障系统、紧急逃生系统、防护服装和设备等,解决"活得了"问题;适居性主要是指为船员和乘客提供宜人舒适环境的舱室环境、就餐和睡眠条件、个人用品和卫生、生理对抗措施、心理舒缓设备等以及必要的娱乐系统和设备,对于邮轮等客船,可能尤为重要,解决"待得住"问题;人机工效主要是指与船员工作直接相关的"界面",包括舱室功能配置与区域划分、位置和定向辅助设施、交通流和移动路径、舱口与门窗、人机协同、信息系统功能分配、硬件和软件的人机界面、控制器和显示器、各种工具以及包装、拆卸、安装、维修等,解决"干得好"问题。

两个环路:一个是"船适应人",基于人的特性提出人因工程要求,通过设计和测评落实到船上,以船实物性的技术状态(包括但不限于功能、性能、形态)呈现,尽可能发挥人的优势,规避人的劣势,同时,设计和测评之间可以多轮迭代寻优;另一个是"人适应船",在科技水平、工程进度、生产成本等多重约束下,船实物性的技术状态固定后,对船员和乘客的限制明确后,通过选拔合适候选者和给予必要的训练,尽可能快速、安全地操作和使用船,同时,选拔和训练也可以互相弥补。即便是民用领域,适当的选拔和遴选也是非常必要的,如豪华邮轮应该充分分析长时间海上旅游的疾病与照料风险,船舶可提供的医疗条件和转运能力,明确列出不宜乘坐的旅客群体。

"四柱"是指实施人因工程过程中的4个主要工作,即设计、测评、选拔、训练,后文分别有详细描述。产品使命技术和管理方法是开展人因工作需要考虑的边界,但不作为研究范畴。

"两核两环四柱"是一个整体,离不开使命任务牵引,并以使命任务达成为目标,不同使命任务会对人因工作重点和方向产生质的影响;另一个边界条件是自然环境,如波浪诱发颠簸、摇晃,进一步影响船员和乘客。

需要指出的是,传统人因工程和工效学研究人的要素与系统中其他要素相互作用,主要是从人的能力限制和边界入手,对其他要素提出约束性要求,然后通过测评来验证和保证要求得到满足,即通常的提出人因工程(工效学)要求、开展人因工程(工效学)测评,对于如何实现涉及较少,批判性有余而建设性不足。从本团队推广应用人因工程的经历来看,用户并不满足于此,他们需要的是最终解决方案,正如陈善广先生在第二届全国人因工程高峰论坛上所指出"人因工程设计还很薄弱"。因此,人因工程要坚持正向设计思维,不仅要研究人与系统中其他因素的相互作用,还要致力于改善这种作用,把人的潜能更好地发挥出来。

2.1.4 船舶人因工程典型应用场景

除了具备人因工程一般性学科特点,由于船舶行业特殊应用场景,船舶人因工程具有自己独特的一面,需要有针对性地持续深入研究。

1. 极端恶劣环境下长时间驻留人员的特性规律

船舶行业经常需要克服极端恶劣环境,既有自然环境,如剧烈摇晃颠簸、高盐高湿、极寒冰雪等,也有船舶运转造成的局部微环境,如高噪声、强振动、空气质量低、保障条件有限等,船员长时间暴露于这样的环境中,生理、心理、能力等特性均容易受到影响,需要对关键特性指标、长时间变化规律、主要影响因素、内在机理成因、干预思路和措施开展深入研究。受成本、风险、时间等方面限制,真实极端恶劣环境下采集人员特性数据非常困难,需要有针对性开展测试技术研究,更多时候通过构建半实物仿真环境和适宜的任务环境,从实验室数据中挖掘揭示客观规律。随着数据量的积累,需要建立常模,便于预测不可穷尽的真实场景。

2. 高风险、高压力、强对抗下人员应激反应

无论军事领域还是民用领域,船舶行业均需要经常面对高风险、高压力、强对抗的任务,给船员精神上带来巨大负担,引起的应激会破坏个体体内的稳态平衡,机体做出一系列生理和心理反应,这些反应可能影响行为和绩效。常规情况下,依靠船员的经验和意志能够补偿,未必从实际绩效中得到体现。但一旦遇到非预期式紧急情况,就可能酿成重大安全事故[74]。应激的生理反应包括两个系统的快反应和慢反应。快反应是指交感神经系统的迅速激活,体现为面对威胁或压力,个体立即心跳加快、呼吸急促、血压上升,帮助个体立即做出"前进或撤退"的决定。同时,下丘脑-垂体-肾上腺素皮质(Hypothalamic - Pituitary - Adrenal,HPA)轴,也被缓慢激活,其终端分泌物皮质醇通过血脑屏障作用于大脑,影响以前额叶、海马和杏仁核为靶脑区的大脑活动,对人的执行功能(注意、决策、工作记忆等)、记忆以及情绪产生抑制或促进的影响,最终促使人为应对威胁做出进一步响应。这种应激如何表征、如何影响人的判断力和决策能力、如何影响人的情绪和心理、如何在产品设计中规避或利用,均需要持续深入开展研究。

3. 人在回路巨系统建模与分析

人在回路的复杂巨系统是船舶行业重要标志之一,尤其是舰船装备,涉及海、陆、空、天、潜、信息、电磁等多域,常由多个子系统融合而成,无论是结构还是使用而言都十分复杂。人在回路的建模与仿真是指通过人员建模技术(包括形态建模、任务动作建模、生物力学建模、认知建模)将船舶使用群体(船员和乘客)引入复杂巨系统的建模与分析中,搭建人机融合的桥梁,解决人如何模型化、系统如何模型化、人-系统整合如何模型化的问题。人在回路的建模是一种可控的、可重复的技术手段,以人因学、控制论和网络科学为基础,综合利用信息技术、仿真技术、相关工程技术等,实现人与机的"握手"。这种"握手"能够有力弥补传统人因学方法大多数不能用于预测行为和结果的缺陷[72],可在系统开发初期介入,以较低的代价为后续设计提供输入。目前,理论和实践之间的鸿沟仍然巨大,即便是理论本身亦未有足够的信度和效度。

4. 多人多机耦合下的团队任务分析

随着信息技术快速发展,信息收集、传播、分析的速度不断加快,规模不断扩大,多人多机强耦合下的任务系统在船舶行业越来越常见,如航空母舰的编队作战和航空保障多达数百人和近千台套设备一起协同配合作业。潜艇更是"百人同操一条艇",任何一个个体或战位出现疏漏,都有可能带来不可预见的灾难。任务分析和分解,是操作流程设计、岗位设置、人员编制编组、人机功能分配、人因安全与风险识别等系统总体工作的起点。传统任务分析方法主要面向对象是单人单机,以还原论和线性方法为基础,对多人多机强耦合的社会技术系统的复杂性、涌现性和动态性考虑不足,实际工程中经常出现"不会用、不敢用"的尴尬局面。复杂网络理论、社会计量学等新兴学科的发展,为多人多机耦合下的团队任务分析打开了一扇新窗口,已有初步的尝试[68,75-79]。

5. 人–智能系统协同

毫无疑问,人工智能正席卷而来。2017 年,具有里程碑意义的全球首艘智能船舶"大智"号成功交付;2019 年,全球首艘 40 万吨超大型智能矿砂船(VLOC)及全球首艘 30 万吨超大型智能油船(VLCC)相继成功交付,标志着中国船舶工业全面迈入"智能船舶 1.0"的新时代[80]。人工智能能够提高和拓展个体和团队的能力,但是也有一系列明显的缺陷,包括可能隐藏的风险和脆弱性,尤其是面临非预期的场景,必须在智能系统中增加全面的人的视角,特别是一些高风险的操作[81]。人–智能协同的本质是人–智能体、多智能体之间信息共享、态势理解、认知决策等多个方面的协同,需要建立一套智能化背景下的人机协同体系架构,开展人机协同态势感知与理解一致性技术研究,提升人机之间态势感知的广度、精度和速度;开展人机交互式、迭代式协同学习,使机器能够充分理解指挥员的意图、学习指挥员的习惯,达到高水平的人机互信和融合。

6. 多通道多模态人机交互

随着眼动、语音、手势等新型交互技术走向成熟,信息系统人机交互领域频繁出现"多通道"和"多模态"智能人机交互的新理念。"多通道人机交互"的概念一般是指眼动、手势、语音等人机交互的硬件设备,上述设备实现了多个通道的眼动、语音等信息的检测和识别;"多模态人机交互"的概念一般是指对于系统检测到的眼动、语音等信息如何进行处理、分析与融合,相比"多通道"而言,多模态信息处理与融合是人机交互最核心的难题。由于人机交互频繁复杂,且经常面临恶劣海况、长时间远航、人手短缺等方面的限制,船舶信息系统对多通道多模态先进人机交互手段的需求非常迫切,希望借此降低环境模糊性、提升操作效率。但多通道下的信息系统设计并非是传统人机交互简单的技术替换(如用语音替换键盘做文字输入),需要开展专业的人因工效学实验、智能算法研究与实现等工作,通过科学的数据、方法、模型、工具去支撑系统的设计与实现,以大幅度提升人机交互效率。反之,就会出现意图与非意图的错误识别,成为一种新的负担。

7. 高海况下作业保障与人体防护

变化莫测的风、浪、流和充满未知因素的水下环境会使得海洋船舶平台处于复杂的海况环境中。不同等级海况会对船员产生不同的影响,主要体现在呼吸、心率等生理状态以及视觉、认知、操作等作业能力方面。面对大风、巨浪、浓雾等高海况,船舶会发生剧烈摇晃或颠簸,导致船员产生呼吸困难、心率升高并伴有肌肉紧张的现象,从而造成视觉辨识度、操作稳定性以及认知能力的下降。针对上述问题,船舶及其附属设备设施的设计中,应充分考虑复杂高海况对船员的影响,开展人员作业保障与个体防护设计,满足高海况下船员的使用需求。以高速艇为例,艇上船员所遇到的恶劣海况环境,主要表现为两种典型类型的运动:一种是以多次冲击或瞬时振动为主,同时可能包含一些潜在的振动;另一种是以周期性振动为主,其中偶尔存在冲击或瞬时振动。这种包括多次冲击和全身振动在内的航行环境会导致操作效能和战备完好性降低,具体体现在人员疲劳、人体平衡性下降、行动能力丧失。因此,在高速艇设计研制过程中,应加强作业保障与人体防护人因设计,如艇上座椅的减震与绑带设计、艇上安全扶手设计、刚性锋利角的安全防护设计、艇出入口的便捷性设计等。

8. 大规模、低成本的岗位适应性测试

岗位适应性是指一个人胜任某个岗位时必须具备的生理、心理素质特征以及必要的工作能力,它是在先天因素和后天环境相互作用的基础上形成和发展起来的。岗位适应性包括很多方面,但由于具体场合不同,可能会有不同的要点,如工作效率、无事故倾向、最低能力和特性要求、熟悉工作速度、意愿适应、个人背景等。岗位适应性测试就是通过一系列有效的测评手段,对人的身心素质水平进行科学测定与评价,使人与岗位要求互相匹配合理,以期望提高人员履行该岗位职责时的工作效率、减少各类事故。对于船舶行业而言,岗位适应性测试主要针对专业用户,是实现满足目标要求人员选拔的有效手段,尤其是具有风险性与特殊性的舰船相关岗位的船员选拔,对身心素质、工作能力等具有极高的要求,需要在符合岗位基本要求的群体中高效、快速地筛选出合适的人员。船舶岗位适应性测试需要解决的关键问题是充分考虑船舶行业特点,构建船员岗位胜任力评价指标体系,制定船员岗位胜任力评价标准,在此基础上,开发岗位适应性测试手段,提高效率、降低成本,实现大规模、低成本的岗位适应性测试。

此外,还有一些特殊功能的场景需求,如豪华邮轮、医疗船、海工平台。豪华邮轮犹如一座极尽奢华的海上城市,船上的设施几乎是应有尽有,它有两个显著特点:一是使用群体规模大("海洋魅力"号最大可搭载游客6320名和船员2100名),并在能力特性方面个体差异显著,可能有嗷嗷待哺的婴儿,也可能有步履蹒跚的老人,因此对特殊群体需要有人因方面的特殊考虑;二是对舒适性的要求极高,需要将人因工程发挥至极致。医疗船是我国国防战略保障体系建设中不可或缺的一部分,是海军官兵或海洋平台作业人员的海上生命保障线,承担医疗保障和应急救援任务。医疗船与舰船相比,不属于主战装备,但集成了较多高精尖的医疗设备,且要求具有开展手术的能力,因此对舱室环境、布局等有特殊要求。典型的海工平台有海洋石油平台、海上渔场等,在保证安全性的前提下,这类平台特别注重生产活动中的经济效益,因此需要重点考虑人因工程实施的效益。

2.2 船舶人因工程实施程序

2.2.1 整体框架

船舶人因工程实施程序(图2-3)是基于正向设计的理论和实践,严格从装备的需求分析开始,正确完整地走完整个V模型。任何一个环节都应该得到充分重视。V模型的左半部分是装备的设计过程,右半部分是装备测评及交付过程。

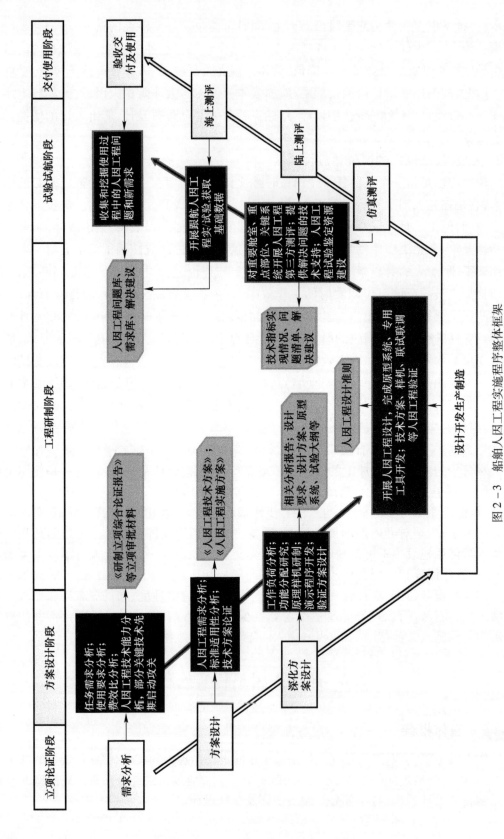

图 2-3 船舶人因工程实施程序整体框架

2.2.2 主要实施阶段

船舶人因工程研制工作贯穿船舶研制的立项论证、方案设计、工程研制、试验试航、交付使用等阶段,由人因工程专业团队和研制团队联合,开展人因工程分析、设计、研制、测试等工作[82]。

1. 立项论证阶段

人因工程专业团队配合用户和总体单位,开展人因工程任务需求分析、使用要求分析、现有技术能力分析、初步方案论证等,支撑研制立项综合论证,提出人因工程要求纳入研制总要求。针对系统复杂、技术难度大等新型装备,开展人因工程先期技术开发,突破重大关键技术、开发人机交互演示验证系统等。

2. 方案设计阶段

根据研制立项批复要求,开展人因工程需求分析、标准规范适用性分析、技术方案论证等人因工程分析工作,形成人因工程技术方案,支撑总体设计方案形成,进一步细化提出人因工程要求。在深化方案设计阶段,开展工作负荷分析、人机/台位功能分配设计等研究,细化人因工程设计要求,形成人因工程设计方案、人机交互演示原型系统、专用设计工具、关键算法模型等。

3. 工程研制阶段

开展重要舱室、重点部位、关键系统的人因工程设计,形成人机交互系统软件、专用设计工具、关键算法模型等成果,支撑总体单位开展样机测试验证、联试联调等。

4. 试验试航阶段

对全船重要舱室、重点部位、关键系统开展人因工程第三方测评,考核相关技术指标的实现情况,发现人因工程问题,提供解决问题的技术支持。同时,对测评过程中收集的人因问题进行整理,形成人因试验问题库并进行系统性分析,为后续船舶装备的研究提供输入。

5. 交付使用阶段

开展跟航试验,收集和挖掘使用过程中的人因工程问题与新需求,形成问题库和需求库,作为新研、现役改进船舶的输入。

2.2.3 小结

以往人因工程在船舶整个研制过程中介入的阶段相对较晚,介入的程度也相对较浅,未充分发挥出专业作用。目前,船舶行业的管理单位、研制单位已经充分认识到在船舶研制全周期开展人因工程的重要意义,并逐步在相关程序文件中提出要求,促进人因工程在立项论证、方案设计、工程研制、试验试航、交付使用中落地。人因工程技术责任单位应进一步深入研究人因工程关键技术,熟悉船舶装备实际情况和部队使用需求,给人因工程技术的实施提供可行性,船舶研制单位应进一步扩大人因工程在各研制阶段的研究范畴,给人因工程专业必要的资源,切实提高船舶适人性水平。

2.3 船舶人因工程工作体系

2.3.1 整体框架

船舶人因工程工作体系主要分基础层、共性层、专用层三个方面来构建，如图 2-4 所示。基础层主要产出船员工作能力谱、测试方法、变化规律、数据、模型、理论等内容，可支撑整个人因工程学科的建设；共性层主要产出船员工作能力测试系统、工作能力预测模型、工作负荷的定量评价技术、预测技术、人机接口设计方法、工效评价指标等内容，来切实推动船舶人因工程技术的发展；专用层主要产出工作负荷预测技术、人机接口设计技术、作业能力变化数据、人因工程评价指标等内容，以此来提升船舶人因工程的设计能力。

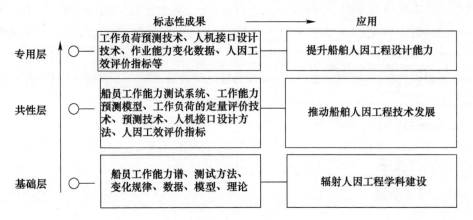

图 2-4 船舶人因工程工作体系整体框架

2.3.2 主要工作项目

船舶人因工程工作项目包括船舶平台及船舶信息系统在立项论证、工程研制、定型、交付使用的各个阶段中，应开展的前期分析、要求提出、设计实施、试验评估等具体工作，如表 2-1 所示。

表 2-1 人因工程工作项目集

工作项目	责任方		寿命周期过程					定型	交付使用	备注
	任务下达方	承制方	论证立项	工程研制						
				方案设计	样机研制及性能验证	性能鉴定	状态鉴定			
制订人因工程工作计划	√	√	√	√	√	√	√	√		
人因工程工作评审	√	√	√	√	√	√	√	√	○	
用户需求分析			√	√						

续表

工作项目	责任方		寿命周期过程					定型	交付使用	备注
	任务下达方	承制方	论证立项	工程研制						
				方案设计	样机研制及性能验证	性能鉴定	状态鉴定			
用户工作能力分析与模型构建(UWAA&MC)		√	√	√						
认知和操作任务分析(C&PTS)		√	√	√						
关键任务操作流程分析(KOPA)		√	√	√						
人因失误与原因分析(HE&CA)		√	√	√						
工作负荷分析(WLA)		√	△							
情景意识分析(SAA)		√	△							
人机信任度分析(MMTA)		√	△							
团队协同模式分析(TCMA)		√	△							
通达性分析(AA)		√	√	√	△					
台位布局分析(LA)		√	√	√	△					
人员操作域分析(OFA)		√	√	√	△					
人员视域分析(VFA)		√	√	√	△					
人员工作姿势分析(WPA)		√	√	√	△					
热舒适性分析(TCA)		√	√	√	△					
噪声污染分析(NPA)		√	√	√	△					
视觉工效分析(VEA)		√	√	√	△					
适居性分析(HA)		√	√	√	△				√	
作业安全性分析(JSA)		√	√	√	△					
作业时间分析(JTA)		√	√	√	△					
提出人因工程要求	√	√								
提出人因工程指标	√	√	√	√						
提出人因工程设计标准/要求/指南		√	√							
人机功能分配设计(MMFDD)		√	√	√						
作业流程设计(WFD)		√		√						
软件人机界面设计(MMID)		√		√	√					
软件交互方式设计(ID)		√		√						
舱室光环境设计		√		√						
舱室设备布局设计		√		√						
设备外观设计、显控器件布局设计		√		√						
制定人因工程试验与评估纲要	√	√			√	√	√			
制定人因工程试验大纲		√		√	√	√				

续表

工作项目	责任方		寿命周期过程					定型	交付使用	备注
	任务下达方	承制方	论证立项	工程研制						
				方案设计	样机研制及性能验证	性能鉴定	状态鉴定			
开展软件人机界面静态评估(SMMIE)		√	√	√						
开展数字人仿真测试评估(DHSE)		√	√	√	△					
开展鉴定试验阶段人机工效试验	√	√				√	√			
开展定型试验阶段人机工效试验	√							√		
开展使用交付阶段人机工效试验	√								√	
开展用户能力特性数据收集、分析与管理		√	√	√	√	√	√		√	
开展用户操作数据收集、分析与管理		√	√	√	√	√	√		√	

注:√—适用;△—根据需要选用;○—仅设计更改时适用。

2.3.3 小结

船舶人因工程工作体系紧密围绕船舶产品研制各个阶段,关注产品全寿命周期,从基础层、共性层、专用层三个方面来开展工作,在论证立项、工程研制、定型和交付使用中,将人因工程理论、技术、方法纳入船舶产品研制的全流程,并明确各个阶段应开展的工作项目、类别和责任方,形成生产研制阶段和人因工程项目的对应关系表,能够突出船舶领域特色,具有较高的工程价值和标准化水平,为今后船舶人因工程工作的开展提供参考。

2.4 船舶人因工程技术体系

2.4.1 整体框架

基于船舶人因工程研究需求和工作体系,梳理船舶人因工程技术体系,整体上分为基础技术和应用技术两个维度(如图2-5所示)。

基础技术重点解决两个以上技术方向均会用到的基础共性指标体系、核心数据采集与测量、模型算法设计以及基础平台的搭建问题。基础技术主要形成研究型产品,面向科研类用户或作为其他应用技术的基础平台。

应用技术面向研究对象开展指标细化、数据应用以及模型算法的适应性调整,在科学性和工程可行性之间找到平衡点。应用技术又可分为通用应用技术和专项应用技术。通用应用技术主要包括传统人因工程开展的设计和测评技术,主要为总体单位和设备研制单位提供设计与测评服务,成果形式包括设计要求、设计原型、演示系统、辅助设计工具软件/交互增强软件以及测评工具或系统。专项应用技术是在基础技术和通用应用技术的基础

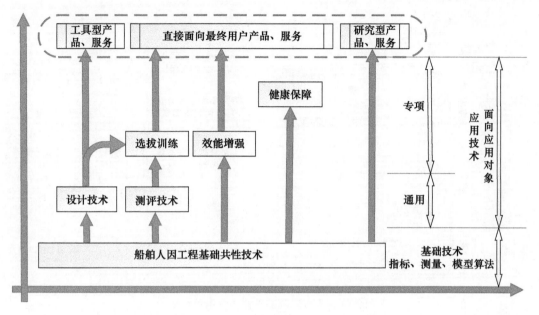

图 2-5 舰船人因工程技术体系第一层结构关系

上,直接面向用户的最终产品研发或服务时需要的关键技术,主要包括选拔训练、效能增强和健康保障等。

2.4.2 主要技术方向

1. 船舶人因工程基础技术

船舶人因工程基础技术重点从能力指标体系构建(能力表征)、特定环境下特性数据采集、数据分析处理以及模型化描述(信号处理、数据融合建模等)、数字人建模仿真和综合实验与测试技术(包括实验和测试的综合设计、指标和用例设计、实验环境模拟、校标平台搭建、面向特殊研究对象群体的抽样和统计分析技术等)。基础技术的研究平台包括环境模拟平台、任务模拟平台(含校标平台)、测试平台、数据融合分析的模型算法、数据库等实体成果,以及实验设计方法、流程、规程、指标体系、测试范式/用例等相对较软的成果,具体内容如图 2-6 所示。

2. 船舶人因工程设计技术

船舶人因工程设计技术主要为研制单位提供人因设计服务或工具,包括技术要求、原型、演示系统和辅助工具等。按照设计对象,其可分为船舶信息系统、船舶平台、船舶设备三个人因工程设计对象。同时,任务分析技术和人机功能分配技术是人因工程设计技术的基础支撑,用于建立人员状态/能力与设计要素之间的关联,并依据人/机各自特点进行整体分配。从技术要求和原型到现实可用的辅助设计工具的过程,主要涉及加密解密、引擎构建、快速移植和部署等软硬件开发的问题。综上所述,"3 个设计对象+2 个基础支撑+1 软硬件开发"构成了人因工程设计技术的核心。

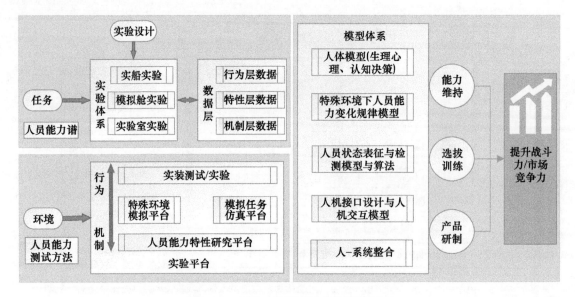

图 2-6 人因工程基础技术作用示意图

3. 船舶人因工程测评技术

船舶人因工程测评技术主要为研制单位提供人因测评服务或工具,促进优化迭代,以提高船舶的可用性和适人性等。船舶人因工程测评应贯穿于船舶研制的全寿命周期,典型的测评实施阶段包括设计阶段、半实物仿真阶段以及实船海试阶段。对于设计阶段与半实物仿真阶段而言,人因测评技术的难点是尽可能在船舶研制早期通过科学系统的技术手段识别出船舶系统或产品可能存在的人因工程问题,并提出改进建议。为解决上述难点,在技术层面,需要接近实船环境中的人员特性数据,以及模拟仿真测试环境构建(虚拟仿真或半实物仿真)、测试用例设计(任务设计)、模拟用户筛选(考虑专业背景、职级、岗位、数量等因素)、测试指标选取以及测试数据采集与分析处理等在内的技术能力。到了船舶研制的实船海试阶段,一方面测试条件和手段受到很大限制,另一方面发现问题时可供调整的空间不大,因此该阶段的人因工程测评技术的难点是如何在确保测评过程顺利、数据采集准确的基础上减少对实际测试用户的干扰,以及如何解决在实船用户样本量不够的情况下确保测评结果具有代表性。综上所述,舰船人因工程测评技术分为以下三个方面:

(1) 基于数字仿真的人因测评技术(人-机-环数字仿真测评技术),面向船舶研制的方案设计与技术设计阶段(论证阶段主要是人因工程设计工作,测评技术不介入),主要利用人因工程仿真软件、虚拟现实/增强现实(VR/AR)虚拟场景构建等技术进行测评。

(2) 基于半实物仿真的人因测评技术(陆上人因测评技术),面向船舶研制的样机研制和陆试阶段,重点基于人员能力变化规律科学构建模拟测试环境与测试任务,采集相关数据,开展人机界面与交互、舱室适居性、通道以及任务流程等方面的测评任务,并提出改进建议。

（3）基于实船的人因测评技术（海上人因测评技术），面向船舶研制的试验试航（海试）阶段，重点开展试验鉴定性质的人因工程验证与确认工作，检验船舶的人机工效水平，确认其是否满足人因工程研制总要求，同时检查船舶是否存在重大隐患，收集实船数据为下一代船舶研制提供技术支撑。

4. 关键岗位人员选拔训练技术

在基础共性技术形成的指标体系、数据和模型算法的基础上，进行选拔训练方法的研究，其分为精准选拔技术、高效训练技术和选拔与训练装备设计技术三个方面。

5. 人体效能增强技术

在基础共性技术形成的指标体系、数据和模型算法的基础上，针对海上特殊环境特点（长时间隔离密闭、高压力、高海况等）可能导致的节律紊乱、情绪失调、认知功能障碍等问题开展效能增强研究，其分为生理类增强、心理类增强和人机交互增强。人员状态监测和预警作为效能增强的基础，为效能增强技术提供干预时机。

2.4.3 小结

未来，船员/乘客需要长期在海上工作和生活，这给船舶人因工程发展和应用带来了新的挑战与机遇，迫切需要开展以下研究工作：

（1）基础类：围绕人和人机接口研究中存在的基础性科学问题，开展人员能力与行为特性、变化与干预机制、指标测量方法、建模技术、数据融合等方面的研究，形成相应的理论模型、指标体系和核心数据，主要目的是夯实基础理论。

（2）共性类：围绕广泛存在的信息接口、空间接口、环境接口、人－人接口等接口以及人员训练，开展可在全行业推广的共性人因接口设计方法、评估技术和人员能力训练等方面研究，主要成果是突破关键技术，主要目的是形成可在全行业推广的方法工具。

（3）应用类：面向各类型装备使用和研制阶段的特点，开展针对性的人因工程应用研究，主要成果是设计要求、原理样机和演示原型，主要目的是解决实际工程问题。

（4）前沿探索类：围绕人－机混合智能、数字大脑、新型显示与交互模式等方向开展前沿探索，主要成果为研究报告和演示原型。

（5）战略研究类：重点挖掘我国产品研制和使用中人因工程/人机工效的实际需求，研究世界范围内人因工程/人机工效技术发展趋势，识别具有潜力的战略方向，梳理技术体系和发展路线，主要成果为发展报告（面向行业发布）等。

2.5 船舶人因工程标准体系

2.5.1 整体框架

船舶人因工程领域的标准属于共性技术标准，主要包括船员特性与能力标准、人机交互标准、人环交互标准、试验与评价标准以及人－机－环工程实施标准五大方面，其标准体系框架如图2-7所示。其中,船员特性与能力标准主要是与船舶"人-机-环系统"中"人"相关的所有标准,是开展人机交互、人环交互设计、试验评价的重要参考;人机交互标准、人环交互标准主要以船员"人"为中心,对"人-机-环系统"中涉及的"机"与"环"的相关指标提出要求;试验与评价标准主要是从船舶人因工程测评的角度提出的相关标准;人-机-环工程实施标准主要立足于人因工程学科的特点,规定其应用至船舶工程中的相关要求、程序及方法。

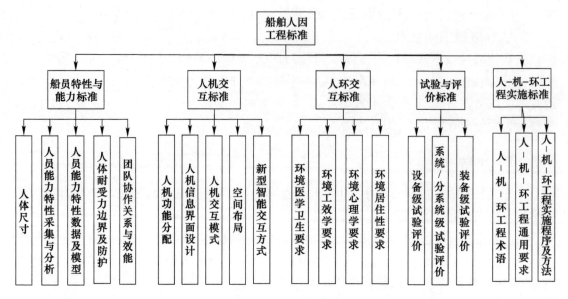

图2-7 船舶人因工程标准体系整体框架

2.5.2 主要标准科目

1. 船员特性与能力标准

船员特性与能力标准包括人体尺寸、人员能力特性采集与分析、人员能力特性数据及模型、人体耐受力边界及防护以及团队协作关系与效能等方面的标准,各方面的主要标准科目包括:

1) 人体尺寸

人体尺寸主要是指人体形态学参数,包括身高、手部、面部、头部等人体尺寸。其具有代表性的标准有《中国成年人人体尺寸》(GB/T 10000—88)、《成年男性头型三维尺寸》(GB/T 23461—2009)等。

2) 人员能力特性采集与分析

人员能力特性采集与分析标准主要规定船舶人员能力特性(包括认知特性、操作特性等)的采集与分析方法。其具有代表性的标准有《三维扫描人体测量方法的一般要求》(GB/T 23698—2009)等。该方面的标准较少,是后续开展标准化工作的重点方向之一。

3) 人员能力特性数据及模型

人员能力特性数据及模型标准主要涉及船舶人员能力特性(包括认知特性、操作特性等)的数据以及相关模型。其具有代表性的标准有《人类工效学手工操作》(GB/T 31002—2014)、《握杆操纵中手的数据和手指功能》(GJB 1124—91)等。

4) 人体耐受力边界及防护

人体耐受力边界及防护标准主要是指人体对于极端环境的耐受能力以及需采取的安全防护措施。其具有代表性的标准有《水面舰艇冲击对人体作用安全限值》(GJB 2689—96)、《湿热环境中军人劳动耐受时限》(GJB 1104—1991)、《急性缺氧防护生理要求》(GJB 114—86)等。

5) 团队协作关系与效能

团队协作关系与效能标准主要针对船舶多人多机协同任务的特点提出。目前,该方面的标准空缺,亟须开展相关的工作填补空白。

2. 人机交互标准

人机交互标准包括人机功能分配、人机信息界面设计、人机交互模式、空间布局以及新型智能交互方式等方面的标准,各方面的主要标准科目包括:

1) 人机功能分配

人机功能分配标准旨在规定复杂信息系统人机功能分配的概念定义、原则、实施程序及方法等。目前,人机功能分配仅停留在概念与理念阶段,暂无相关的技术标准,亟须开展相关的标准化工作。

2) 人机信息界面设计

人机信息界面设计标准主要基于人的视觉特性、认知特性等针对信息系统软件界面的设计提出统一要求。其具有代表性的标准有《人-系统交互工效学 第151部分:互联网用户界面指南》(GB/T 18978.151—2014)、《多媒体用户界面的软件人类工效学 第1部分:设计原则和框架》(GB/T 20527.1—2006)、《军用视觉显示器人机工程设计通用要求》(GJB 1062A—2008)等。

3) 人机交互模式

人机交互模式标准指的是人机之间的交互方式,包括人与软件之间的交互、人与硬件之间的交互。其具有代表性的标准有《人-系统交互工效学 第400部分:物理输入设备的原则和要求》(GB/T 18978.400—2012)、《用于机械安全的人类工效学设计 第1部分:全身进入机械的开口尺寸确定原则》(GB/T 18717.1—2002)、《操纵器一般人类工效学要求》(GB/T 14775—93)等。

4) 空间布局

空间布局标准针对舱室等主要工作场所的设备布置提出相关要求。其具有代表性的标准有《控制中心的人类工效学设计 第2部分:控制套室的布局原则》(GB/T 22188.2—2010)、《控制中心的人类工效学设计 第3部分:控制室的布局》(GB/T 22188.3—2010)等。

5) 新型智能交互方式

新型智能交互方式标准主要是指信息化、智能化发展趋势下信息系统可能出现的新型交互方式相关的要求。该部分目前已开展相关预先研究工作,暂无相关的技术标准,后续需对相关科研成果进行标准化落地。

3. 人环交互标准

人环交互环境包括环境医学卫生要求、环境工效学要求、环境心理学要求以及环境居住性要求等方面的标准,各方面的主要标准科目包括:

1) 环境医学卫生要求

环境医学卫生要求标准主要是从环境对人的医学卫生安全角度提出的相关要求。其具有代表性的标准有《工作舱(室)温度环境的通用医学要求》(GJB 898—90)、《飞船乘员舱声环境医学要求与评价方法》(GJB 6764—2009)等。

2) 环境工效学要求

环境工效学要求标准主要是从环境对人的工效影响角度提出的相关要求。其具有代表性的标准有《飞船乘员舱照明的工效学要求》(GJB 4007—2000)、《热环境的人类工效学 通过计算 PMV 和 PPD 指数与局部热舒适准则对热舒适进行分析测量与解释》(GB/T 18049—2017)等。

3) 环境心理学要求

环境心理学要求标准主要是从环境对人的心理层面的影响角度提出的相关要求。该部分的标准目前空缺,随着船舶行业对人因工程认识不断加深,环境对人心理产生的影响后续也应考虑在内并进行标准化。

4) 环境居住性要求

环境居住性要求标准主要是从环境的适居程度进行相关要求的规定。目前,暂无专门针对环境居住性的标准,在《舰船通用规范总册》(GJB 4000—2000)第 0 组中专门有一章提出舰船舱室居住性的要求。

4. 试验与评价标准

试验与评价标准包括设备级试验评价、系统级试验评价以及装备级试验评价三部分的标准。

1) 设备级试验评价

设备级试验评价标准主要是指单设备、单项环境等相关的标准。其具有代表性的标准有《光环境评价方法》(GB/T 12454—2017)、《室内人体热舒适环境要求与评价方法》(GB/T 33658—2017)、《人体全身振动暴露的舒适性降低限和评价准则》(GJB 966—90)、《人-系统交互工效学 第 307 部分:电子视觉显示器的分析和符合性试验方法》(GB/T 18978.307—2015)等。

2) 系统级试验评价与装备级试验评价

系统级试验评价与装备级试验评价目前暂无明确标准。

5. 人-机-环工程实施标准

人-机-环工程实施标准包括人-机-环工程术语、人-机-环工程通用要求以及人-机-环工程实施程序及方法等方面的标准,各方面的主要标准科目包括:

1) 人-机-环工程术语

人-机-环工程术语标准主要规定人因工程专业相关术语的定义,以达到业内共识的目的。其具有代表性的标准有《人类工效学 视觉信息作业基本术语》(GB/T 12984—91)、《人类工效学照明术语》(GB/T 5697—85)、《人-机-环境系统工程术语》(GJB 897—90)等。

2) 人-机-环工程通用要求

人-机-环工程通用要求标准主要提出实施人因工程设计、测评等工作的通用性准则与要求。其具有代表性的标准有《武器装备论证通用要求 第16部分:人-机-环境系统工程》(GJB 8892.16—2017)、《军事装备和设施的人机工程要求》(GJB 3207—98)等。

3) 人-机-环工程实施程序及方法

人-机-环工程实施程序及方法标准主要提出人因工程如何实施以及怎样实施。其具有代表性的标准有《人机工程实施程序与方法》(GJB/Z 134A—2012)、《以人为中心的交互系统设计过程》(GB/T 18976—2003)等。

2.5.3 小结

随着船舶人因工程快速推广应用,相关标准规范的建设迎来新的机遇与挑战,迫切需要更加丰富完善、科学合理的标准体系予以支撑。船舶人因工程标准体系的建设,一是需要紧跟人因工程相关技术的发展节奏,突出标准规范的适用性与实用性;二是需要统筹推进人因工程标准化军民融合工作,突出标准规范的军民通用性;三是需要关注信息化、智能化等新技术的研究与应用,突出标准规范的科技创新性;四是需要强化执行力,突出标准规范的贯标有效性。

第3章 船员特性研究与测评

船舶航行或作业过程中,受长时间远航、复杂海况、高应激、高压力等多种不利环境因素的影响,船员工作能力会随着航行时间下降,影响整体作业效能,甚至危及船舶安全。构建可以精准表征船员工作能力等船员特性的指标体系,以科学可靠的方法进行测量,给出准确有效的评估结果,有助于提升船舶的适人性与船员选拔的精准性,实现人机最佳匹配。本章内容主要围绕船员特性展开,包括船员特性概念、船员特性表征、船员特性测量方法、船员特性评估方法、船员团队协同能力测评方法以及船员选拔与训练等。

3.1 船员特性概念

人员特性是指在人参与的系统、产品或过程设计或应用中必须充分认识并考虑人的主要特征,涉及基本特征、基础能力、岗位能力与岗位技能等多个方面。根据上述定义,船员特性是指人参与船舶系统设计或应用中必须充分认知并考虑的船员特征、能力等要素。本部分基于已有国内外人员特性研究文献、开展的船员特性研究与调研以及"海狼"系列实验结果(详细实验介绍见第7章),介绍船员基本特征、船员基础能力、船员岗位能力等船员特性概念。

3.1.1 船员基本特征

船员基本特征是船员固有的身体或心理特征,这些特征相对稳定,会对船舶设计或任务执行造成影响,包括形态特征与社会特征。

1. 形态特征

1)运动范围

船舶作业过程中,船员身体运动可到达的范围,既包括整个身体的运动,如行走、跑动或转体,也包括身体局部的运动,如右手抓住控制杆移动,以及特定关节或体段的运动,如保持全身和手臂不动的情况下,使用手指按下按钮。对于身体局部运动和特定关节或体段的运动,通常的解决途径是,首先假设身体其他部分保持不动,其次考虑局部运动的效果以及对全身所形成的影响,最后分析人体对局部运动状态变化的适应性调整。由于人体的物理属性和生理属性的限制,人的局部运动也是有范围的。此外,还要考虑着装对船员运动范围的影响。

2) 运动包络

运动包络又称可达域,是指船员处于某特定姿势,如立姿、坐姿,身体肢端(主要是上肢)所能接触或操作的空间范围。运动包络往往是一个复杂的三维封闭曲面,表示在特定约束条件下船员在水平面内可能达到的范围。此外,在分析船员运动包络时,还应关注由于人体的运动结构特点所形成的运动盲区,由于船员上臂和前臂长度不同,且有旋转角度限制,会形成无法接触的区域。

2. 社会特征

社会特征是指人在社会交往或者社会活动中表现出的或具备的重要特征[83]。目前针对船员社会特征的研究主要涉及人格、社会支持等。

1) 人格

人格是构成一个人的思想、情感及行为的特有模式,是个体区分于他人的稳定而统一的心理品质,具有独特性、稳定性、统合性、功能性等特征。独特性是指每个人受遗传、环境、教育与成长经历等多种先天与后天因素影响形成独特的心理特征。稳定性是指人格具有相对稳定的特点,在一定的时间维度上保持一致,但这并不意味着人格是完全一成不变的,受环境与经历的影响,人格也可能发生一定的变化。统合性是指个体的人格是具有内在一致性的有机整体,受自我意识调控,人格统合是心理健康的标准之一。功能性是指人格可以影响人的行为与生活方式。人格构成了个人行为的基石。研究表明,船员是否能够适应远航任务与其人格特征息息相关。人格包括气质、性格、认知风格、自我调控等多个方面。

气质是心理活动在强度、速度、灵活性与指向性等方面的稳定的心理特征,与人的神经反应类型有关,无好坏之分。

性格是人对现实与外界的态度、品格等。态度即人对自己、他人、外界事物的心理倾向,通常表现为人的行为方式。品格受人的世界观、人生观、价值观的影响。性格虽然在一定程度上受到先天遗传因素影响,但往往是在后天社会生活中逐渐塑造形成的,与文化环境和个人经历息息相关,有好坏之分。

认知风格即认知方式,是指一个人倾向使用的信息加工方式,主要有场依存-场独立、冲动-沉思、同时性-继时性等方式。场依存-场独立是根据人对外界参照的依赖程度来区分的,人在进行信息加工时对外界依赖程度越高越偏向场依存,对外界依赖越低越倾向于场独立。冲动-沉思是依据人在解决问题时的思考速度来进行区分的,具有冲动风格的人反应快,做事急于求成,不能全面细致地进行思考,具有沉思认知风格的人反应慢,但是思考全面细致。同时性-继时性是依据思考问题的时序进行区分的,同时性认知风格的人思维往往同时考虑多种可能性,具备继时性认知风格的人往往逐步分析问题,一次只处理一个问题,逐一攻破。

自我调控系统是人的内在调控系统,可以对人格的不同成分进行调控以保证人格的统合性,包括自我认知、自我体验与自我控制。自我认知是人对自己的觉察与理解。自我体验是随自我认知而产生的内在体验。自我调控是对自我意识进行调节并做出行为反应的过程。

2)社会支持

社会支持是个体可以获得的物质、心理或者社会网络关系上的支持,包括个人实际获得的社会支持、个体主观体验感受到的社会支持以及个体对社会支持的利用程度等多个方面。个体的社会支持水平影响个人的主观情绪体验,遇到问题时的应对态度,可以为个体在应激状态下提供身心保护,降低应激影响,与个人的心理健康水平关系密切。当个体遇到亲人亡故、职业受挫、威胁生命的重大事故等较大的心理应激事件时,社会支持的好坏会成为个体是否能够迅速从应激状态中恢复的关键因素之一。

3.1.2 船员基本能力

船员基本能力是船员顺利完成船舶作业活动所需要的特征,属于人的固有属性,决定了船员完成作业的效率,并构成了船舶系统设计与应用的边界。基于前期研究经验,船员基本能力可以从体质体能、健康机能、操作特性、睡眠疲劳特性、心理情绪特性、认知特性等多个方面进行表征。体质体能包括肌力、耐力、平衡能力、灵敏性、柔韧性和协调性[84];健康机能包括身体成分、心脏功能、生理稳态等;操作特性包括动作稳定性、手眼协调能力等;睡眠疲劳特性包括睡眠、疲劳、生物节律等;心理情绪特性包括心理健康和情绪调节;认知特性包括感觉与知觉能力、注意力、记忆力、思维能力、语言理解力、认知控制、风险决策等。

监测船舶系统使用或船舶任务执行过程中船员能力变化的特征数据,可以用于支撑设计、人因评估与优化、船员选拔与训练、船员能力维持与增强,促进人装适配,提升船舶系统综合效能。

1. 体质体能

1)肌力

肌力是人体肌肉对抗外界阻力的能力,包括握力、臂力、腰部力量、腿部力量等。船员下肢肌肉力量随着航行时间呈现下降趋势,这可能与船上空间狭小、缺少适合下肢锻炼的空间与工具等有关[73]。

2)耐力

耐力是指人体长时间进行肌肉工作的运动能力,包括有氧耐力和无氧耐力,即能够长时间从事体力活动或工作的能力。船员运动心肺耐力随着出航时间呈现下降趋势。这可能与船舱空气质量差、船员缺少相应的针对性锻炼有关。

3）平衡能力

平衡是身体保持一种姿态以及在运动或受到外力作用时能够自动调整并保持姿态的能力。例如,地面晃动的情况下能够保持尽量不摔倒。研究表明,前庭器官、本体感受器和视觉器官与人体平衡有直接联系,通过训练改善和提高。

4）灵敏性

灵敏性是人体迅速改变体位、转换动作和随机应变的能力。它是人体操作技能和各种工作能力在作业过程中的综合表现,具体体现是当环境突然发生变化时,人能够随机应变地完成正确操作,并能够创造出新的解决方案,以适应新的突变条件。

5）柔韧性

柔韧性是人体在作业过程中完成大幅度操作的能力。柔韧性限制了船员完成动作的幅度和范围。

6）协调性

协调性是指人体在作业过程中身体各器官、各系统在时间和空间上相互配合完成作业的能力。例如做动作时四肢可以协调一致,操作时手和眼睛能够协调一致。它与人的认知能力(注意力、记忆力、思维能力等)有直接联系。

2. 健康机能

长时间的远航会导致船员身体机能的下降,表现为与身体机能相关的各项生理指标的改变,诸如心脏功能、肺功能、免疫系统、血液系统等在远航中均可能会发生变化,身体机能的下降对船员的工作效率会造成一定的影响。因此,这些健康机能方面的变化可以衡量船员的作业能力。

研究发现,远航 35 天后,船员的肺容量和通气量相比较航行前略有下降,但是在统计上没有显著差异。船员的血氧饱和度从航行前的 98% 下降到 97.5%,在统计上达到显著水平,但血氧饱和度的水平依然较高[85]。随着远航时间增长,船员的心脏功能总体下降,血压会逐渐上升,心率增加,心搏量下降。出海 40~60 天船员血小板水平（$(172.22 \pm 10.4) \times 10^9$/L）比出海前（$(210.4 \pm 37.3) \times 10^9$/L）显著下降[86]。航行 90 天时船员的最高动脉压从航行前的 114.5mmHg 上升到 121.4mmHg,最低动脉压从 69.3mmHg 上升到 83.6mmHg,这不能归因于海上测量环境与陆地的差异[87]。船员的心率则从航行前的 70.1 次/min 上升到 79.5 次/min,心搏量从航行前的 69mL 下降到 56.7mL[87]。船员出海 108 天后,辅助性 T 细胞从出海前的 33.65% 下降到 29.81%,总 T 淋巴细胞从出海前的 69.94% 下降到 66.24%,血清 TNF 水平从出海前的 18.77ng/L 下降到 14.75ng/L[88]。免疫功能的改变可能与心理应激和生物节律的改变有关。

1）身体成分

身体成分是指机体内肌肉、骨骼、脂肪、水和矿物质等各种成分在体重总量中的含量。其中,身体脂肪含量即为体脂,体脂占总体重的比率即为体脂率。除脂肪外构成人体的骨骼、肌肉、水分、矿物质、内脏等成分占体重总量的重量称为瘦体重或去脂体重。身体成分能够反映人体健康状况、体型体态等[89]。常用的测量指标有体重、体脂百分比、身体质量指数(Body Mass Index,BMI)、肌肉含量和腰臀比等指数。

2) 心脏功能

心脏是人体的动力器官,通过血液循环给全身各组织、器官提供血液与营养物质的供应。心脏功能的强弱主要由心肌收缩性能、心脏前后负荷及心率决定[90]。对船员而言,良好的心脏功能尤为重要。因此,一般将船员心血管系统的结构和功能的诊断与监护作为医学监督的中心环节,在船员身体机能评定与训练监控中发挥重要作用。

3) 生理稳态

生理学中将机体生存的外界环境称为外环境,包括自然环境和社会环境。内环境[90]是机体内各种组织细胞直接赖以生存的空间,内环境的相对稳定是细胞进行正常生命活动的必要条件,因此,机体必须通过多种调节方式使内环境各项理化指标,如各种液体成分、温度、酸碱度、渗透压、各种化学物质含量等保持相对稳定,即保持稳态。稳态又称为生理稳态,这是一种相对的、动态的稳定状态,它是在多种功能系统相互配合下实现的一种动态平衡。例如,由于肺的呼吸活动大量消耗氧气,排出二氧化碳,导致内环境中氧气/二氧化碳分压的不断改变,可以使之保持相对稳定。生理稳态的破坏或失衡将会引起机体功能的紊乱,从而出现疾病。例如,消化系统对食物的消化、吸收与肾脏、汗腺排泄功能的平衡,可以实现内环境中水及营养物、代谢产物的相对稳定。

3. 操作特性

操作特性是指人操作自己肢体完成各项活动的能力[83],如操作机器、设备等。

1) 动作稳定性

动作稳定性是人按照计划与预期保持较小误差完成动作的能力。需要精细操作的任务对人员的动作稳定性要求会较高。研究发现,船员手部动作稳定性随着长航时间呈现下降趋势,表现为操作失误率上升,并且任务的难度越大模拟船员操作能力的下降越明显,失误率上升越多。

2) 手眼协调能力

手眼协调能力是个体利用视觉引导手的动作,并保持视觉与手的动作协调一致的能力[91]。船舶操舵手需要时刻关注航向、航速等显示在仪表或显控台上的信息,同时操作船舵保持正确的航向与航速,对手眼协调能力要求较高。

4. 睡眠疲劳特性

1) 睡眠

睡眠是指个体与外界环境互动及反应水平降低,表现为身体活动度降低、闭眼、卧位等特征,并可恢复清醒的一种生理和行为状态[92]。研究证实,睡眠节律受到干扰会造成人的脑力工作能力下降,表现为反应时间延长、警戒性降低、注意力受损等,同时伴有严重的情绪、情感状态改变[93]。因此,一些研究选取了睡眠作为研究船员生活和工作状态的表征指标。长时间远洋航行的船员普遍存在睡眠问题,对于甲板下作业的船员,缺少日月作为参照线索,对船员生物节律影响较大。胡爱霞等对执行亚丁湾护航任务4个月的某舰艇官兵的睡眠质量进行调查发现,长时间远航官兵的睡眠质量较差,尤以值夜班官兵最为显著[94]。

2）疲劳

疲劳是指机体不能将其机能保持在某一特定的水平和/或不能维持某一特定的活动强度[84]，一般包括躯体疲劳和心理疲劳两种类型。船舶远航时，船员需要24小时轮流值更，舰员原有的生物钟被打乱，影响正常睡眠，会导致船员体力下降，躯体疲劳增加。心理疲劳相对于生理疲劳，其产生并不只局限于肌肉过量负荷，而是在中枢神经系统反应时发生一系列改变而导致主观感受明显异常的状态，如思维警觉性下降[95]、不能集中注意力、产生厌烦情绪等，进而严重影响工作效率和生活质量，其表现形式更侧重于主观的动机方面，即有能力维持工作而不愿意。因此，人员对抗躯体疲劳和心理疲劳的能力应作为衡量船舶作业人员的重要特性。

研究发现，航海的特殊生活，会使船员心理功能降低，导致心理活动异常，难以承受精神压力，最终导致心理疲劳。心身疾病发病率随之上升，造成作业能力下降。有调查显示，船员的主观疲劳程度显著高于与之年龄接近的在陆地学习生活的人员[96]。疲劳会导致心理健康水平和神经行为反应等机能状况下降，不仅会使船员的体力和脑力下降，影响削弱机体功能，还会对记忆、反应速度、注意力、信息处理和决策、情绪，以及团队合作、人际交往等产生负面影响，产生不安全行为，影响舰船安全[97]。一周航行后，所有船员疲劳症状明显增加，"身体""精神""神经感觉"三种疲劳因子均明显升高[97]。

3）生物节律

生物节律是机体普遍存在的生命现象。机体在维持生命活动的过程中，除了需要进行神经调节、体液调节、自身调节，各种生理功能活动会按一定的时间顺序发生周期性变化，称为生物节律[98]。生物节律是生物进化中形成的固有节律，同时受外环境的影响。机体内各种功能按照生物节律发生的周期长短可分为日周期、月周期、年周期，如体温日周期表现为早晨低，午后高；血压的日周期变化表现为双峰双谷。人体体温在24h的日周期变化以02:00—06:00最低，此时人体处于熟睡状态，机体以最节能的方式运行，各种生命活动处于待机状态。清醒后，机体处于活跃状态，体温逐渐升高，新陈代谢加快，在13:00—18:00时体温达到最高[90]。科学研究表明，人的体力、情绪和智力也有周期循环现象，人的体力循环周期为23天，情绪循环周期为28天，智力循环周期为33天。

若打破生物节律，人体就会出现不同程度的不适，如船舶航行期间，一些特殊岗位人员采取特殊的非24h周期的作息制度，相对日常24h作息制度，船员更容易出现疲劳、警觉性下降、认知能力变差、情绪恶化、睡眠-觉醒周期紊乱等症状。

5. 心理情绪特性

1）心理健康

心理健康是指心理的各个方面及活动过程处于一种良好或正常的状态，其理想水平是保持性格完美、智力正常、情感适当、意志合理、态度积极、行为恰当、适应良好的状态[99]。船舶长时间出海时，船员处于社会隔离状态，会显著影响船员情绪状态，降低人员作业绩效。对潜艇艇员出海训练的调查研究表明,潜艇艇员出海训练前后的心理健康水平存在显著差异,出海训练可不同程度加重各种心身症状,包括躯体化、强迫、抑郁、焦虑、敌对、恐怖、偏执、精神病性和其他(反映睡眠和饮食情况)症状,其中以躯体化、敌对和其他三项加重最明显[100]。Weybrew报告了艇员在2个月潜水任务中态度的改变,结果发现,在经历长时间的艇内工作后,艇员会出现注意力下降、情感障碍、身心失调、体力和动机下降等症状,报告出比较高的抑郁、焦虑和疲惫状态[101]。还有研究对出海62天的210名远航人员在出海前、中、后进行标准分评估,发现远航人员普遍存在焦虑与抑郁状态,即远航前期整个群体大多已处于焦虑状态,远航中期与远航前期相仿,但焦虑状态有所加重;远航后期焦虑状态更进一步加重,同时出现轻度抑郁状态[102]。

2) 情绪调节

情绪调节是在个人情绪出现波动时进行调节和控制,保持情绪相对稳定的特性,包括情绪保持、情绪抑制与情绪增强等调控,涉及情绪体验与情绪表达两个方面的调控,调控可以是主动的,也可以是自动的[103]。主动的情绪调控需要个体抑制努力,如亲人故去,为了减少睹物思人的悲伤,主动选择尽量不去曾经一起生活过的空间。自动的情绪调节不需要个体的意志努力,如一些人在遇到重大应激事件时,会变得话多,通过不停地说话缓解压力,但是人们常常不能意识到。个体情绪调节能力影响其心理情绪的稳定性与心理健康水平。实验发现,模拟船员认知情绪调节策略随着航行时间增加出现变化,长航中后期最容易出现情绪异常,情绪调节的能力下降,更容易外归因。

6. 认知特性

认知特性指的是人进行认知过程中所表现出来的能力特性,对人的各种行为活动有重要影响[104]。船舶作业任务和环境常表现为长航、极端恶劣环境、高风险高压力应激环境、狭小密闭空间等技术特点,相对于常规船舶作业,船员认知特性会产生显著变化,容易引起误操作和安全事故。例如,撞船事故大多都是由于人员注意力和警觉性下降,未能及时发现警报。撞船事故发生后,由于高压力和高应激的原因,人员采取错误决策也可能诱发更加严重的二次事故。

人的认知信息加工过程(图3-1)一般包括信息输入、中枢加工处理和信息输出等基本过程。人通过感知觉从外界获取的信息,被注意到的信息进入工作记忆中进行加工处理。工作记忆是一个信息的临时存储器与处理器,一部分经过加工和处理后的信息被存储于长时记忆,以便后续使用时提取。同时,信息在工作记忆中进行加工处理时也会调用存储在长时记忆中的经验、知识等[103-105]。

人的注意资源是一种有限的资源库或者心理努力的总和,在信息加工过程中注意资源不断被分配给不同任务,没有被分配到足够的注意资源的任务信息加工过程将被延迟,即反应延迟。在船舶航行过程中,由于注意资源分配的不足,没有注意到同一航线上相向航向的船舶,很有可能引起安全事故。在模型下方出现一条反馈通路,也就是说,人的反应经常会产生一些新的信息,这些信息又会重新被感觉到、体会到,然后再通过感觉和知觉来评价反应的结果。

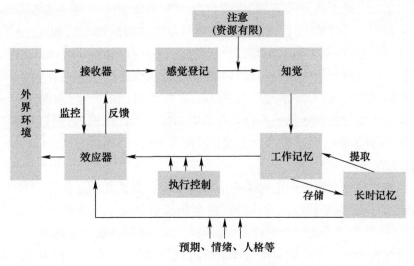

图 3-1 认知信息加工模型

1）感觉与知觉能力

感觉是人对外界事物的直观感受。根据感觉通道可分为视、听、嗅、味、触 5 类，见表 3-1。对于感觉的研究一般是探讨感觉机制的构造和加工过程，以及刺激如何对这些机制产生作用。知觉是客观事物直接作用于感官而在头脑中产生的对事物整体认识的特性[103-105]。例如船员通过视觉通道获取显示信息中的目标参数，通过听觉通道获取紧急状态下的告警音，通过触觉通道获取操作手柄的形状与位置状态，等等。当船员查看值更表、观看潜望镜、查看电子海图、侦听声呐、品尝冰淇淋时，他们的体验远不止直接的感觉刺激物本身。

表 3-1 人的 5 种感觉

感觉	结构	刺激	感受器
视觉	眼	光波	视杆和视锥细胞
听觉	耳	声波	毛细胞
味觉	舌	化学物质	味蕾
嗅觉	鼻	化学物质	毛细胞
触觉	皮肤	压力	神经细胞

当船员根据个人对世界知识、文化、预期、经验对感觉的事物赋予意义并形成整体认识时就形成了知觉。训练有素的雷达兵可以根据雷达系统的信号解算以及自身经验解读信号，区分目标是敌军船只，还是友军的船只。研究发现雷达兵的表现不仅依赖于他们的感知信息与先验知识，同时受到他们的预期影响。若雷达兵事先接到有很多敌军船只接近的信息，则雷达兵倾向于将目标判断为敌军船只。

感觉信息对知觉的影响属于自下而上的特征分析加工，先验知识与预期对知觉的影响是自上而下的加工，共同整合成人的知觉。自上而下、自下而上、整合这三种加工过程对设计具有不同的意义。对于熟悉的事物,由于自上而下与自下而上的信息加工同时存在,这类设计符合人们日常的经验、习惯或预期时人们可以更加迅速地完成加工。对于不熟悉的事物,人们往往需要通过自下而上的特征分析加工,这时特征的显著性以及其与日常经验的相似性对加工具有重要影响,在设计时需要考虑凸显快速反应的目标特征,同时为了区分其与其他相似熟悉事物,需要尽量避免使用已有熟悉目标的特征,以减少识别与操作的失误。但是若新事物与已有熟悉的事物具有相似的特征与使用需求,则可以通过增加相似特征降低后续学习的难度,减少整合加工过程所需要的时间[103-105]。

2) 注意力

注意是心理活动或意识对一定对象的指向或集中。在认知信息加工过程中,由于大脑加工信息的资源有限,需要通过注意从外部世界中有选择地加工重要的信息,而忽视其他信息。根据功能,注意可分为选择性注意、持续性注意、分配性注意。选择性注意是个体在同时呈现的两种或两种以上的刺激中选择一种进行注意,而忽略另外的刺激。持续性注意是指注意在一定时间内保持在某个客体或活动上,也称为注意的稳定性。分配性注意是个体在同一时间内对两种或两种以上的刺激物进行注意,或将注意分配到不同的活动中。对于船员,这三种注意都要特别关心,但不同岗位人员各有侧重。船员需要有较高的视觉搜索和听觉辨别能力,能够从多个目标和嘈杂的背景噪声中,尽快发现异常信息和识别目标。船员中一些特殊岗位人员,在一个更次需要几小时连续作业,要求岗位人员保持较高的持续性注意能力,以保持高度警觉状态,可及时应对突发情况。船舶系统监视和操作界面信息繁多,船员往往需要同时观测多个监控界面,或同时操作多个控制器,这就要求船员具有较高的注意分配能力。

已有研究表明,出航过程中许多军事任务要求持续两个小时或更长的时间,在这些任务上的持续注意警觉性会随着工作时间与出航时间下降[95]。这种"警觉性下降"表现为反应失误率增加和反应时间延长。潜艇艇员研究表明,长航60天后艇员视觉简单反应时明显延长,且过度的压力也会对人的心理产生冲击,造成注意力难以集中等不良影响[100]。

3) 记忆力

人员的记忆系统包括两种不同类型的记忆存储方式。调查表明,远航可能影响船员的学习记忆,睡眠不佳和疲劳都会造成记忆力下降,以及联想记忆能力减退。有研究发现,长时间持续护航作业会导致官兵记忆能力下降[106]。因为在封闭的空间中,空气流通差,空气负离子浓度低,这对人的学习记忆功能、机体免疫功能等都有影响。

记忆包括短时记忆与长时记忆。短时记忆是一个相对短暂的存储有限信息的记忆存储方式。长时记忆可以存储工作记忆中不再处于激活状态的信息,并在将来的某一时间提取这些信息。记忆在船员通过感知觉通道进行信息辨别之后形成,其中短时的信息存储在工作记忆中,经过加工后存储到长时记忆中,同时也不断从长时记忆中提取信息,从而形成模式匹配的过程。

(1) 短时记忆。经研究发现,短时记忆的上限(容量)大约为 7±2 个组块,组块是短时记忆空间中的存储单元。一个具有意义的组块是由一些单元捆绑而成的,并且是基于过去经验的各个单元之间连接或关联的熟悉性,把这些单元捆绑成一个单独的组块。组块的作用体现在:首先,组块能够减少工作记忆中项目的数量,增加工作记忆存储的容量。其次,组块可以有效利用长时记忆中有意义的联系,加强信息的保持。最后,由于短时记忆中项目数量的减少,材料也更容易复述,更可能转化为长时记忆中的内容。

短时记忆的容量限制和时间限制有很大关系。短时记忆中信息的强度会随着时间的延长而消退,除非这些信息能够不断地激活或使用。短时记忆中包含越多的组块,在循环一周保持性复述过程中所花的时间越长,超过项目能够激活的时间点而导致消退的可能性越大。

工作记忆是指人同时加工并存储信息的过程[107]。Oberauer 提出了工作记忆同心圆模型,认为工作记忆包括长时记忆、直接提取区和注意聚焦三个功能区,注意焦点一次只能处理 1 个目标,直接提取区可存储 4 个目标[108]。目标可以由新输入的信息与长时记忆中提取的信息共同构成。中船综合院开展的模拟船舶远航的"海狼"系列实验发现,模拟船员工作记忆随着航行时间增加出现变化,表现为工作记忆加工速度的波动。

(2) 长时记忆。在船员的认知过程中,工作记忆是持续保持信息并直接使用的记忆过程,而同时也需要在未来的时间点进行信息的存储和提取,这种记忆机制即长时记忆。从长时记忆中提取关键信息的能力对于船员完成任务很重要。长时记忆中信息的强度和信息之间的关联性决定了将来提取信息的难度。其中,信息的强度取决于它的使用频率和最近使用情况。长时记忆中的信息可以被认为是与其他项目之间形成的联系的丰富性和数量的函数,从而容易进行存储和提取。

4) 语言理解力

语言理解是人们借助于听觉(口头言语)或视觉(书面语言)的语言材料,在头脑中建构意义的一种主动、积极的过程。在认知过程中,模式匹配与识别的过程,也体现了结合记忆的一种理解过程。航行任务中,船员往往会根据情境进行模式识别,从而识别物体,形成对真实世界的认识与理解,这种认识与理解受到高层次一般性知识的影响,也是一种自上而下的加工过程。例如人们在认知过程中往往会根据已有的一些字符或汉字的部分形状,推断完整单词及汉字,即根据已有的"足够的"信息,进行自上而下的加工。因而在实际任务中,存在许多像单词这样的复杂刺激中存在的冗余信息,这些刺激实际包含了远远多于将一个刺激与另一个刺激分开所需的特征。因此,当只有部分特征可识别时,知觉也能够成功地进行下去,其余特征可以由情境补充,理解可以顺利完成。

5) 认知控制

认知控制是中央执行系统的一个功能,包括冲突监控、反应抑制、目标转换等几个主要方面[109],各个方面对个体作业水平的影响是不同的。冲突监控能力是个体对冲突的监测与抑制能力,与个体是否能够发现错误,是否能够探测到异常信号有关。反应抑制能力是个体对自己行为的控制能力,与个体能否及时实施或者停止自己的行为有关。目标转换能力是个体从一个任务或者目标转换到另一个任务或者目标的能力,与个体在不同的任务或者目标之间切换的能力有关。冲突监控、反应抑制、目标转换这三个方面的指标可以对船员的认知控制能力做出评估,并反映船员监测异常信号、控制自身行为以及在不同任务之间切换的作业能力水平。了解长时间远航条件下船员关键岗位的认知控制能力变化规律对于船员作业能力的评价是非常必要的,但是目前尚缺少有关长时间远航条件下船员认知控制能力变化规律的研究。

6)思维能力

思维能力是人们借助语言、表象以及动作等方式完成对外界客观事物的认识、思考与概括的能力。在进行思维活动时,人们往往需要在搜寻大量客观资料或事件基础上,整合个人经验,提取事物关键特征与规律,形成深入系统的认知。对于一些无法直接观察或探索的事物,需要借助其他相关事物或工具进行间接认识。因此,思维具有概括性、间接性、探索性以及整合性等特点,是人的高级认知过程,包括表象能力、概念形成、推理、问题解决等[83,104-105,110]。

(1)表象能力。表象能力是指事物不在眼前时,在大脑中形成关于事物形象的能力,具有直观性、概括性与可操作性等特点。直观性是指人在头脑中表象事物时往往是生动形象的,尤其是儿童青少年。但有时一些事物的形象也可能以概括性的形象在头脑中进行表象,即表象具有概括性。可操作性是指人们可以在头脑中对已形成的表象进行操纵控制。

(2)概念形成。概念是人对同类事物的共同属性认识。概念形成即个体形成并掌握概念的心理过程。目前,已有许多关于人们是如何形成并存储概念的理论与研究成果,但是尚无公认的概念形成与存储的理论和结论。有研究者认为,人们是在不断地进行"假设—检验假设—形成认知"的过程中形成概念的,还有一些研究者认为,人们是通过掌握一些代表性的样例的典型特征来形成概念的,前者为概念形成的假设检验说,后者为概念形成的样例学习说。在概念存储方面,一些研究者认为概念是以命题表征形式存储在头脑中的,另一些研究者则认为概念是以知觉表征的形式存储在头脑中的。依据不同的假说,可以采取不同的概念学习模式。中船综合院在船舶研究实践中发现,不同的船员在学习新的知识与概念时具有不同的概念形成与存储方式。适合的学习方式有助于船员更快速地掌握新知识与概念。

(3)推理。推理是由已知信息推导结论的过程。当人们的推理过程遵循逻辑规则进行时,即为逻辑推理。但人们进行推理时,有时会脱离逻辑规则,进行直觉性推理。船舶出海过程中海洋情况瞬息万变,逻辑推理可以保证船员执行工作任务的过程是合乎规则的。但是,逻辑推理需要时间、足够的信息、充足的经验、严谨的思维等共同支撑,在一些紧急情况下,时间与信息往往都有严重的不足,如在海上遭遇或碰撞到未能侦测到的船舶,只能依靠有限信息在短时间内通过直觉思维判断对方船舶相关信息做出应对,此时推理出的结论可靠性将受到极大的影响,并会影响事件结果。

(4)问题解决。问题解决是指人们在一定的情境中,按照目标要求,通过一系列认知加工与行为反应解决问题的过程,该过程涉及多个认知加工过程,属于高级认知功能。思维特征、个人经验、人格特征等方面的差异可以影响问题决策策略的选择。

7）风险决策

风险决策特性是指人在不确定的条件下做出有效决策的特性[111]。决策包括三个过程：①搜集和感知与决策过程相关的信息；②考虑同决策相关的当前状态和未来状态，产生相关的假设或情境评估；③根据推断的状态、不同结果的成本和效果，进行计划和选择[103-105]。

船员在任务中的决策过程主要具有以下几个特点：①必须从大量的选项中选择一项；②具有大量的同该选项有关的可用信息；③时间限度相对紧迫；④选择具有不确定性。

船舶航行过程中，当遇到紧急或突发情况时，船员需要做出迅速有效的决策。以风险决策水平作为考察对象开展的研究发现，长时间的远航会影响船员的决策过程。首先，由于长时间远航导致船员注意力、警觉性、认知控制等多方面的认知加工能力下降，会影响船员制定决策方案时的信息加工进程，进而导致船员决策速度和准确性下降，失误风险增加；其次，单调枯燥的生活会导致冒险易感性较高的船员倾向于做出更冒险的决策[112]；最后，高压力、高应激的状态会让船员对风险和收益的权衡能力下降，导致决策科学性下降。

7. 人误

人误，即人因失误，是指超过工作或系统容许范围、标准或功能的人的行为或动作，可以是心理操作或身体活动，但是未能达到预期效果，包括个体、群体以及组织的失误[113]，如图3-2所示。人误常发生在繁忙、疲劳、精神松懈等特殊的情境下，在未受到应有重视时往往会重复发生，但在实际发生前如果进行系统分析并采取一定的预防措施，潜在的人因失误是可以被有效预防的。如果能够在失误发生之初进行有效应对，可以将人误造成的恶劣影响尽可能降低。因此，人误具有情境特异性、重复性、潜在性、可预防性、不可逆转性以及可修复性等特点[114]。

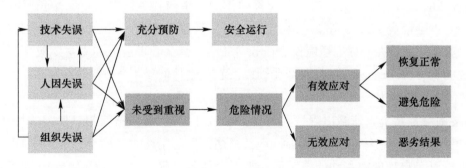

图3-2 人因失误

人误在船舶安全航行中具有至关重要的作用。海事事故分析中往往会考虑船员操作不当或工具使用不当等与人有关的失误[115]。例如新西兰交通事故调查委员会（TAIC）对海事中的因素分类将判断失误、缺乏知识、瞭望不当、规则疏忽、操纵不当、未确认航向和船的位置、酒精、药物、执行错误、疏忽、心理超负荷、疲劳等归为人因因素。中华人民共和国海事局近年对事故调查和统计分析中规范了人为失误，并将人误归因于船员身体状况、知识水平（包括对专业知识、航行规则、相关法律法规的掌握和理解等）、航海技能（包括判断能力、应变能力、操纵能力）、思想意识（包括职业道德、安全意识、工作态度、责任心等）以及航海经验等。

3.1.3 船员岗位能力

船员岗位能力是指适应岗位任务特点的能力特征，主要包括生理适应能力、心理适应能力和特殊岗位需要的某种潜在能力如指挥人员的团队协同能力、飞行员的空间定位能力等。

1. 生理适应能力

心理适应能力指由于船舶密闭、高噪声、高温、高湿、空气质量恶劣、震动摇摆等物理环境因素影响船员生理状态，船员需要从生理上适应长航作业环境与任务的能力，包括低氧耐受力、抗晕动能力等。

1）低氧耐受力

低氧耐受力是指船员适应船舶密闭空间中低氧气浓度、高二氧化碳浓度的工作环境，保持个人生理状态相对稳定的能力。

2）抗晕动能力

前庭器官相对敏感的人在运动情况下会出现头晕、恶心、呕吐等晕动症状，抗晕动能力即船员适应船舶航行中的摇摆、晃动，保持个人良好生理状态，不出现晕动症的能力。调研显示，新船员普遍会出现晕动症，当风浪大、船舶摇摆晃动剧烈时，一些老船员也会出现晕动症。

2. 心理适应能力

心理适应能力指船员从心理上适应长航作业环境与任务的能力。船舶长时间远航作业过程中，社会隔离、密闭、高噪声、高应激、高温、高湿等不利因素会对船员心理状态产生不利影响，需要船员在心理上适应作业任务与环境。船员心理适应能力主要包括情绪调控能力、抗压能力、长航隔离密闭心理耐受性以及心理创伤恢复4个方面。

1）情绪调控能力

情绪调控是在个人情绪出现波动时进行调节和控制，保持情绪相对稳定的特性，包括情绪保持、情绪抑制与情绪增强等调控，涉及情绪体验与情绪表达两个方面，调控可以是主动的，也可以是自动的。主动的情绪调控需要个体意志努力，例如，亲人故去，为了减少睹物思人的悲伤，主动选择尽量不去曾经一起生活过的空间。自动的情绪调节不需要个体的意志努力，例如，一些人在遇到重大应激事件时，会变得话多，通过不停地说话缓解压力，但是人们常常不能意识到自己话多这一情绪调控的行为。个体情绪调节能力影响其心理情绪的稳定性与心理健康水平。船舶远航过程中需要船员适时将情绪调整至平和状态,始终保持积极、稳定、成熟的情绪,遇事沉着冷静,临危不惧。认知情绪调节策略随着航行时间变化,长航中后期模拟船员最容易出现情绪异常,情绪调节能力下降,更容易外归因。

2）抗压能力

抗压能力即船员面对不同压力情境,调控心理状态、适应任务情境要求的能力特性。船舶远航过程中会遇到恶劣海况、船舶破损等各类危机情况,要求船员具备较高的抗压能力,可以在高心理压力下迅速且正确应对突发情况。调研结果表明,长航船员消极情绪增加、抗压能力不足、心理适应性差等心理层面的问题是制约长航船员作业效能发挥的关键因素之一。

3）长航隔离密闭心理耐受性

长航隔离密闭心理耐受性指船员从心理上适应长时间社会隔离、空间密闭、单调枯燥等长航任务条件的能力。长航船员心理耐受性随航行时间下降,航行初期船员对完成航行充满信心,中期船员心理耐受性最差,后期船员心理耐受性略有恢复。船员心理耐受性下降与船员心理情绪问题增加、认知加工水平下降等变化同步。

4）心理创伤恢复

心理创伤恢复是指船员在面临自身生命安全受到威胁等各类心理创伤时,可以积极应对心理创伤后的应激障碍等问题。这就需要船员具备过硬的心理素质、坚强的意志和信心、强有力的自我控制能力,能在紧张、危险和复杂的实战条件下保持必胜的信心。

3. 团队协同

团队协同是指由多个组织或人员组成的团队共同配合,协同完成一项或者一系列工作任务的过程,团队协同的效果受到团队沟通能力、团队协同程序执行能力、团队信息处理能力、团队突发状况应对能力4个方面的共同影响。

1）团队沟通能力

团队沟通是指信息沟通,是团队成员与其他成员之间相互传递信息并加以反馈的过程,它的内容是通过提问、回答和建议等方式自觉反馈重要的信息,并且能正确地表达自己的观点。人的沟通能力包含表达信息技能和接受信息技能。而沟通的过程包含以下几个关键环节:①建立顺畅的沟通渠道;②实时准确地传递表达自己掌握的信息;③实时准确地接受并理解别人传递过来的信息;④在加工完自己掌握信息的基础上发现并确定问题;⑤对问题提出见解和反馈。

沟通过程中可对沟通内容进行编码,包括呼叫、问询、命令、建议、判断、观察、声明、回复等类别。通过事后的沟通内容分析,可以掌握团队沟通过程中的沟通内容在各个编码类别上的分布情况。

2）团队协同程序执行能力

团队协同程序执行能力指的是团队成员按照既定的规章制度、标准化作业程序等协同任务按序无误执行的能力。规章制度是团队建设的重要约束力,也是团队的精神纽带。标准作业程序,是指将某一事件的标准操作步骤和要求以统一的格式描述出来,用于指导和规范日常的工作。实际执行过程中通常标准操作程序(Standard Operating Procedure,SOP)任务核心是符合任务需求并可执行,不流于形式。规章制度及 SOP 任务都具有以下特点:

(1) 规范性。它告诉队员们应当做什么,应当如何去做。

(2) 强制性。它对全体队员都有严格的约束力,任何人不得违反。

(3) 科学性。应当准确、齐全、统一,不能模棱两可,不能相互矛盾。

(4) 相对稳定性。一旦确定,在一定时期内保持稳定,不能朝令夕改,使人无所适从。

3) 团队信息处理能力

团队信息处理能力是指常规作业模式下团队完成特定任务作业认知处理与操作执行的能力。信息处理过程涉及信息输入感知(视觉、听觉、触觉等)、信息中枢处理(储存、加工、决策等)、运动执行(运动系统、语言器官、眼动等)等过程,团队信息处理能力体现在团队任务执行过程中的信息处理以及运动执行的能力,最终体现是在预定时间内完成预定目标的能力。

4) 团队突发状况应对能力

团队突发状况应对能力是指应急突发情况下团队的快速响应并有效解决的能力。团队遭遇突然触发的刺激事件时,会与当前正在执行任务之间产生一定的冲突影响,而通常触发的突发事件如果为高危险、高紧急任务,若不能及时响应和正确处理则可能产生巨大的潜在风险,并对团队成员心理产生较高的负荷。因此,该能力是考察团队成员在紧急状态下应对和解决突发情况的能力。通常,冲突是指个人或团队对于同一事物持有不同态度与处理方法而产生的矛盾。而这里是针对在同一段时间内,团队成员关于个体任务及团队应急突发任务之间的时间冲突。

3.2 船员特性表征

船员特性表征是对某类船员的特性进行描述或者表现,船员特性表征指标体系即通过体系化的方式描述或表现某类船员的特性,可以依据表现形式分为定性与定量两种。

3.2.1 定性的船员特性表征指标体系

定性的船员特性表征指标体系即通过结构化的方式表现某类人员的能力特性,可以通过如下过程构建:解析关键岗位核心任务特征,明确完成核心任务对船员提出的需求;基于完成核心任务对船员特性的需求、已有人员特性研究结果与经验,梳理构建定性的船员特性表征体系,如图 3-3 所示。定性的能力指标体系可以表征某类船员需要的特性,但是不能回答这些特性的需求程度以及这些特性与船员岗位绩效之间的关系。

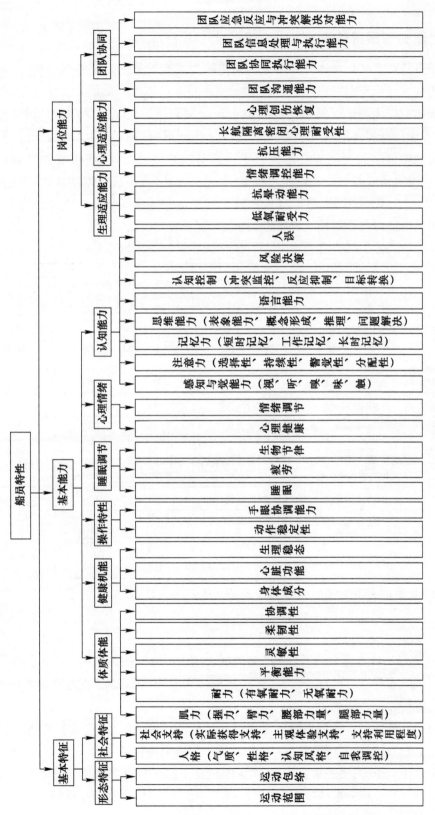

图 3-3 定性的船员特性表征体系

3.2.2 定量的船员特性表征指标体系

定量的船员特性表征指标体系即通过结构化的方式表现某类人员的能力特性,可以主要通过以下两种方式构建:

(1) 基于典型应用场景下的船员能力需求设计调研问卷,开展目标人群调研,分析调研数据,综合考虑已有或前期研究中各类人员特性测试指标与船舶测试限制条件,提取该应用背景下关键岗位船员完成核心任务所需要具备的特性,初步构建船员特性表征体系后,通过调研或专家访谈等方式确定能力权重,经过多轮迭代,形成定量的船员特性表征指标体系,见表3-2。该类表征体系可以反映船员特性对完成典型作业的重要程度,用于支撑特定岗位船员的选拔与针对性训练特性的确定。

表3-2 某型岗位船员定量的特性表征指标体系

能力	测试	指标	最高评级分	权重系数	加权最高评级分
决策能力	风险决策测试	风险决策爆球数	5.00	1.73	8.67
信息识别与检测能力	视觉搜索	搜索反应时	5.00	1.79	8.95
承受压力的能力	应对方式量表	量表结果	2.00	4.61	9.21
反应速度	知觉反应时	选择反应时	5.00	1.87	9.34
监控能力	专家评价	专家评价	5.00	1.87	9.34
语言交流能力	韦氏智力量表	言语智商	5.00	1.98	9.89
危机处理能力	危机脆弱性测验问卷	问卷分	4.00	2.47	9.89
操作能力	韦氏智力量表	操作智商	5.00	2.16	10.82
记忆力	工作记忆能力测试	反应时	5.00	2.32	11.61
注意力	持续性注意力	注意警觉性	5.00	2.46	12.28
总分					100

使用表3-2特性表征指标体系针对船员特性进行综合评价,公式如下:

$$S = \sum_{1}^{i} x_i w_i \qquad (3-1)$$

式中:S代表船员特性综合评分;x_i代表候选人第i项特性的评级分,可以按照特性测试分数查阅评价标准获得,评级标准可以使用常模或专家评估标准。w_i为候选人第i项能力的评级分权重系数。

(2) 采集船员特性指标数据与船员作业绩效数据,构建模型评估船员特性指标对船员作业绩效的预测效果,筛选预测效果好(一般要求预测模型决定系数大于0.7)的船员特性指标构建船员胜任力模型,该类表征指标体系中包含了船员特性与作业绩效的关系,可用于支撑精准选拔以及训练标准的确定,如图3-4所示。

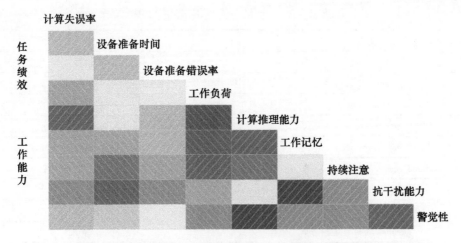

图 3-4 某岗位船员特性与任务绩效相关性(见彩插)

3.3 船员特性测量方法

对事物进行区分的过程称为测量[127]。船舶人员特性测量的主要目的是评估船员的特性,以使船员与装备和船舶作业任务更好地匹配。围绕关键岗位船员工作能力表征指标体系,本节从船员基本特征和船员基本能力两个方面介绍测量方法。

3.3.1 船员基本特征测量

1. 形态特征测量

传统的人体测量基于物理的测量方法是按照 ISO/TC 159/SC 3 制定的标准 ISO 7250:1996,以及我国制定的与此国际标准等效的国家标准 GB/T 5703—2010《用于技术设计的人体测量基础项目》和 GB/T 5704—2008《人体测量仪器》,使用专用的人体测量工具进行手工测量。上述标准中给出了国内研究机构常用的人体测量物理设备,如表 3-3 所示。由于人体是一类非常特殊的测量对象,被试的状态、姿势等,主试的技能、经验等,都会影响测量结果的准确性。

与常规人体测量相比,船员由于作业环境与操作装备特殊,常规静态条件下对人体尺寸进行测量,无法完全准确描述人员形态及对作业能力与绩效的影响,因此,还需要对舰员的运动范围、可达包络、各体段质量和转动惯量进行测量。

由于船员状态、测量设备、测量技术、成本、安全性等多方面的限制,目前仍然无法按理想状态获取到全部所需的数据,需要采取一定的补充和替代策略。船员形态特性数据采集与整合包括两部分:一是真人人体数据测量;二是通过实测数据和辅助措施对人体数据进行补充完善,使之具备可用性。

表 3-3 人体测量设备常用列表

英文名	中文名
anthropometer	人体测量器
beam caliper	滑动径规
foot scanner	足扫描仪
head scanner	头扫描仪
holtain caliper	霍氏卡钳
modified beam caliper with dowel	使用销钉改进的滑动径规
modified brannock device	改进的巴氏仪
modified height gauge	改进的高度仪
modified steel tape	改进的钢卷尺
poech sliding caliper	波氏滑动卡钳
pupillometer	瞳孔计
scale(weighing)	体重秤(体重计)
sliding caliper	滑动卡钳
spreading caliper	可展开卡钳
steel tape	钢卷尺
wall chart	墙挂图
whole-body scanner	全身扫描仪

2. 社会特征测量

社会特征测量可分为人格特征测量和社会支持测量。

1) 人格特征测量

人格特征测量[127-129]可以采用明尼苏达多项人格测验量表(Minnesota Multiphasic Personality Inventory,MMPI)、卡特尔16种人格因素问卷(Cattell Sixteen Personality Factor Questionnaire,16PF)、艾森克人格问卷(Eysenck Personality Questionnaire,EPQ)简式量表中国版(EPQ-R Short Scale,EPQ-RS)、成人人格调查表(Adult Personality Inventory,API)、加州心理量表、生活背景及生活经验评估量表、全球人格量表(Global Personality Inventory,GPI)等进行测量。下面简述其中几个常用的量表。

(1) MMPI。该问卷于1940年由美国明尼苏达大学的心理学家Hathaway和精神科医生Mckinley编制,1980年在我国开始应用,1989年美国明尼苏达大学对该量表进行了修订和标准化,出版了MMPI-2。量表测验内容包括26个方面,如身体方面的主观体验、精神状况和对家庭、婚姻的态度等。其中,疑病(hypochondriasis)、抑郁(depression)、癔病(hysteria)、精神病态(psychopathic deviate)、男性化-女性化(masculinity-femininity)、妄想狂(paranoia)、精神衰弱(psychasthenia)、精神分裂(schizophrenia)、轻躁狂(hypomania)、社会内向(social introversion)10个量表为临床量表,常用于精神疾病的鉴别,在精神科以及各类人员选拔中具有广泛应用。疑问量表(question)、说谎量表(lie)、诈病量表(validity)与校正量表(correction)4个效度量表可用于评估测试结果的有效性。

(2) 16PF。16PF 由美国心理学家卡特尔在人格及其测验研究基础上编制,并于1970年引入我国。该量表从多个维度评估个人相对独立的人格特质,具体涉及:

乐群性:描述是否愿意与人交往,待人是否热情;
聪慧性:描述抽象思维能力,聪明程度;
稳定性:描述对挫折的忍受能力,能否做到情绪稳定;
支配性:描述是否愿意支配和影响他人,是否愿意领导他人;
兴奋性:描述情绪的兴奋和活跃程度;
责任性:描述对社会道德规范和准则的接纳与自觉履行程度;
敢为性:描述在社会交往情境中的大胆程度;
敏感性:描述敏感程度,即判断和决定是否容易受到感情的影响;
怀疑性:描述是否倾向于探究他人言行举止之后的动机;
幻想性:描述对客观环境和内在想象过程的重视程度;
世故性:描述是否能老练、灵活地处理事物;
忧虑性:描述体验到的烦恼和忧郁程度;
开放性:描述对新鲜事物的接受和适应程度;
独立性:描述独立程度,亦即对群体的依赖程度;
自律性:描述自我克制、自我激励的程度;
紧张性:描述生活和内心的不稳定程度,以及相关的紧张感。

(3) EPQ。EPQ 由英国心理学家艾森克于20世纪40年代末编制,1952年首次发表,1975年正式命名。该量表共包括内外倾向量表(E)、情绪性量表(N)、心理变态量表(P,又称精神质)和效度量表(L)4个分量表,从内外向性(E)、神经质(N)和精神质(P)三方面描述人不同倾向和不同表现程度。EPQ 具有儿童和成人两个版本,儿童版有97个题目,成人版有107个题目,中国修订的儿童和成人版本均为88个题目。2000年钱铭怡等引进艾森克人格问卷简式量表,并进行了国内修订,简版依旧是4个自评量表,每个量表12个题目,共48个题目。

2) 社会支持测量

社会支持可以使用 UCLA 孤独量表[130]、社会支持评定量表(Social Support Rating Scale,SSRS)[131]、领悟社会支持量表(Perceived Social Support Scale,PSSS)[131]进行测量。

(1) UCLA 孤独量表。该量表为自评量表,用于评价由于对社会交往的渴望与实际水平的差距而产生的孤独,这种孤独在此被定义为一维的。该量表于1978年首次出版,包含20个条目;在1980年和1988年进行了两次修订,在原来20个条目的基础上,又增加了一类反序计分条目,被试人员可以自由选择其中一类完成。每一个项目均采取1~4级评分,分数越高,代表其孤独程度越高。

(2) 社会支持评定量表。SSRS 含10个大项,包括3个维度:客观支持(项目2、6、7)、主观支持(项目1、3、4、5)和支持的利用度(项目8、9、10)。该量表有一个针对军人的修订版,即社会支持评定量表(军人版),本量表总量表及各分量表与作为校标量表的社会支持评定量表和中国军人身心健康量表具有显著相关性,具有较好的信度和效度,可用于中国军人社会支持水平的评估。

(3)领悟社会支持量表。PSSS 是一种自评量表,强调个体对社会支持的自我理解和感受,测定个体对各种社会支持源的领悟水平,如家人、朋友和其他人的支持程度。PSSS 由12 条短句组成,每条为 1 项,每项有极不同意、很不同意、稍不同意、中立、稍同意、很同意和极同意共 7 种选择。

3.3.2 船员基本能力测量

基本能力测量包括体质体能测量、健康机能测量、睡眠调节特性测量、操作特性测量、心理情绪特性测量、认知特性测量等,在船舶人因工程领域主要用于支撑设计输入、人员选拔、制订训练方案、诊断人体是否有功能障碍及其原因、确定训练效果等。

1. 体质体能测量

人们通常把人体在肌肉活动中所表现出来的肌力、平衡性、灵敏性、柔韧性及协调性等机能能力统称为身体基本素质[84]。身体基本素质是人在遗传的基础上,经过长期的生活、工作和劳动过程中逐渐形成的身体能力要素,是人体肌肉活动基本能力的表现。船舶作业类型复杂,不仅有需要较大体力和耐力的粗犷型体力劳动,也有手眼协调要求较高的精细化操作,身体各项基本素质是保证船舶作业安全和绩效的基础。

1) 力量测量

(1)肌力测量。肌力测量一般包括最大肌力、爆发力和肌肉耐力等,主要有等长力量、等张力量和等动力量三种体现形式。

等长力量又称为静止力量,常采用测力计完成,在测量过程中不能有关节活动,由肌肉或肌群做等长收缩产生力量,可测量最大肌力和肌肉耐力。最大肌力是指被测肌肉或肌群所能克服的最大阻力负荷;肌肉耐力是指克服 70% 最大阻力的最长时间。

等张力量又称为动态力量,常用的测量装置有测力计、杠铃、哑铃及力量练习器械等,也可测最大肌力和肌肉耐力。这种方式通过逐渐增加阻力值的方式获得最大肌力,通常每次增重不超过 2~4kg,休息 2~3min,直到被试所能克服的最大阻力值。这种方式下肌肉耐力的测量通常以能持续克服 70% 最大肌力的次数作为测量指标。

等动力量的测量需要利用专门的等动测力计完成。等动力量的测量过程中,运动阻力随着关节活动而不断变化并自动调节,只要肌肉进行最大收缩,就可准确测出肌肉或肌群在整个运动过程中的最大肌力。等动练习器可对肌肉各收缩角度的最大肌力进行训练,从而增强最大肌力。

此外,也可以通过肌电仪这种高级测量装置对肌肉兴奋程度、机能状态进行测量。这种装置先刺激肌纤维产生兴奋,再将兴奋所产生的动作电位进行放大记录就可得到肌电图,最后进行振幅、频域和时域分析。

(2)耐力测量。耐力可以通过运动心肺功能指标进行测量,主要包括肺活量的测量、连续肺活量的测量、时间肺活量的测量、最大通气量的测量、最大摄氧量的测量、PWC_{170}实验、乳酸阈的测量、糖酵解代谢能力的测量等。

① 肺活量的测量。肺活量反映了一次通气的最大能力，通过肺活量测试仪可迅速测量个体的肺活量。正常成年男性肺活量约为3500mL，女性约为2500mL，通过针对性训练可有效增大肺活量。一般随着人体疲劳，肺活量会减小。

② 连续肺活量的测量。使用肺活量测试仪连续测量5次肺活量，通过观察5次肺活量数值的变化趋势，判断呼吸肌的机能能力。若肺活量逐渐增加呈递增趋势，则表示呼吸肌的机能能力强，可判定当前身体机能状况良好；若肺活量逐渐减小呈下降趋势，则表明呼吸肌处于疲劳状态，可判定身体机能状况恢复不好。根据连续肺活量的测量结果，可快速地判断呼吸肌的疲劳状态及身体的机能状况。

③ 时间肺活量的测量。时间肺活量不仅反映肺活量的大小，而且还能反映肺的弹性是否降低、气道是否狭窄、呼吸阻力是否增加等情况。具体过程为被试在最大吸气之后，再以最快速度最大呼气，记录一定时间内所能呼出的气量。

④ 最大通气量的测量。最大通气量是反映肺通气功能的重要指标，可用来评价受试者的通气储备能力。具体过程为被试以适宜的呼吸频率和呼吸深度进行呼吸，一般只做15s通气量的测量，再将所测得的值乘以4，就得到每分钟的最大通气量。

⑤ 最大摄氧量的测量。最大摄氧量是人体最大有氧代谢能力，反映了心肺功能对氧的转运能力（包括心输出量、血红蛋白、毛细血管密度）和肌肉对氧的吸收、利用能力（包括线粒体数量、酶活性等）。它是在心肺功能和全身各器官、系统充分动员的条件下，单位时间内机体吸收和利用的氧容量。船舶作业中对耐力要求较高的岗位，最大摄氧量也应要求较高。测量方法包括最大摄氧量直接测量法、间接测量法和最大摄氧量平台的测量等。

⑥ PWC_{170}实验。PWC_{170}（physical work capacity at a pulse of 170 beats/min）实验反映机体工作能力，尤其是耐力水平，是人体有氧代谢能力测量中一种常用的次极限负荷实验。进行PWC_{170}实验时，通过逐渐增大运动负荷，直至稳定状态所要求的心率（170次/min），再进行定量负荷运动，记录被试单位时间内所做的功（即功率）。

⑦ 乳酸阈（Lactic Acid，LT）的测量。乳酸阈是指人体在工作强度递增时，由有氧代谢供能开始转换成无氧代谢供能的临界点（拐点）。当拐点出现时，血乳酸含量达到4mmol/L，将此血乳酸浓度定义为乳酸阈，此时心率、肺通气等与代谢有关的指标也会出现拐点现象。因此，除了直接测量血乳酸来评定乳酸阈，也可通过测量通气量、心率等指标评定乳酸阈。在长时间持续运动中，血乳酸没有明显堆积之前能够达到较高的摄氧能力，说明人体的有氧代谢水平较高。乳酸阈对耐力的评定、科学合理安排训练强度具有实用价值。

⑧ 糖酵解代谢能力的测量。糖酵解代谢能力主要反映机体的速度耐力的能力，一般是通过30~90s的最大能力持续运动实验来测量。基本评价标准：做功的总量越大，运动前后血乳酸的增值越大，糖酵解代谢供能能力越强。测量方法主要包括Wingate无氧功率实验、Quebec 90s实验、60s最大负荷测量和无氧功跑台测量等。

2) 平衡能力测量

平衡能力测量既可以是对人体的平衡功能进行定性的描述与分析,也可以是定量的。平衡能力测量方法较多[132],常用的有:

(1) 睁眼动态平衡测量。需要定制一条3.8cm宽的平衡木(长度不限),让被试在平衡木上往返4次,记录往返时间以及掉下平衡木的次数,然后进行评价。

(2) 睁、闭眼静态平衡测量。需要定制一块2.5cm宽的木板,让被试先睁眼、用优势脚在木板上站立,记录站立的时间。然后再让被试闭眼,记录站立的时间,最后比较睁眼与闭眼时的平衡能力,可测量视觉在平衡中所起的作用。

(3) 金鸡独立测量。让被试用优势腿在平地上站立,将另一只脚置于支撑腿(优势腿)的膝关节处,最后双手叉腰。测量过程中尽量保持身体不动,记录被试保持姿态的时间。结束时间记录的标准:①支撑腿脚掌发生移动;②双手离开叉腰的位置;③另一脚离开支撑腿的膝关节。该测量重复做3次,以保持平衡时间最长的一次作为测量的结果,该方法可测量人员的静态平衡能力。

(4) 头手倒立测量。让被试做头手倒立动作,记录其倒立的时间,可测量改变体位后被试保持平衡的能力。

(5) 平衡仪测量。根据测量目的不同,平衡仪可分为静态平衡仪或动态平衡仪。

① 静态平衡仪:又称测力台,它是通过在平板下各角安置压力传感器,记录站立时脚对平板的压力,并将压力信号输入计算机,形成静态姿势图,即重心相对于平板上投影与时间的关系曲线。测量时,被试可单腿、分足(与肩同宽)、并足、前后足等多种站立形式。通过分析静态姿势图中的摆幅、摆速、功率谱等多项指标来分析身体平衡功能。

② 动态平衡仪:是在静态平衡仪上增加一个运动控制装置,使其可以水平移动,或以踝关节为轴旋转运动(也可配备同时测量脚与下肢所成角度的设备),或环绕被试给予或真或假的视觉干扰。同样记录脚对平板的压力 – 时间曲线,即为动态姿势图。图中可以区分本体感觉、视觉和位觉定位信息,有助于探讨平衡障碍诱发的原因。

3) 灵敏性测量

灵敏性测量可采用人工计时、目测判错、灵敏性测量仪等方法测量,主要有立卧撑测量、侧跨步测验、象限双脚跳测验等。这里简单介绍立卧撑测量,考察被试由立姿经下蹲到俯撑姿势,再恢复到立姿的变换速度。过程:从站立姿势开始计时,被试听到"开始"信号后,迅速翻膝、弯腰、下蹲、两手在足前撑地,两腿向后伸直成俯撑,然后再经过屈蹲、恢复正常的站立姿势。计算被试10s内正确完成动作的总得分。整套动作分为4部分,每完成1部分累加1分。第一部分:站立 – 下蹲,手撑地;第二部分:下蹲撑;第三部分:俯撑 – 下蹲;第四部分:下蹲 – 站立。在测量过程中,俯撑时两腿弯曲及站立时身体不直都要扣除1分。

4) 速度测量

磷酸原代谢能力主要反映机体的速度爆发力,一般是通过10~15s的最大能力持续运动实验来测量。基本评价标准:无氧输出功率越高,血乳酸上升越少,磷酸原代谢能力越强。测量方法主要包括磷酸原能商法、Margeria台阶实验、Quebec 10s无氧功实验和10s最大负荷测量法等。

5) 柔韧性测量

柔韧性测量一般要具体到某个关节部位分别进行测量,如颈、肩关节、躯干、髋关节、下肢等部位的柔韧性。柔韧性的测量方法也有很多种[132],一般分为简易测量法和精密测量法。

(1) 简易测量法。简易测量法一般只能大致定性评价柔韧性的好坏,关节活动是否基本正常,常用的方法有直立体前屈测量、颈部柔韧性测量、旋肩测量、背伸测量、髋关节柔韧性测量、膝关节柔韧性测量、小腿内外旋测量、踝关节柔韧性测量。这里简要介绍直立体前屈测量,该方法可同时测量体前屈、骨盆前倾、髋关节屈曲的活动幅度和下肢的柔韧性。过程:被试双膝、双脚并拢,双膝伸直保持直立,上体逐渐向前弯腰,不能抬脚跟,尽量做最大范围内的动作。判定标准,分为5级:①双手只能触及踝关节以上判定为差;②手指尖能触及脚尖判定为较差;③指腹能触及脚尖判定为正常;④指根能触及脚尖判定为良好;⑤掌根能触及地面判定为优秀。

(2) 精确测量法。使用坐位体前屈测试仪、各种量角器、等速测试系统等测量装置可对柔韧性进行精确测量,且可定量地评估身体的柔韧性。

坐位体前屈测试仪也有很多形式,如传统的坐位体前屈测试、墙式坐位体前屈测试、V形坐姿式坐位体前屈测试、椅式坐位体前屈测试、YMCA式坐位体前屈测试、护背式坐位体前屈测试等。这里介绍传统的坐位体前屈测试,将坐位体前屈测试仪固定,以防止它在测试过程中滑动。被试进行10min的热身。让被试脱鞋后坐在地板上,脚跟和脚掌靠在测试仪标志线上,要求双腿完全伸直,双脚的内侧分开约20cm。主试将手放在被试的膝盖上,以确保其保持双腿完全伸直。被试伸直双臂,一只手放在另一只手上面(指尖对齐),掌心朝下。让被试尽力向前弯身,双手沿着测试仪顶部的测量尺向前伸,达到最大值时应保持该姿势1~2s。若被试膝盖弯曲或双手指尖没有对齐,则不计入测试结果,应重复该测量过程。正确重复测量4次,将第4次正确测量的结果用于判定被试柔韧性的好坏。

6) 协调性测量

由于协调性涉及人体多系统、器官的综合功能表现,目前尚未有十分精确的方法对人的协调性进行测量。

2. 健康机能测量

1) 身体成分测量

身体成分测量结果可反映人体的健康状况。一般,人体重量可粗略地分为脂肪重量和去脂体重两部分,人体脂肪重量及体脂百分比可以直接反映人体的营养状况。目前,常用的测量方法[84]有水下称重法、皮褶厚度测量法、生物电阻抗法、体重指数法、超声测量法、核磁共振测量法、双光子X射线扫描法、血氧稀释法及呼吸商测量法等。

(1) 水下称重法。水下称重法通过测量浮力的大小可算出人体的体积,并通过测量体重计算得出人体密度,最后由密度进一步推算出体脂百分含量。该方法结果较为合理、精确,已经成为比较和评定各种其他方法的标准。

(2) 皮褶厚度测量法。皮褶厚度测量法是通过皮褶卡钳测量人体不同部位的皮褶厚度,如胸部、上臂部、腹部和大腿部等,取得几个部位的皮褶厚度后,再通过查表得出体脂百分比对应的身体脂肪含量。

(3) 生物电阻抗法。生物电阻抗法是利用非脂肪组织和脂肪组织导电性不同,通过测量安全电流通过身体的脂肪和非脂肪组织时的差别来计算身体成分。一般通过测量腕部和踝部电流推算身体成分。市面上部分体成分分析仪就是基于生物电阻抗法进行研制的。

(4) 体重指数法。体重指数法是通过测量体重和身高来计算身体成分,$BMI = 体重/身高^2$(单位:kg/m^2),该方法简单、易于实施,且应用十分普遍。但该方法也有一定的局限性,不适用于因肌肉和骨骼增长导致体重增加的人群。

另外,还有超声测量法、核磁共振测量法、双光子 X 射线扫描法、血氧稀释法及呼吸商测量法等都可以精确测量身体成分,但大多测量仪器昂贵,测量过程较为烦琐,不适用大规模人群的测量,一般用于对测量精度要求比较高的研究中。

2) 心脏功能测量

对心脏功能进行测量的常用生理指标有心率、血压和心电图(Electrocardiogram, ECG。又分为常规心电图和动态心电图)等。实船测试不能干扰船员正常作业,为了获得船舶连续作业时的工作状态,常用一些非干扰式的心电连续监测设备采集船员的心电数据,如手环、心率带、生理背心等心电监测设备。从心电数据可进一步获得心率、心率变异性等特异性指标评定船员的心血管系统。这里重点介绍一下心率测量[84]。

心率是心脏周期性活动的频率,一般用心脏每分钟搏动的次数来表示,单位为次/min。常用的心率有基础心率、静息心率、作业时心率和作业后心率。

(1) 基础心率。基础心率是清晨起床前空腹卧位心率,基础心率一般较为稳定。研究表明,长期针对性的训练可减慢基础心率,基础心率突然加快往往提示有过度疲劳或疾病的发生。

(2) 静息心率。静息心率是人处于静息状态下测量的心率,有明显的个体差异。一般新生儿的心率较快,可达 130 次/min。正常健康成人较缓,可低于 60 次/min。耐力好的船员安静时心率低于其他船员,最低可达 36 次/min 左右。静息心率常作为运动时心率的对照。

(3) 作业时心率。作业时心率又分为极限负荷心率(大于 180 次/min 以上)、次极限负荷心率(170 次/min 左右)和一般负荷心率(140 次/min 左右)。极限负荷下,获得的心率极限值称为最大心率。最大心率与静息心率之差称为心搏频率储备,表示人体作业时心率可能增加的潜在能力。

(4) 作业后心率。作业后心率在被试作业结束后测量,作业结束后心率下降速度的快慢,可反映人的身体机能的恢复能力。

3) 生理稳态测量

生理稳态测量主要通过采集血液、尿液、粪便等生理样本,再经过理化分析,确定内环境各项理化指标是否在正常范围内。船员长时间远航期间由于缺少绿色蔬菜,导致维生素摄入减少,容易引起代谢反应问题,引起机体代谢失去平衡、免疫力下降。此外,外环境的剧烈变化也会影响内环境的生理稳态,为此,机体的血液循环、呼吸、消化和排泄等生理功能必须不断地进行调节,使内环境处于相对稳定状态。总之,对于船舶作业这样特殊的作业环境,关注船员的生理稳态具有重要意义。

3. 睡眠调节特性测量

1) 睡眠特性

(1) 睡眠质量。匹兹堡睡眠指数量表(Pittsburgh Sleep Quality Index,PSQI)[133]是由Buysse等于1989年编制的,在国内外精神科临床评定中广泛应用。PSQI关注人员过去一个月的睡眠习惯,该量表由19个条目组成7个测量维度,分别是主观睡眠质量、入睡时间、睡眠时间、睡眠效率、睡眠障碍、催眠药物和日间功能障碍。每个维度按0~3计分,累计各维度得分即为PSQI总分,总分范围为0~21分,得分越高表示睡眠质量越差。PSQI中文版也具有较好的信度和效度[134-135],且在中国军人中也有验证[136]。

(2) 睡眠时型。睡眠时型是指人对日常活动和睡眠时间的偏好,具有明显的个体差异性,可用于评估人员昼夜节律变化。睡眠时型除了通过体温、皮质醇、褪黑素、心率等生理参数[137]的生物学周期进行客观测量,还可通过一些主观问卷进行测量,如清晨型-夜晚型问卷(Morningness - Eveningness Questionnaire,MEQ)、复合清晨型量表(Composite Scale of Morningness,CSM)和慕尼黑睡眠类型问卷(Munich Chrono Type Questionnaire,MCTQ)。清晨型喜欢早睡早起,在早晨工作效率较高;夜晚型喜欢晚睡晚起,在下午或晚上工作表现更好;中间型处于这两种情况之间[138]。

2) 抗疲劳特性

目前,抗疲劳特性主要通过持续作业中的疲劳水平或疲劳后的恢复情况来反映。抗疲劳特性通常可以从主观、行为和生理三方面进行测量[139]。研究表明[140],脑电图和一些感觉机能指标可以从整体角度来评定人体中枢神经系统的疲劳与恢复情况。例如,过度的训练会使中枢神经系统发生抑制,出现疲劳,检测的静息脑电也会出现异常,一些感觉机能也会同步下降。下面简要介绍几种神经系统特性及感觉机能的测量方法[84]。

(1) 两点辨别阈。两点辨别阈是指辨别皮肤两点间最小距离的能力,能辨别的两点距离越近,表明两点辨别能力越强。可用一种类似于圆规的两点触觉计同时刺激皮肤上的两个点,当两点的距离小于一定程度时,被试会感觉成一个点。机体疲劳时,两点辨别阈增大,若工作劳动后,两点辨别阈较安静时大1.5~2倍,表明机体出现轻度疲劳;若大2倍以上,则表明机体出现深度疲劳。

(2) 闪光融合频率。当注视一个间歇频率闪光时,随着闪光频率逐渐增加,看到的将不再是闪烁的光,而是稳定的连续的光,这种现象称为闪光融合。闪光融合频率是指辨别闪光间歇的最大频率,能辨别的闪光融合频率越大,表明辨别能力越强。闪光融合频率可以作为判定体能训练或持续工作引起的中枢神经系统急性和慢性疲劳状态的一项常用指标。研究表明,机体越疲劳,能辨别的闪光融合频率下降就越快,因此,可以利用闪光融合频率的变化推测中枢神经系统的功能状态。

(3) 脑电检测。脑电的特征指标[141-143]可以较好地反映中枢神经系统的功能状态。机体疲劳时,神经细胞抑制加强,会引起脑电慢波成分增加。通过频率分析可以直接提取慢波成分比例,进一步评价中枢神经系统的功能状态。除了脑电,眼电与眼动、心电也常用于抗疲劳特性测量[139]。相较于其他生理测量方式,脑电可以直接反映大脑的状态,且对疲劳的判定最为准确,是生理测量疲劳中的黄金准则。

(4) 主观体力感觉等级量表(Ratings of Perceived Exertion Scale,RPE)。在递增负荷运动中,主观体力感觉和心率的相关系数不低于0.85[144]。该方法表现形式是心理的,但反映的却是生理机能方面的状态。全表共分为15个评价数值,6是最低的数值,20是最高的数值。

3) 生物节律的测量

人体的昼夜节律可监测被试的核心体温、褪黑素、心率和脑电等生物特征进行测量[145-146]。节律参数[145]一般包括周期、相位、中值和幅度。下面详细介绍褪黑素采集测量方法:①采集时间:一般连续采样48h以上(常用48h或72h),每4h采集一次;②采集流程:唾液采集前1h,所有被试漱口(纯净水即可),漱口后禁止饮食和口腔卫生运动。唾液采集时,将唾液采集管中的无菌海绵取出,咀嚼唾液采集海绵至少1min,吐回唾液采集管中,样品应迅速冻存(1h以内)。

4. 操作特性测量

人员操作特性可通过开发特定类型的计算机测试程序进行测量,通过程序记录人员完成任务的时间、正确率等指标评定人员的操作特性。下面介绍两种测试任务:动作稳定性测试和手眼协调能力测试。

1) 动作稳定性测试

每次实验开始时,屏幕上出现一个圆形小球和一条隧道,要求被试用鼠标控制小球尽快通过不同宽度与形状的隧道,通过过程中小球边缘尽量不要触碰隧道边缘。记录被试完成任务过程中小球撞到隧道边缘的次数以及通过隧道的时间作为动作稳定性的测量指标。

2) 手眼协调能力测试

测试开始后屏幕上会随机出现两个一样的图形,其中一个图形位置是固定的,另一个图形的位置和方向可以通过手柄移动与控制,要求被试使用游戏手柄控制可移动的图形与固定图形的位置重合。记录被试完成测试的时间作为手眼协调能力测试指标。

5. 心理情绪特性测量

心理情绪特性测量[127]是根据一定的法则采用定量的方法确定人的行为属性,对人的行为和心理属性给出一种数量化的价值。测量的方法包括实验法、观察法、测验法等。

心理情绪特性测量具有间接性和相对性两个显著的特点。间接性指的是,与某些物理现象的直接测量大不相同,心理情绪测量是一种间接的测量。以现在的科学技术水平,人的心理也尚不能直接测量,只能测量人的外显行为。再根据心理学特质(trait)理论,对测量结果进行推论,从而间接测量人的心理属性。相对性指的是,心理情绪特性测量结果是对人的行为进行比较,没有绝对的标准,也即没有绝对的零点,有的只是一个连续的行为序列。所有的心理情绪测量都是看每个人处在这个序列的什么位置上,测量结果具有相对性。因此,测量过程中常常需要针对目标群体建立常模,作为解释结果的参照。

心理情绪特性测量可以采用心理健康水平测量、情绪调节特性等与心理情绪密切相关的特性评价量表进行测量。

1) 心理健康水平测量

(1) 症状自评量表 SCL-90(Symptom Check List 90)[131]。该量表是当前使用非常广泛的精神障碍和心理疾病门诊检查量表,共包括90个自我评定项目,每一个项目均采取1~5级评分。从躯体症状、强迫症状、人际关系敏感、焦虑、抑郁、恐怖、敌对、偏执和精神病性9个维度以及整体状况评估心理健康水平。值得注意的是,该量表的评定时间范围是"现在"或者是"最近一个星期"的实际感觉。

(2) 抑郁自评量表(Self-Rating Depression Scale,SDS)[131]。SDS是一个自评量表,被美国教育卫生福利部推荐用于精神药理学研究的量表之一。该量表测量人员抑郁倾向的主观感受,用于测量人员"最近一个星期"的实际感觉。该量表包括20个项目,一半是正向评分题,一半是反向评分题。每一个项目均采取1~4级评分,分别代表没有或很少时间、少部分时间、相当多时间、绝大部分或全部时间。

(3) 焦虑自评量表(Self-Rating Anxiety Scale,SAS)[131]。SAS是一个自评量表,量表的构造形式和评定方法与SDS非常相似。该量表测量人员焦虑倾向的主观感受,用于测量人员"最近一个星期"的实际感觉。该量表包括20个项目,15个项目是正向评分题,5个项目是反向评分题。每一个项目均采取1~4级评分,分别代表没有或很少时间、少部分时间、相当多时间、绝大部分或全部时间。

(4) 应激感受量表(Perceived Stress Scale,PSS)。PSS是一个自评量表,可测量人员最近一个月主观感受心理应激水平,这是了解环境因素对人体健康影响的重要途径之一。该量表共有3条目、10条目和14条目3个版本,其中PSS-10这个10条目版本被证实在不同的人群、文化和机构中的使用均有良好的信度与效度[147]。

(5) 应付方式问卷。应付方式问卷由肖计划编制,用于测查个体对应激事件的策略。该问卷共有62个项目,其中有4个反向计分的题目,除此之外,各个量表的分值均为:选择"是"得1分,选择"否"得0分。问卷由6个分量表组成,分别是问题解决、自责、求助、幻想、退避和合理化。该问卷具有较好的信度和效度[148],各题的因素负荷值均在0.35以上,6个应付因子重测相关系数分别是:$r_1 = 0.72$, $r_2 = 0.62$, $r_3 = 0.69$, $r_4 = 0.72$, $r_5 = 0.67$, $r_6 = 0.72$。

2) 情绪调节特性测量

(1) 正性与负性情绪量表(the Positive and Negative Affect Scale,PANAS)[149]。PANAS不仅可用于测量人员的实时情绪状态,还可以测量今天、过去一些日子、过去几星期、今年等不同时间限定的情绪状态。PANAS是一种测量状态性情绪量表,而不是特质性情绪量表,其得分受情景因素影响较大。该量表包括20个描述不同情感、情绪的词汇,包括10个描述正性情绪的形容词和10个描述负性情绪的形容词,量表对正性情绪和负性情绪两个分量表分别进行统计分析。

（2）情绪调节量表。情绪调节量表[150]由斯坦福大学Gross和John编制。该量表共10个项目,采用7点计分,得分越高,表明情绪调节策略的使用频率越高。该量表可测试认知重评和表达抑制两个维度。其中,认知重评维度的测量由6个题项构成,表达抑制维度的测量由4个题项构成。该量表中文版信度与效度良好[151-152]。此外,还有实验室情绪调节任务以及情绪调节内隐联想测验[153]可对情绪调节进行测量。

（3）认知情绪调节量表(the Cognitive Emotion Regulation Questionnaire, CERQ)。CERQ最初由Garnefski等[154]于2001年编制完成,可独立考察人员在经历负性事件之后倾向于运用的与"行为"应对的不同的"认知"应对策略,以及它如何影响人员在经历负性事件之后情绪的发展进程[155]。该量表共36个项目,包括9个分量表,分别是自我责难、接受、沉思、积极重新关注、重新关注计划、积极重新评价、理性分析、灾难化、责难他人。每个分量表各4个条目。人员在某个分量表上得分越高,表示在面临负性事件时越有可能使用这个特定的认知策略。在9个认知策略中,自我责难、沉思、灾难化和责难他人属于消极的情绪调节策略;而积极重新关注、重新关注计划、积极重新评价、接受和理性分析属于积极的情绪调节策略。该量表中文版信度与效度良好[156-157]。

6. 认知特性测量

1) 船员感觉与知觉能力测量

感觉与知觉的测量可以基于多项式反应时的任务[105]:

（1）简单反应时任务:给被试连续呈现三角形,被试看见三角形就按键,每次三角形出现前有一个呈现时间随机的注视点。

（2）辨别反应时任务:给被试呈现三角形、圆形、方形,被试只看到三角形时按键,其他图形不按键。

（3）选择反应时任务:给被试呈现三角形、圆形、方形,被试看见不同的图形按不同的键(与辨别反应时程序几乎一样,只是正确反应按键方式不同)。记录被试的反应时间。其中,简单反应为简单反应时任务的平均反应时间。选择反应时为选择反应时任务反应时减去辨别任务反应时;辨别反应时为辨别反应时任务的反应时减去简单反应时任务的反应时。

2) 船员注意力测量

注意选择性、持续性、分配性可以分别使用视觉搜索测试、注意警觉性测试、听觉注意分配测试进行测量,注意网络测试(Attention Network Test, ANT)可用于综合注意能力并对注意网络进行分离。

（1）视觉搜索测试(选择性注意)。测试过程中要求被试在容易产生混淆的字母刺激(如黑色的L和红色的T)当中寻找目标字母(红色的L),当目标字母存在时,做按键反应,记录被试的反应时和正确率。

（2）注意警觉性测试(持续性注意)。测试过程中要求被试在连续呈现的数字(1~9)中检测目标数字(9),当目标数字出现时,做按键反应,记录被试的反应时和正确率。

(3) 听觉注意分配测试。测试过程中要求被试对 3 种声音信号和 8 种颜色信号进行按键。3 种声音每种对应一个按键；8 种颜色信号，每种对应一个按键。测试一般分三个阶段，每个阶段被试按照要求按键，记录被试按键的反应时与正确率。

第一阶段：被试熟悉声音信号，每次给被试呈现一种声音，被试听到后按相应的键。

第二阶段：被试熟悉视觉信号，每次给被试呈现的 8 个方块中有一个变色，被试按对应的按键。

第三阶段：每次实验开始后，声音信号和视觉信号同时呈现，即 8 个方块中有一个颜色变化，同时播放一种声音，要求被试一只手负责颜色对应的按键，一只手按声音对应的按键。当两个指定按键域内均有按键被按下时，该试次结束，按其他键不做响应。声音和视觉刺激各自随机呈现，但是 3 种声音刺激出现的总次数相同，8 个视觉刺激出现的总次数也相同。

(4) 注意网络测试。ANT[158]是研究注意能力的经典任务，最初由 Fan Jin 等在 2002 年开发。为了更深入地研究交互效应，Fan Jin 等于 2009 年又提出了 ANT 的修正版[159]。注意网络任务中包含 4 类提示信号(无提示、中心提示、上下提示和定向提示)和 3 类目标箭头刺激(一致箭头、冲突箭头、中性箭头)。测试过程中要求被试在提示信号出现后维持警觉状态，在箭头刺激出现后立刻判断箭头的方向。这个任务可以同时考察人员的警觉、定向和冲突状态下反应的速度，将不同的注意状态在同一个测试中进行测量，因此还可以检查它们之间的交互作用。

其中，使用无提示信号减去中心提示信号的反应时计算得到警觉网络效率，考察人员接收并保持警报状态；使用上下提示信号减去定向提示信号的反应时计算得到定向网络效率，考察人员从感官输入中选择信息的能力；使用冲突箭头刺激的反应时减去一致箭头的反应时计算得到冲突网络效率，考察人员解决潜在响应之间产生冲突的能力。

如图 3-5 所示，在每个试次开始前，屏幕中会首先呈现 400~1600s 的注视点"+"，接着呈现警觉信号。4 类提示信号随机出现，概率相同。提示信号呈现 100ms，随后呈现 400ms 的注视点。接着呈现目标刺激，目标刺激为 5 个一行的箭头刺激，被试需要对中心箭头的方法进行反应。3 类目标刺激分别是 5 个箭头同向的一致刺激(→ → → → →)、中心箭头和周围箭头反向的冲突刺激(→ → ← → →)，只有中间出现箭头的中性刺激(— — → — —)，各类刺激中箭头方向和出现位置(上或下)随机，概率相同。如果中间箭头是"→"，向右就按鼠标右键；如果中间箭头是"←"，向左就按鼠标左键。目标刺激呈现的 1700ms 内被试未反应，则进入下一个试次。每一个试次总时间为 4000ms，程序平均运行 20min。正式实验共包含 312 个试次，分为 4 个 Blocks(24 次练习 +96 次实验重复 3 次)，被试可以自行决定各阶段休息时间。

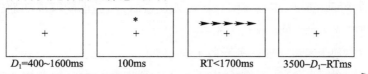

图 3-5 ANT 测试流程

3）船员记忆力测量

记忆力测量可以通过数字记忆广度测试测量短时记忆容量,通过 N-back 等测试测量工作记忆能力,通过学习-再认实验范式等测试测量长时记忆。

(1) 数字记忆广度测试。测试过程中被试听到以每秒一个的速度播放的数字,数字播放结束后,被试立即按照自己听到的顺序复述或者输入听到的数字,对一列数字连续三次复述或输入错误停止测试。记录被试最后一次正确复述或输入的数字个数作为被试的数字记忆广度。

(2) N-back 工作记忆测试。如图 3-6 所示,测试开始后,被试按照要求判断当前的数字(言语工作记忆)或者方块的位置(空间工作记忆)与之前倒数第 N 个是否一致,记录被试的反应时与正确率。

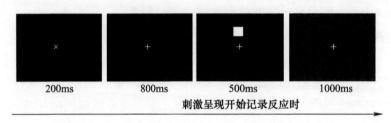

图 3-6　N-back 空间工作记忆任务实验流程

(3) 学习-再认实验范式测试(长时记忆)

如图 3-7 所示,学习-再认实验范式分为学习阶段和再认阶段。在学习阶段,屏幕上将连续呈现一系列图片,图片呈现时要求被试按要求对图片做按键反应(判断规则可以改变,如判断有没有人、有没有动物、是否是室内场景等)。学习阶段结束后,要求被试做 1min 的连续倒减 3 的任务,需要被试在计算时出声报告计算结果。再认测试阶段,所呈现的图片包含学习过的旧图片和没有学习过的新图片,要求被试按键判断该图片是学习过的还是没有学习过的,学习过的判断为"旧",没有学习过的判断为"新"。

4）船员的语言理解力测量

在认知过程中,模式匹配与识别的过程,也体现了结合记忆的一种理解过程。而在任务当中,船员往往会根据情境进行模式识别,从而识别物体。当情境中的一般性知识指导知觉时,高层次的一般性知识影响着低层次的知觉,因而也被称为自上而下的加工过程。例如人们在认知过程中往往会根据已有的一些字符或汉字的部分形状,推断完整单词及汉字,即根据已有的"足够的"信息,进行自上而下的加工。因而在实际任务中,存在许多像单词这样的复杂刺激中存在的冗余信息,这些刺激实际包含了远远多于将一个刺激与另一个刺激分开所需的特征。因此,当只有部分特征可识别时,知觉也能够成功地进行下去,其余特征可以由情境补充,理解可以顺利完成。

下面介绍一种基于船员作业任务开发的指令理解测试程序,如图 3-8 所示。测试开始后屏幕上先呈现一个"+"注视点,然后出现一条指令以及两个与指令操作相关的图标,要求被试判断该图标是否为正确图标,正确按 F 键,错误按 J 键。

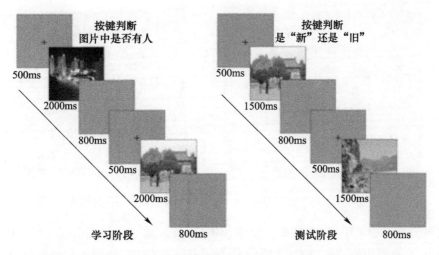

图 3-7 图片学习再认实验流程(学习阶段判断规则以"是否有人"为例)

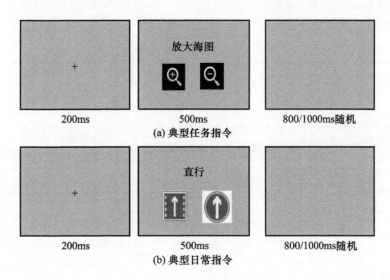

图 3-8 指令理解测试流程

5) 船员的综合决策特性测量

综合决策特性可以采用爱荷华博弈任务、哥伦比亚卡片任务、BART 风险决策测试任务[160]等多种测试测量。本部分重点介绍 BART 风险决策。测试开始后,屏幕上将出现一个连着充气泵的气球(图 3-9),气球上方会显示"总金币"和"当前金币"。被试可以选择充气(按 F 键),也可以选择收气球(按 J 键)。每次充气时,气球可能会爆炸。如果气球不爆,被试的当前金币会增加 1 金币;如果气球爆炸,被试的当前金币会清零;当被试选择收气球时,当前金币会算入总金币。一共有 30 个气球,被试被要求赚取尽可能多的金币。

6) 认知神经科学测量工具

电子计算机断层扫描技术(CT)、正电子射线断层扫描技术(PET)、脑电图技术(EEG)、

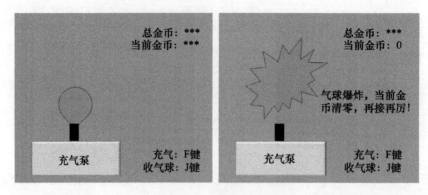

图3-9 BART测试界面(左:每个新气球开始;右:气球爆炸)

事件相关电位技术(ERP)、磁共振成像技术(MRI)、磁共振脑功能成像技术(fMRI)、脑磁图(MEG)和近红外脑功能成像技术(fNIRS)等先进技术的发展,使得人们能够从神经层面上揭示知觉、注意、理解、记忆、决策等认知加工过程。但是认知神经科学测量方法精度与使用范围差异较大,具体见表3-4。

表3-4 常用的认知神经科学工具

简称	名称	设备	测量信号或信息	可视化	适用范围
CT	电子计算机断层扫描技术	X射线发生器、探测器等	组织结构	3D结构图像	观察大脑结构变化
PET	正电子射线断层扫描技术	放射性扫描仪	区域性大脑血流	大脑神经活动的功能成像	大脑功能
EEG	脑电图技术	脑电帽、电极、放大器等	生物电信号	图或数据表	大脑基本活动
ERP	事件相关电位技术	脑电帽、电极、放大器等	特定刺激下的生物电信号	图或数据表、Mark标记	认知过程中大脑的神经电生理的变化
MRI	磁共振成像技术	电磁扫描仪	氢原子密度	3D结构图像	观察大脑结构变化
fMRI	磁共振脑功能成像技术	电磁扫描仪	特定脑区血液的变化(血流含氧量)	大脑神经活动的功能成像	可同时获得大脑结构与功能图像,可分静息态和任务态
MEG	脑磁图技术	电磁扫描仪	磁场(由神经细胞活动产生)	大脑神经活动的功能成像	大脑功能
fNIRS	近红外脑功能成像技术	光极帽、近红外光源、光纤、光源探测器、数据采集器等	特定脑区血液的变化(血流含氧量)	图或数据表	可分静息态和任务态,也可与ERP配合使用

7. 常用的基本能力测量方法小结

表3-5总结了人因实验中常用的基本能力测量方法。

表 3-5 常用的基本能力测量方法

序号	大类	小类		测量方法
1	体质体能	力量	肌力测量	一般包括最大肌力、爆发力和肌肉耐力等,主要有等长力量、等张力量和等动力量三种体现形式
			耐力测量	耐力可以通过运动心肺功能指标进行测量,主要包括肺活量、连续肺活量、时间肺活量、最大通气量、最大摄氧量、PWC_{170}实验、乳酸阈、糖酵解代谢能力测量等
		平衡能力		睁眼动态平衡测量,睁、闭眼静态平衡测量,金鸡独立测量,头手倒立测量,平衡仪测量等
		灵敏性	传统的灵敏性测量方法	主要有立卧撑测量、侧跨步测验、象限双脚跳测验等
			灵敏性测量仪	
		速度		磷酸原能商法、Margeria 台阶实验、Quebec 10s 无氧功实验和 10s 最大负荷测量法等
		柔韧性	简易测量方法	定性评价柔韧性的好坏,常用的方法有直立体前屈测量、颈部柔韧性测量、旋肩测量、背伸测量、髋关节柔韧性测量、膝关节柔韧性测量、小腿内外旋测量、踝关节柔韧性测量等
			精密测量法	使用坐位体前屈测试仪、各种量角器、等速测试系统等测量装置
		协调性		目前尚未有十分精确的方法对人的协调性进行测量
2	健康机能	身体成分		常用的测量方法有水下称重法、皮褶厚度测量法、生物电阻抗法、体重指数法、超声测量法、核磁共振测量法、双光子 X 射线扫描法、血氧稀释法及呼吸商测量法等
		心脏功能		心率、血压和心电图(又分常规心电图和动态心电图)等
		生理稳态		主要通过采集血液、尿液、粪便等生理样本,再经过理化分析,确定内环境各项理化指标大小
3	睡眠调节特性	睡眠特性		匹兹堡睡眠指数量表,体温、皮质醇、褪黑素、心率等生理参数的生物学周期,清晨型-夜晚型问卷,复合清晨型量表,慕尼黑睡眠类型问卷等
		抗疲劳特性		两点辨别阈、闪光融合频率、脑电检测、主观体力感觉等级量表等
		生物节律		昼夜节律可监测被试的核心体温、褪黑素等生物内分泌激素进行测量
4	操作特性	动作稳定性		动作稳定测试任务等
		手眼协调		手眼协调能力测试任务等
5	心理情绪特性	心理健康水平		症状自评量表 SCL 90、抑郁自评量表、焦虑自评量表、应激感受量表、应付方式问卷等
		情绪调节特性		正性与负性情绪量表、情绪调节量表、认知情绪调节量表等

续表

序号	大类	小类	测量方法
6	认知特性	感觉与知觉	认知心理学实验:感觉与知觉反应时基础任务:简单反应时、辨别反应时、选择反应时;认知神经科学测量工具
		注意力	认知心理学实验:视觉搜索测试(选择性注意)、注意警觉性测试(持续性注意)、听觉注意分配测试、注意网络测试等;认知神经科学测量工具
		记忆力	认知心理学实验:数字记忆广度测试、N-back工作记忆测试(短时记忆)、学习-再认实验范式测试(长时记忆)等;认知神经科学测量工具
		语言理解	认知心理学实验:指令理解测试任务等;认知神经科学测量工具
		综合决策	认知心理学实验:BART风险决策测试任务等;认知神经科学测量工具

3.4 船员能力评估方法

基于前述章节得到的船员能力表征指标体系和能力测量方法,可以得到船员的能力水平,该测量值除了用于船员能力变化规律和机理等基础研究,在船舶行业实践中也可以用于船员能力的评估,从而支持人员选拔、培训或设备研制等工作。本节重点介绍船员能力评估相关的理论和实践情况。

人员能力的评估往往需要一个参照标准,通过将人员能力测量值与参照值进行对比,得到人员评估的结论。参照一般分为常模(norm)参照和标准(criterion)参照两种。当录用决策主要考虑录用人数占申请人数的比例时,划定的参照值属于常模参照;当主要考虑被录用者应达到特定的某一标准时,划定的参照值属于标准参照。

我国军事人员选拔、训练和装备研制的实践中,在注重技能评估的同时,也开展了能力(主要是心理、体能)评估相关的研究和实践,形成了一些评估参照,如《中国军人医学与心理选拔系统及标准》等[161]。本节将结合具体实践,对常模参照和标准参照这两种能力参照的划定方法进行介绍。

3.4.1 船员能力常模参照划定方法

1. 常模的含义

各种能力测量方法得到的测量结果都是一个单一的值,仅凭这一数值无法评估其能力水平的高低。为此,需要对能力数值建立相应的标准,即明确的参照点或相等测量单位的分数体系。

常模就是用来解释测量结果的标准之一,它是指标准化样组在某一测量项目上的平均水平,可以用它来反映个体分数在团体中相对位置的高低。譬如在能力测量中,若某个人的测量分数高于常模,则表明其能力水平高于一般人的平均水平;相反,若某个人的测量分数低于常模,则表明其能力水平低于一般人的平均水平。

不同群体的能力水平往往存在差异,因此常模往往基于一个特定的总体来定义,如不同年龄段的智力水平常模、不同地域的身高常模等。

由于船舶作业任务和环境的特殊性,船员在能力特性水平上与其他社会群体或军人群体相比往往也具有明显的特殊性。一方面,可以通过船员能力水平与社会通用常模和军人常模的对比,来体现船舶特殊作业任务和环境对船员的特殊要求和特殊影响;另一方面应根据需要建立船员的专有常模,用于指导人员选拔和船舶设备研发等。

2. 常模的构建方法

1)标准化样组的构建方法

在测量中要研究的所有个体称为总体。但很多情况下,由于时间、人数、经济的限制,研究者只能从总体中选取一部分样本来研究。所抽取的能够代表总体特征的样本就是标准化样组。常模就是标准化样组完成测量的情况。

在制定常模时,首先要确定一个较好的标准化样组(常模团体)。标准化样组对总体的代表性是常模是否可靠、是否有效的非常重要的决定因素。

标准化样组要满足以下条件[128]:

(1)样组中的个体必须有明确定义。标准化样组的个体都是具有某一研究特征的个体。例如测量项目是用来选拔飞行员的,那么标准化样组的成员都应是应征飞行员的个体,或具有相似条件的个体。如果测量项目是用来测量军官人格特征的,那么标准化样组的成员应为各级别的军官,而士兵或者其他行业的人员就不能成为标准化样组的成员。同时,在建立标准化样组时,必须考虑到有些因素会影响某一群体中不同个体的表现,这些因素称为关联变量。经常与测量项目发生关联的变量有性别、年龄、受教育水平、社会经济地位、智力、地理区域、种族等。

船员常模包括不同船型、职级、年龄等船员群体的常模。应根据实际需要,注意结合一般常模与特定群体常模。因为一般常模建立时所用人员多,工作繁重,需要较长时间,而且还存在掩盖特定群体特点的倾向,单一研究者或研究单位难以独立完成。特定群体常模,可以选定主要特征,常模建立时间短,经济,而且结果也较实用。

(2)必须是欲测量总体中的一个代表性样组。失去了代表性便不能称其为标准化样组,代表性有偏差就会对测量结果的解释造成不良影响。为了达到较好的代表性,许多人都将焦点放在了样本的容量上,实际上,在规范的取样方法下,适当规模的样本大小即可。

(3)取样过程必须详细描述。这与前一个条件相联系,它说明了样本代表总体的程度。韦克斯勒智力量表用了5页纸来交代取样的过程、取样的技术、样组的规模、取样的时间、与测验发生联系的变量(性别、年龄、种族、地理地域、家长职业、城市与农村)以及其他。有了这样的描述才能使测量使用者对其常模的可靠性进行准确评价。

(4)样组人群应该与特定时空相关联。在特定的时间和空间中抽取标准化样组,它只能反映当时当地的情况。随着时间、地点、教育普及情况、社会的重视程度等因素的变更,固定的标准化样组就会失去其本身的意义。例如,Flynn发现随着时间的推移,智力测验的成绩会较以前升高,这种现象称为Flynn效应。因此,标准化样组以及常模要根据时代及条件的变迁而及时进行修订。又如,由我国征兵心理检测技术中心编制的《征兵心理检测系统》中的测验内容、题目难易程度以及常模分数,完全是根据我国应征公民心理特点和部队需求确定的,由于它的针对性、可操作水平,任何非该特定时空和对象条件下的使用都会严重影响测验的效果。

标准化样组常用的抽样方法有以下几种[128]:

(1) 完全随机抽样。如果总体中每个个体被抽到的机会是均等的(即抽样的随机性),并且在抽取一个个体之后总体内成分不变(抽样的独立性),那么这种抽样方法称为完全随机抽样。抽样随机性原则可通过计算机、摇号机、抽签、随机数表、计算器等方法实现。例如现在广泛流行的福利彩票,每次从若干彩球中随机摇出6~7个作为中奖号码便是完全随机抽样的方法。

(2) 系统抽样。把总体中的所有个体按一定顺序编号,然后以固定的间隔(间隔的大小根据样本大小与总体数目的比率而定)取样,这种抽样方法称为系统抽样。例如要从100名战士中随机选取10名完成某个任务,先将这100名战士编号,然后从1到10中随机选一个数,如5,那么每隔10个号的战士最后将被选中,即5,15,25,……。系统抽象比较均匀地照顾到了总体的各个部分,但若总体信息有规律,则可能带来较大的系统误差。

(3) 分层抽样。按与研究内容有关的因素或指标先将总体划分成几部分(即几个层),然后从各部分(各层)中进行完全随机抽样或系统随机抽样,这种抽样方法称为分层抽样。将总体分层的基本原则主要是各层内部的差异要小,层与层之间的差异要大,否则就会失去分层的意义。例如要调查某团级单位军人生活满意度情况,可以将所有军人分为中级军官、初级军官以及战士三层。然后在每层中运用完全随机抽样的方法选取一定数量的样本组成总样本(每层中选取的人数根据样本容量和总体人数的比率而定)。在能力测量的常模团体取样中,所研究的变量往往受到各种因素影响,因此根据主要的影响因素对被试总体进行分层,然后进行分层抽样,往往会得到更有代表性的样本。在分层抽样中,每层被试所占的比例应与该群体在总体中所占的比例相同或相近。

(4) 整群抽样。从总体中抽出来的研究对象,不是以个体作为单位,而是以群体为单位的抽样方法称为整群抽样。例如要了解某集团军的心理健康状况,可以以团为单位进行抽样。为了增强样本对总体的代表性,弥补整群抽样的不均匀性,可以与分层抽样相结合。先按一定的标准将全军所有团分成几个部分,如坦克、步兵团、高炮团等几类,然后根据样本容量与总体中个体的比率,从各类中抽取若干团,组成整群样本。

获得有代表性样本的理想方法是随机抽样,但在实际工作中往往很难做到这一点,尤其是船员长时间远航在外,而且,往往以班组的方式执行远海任务,较难实现随机抽样。因此,一般使用分层抽样、整群抽样与随机抽样多种方法结合的方式进行抽样。

根据上述要求抽取人员,组成标准化样组,然后按正式测量的要求,对该样组成员进行测试,就能得到常模。

2) 常模的提取

常模通常是将测量所得的原始分数通过一定的数学模型转换而来的分数,也称导出分数、常模分数。进行分数转换的目的有两个:一是提供个体与个体之间差异比较的依据,以说明具体的某种心理特质处于常模团体中的相对位置;二是提供个体内的差异比较依据,以便用相同的尺度衡量个体在两种或两种以上测量所得结果的相对位置。

(1) 百分位常模(percentile norm)。百分位常模包括百分等级常模和百分位数常模。百分等级常模是指一群分数中低于某分数所占的百分比,即把群体分成100个等份,看某个个体处于第几个等份。百分位数是百分等级常模的逆运算,是指某一百分等级所对应的原始分数。比如,某个士兵考核成绩为85分,百分等级为90,意味着在该团体中分数低于他的人占90%,高于他的人只占10%,该团体中百分等级为90位置上对应的分数就是88分。

百分位常模通俗易懂,但是由于百分位常模是对原始分数的一种非线性转换,而不是等距转换,仅具有顺序性质,因此无法进行数学运算,致使大多数统计分析方法无法运用。

(2) 标准分数常模(standard score norm)。为了对检测结果做统计分析,常常需要把原始分数转换成具有相等单位的等距性质的分数,标准分数就是最常用的等距性质的分数。

标准分数是以标准差(Standard Deviation,SD)为单位所表示的观测分数(X)与其平均数($\bar{X}$)的偏差,用符号 Z 表示,一般也称为标准 Z 分数,公式为

$$Z = \frac{X - \bar{X}}{SD} \tag{3-2}$$

标准 Z 分数分布的平均数为0,标准差为1。其绝对值表示某原始分数和该分布平均分数之间的距离,即表示该分数是平均水平之上还是在平均水平之下。若原始分数呈正态分布,标准 Z 分数的范围一般是从 -3 到 $+3$ 之间。

标准 Z 分数是一种等距的量表分数,可以进行代数运算。因此,标准 Z 分数不仅可以用来比较同一个人在不同测量项目中的分数优劣,而且还可以用来比较不同的人在不同的测量项目中的分数高低。

标准分数的正态化。用线性转换导出的标准 Z 分数只有在分布形态相同或相近时才能进行比较,为了将源于不同分布形态的分数进行比较,需要使用非线性转换,将非正态分布转换成正态分布。一个简单的做法就是先把原始分数转化为百分等级,然后从正态曲线面积表中查出对应的标准分数。此外,标准九分也是一种比较著名的非线性转换标准分数,通过转换对照表可以将任何原始分数转换为对应的标准九分数。

标准分数的线性转换。由于标准 Z 分数不仅有小数,而且也有负值,在使用和解释上有些不便,为此经常需要对标准 Z 分数做进一步的转换,其公式为

$$Z' = AZ + B \tag{3-3}$$

式中:A、B 为常数,A 为总标准差,B 为总平均数。譬如,能力测量中若标准差取 10,平均数取 50,则有

$$Z' = 10Z + 50 \qquad (3-4)$$

不同的测量其总体的平均水平与标准差取值不同,也就有不同的线性转换公式。

3. 船员的常模及其应用

由于船舶作业任务和环境的特殊性,船员在能力特性水平上与其他社会群体或军人群体相比也具有明显的特殊性,社会通用常模和军人常模往往不能直接用于船员。然而,由于常模构建是一项工作量大、组织协调难度大的工作,我国目前很多测试仍采用国际或其他国家常模,在部分测试上建立了社会常模(全国常模、地域性常模、特定行业常模)或军人整体常模,民用和军用船员的常模较为匮乏。

在实际实践工作中,一方面,可以通过船员能力水平与社会通用常模和军人常模的对比,来发现船舶特殊作业任务和环境对船员的特殊要求与特殊影响;另一方面,也应根据需要建立船员的专有常模,用于指导人员选拔和船舶设备研发等。

1) 船员生理常模的构建及应用

在生理特性方面,我国只有人体尺寸数据相对成熟,军方人体尺寸数据基本每 10 年进行一次更新,在人体力学等方面主要是进行了一些小范围、特殊人群的测量。人体尺寸标准主要是指人体形态学参数,包括身高、手部、面部、头部等人体尺寸,具有代表性的标准有《中国成年人人体尺寸》(GB/T 10000—88)、《成年男性头型三维尺寸》(GB/T 23461—2009)等。

在船舶领域,中船综合院于 2016 年对 256 名海军船员的人体特性数据进行了采集,包括 4 类 59 项人体尺寸数据、13 项操作特性数据和 11 项认知特性数据,有效支撑了装备研制工作。海军医学研究所 2019—2020 年采集了 329 名艇员的人体尺寸数据,来自 25 个省(区、市),年龄 19~46 岁,测试项目包括个人基本人口信息和 57 项人体尺寸数据,该测量结果有效支撑了《潜艇艇员人体尺寸》标准征求意见稿的形成。

在船员常模匮乏的情况下,现有研究实践中常常以全国常模为参照对船员的特性进行评价,并得出相应的选拔训练、保障研制建议。例如,何连源等[162]通过台阶测试对 90 名长航后潜艇艇员心肺耐力状况进行了测量,发现 A(20~24 岁)、B(25~29 岁)、C(30~34 岁)三个不同年龄组的台阶测试指数均低于国内普通成年人水平,潜艇艇员随着年龄的增长台阶指数下降。

2) 船员心理常模的构建及应用

我国目前在心理常模的构建工作方面相对匮乏,主要在量表类的心理特性测量上有一定的数据积累,在认知特性相关的测量上较为匮乏,而在船舶作业领域的常模数据更为缺少。现有研究实践中以全国常模或军内常模为参照对调研得到的船员特性进行评价。

王焕林等[163]于 1999 年采用症状自评量表(SCL 90)测定全军各类军事人员 19662 人,建立了中国军人常模,并将结果与地方常模比较,发现军人的基础心理健康水平有别于地

方人群,表明了提高全军官兵的心理健康水平的必要性。海军杭州疗养院王强等[164-165]于2001年前后采用明尼苏达多相个性测量表(MMPI)和国内修订的Cattell十六种人格因素量表(16PF)对244名潜艇人员进行调查,并与中国男性成人常模对照,发现潜艇人员在部分人格特征上与常模存在显著差异,可为潜艇人员的选拔提供参考。杨国愉等[166]于2008年采用分层随机抽样的方法对驻守在全国30个省市的13450名现役军人进行16PF问卷的团体测试,建立了16PF军人总体和性别常模,且发现不同军衔的军人在16PF的多项特征上也存在差异。

3.4.2 船员能力标准参照划定方法

1. 能力标准参照的含义

与常模参照不同,标准参照关心的是人员是否达到相应的能力水平以适应所要申请的工作或任务。最常见的例子是学业考试,在每位学生的学习生涯中都不可避免地要参加各种科目的考试,来验证并考核各门功课的学习效果,但基本上所有科目的划界分数都是60分。

与常模参照相比,标准参照主要用于评价或检验学习或工作的成绩是否达标,因此不受人数比例的限制,从而具有一定的稳定性。

2. 能力标准参照的确定方法

标准参照测量项目实行绝对评分,具体是指对照标准来评价和解释分数意义。标准参照测量项目中划界分数的制定非常重要,刚刚超过及格分数的被试与刚好低于及格分数的被试之间差别不大,但及格与否还是要在它们之间下结论。所制定的标准要敏感而且合理,但也没必要绝对准确,因为这样的标准是不存在的。同时,标准制定的好坏要通过实践来检验。

划界分数的设定方法可以分成两大类,即以测量项目为中心的方法和以被试为中心的方法。以测量项目为中心的方法是建立在对测量任务主观判断的基础上的,以被试为中心的方法是建立在对被试表现的主观评定基础上的[128]。

每种标准设定方法都有自己的优势和弱点,也有各自适用的领域。对于任务完成测量或模拟测量来说,以被试为中心的方法尤其适用,因为在这些测量项目中要求被试完成几项相对较长的任务,用被试为中心的方法可以得到与这些评定相符的结果。而以测验为中心的方法更适用于包括多项独立计分项目的测验,以测验为中心的方法对每一项任务都分配一个最低通过水平(minimum pass level),然后将这些最低通过水平结合起来以形成划界分数。

3. 船员标准参照及其应用现状

标准一般用于作为选拔或训练中的准入和分级依据。在民用和军用船舶领域已经有相应的标准在运行。

1) 船员生理标准及其应用

中华人民共和国海事局于2021年2月9日正式印发了新的《〈中华人民共和国内河船

舶船员适任考试和发证规则〉实施办法》，对内河船员体检要求做了调整。其中，服务船员（厨师、客船的服务员等）体检时要增加大便细菌培养检查。

国外艇员的基础体能训练是由各基础学校完成，且训练方法和标准有一定的差异，但都是为了提高完成军事任务所需要专项力量及相关运动素质综合，如力量、耐力、速度、柔韧、协调、灵活在身体运动中的表现。随着军事外界环境的多样性和复杂性的增加，对于艇员体能全面性和均衡性的要求越来越高。各国海军艇员需要在部署前达到一定的体能标准（表3-6、表3-7、表3-8）才能参与远航任务[18-19]。

表3-6 英国艇员服役前体能标准

年龄组		男	女
15～24岁		11min13s	13min15s
25～29岁	2.4km跑	11min38s	13min50s
30～34岁		12min08s	14min28s
35～39岁		12min34s	15min09s

表3-7 澳大利亚艇员服役前体能标准

年龄组	俯卧撑	曲臂悬挂	仰卧起坐	2.4km跑	500m泳	莱格尔20m渐进折返跑/级
男性						
小于35岁	25	25s	25	13min	12.5min	7.4
35～45岁	25	20s	20	15min	13.5min	6.4
45～54岁	6	15s	15	17min	14.5min	6.1
55岁及以上	6	10s	10	19min	15.5min	5.9
女性						
小于35岁	10	25s	25	15min	13.5min	6.9
35～45岁	7	20s	20	17min	14.5min	6.2
45～54岁	3	15s	15	19min	15.5min	5.4
55岁及以上	3	10s	10	21min	16.5min	5.0

表3-8 美国艇员服役前体能标准

年龄组	性别	俯卧撑	仰卧起坐	2.4km跑
17～19岁	男	46	54	12min15s
17～19岁	女	20	54	14min45s
20～24岁	男	42	50	13min15s
20～24岁	女	17	50	15min15s

美国海军陆战队于 2017 年 1 月 1 日实施了新的体能与军事考核标准。新标准中对考核优异者进行奖励,如军事与体能考核达到 285 分以上的队员,对其身高与体重不会做任何要求;对于分数在 250～284 之间的队员,可对其体重要求放宽 1%。新的标准考虑到了性别和年龄差异,考虑到很多女队员提升强度训练后,体重会增加,新的《身体构成方案》对女队员的体重和身高都放宽了要求;在军事/体能考核的年龄分类上,新标准由原来的 4 挡改为 8 挡,即 17～20、21～25、26～30、31～35、36～40、41～45、46～50、51 及以上,得分要求也相应地做了调整。部分体能的要求较原标准有所提高,如新标准要求每名陆战队员在全战斗负重下完成 5 个俯卧撑,原标准的要求是 3 个[167]。

2) 船员心理标准及其应用

美国海军格外重视潜艇艇员的心理健康水平。为此,美国海军潜艇艇员心理选拔贯穿艇员初始筛选、训练和任职的全过程。美国海军潜艇医学研究院(NSMRL)目前使用的是 SUBSCREEN 心理测试量表,于 1986 年研制,经过多次修改,共 260 道题,用于测试艇员的环境适应能力,不合格的艇员会由临床医师做进一步评价并给出处理办法,如重返潜艇学校、派遣到水面部队或淘汰。为了跟踪海军服役队伍中可能出现心理问题的艇员,美军每隔一段时间就要进行一次心理评估。为此,NSMRL 于 2003 年研制了"艇员淘汰风险量表"(Submarine Attrition Risk Scale,SARS),作为 SUBSCREEN 的一个分量表。SARS 的信度为 70%,即被 SARS 标记为有淘汰风险的艇员中有 70% 在较早期或因为负面原因被淘汰[168]。

3.5 船员工作负荷测评方法

3.5.1 单人工作负荷测评

1. 主观测评

工作负荷主观测评是通过主观量表测量操作者的工作负荷,目前常用的主观量表包括 NASA – TLX(NASA – Task Load Index)量表、SWAT(Subjective Workload Assessment Technique)量表、MCH(Malified Cooper – Harper)量表、MD(Multi – descriptor)量表等。

NASA – TLX 量表是一个多维的主观负荷评价量表,将负荷定义为操作员为实现特定水平的绩效表现所需要的成本。行为和主观上的反应,由对任务需求的感知而产生。任务需求可以客观地进行幅度和重要性的量化。NASA – TLX 量表从脑力需求、体力需求、时间需求、自我绩效、努力程度和受挫程度 6 个维度进行脑力工作负荷的评价。这 6 个维度由 Hart 和 Staveland[117]开展 16 项调查,建立来自 247 个参试者 3461 条输入数据的数据库而获得。在使用时,每个维度可以设成 0～10 分的 11 点量表。工作负荷总分可以由 6 个维度的平均得分获得,或者由 6 个维度的评分值加权计算获得。权重由被试者两两比较确定维度的重要性所决定。

SWAT 是美国军方开发的一种主观评价技术。该方法提出了一个包含时间负荷、脑力负荷和紧张程度负荷三个因子的工作负荷多维模型,分别涵盖了在限定时间内完成任务和同时完成多项任务的程度,对多信息源的内在注意力、计算能力,以及训练的疲劳水平和精神状态。SWAT量表的得分范围为0~100,高得分表示高的工作负荷。另外,各个维度的得分可分别作为工作负荷的组成。很多研究证实该量表具有良好信度和效度,且侵入性相对较低。此外,在延迟长达30min后该量表的评分效果也未受影响[169],同时也不会被各种任务(困难任务除外)所扰乱。Eggleston和Kulwicki[169]发现从系统概念评估中获得的SWAT得分和同样系统基于原理模拟的SWAT得分具有显著相关性。SWAT量表可在多种环境中被应用,如飞行、核电厂、实验室等。

在MCH的主观性衡量中,Cooper-Harper的评估方式是最早问世的,用来研究飞行器操控特性的负荷状况。Wierwille和Casali[170]认为这些衡量指标经过小幅度的修改可用于各种肌肉或心智型的运动工作。将所有主观工作负荷在特定的任务或模拟情境下以调查表的形式划分等级。Cooper-Harper法是评价飞机驾驶难易程度的一种10分制的一维评分的主观评价方法。因而MCH可进行作业负荷的综合评价,该方法在确定最低负荷(取值为1)和最高负荷(取值为10)之间分级时,采用决策树作为辅助手段。MCH主要用于评价具有认识力的作业任务的负荷,而不用于那些出于本能或精神原动力的问题,前者是未修正前的原Cooper-Harper方法难以做到的。

MD量表有6个描述指标:①注意力需求;②错误水平;③难度;④任务复杂性;⑤脑力负荷;⑥压力水平。该量表使用垂直等间距11个刻度评分,评分范围为0~10,中间点得分值为5[171]。每一个描述指标在任务进行后被评估,6个描述指标的平均值即为该量表的得分。这种量表在模拟飞行任务中对数学计算难度的变化不敏感[172],对沟通负荷的高低稍微敏感[171]。

2. 任务绩效测评

任务绩效测评指标可以分为主任务绩效指标和次任务绩效指标。主任务绩效指标有任务完成时间、反应时、正确率等。主任务绩效法是指通过测量单一主任务中的绩效指标来评价负荷高低。主任务一般是操作员要执行的目标任务。Casali和Wierwille[171]在沟通负荷水平不同的飞行实验中使用主任务技术,将俯仰高通均方值、滚轴高通均方值、漏报率、任务错误率和沟通反应时间作为绩效指标。在这些测量方法中,漏报率、任务错误率和沟通反应时间的测量值反映了被试者执行主任务时在沟通方面的绩效表现,并且沟通负荷显著影响每一个测量值。次任务绩效评价法是测量操作者在执行主任务的同时进行第二个任务(次任务)的绩效表现来评价工作负荷。常见的次任务包括算术、节奏性拍击、视听辨别任务等。常用的次任务绩效指标主要有反应时、准确度、响应时间、信号检测率、追踪表现、一定时间内同时进行的任务数和占用时间百分比等。

3. 生理指标测评

生理指标测评法是通过操作者执行任务过程中各个生理指标的变化反映脑力负荷水平的变化,不同指标随脑力负荷的变化规律不同,各个指标的敏感性、有效性和可靠性不同。目前,脑力负荷评价研究中常用的生理指标有眼动指标、心电指标和脑电指标,此外,还有呼吸、唾液、皮温、血压及功能性红外光谱信号等指标。其中,眼动指标包括眨眼率、眨眼持续时间、眨眼潜伏期、注视时间、注视频率、瞳孔直径、扫视时间、扫视距离等。心电指标包括心率(HR)和心率变异性(HRV)。心率变异性可分为时域和频域指标,其中时域指标包括R-R间隔、心跳间隔均值(MHBI)、心跳间隔标准差(SDHBI)、R-R间隔平均值的标准差(SDNN)、相邻RR间隔差值的均方根(RMSSD)等;频域指标包括总功率(TP)、低频(LF)、高频(HF)、低高频谱成分功率比(LF/HF)等。脑电指标包括$\delta(1\sim3Hz)$、$\theta(4\sim7Hz)$、$\alpha(8\sim12Hz)$、$\beta(13\sim30Hz)$、$\gamma(31\sim50Hz)$、功率谱密度、事件相关电位(P300)等。各个生理指标随着工作负荷的变化情况不同,具体如表3-9所示。

表3-9 各个生理指标随负荷的变化情况表

生理指标类型	指标	应用领域
心电指标	心率(HR)↑	船舶、核电、驾驶
	R-R间隔↓	船舶
	SDNN(所有R-R间隔平均值的标准差)↑	驾驶
	总功率指标(TP)↑	核电
	LF、LFNU ↑	航空
	HFNU、HF ↓	航空
	LF/HF↑	船舶、核电、航空
脑电指标	θ波(4~7Hz)↑	船舶
	α波(8~12Hz)↓	船舶
	β波(13~30Hz)↓	船舶
眼动指标	眨眼率↑	船舶、核电、航空
	眨眼率↓	核电、驾驶
	眨眼持续时间↓	驾驶、核电
	眨眼潜伏期↑	驾驶
	注视时间↑	船舶、驾驶
	注视频率↑	航空
	瞳孔直径↑	船舶、航空、驾驶
	扫视速度↑	—
	扫视幅度↓	—
	扫视持续时间↓	—

注:↑表示随着负荷水平的升高,指标升高;↓表示随着负荷水平的降低,指标降低。

研究表明,综合使用多个负荷指标要比单一指标更有效,因此在对船员的工作负荷进行评价时,可综合以上三大类指标对船员的工作负荷进行评价也可进行半模拟和真实场景的负荷测量。根据以往船舶领域工作负荷的研究,NASA-TLX未显著体现脑力负荷的高低,但最为常见,且在其他各领域中的评价效果较好。考虑NASA-TLX量表的优劣,在船员操作现场,主观负荷使用NASA-TLX量表时可以根据任务特性进行内容和形式上的改进,同时也可以辅助其他主观量表加以验证。绩效法结合主任务绩效和次任务绩效分别进行测试。由于舰船岗位操作人员与信息界面交互较多,且大部分时间活动范围较小,生理指标可采用负荷评价效果较好的眼动指标(包括瞳孔大小、眨眼率、凝视时间)和心率变异性测量。在实验室半模拟实验中,生理指标还可以采用脑电指标。

4. 单人工作负荷综合评价

由于脑力负荷评价指标和方法的多样性,一些研究者使用多指标评价脑力负荷并建立了模型来综合评价脑力负荷。基于贝叶斯、费舍尔判别和分类方法的综合模型将三类指标(飞行模拟任务中采集的生理指标(心率和心率变异性)、主观指标(NASA-TLX)和绩效(反应时间和正确率)指标,作为输入变量,脑力负荷作为输出变量,建立脑力负荷的识别模型,其识别效果高于85%[173]。集群数据处理技术(Group Method of Data Handling,GMDH)是将多个生理指标整合形成一个算术模型,从而获得一个总脑力负荷值(NASA-TLX得分或一个任务绩效指标),$R_2 > 0.74$[174-176]。例如,Hwang等[176]使用集群数据处理技术,将7个生理指标(LF/HF比值、心率变异性、心率、收缩压、舒张压、眨眼频率、眨眼持续时间)作为7个输入变量、次任务绩效指标(准确率)作为输出变量建立模型。结果表明该模型的评价效果良好,$R_2 = 0.84$。Walter等[177]和Borghetti等[178]对EEG数据使用机器学习进行被试交叉的回归模型来评价脑力负荷的变化,该模型辨识度有实验验证为62%[178]。此外,一些研究者采用脑力负荷的影响因子(操作员的经验和训练、操作员的知识和能力、随时间变化的任务量、任务复杂度、HSEE(health,safety,environment,ergonomics)相关量等)作为输入变量来建立综合模型,输出变量为脑力负荷的大小,通过与生理指标或主观指标的相关性分析验证模型的信度和效度[179-181]。

3.5.2 多人协同工作负荷测评

目前,团队工作负荷的评价指标主要有主观评价指标、任务绩效评价指标和生理评价指标三大类。主观评价指标方面,目前大多采用主观工作负荷评价量表,研究结果表明,任务难度对主观工作负荷有显著性影响,随着任务难度的增加而显著增加[182]。Funke等[183]研究任务需求对团队工作负荷的影响时,采用TWAS量表测量团队工作负荷,结果表明,任务难度对团队工作负荷有显著影响。任务绩效评价指标主要有任务完成时间、反应时、正确率等。Wu等[184]在机舱模拟器上开展n-back任务和海上作业任务,收集操作者的绩效数据和主观工作负荷值并且实时测量心率和脑电指标,结果表明,任务难度对n-back任务中操作者的错误反应率和海上作业任务操作者的任务完成时间有显著影响。生理评价指标主要有心电指标、脑电指标和眼动指标。各个指标随着脑力负荷(任务难度)的变化如表3-10所示。

表 3-10 各个指标随脑力负荷(任务难度)变化的预期效果

生理指标类型	指标	相关文献	应用领域
心电指标	心率(HR)↑	Orlandi 和 Brooks[185]，Hwang 等[176]，Yan 等[174]	船舶、核电、驾驶
	R-R 间隔↓	Murai 等[186]，Murai 等[187]	船舶
	SDNN(所有 R-R 间隔的平均值的标准差)↑	Yan 等[174]	驾驶
	总功率指标(TP)↑	Gao 等[175]，王正伦等[188]	核电
	LF↓	李鹏杰等[189]，王正伦等[188]	航空
	HF↓	李鹏杰等[189]，王正伦等[188]	航空
	LF/HF↑	Gould 等[36]，Hwang 等[176]，李鹏杰等[189]，王正伦等[188]	船舶、核电、航空
脑电指标	β_1 相对功率值↑	Orlandi 和 Brooks[185]	船舶、核电、驾驶
	β_2 相对功率值↑	Orlandi 和 Brooks[185]	船舶、核电、驾驶
	α 相对功率值↓	Wu 等[184]	
眼动指标	眨眼率(认知需求所占比例较大)↑	Gao 等[175]，Marquart 等[190]，Niezgoda 等[191]	船舶、核电、航空
	眨眼率(视觉需求所占比例较大)↓	Hwang 等[176]，Marquart 等[190]，Yan 等[174]	核电、驾驶
	眨眼持续时间↓	Hwang 等[176]，Ahlstrom 和 Friedman-Berg[192]，Marquart 等[190]	驾驶、核电
	眨眼潜伏期↑	Marquart 等[190]	驾驶
	注视时间↑	Greef 等[193]，Marquart 等[190]，Yan 等[174]	船舶、驾驶
	注视频率↑	李鹏杰等[189]	航空
	瞳孔直径↑	Greef 等[193]，Ahlstrom 和 Friedman-Berg[192]，Klingner 等[194]	船舶、航空、驾驶
	扫视速度↑	Castor 等[195]	—
	扫视幅度↓	Castor 等[195]	—
	扫视持续时间↓	Castor 等[195]	—

(注:↑表示随着负荷水平的升高,指标升高;↓表示随着负荷水平的升高,指标降低)

3.6 船员团队协同能力测评方法

由于不同复杂系统的团队成员角色关系区别较大,针对不同团队协作特点有不同测评方法,Stanton等总结常用的团队评价方法有5种[51],分别是团队任务分析(Team Task Analysis,TTA)技术、团队认知任务分析技术、团队沟通评估技术、团队行为评估技术、团队脑力负荷评估技术。由于上述的团队协同作业关键能力本身是在团队中隐藏而并不是外显直接可测的指标,因此本书基于团队情景意识[196](Team Situation Awareness,TSA)理论,从任务网络、信息网络及社会网络三维度出发,提取团队情境意识表征的量化指标,提出了一种基于团队情境意识量化表征指标的团队协同能力的测评方法,从团队沟通能力、团队协同程序执行能力、团队信息处理能力、团队突发状况应对能力4个维度对团队协同能力进行评价。

3.6.1 TSA 概念描述模型

情景意识[197]的概念最早出现在航空心理学领域,用于描述飞行员对作战飞行操纵的理解。团队情景意识[198]的概念建立在个体情景意识的基础上。通过文献分析[196,199-202],情景意识能够较好地反映团队的协作绩效,情景意识与绩效之间是必要非充分关系,即想要获得好的绩效,则一定需要有好的情景意识。因此,可以以团队情景意识为媒介,构建TSA的概念描述模型及量化表达模型。

在Stanton等所提出基于任务网络、信息网络及社会网络的系统团队协作事件分析方法(the Event Analysis for Systemic Teamwork Method,EAST)基础上,本书建立TSA 三维度的概念描述模型,如图3-10所示。TSA从任务网络 X、社会网络 Y、信息网络 Z 三个维度分别建立了定性的概念描述模型。在TSA 概念描述模型中,任务网络描述了系统内正在执行的目标和后续任务,将复杂的团队任务分解为操作和子操作的层次结构。信息网络描述了不同成员在任务执行过程中使用和共享的信息与知识。社会网络涉及整个团队成员之间的往/来交流、信息流的方向以及用户之间的关系。

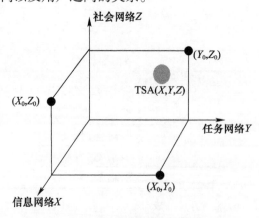

图3-10 理论描述的三维度概念模型示意图

3.6.2 TSA 量化表达模型

由于团队协同能力本身并不能直接观察和测量,需要在 TSA 概念描述模型的基础上从 TSA 角度进一步构建量化表达模型,即定量模型。定量模型主要用于对团队协同能力/团队绩效进行量化评价,首先对所构建的评价指标进行建模,建立 TSA 测量指标及团队协同能力之间的对应关系,然后将实验中采集的数据代入模型进行计算,从而实现对团队绩效及团队协同能力进行表征和评价。

根据 3.1.3 节中对团队协同能力的定义,团队协同能力可分为团队沟通能力、团队协同程序执行能力、团队信息处理能力、团队突发状况应对能力 4 个维度进行评价。

1) 团队沟通能力的评价指标

(1) 不同沟通编码类型变化。不同编码类型的沟通次数变化情况,分别包括标准作业程序(Standard Operating Procedure,SOP)任务引发的常规沟通、TSA 不足引发的沟通及 TSA 增强引发的沟通次数变化等类型。通常 TSA 增强引发的沟通次数增加越多,则表现出团队能力提升越多。

(2) 不同沟通编码类型的占比。在整个任务的所有沟通内容中,SOP 任务引发的常规沟通、TSA 不足引发的沟通及 TSA 增强引发的沟通类型的沟通次数占比情况。通常由于 TSA 不足引发的沟通占比越低或是由于 TSA 增强引发的沟通占比越高,则表现出团队协同能力越好,反之越低。

2) 团队协同程序执行能力的评价指标

(1) 协作任务执行的实时性。整个任务过程中,所有子任务序列的每一步完成时间与理想的序列最佳任务完成时间的差异性,差异性越小则实时性越好,反之越差。

(2) 协作任务执行的同步性。不同岗位对任务的响应时间与理想的任务进程节奏、其他岗位的响应时间的差异性,差异性越小则同步性越好,反之越差。

(3) 协作任务执行的稳定性。整个任务过程中,不同任务阶段之间对任务响应时间的差异性,差异性越小则稳定性越好,反之越差。

3) 团队信息处理能力的评价指标

(1) 团队成员在单位时间内对信息处理的正确率。

(2) 团队成员在单位时间内对信息认知的同步性。

4) 团队突发状况应对能力的评价指标

(1) 团队成员对应急突发任务的有效反应时间。

(2) 团队成员对应急突发任务执行的操作实时性及同步性。

进一步建立团队协同能力与 TSA 关键指标之间的映射关系为

$$\begin{cases} K_{团队沟通能力} = f(x_1, x_2, x_3, y_1, y_2, z_1, z_2) \\ K_{团队协同程序执行能力} = f(x_1, x_2, x_3, y_1, y_2, z_1, z_2) \\ K_{团队信息处理能力} = f(x_1, x_2, x_3, y_1, y_2, z_1, z_2) \\ K_{团队突发情况应对能力} = f(x_1, x_2, x_3, y_1, y_2, z_1, z_2) \end{cases} \quad (3-9)$$

其中,操作实时性 x_1、操作同步性 x_2、操作稳定性 x_3 属于 TSA – 任务网络量化特征;认知准确性 y_1、认知一致性 y_2 属于 TSA – 信息网络量化特征;沟通状态 z_1、社交状态 z_2 属于 TSA – 社会网络量化特征。

通过测量并计算任务网络、信息网络及社会网络的量化表征指标结果,可进一步基于因子分析、数据拟合等数学方法分别建立量化表征指标与各项关键能力之间的映射关系数学表达方式 f_1,f_2,f_3,f_4(在本书中针对映射关系的数学表达式并未展开描述),从而提出了一种基于团队情境意识量化表征指标的团队协同能力的测评方法,如图 3 – 11 所示。

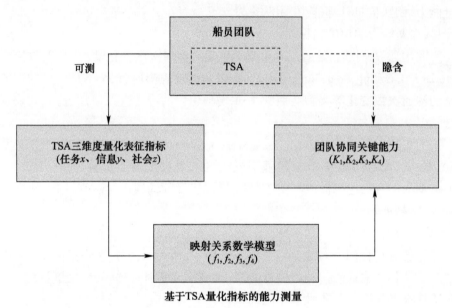

图 3 – 11　团队协同关键能力与 TSA 的关系示意图

其中,TSA 的各维度量化表征指标分别按照下面方法进行表达。

1. TSA – 任务网络

任务网络描述了系统内正在执行的目标和后续任务,通过层次任务分析等方法,将复杂的团队任务分解为操作和子操作的层次结构,按照时间顺序排列,确定各个任务阶段关键节点的特定动作和责任人,创建任务网络。

其中任务网络包括操作实时性、操作同步性和操作稳定性三个评价指标。

1) 操作实时性

操作实时性反映的是当协作任务指令触发后,团队成员在一个任务单元内,响应并执行任务的及时程度。实时性越高,则表明团队任务及时响应程度越高,团队任务完成时间越短。拟通过各任务单元内实际的任务执行时间与理想的任务执行时间比值来表示成员在某一任务单元的执行响应情况。其中,理想的任务执行时间可取不同团队在所有试次任务中的最小值,即对于同一任务,理想的任务执行时间不大于任何实际执行时间。

设理想的任务执行时间为 $T_{\text{opt}}(i)$,实际执行时间为 $T_{\text{act}}(i)$,则对一位成员在一个任务节点任务完成的操作速度用 $x(i) = \dfrac{T_{\text{act}}(i)}{T_{\text{opt}}(i)}$ 来表示。

假设该协作任务 task_m 中共包含 n 个子任务节点,则该协作任务完成的操作速度 $X(\text{task}_m)$ 可通过以下向量来表示:

$$X(\text{task}_m) = \left[\frac{T_{\text{act}}(1)}{T_{\text{opt}}(1)}, \frac{T_{\text{act}}(2)}{T_{\text{opt}}(2)}, \cdots, \frac{T_{\text{act}}(i)}{T_{\text{opt}}(i)}, \cdots, \frac{T_{\text{act}}(n)}{T_{\text{opt}}(n)}\right] \tag{3-5}$$

其中,最佳理想标准时间为各个子任务操作步骤节点完成时间的最小值,即最佳理想标准时间等于实际的操作完成时间最小值,记为 $t_{\text{opt}} = \min[T_{\text{act}}(i)]$,即可以理解为群体所能达到的最快响应时间或所能达到的最佳能力水平。

该协作任务 task_m 操作速度表示为

$$X(\text{task}_m) = \left[\frac{T_{\text{act}}(1)}{\min T(1)}, \frac{T_{\text{act}}(2)}{\min T(2)}, \cdots, \frac{T_{\text{act}}(i)}{\min T(i)}, \cdots, \frac{T_{\text{act}}(n)}{\min T(n)}\right] \tag{3-6}$$

理想状态下,$T_{\text{act}}(i)$ 无限接近 $T_{\text{opt}}(i)$,因此将理想状态下协作任务的操作速度记为 $E = [1 \ 1 \ \cdots \ 1 \ \cdots \ 1]$。

实际状态下该协作任务的操作速度 $X(\text{task}_m)$ 与理想的任务完成及时程度 E 之间的差异 D_{task} 越小,则表明该协作任务操作实时性越好,反之越差。其中,差异 D_{task} 通过计算两个向量之间的欧氏距离来表示,即

$$D_{\text{task}_m} = \text{dist}_{\text{task}}(X, E) = \sqrt{\sum_{i=1}^{n}(x_i - 1)^2} \tag{3-7}$$

则团队认知操作实时性 $\text{Promp}_{\text{task}_m}$ 表示为 1 与归一化后的 D_{task_m} 的差值,即

$$\text{Promp}_{\text{task}_m} = 1 - D_{\text{task}_m} \tag{3-8}$$

则该协作任务的总操作实时性表示为

$$\text{Promp}_{\text{total}} = [\text{Promp}_{\text{task}_1}, \text{Promp}_{\text{task}_2}, \cdots, \text{Promp}_{\text{task}_m}] \tag{3-9}$$

2) 操作同步性

操作同步性反映的是团队任务执行过程中,团队成员对于协作任务触发后针对其角色分工对任务进程及时响应的相似程度,即所有成员角色都能跟得上任务进程的节奏,则表示团队成员的同步性较高;而有的成员能够紧贴任务进程节奏,有的成员滞后,则表示团队成员的同步性较低。

假设第 m 个协作任务 task_m 第 i 个节点单元的子任务操作速度记为 x_i,通过实际的子任务完成时间 $T_{\text{act}}(i)$ 与理想的子任务完成时间 $T_{\text{opt}}(i)$ 之间的比值来表示:

$$x_i = \frac{T_{\text{act}}(i)}{T_{\text{opt}}(i)} \tag{3-10}$$

其中,每个子任务是由团队中某一个角色来负责操作完成的,每个角色对于所负责的

所有 h 个子任务的操作速度可表示为

$$X(\text{Role}) = [x_1, x_2, \cdots, x_h] \tag{3-11}$$

本书中通过实际的该角色对所负责所有 h 个子任务响应情况 $X(\text{Role})$ 与理想条件下该角色可实现的任务操作速度（向量 e）之间差异 $d(\text{Role})$ 来表示：

$$d(\text{Role}) = \text{dist}(x(\text{Role}), e_i) = \sqrt{\sum_{i=1}^{h}(x(\text{Role})_i - 1)^2} \tag{3-12}$$

某协作任务 task_m 执行过程中，所有 Q 个团队角色 Role 与理想状态下该角色之间的差异表示为向量 D_{Role}。

D_{Role} 越小，则表明该协作任务的操作同步性越好，反之越差。协作任务 task_m 的操作同步性 $\text{Exesyn}_{\text{task}_m}$ 则表示为 1 与 $\text{AVG}(D_{\text{task}})$ 之间的差值：

$$\text{Exesyn}_{\text{task}_m} = 1 - \text{AVG}(D_{\text{Role}}) = 1 - \frac{1}{Q}\sum_{\text{Role}}^{Q} d(\text{Role}) \tag{3-13}$$

其中，$\text{AVG}(D_{\text{task}})$ 表示所有 Q 个团队角色对所执行任务响应差异性的均值。

则协作任务的总操作同步性表示为

$$\text{Exesyn}_{\text{total}} = [\text{Exesyn}_{\text{task}_1}, \text{Exesyn}_{\text{task}_2}, \cdots, \text{Exesyn}_{\text{task}_m}] \tag{3-14}$$

3）操作稳定性

操作稳定性指标反映的是整个任务过程中，任务执行实时性状态的变化情况，整体的任务执行越稳定，则表明前后不同协作任务执行的状态变化率越小，可预测性越强。但是稳定性并不能反映出任务执行的实时性优劣，当稳定性较高时，可能是团队在多个任务完成的实时性状态差异不大，有可能是稳定得较快，也有可能是稳定得较慢。因此，多个指标需要结合来分析。

假设一个总任务中包含 m 次协作任务，其中第 m 个协作任务 task_m 的 n 个子任务节点操作速度 $X(\text{task}_m) = [x_1, x_2, \cdots, x_n]$ 的标准差率即变异系数记为 CV_{promp}，用于表示协同任务执行速度的变化程度：

$$\text{CV}_{\text{promp}} = \text{SD}/\text{AVG} \tag{3-17}$$

其中 SD 及 AVG 分别表示 $X(\text{task}_m) = [x_1, x_2, \cdots, x_n]$ 的标准差值及平均值，CV_{promp} 越小则表明协同任务执行速度的变异性越小，即稳定性越高，反之则越低，则协作任务执行的稳定性 $\text{Stability}_{\text{task}_m}$ 表示为 1 与归一化处理后的 CV_{promp} 差值：

$$\text{Stability}_{\text{task}_m} = 1 - \text{CV}_{\text{promp}} \tag{3-18}$$

2. TSA - 信息网络

信息网络是由任务中所涉及的关键信息以及出现频率较高的信息，通过节点网络关系联结起来创建的信息网络。通常信息网络可由文字中的关键词来创建，包括传递信息的内容（名词）和出现频率高的动词。关键词之间的相互关联是动词搭配名词或者名词关联名词。在概念描述模型中颜色越深,节点越大,表示该信息节点在信息网络中的比重越大;连线的粗细表示节点之间往来联系的频率。

1) 认知准确性

认知准确性表示团队成员对任务中相关信息内容的认知和处理的正确率。反映当成员接到信息后能否做出正确的反应,影响任务的完成情况。认知准确性越高,则团队的 TSA 水平越高。

假设在整个任务执行过程中,第 i 个信息的正确状态为 E_i,某个角色岗位的认知状态为 $x_i(\text{Role})$,若 $x_i(\text{Role}) = E_i$,则记对该信息 i 为认知准确。若整个实验过程中,总的信息量为 N_{total},某一角色 Role(A) 正确认知的信息个数记为 $N(A)_{\text{correct}}$,则该角色 A 的认知准确性记为

$$\beta(A) = \frac{N(A)_{\text{correct}}}{N_{\text{total}}} \tag{3-19}$$

所有角色的整体认知状态表示为

$$[\beta(A) \quad \beta(B) \cdots \beta(N)], \quad 0 \leq \beta(N) \leq 1 \tag{3-20}$$

团队整体的认知准确度可表示为

$$\text{Cogcor} = \text{AVG}(\beta(n)) = \frac{1}{N} \sum_{m=A}^{N} \beta(n) \tag{3-21}$$

2) 认知同步性

认知同步性表示团队成员信息认知和处理的相似程度。反映成员针对相同信息的认知状态误差。认知状态差异性越小,则表示团队成员认知的同步性越强。一旦遇到如岗位替换等突发状态时,团队成员则能及时成功接替岗位,以增强系统安全性。

假设团组中有 4 名成员,针对相同信息形成的认知状态为

$$0 \leq [\beta(A) \beta(B) \cdots \beta(N)] \leq 1$$

理想状态下的认知状态为 1。

因此,被试组认知的差异性通过计算团组成员实际的认知状态与理想的认知状态之间的差异 D 来表示,即

$$D = \sqrt{(\beta_1 - 1)^2 + (\beta_2 - 1)^2 + (\beta_3 - 1)^2 + (\beta_4 - 1)^2}$$

根据上式可计算 D 的取值范围为 $[0,2]$,因此可将认知同步性表示为

$$\text{CogSyn} = (2 - D)/2$$

则认知同步性的取值范围为 $[0,1]$。

在本书中,采用 TSAGAT(Team Situation Awareness Global Assessment Technique) 方法对信息认知准确性及同步性进行测量。

该方法基于 SAGAT 记忆探查方法,Michael S. Crozier 提出了适用于团队多人场合的团队情景意识测量方法。该方法与 SAGAT[51]原理相同,同样是在冻结时刻对操作者进行

提问。从团队协作任务相关的信息内容出发进行提问,问题需要涉及第一(感知)、第二(理解)及第三(预测)层次的问题。所有成员对同一个问题进行提问,以考察所有角色成员对相同信息的认知准确度。最终通过所有成员的问题答案来统计团队情景意识水平。

Endsley 和 Garlang[203]为参与者情景意识提供了直接客观的度量,因为它直接评估参与者的看法,而不是根据其他行为推断出参与者的看法,这些行为可能受到与情景意识相互独立的其他任务因素的影响。其次,SAGAT 法是最广泛使用和认可的一种情景意识度量,并一再证明了许多领域的信度和效度。

在本书中,对 TSAGAT 进行了一定程度的改进。首先根据各个任务流程及内容设计了问题清单,如表 3-11 所示。问题以第一层次的感知为主,兼顾第二层次的理解及第三层次的预测三方面问题。实验过程中,主试根据任务阶段进行提问并记录正确答案,团队成员根据对当前协作任务过程中队友报告出的信息的记忆和理解,以及结合当前任务执行状态的预测,对脑中真实的认知状态进行回答。最后将其回答结果与正确的答案进行匹配,相同则记为正确,否则记为不正确。

表 3-11 TSAGAT 问题清单示例

问题	基线 0		考核 1	
	正确解	答案选项	正确解	答案选项
第一层次				
1. 当前新增目标属性是什么?		敌、我、友		敌、我、友
2. 当前距离威胁指数 K_1 为多少?		1、2、3、4		1、2、3、4
3. 当前距离威胁指数 K_2 为多少?		1、2、3、4		1、2、3、4
第二层次				
1. 当前是谁在执行协作任务?		岗位 A、岗位 B、岗位 C、岗位 D		岗位 A、岗位 B、岗位 C、岗位 D
2. 当前××任务是否完成?		岗位 A、岗位 B、岗位 C、岗位 D		岗位 A、岗位 B、岗位 C、岗位 D
第三层次				
1. 当前风险等级为多少?		一、二、三		一、二、三
2. 当前对目标选择何种应对方式?		打击/跟踪/对话		打击/跟踪/对话

3. TSA - 社会网络

社会网络分析系统的组织(即沟通结构)和团队人员之间的沟通,涉及整个团队成员之间的往来交流,表明信息流的方向以及用户之间的关系、沟通交流频率等。

1)沟通编码及模型

信息沟通是团队成员中成员与其他成员之间相互传递信息并加以反馈的过程,它的内容是通过提问、回答和建议等方式自觉反馈重要的信息,并且能正确地表达自己的观

点。人的沟通能力包含表达信息技能和接收信息技能,而沟通的过程包含以下几个关键环节:

(1) 建立顺畅的沟通渠道。
(2) 实时准确地传递表达自己掌握的信息。
(3) 实时准确地接收并理解别人传递过来的信息。
(4) 在加工完自己掌握信息的基础上发现并确定问题。
(5) 对问题提出见解和反馈。

本书从沟通行为的方向、沟通行为产生的驱动原因等方面考虑,对沟通类型进行分类编码。

首先从沟通方向上,分为信息发起(source)与信息闭环(target)两个大类。其中信息发起又根据驱动原因分为三类:

(1) SOP 任务引发的常规沟通。此类沟通是指班组人员完全依据标准工作手册执行相关操作及口头报告内容,是一种完全按照 SOP 任务机械化、程序化的常规信息发起沟通,在此类沟通中出现的信息是按照 SOP 工作手册流程第一次出现的信息。其中包含两种类型:

① 呼叫。呼叫表示按照 SOP 任务流程,第一次发起新信息。其包括由于触发新任务而引发的信息发出,如对人员的呼叫、唤起信息接收者的注意,以便顺利建立沟通;班组所有成员对已经报告信息的纠正,以及对已报告内容的信息补充,即纠正及补充信息在 SOP 任务流程中第一次出现。

② 命令。命令表示班组队长角色对其他岗位发出的第一次指令,以要求班组其他成员配合共同协作完成任务。

(2) TSA 不足引发的沟通。此类沟通是由于班组成员由于 TSA 不足,而未获取团队已经出现过的信息或是本应该掌握但实际未掌握的信息而引发的沟通。这类沟通主要包括问询,通常发生于第一类 SOP 任务引发的常规沟通不能满足任务需求时,则班组成员通过问询的方式请求帮助,这也是实际完成任务过程中一种较为广泛的沟通方式。

(3) TSA 增强引发的沟通。此类沟通是由于班组成员 TSA 增强,具有较好的团队信息共享、信息预测与预处理的主动意识而引发的沟通,此时沟通可分为三类:

① 判断。此类沟通表示班组成员由于 TSA 状态较好,主动发起对当前协作任务状况的认识,表示对当前状态的感知与理解。

② 预知。预知表示班组成员由于 TSA 状态较好,主动发起对其本职岗位将来状态的信息预测及处理。此类沟通属于预判自己(预测未来)。

③ 建议。建议表示班组成员由于 TSA 状态较好,在协作任务 SOP 执行步骤之前,主动提前发起对(非本岗位职责)其他队友的提醒和建议。此类沟通属于预判他人(预测未来)。

具体的沟通类型及概念描述如表 3-12 所示,相互之间的对应关系如图 3-12 所示。

表3-12 沟通类型及概念描述

沟通类型	概念描述	驱动原因	沟通方向
呼叫	触发新任务：按照SOP任务流程触发新信息，以及对人员的呼叫、唤起信息接收者的注意，以便顺利建立沟通	SOP任务常规沟通	信息发起
呼叫	自我纠正：对报告错误的信息进行更新，属于触发新信息	SOP任务常规沟通	信息发起
呼叫	自我补充：对前面没有报告的信息进行补充，属于触发新信息	SOP任务常规沟通	信息发起
命令	发起指令：队长按照SOP任务流程，对其他岗位人员发出的第一次指令，以要求班组其他成员配合共同协作完成任务	SOP任务常规沟通	信息发起
问询	对已经出现或本应掌握，但并未掌握的信息进行询问，请求获取信息的帮助	TSA不足	信息发起
判断	状态感知(当前感知/理解)：主动新增发起对当前任务状况的判断	TSA增强	信息发起
预知	自我预判(预测未来)：主动新增发起对(本职岗位)将来状态的信息预测及处理	TSA增强	信息发起
建议	预判他人(预测未来)：在任务步骤之前，主动提前发起对(非本岗位职责)其他队友的提醒和建议	TSA增强	信息发起
回复	对上述常规沟通、TSA不足及TSA增强条件下发起新的各种响应闭环	(1)SOP任务常规沟通；(2)TSA不足；(3)TSA增强	信息闭环

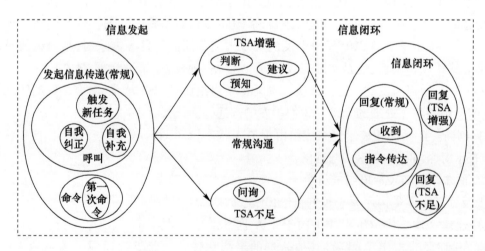

图3-12 不同沟通类型之间的对应关系

基于上述几种沟通类型的编码方式及引发原因，制定了针对沟通文本所属沟通类型的判断规则及流程，如图3-13所示。首先根据沟通方向判断是否为发起信息，若否则进一步判断是否为闭环信息,若是则为"回复"类型,若不是则应返回进一步分析归类,因为本书中除无效沟通之外,只有发起与闭环两大类。然后若为发起信息,则进一步判断是否按照 SOP 任务手册执行第一次发起,若是,则判断发起人是岗位 C 发出的指令,属于"命令"类型,若是其他岗位的触发任务,或是所有岗位的信息补充和信息纠正,都属于"呼叫"类型。若不是 SOP 任务手册第一次发起,则进一步判断什么原因,若是 TSA 不足则为"问询";若是 TSA 增强则包含了判断、预知和建议。

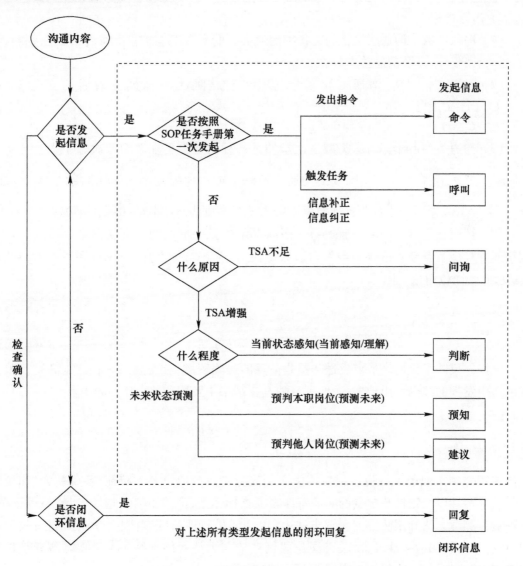

图 3-13　沟通类型判别规则及流程[204]

基于 SOP 标准工作手册,班组沟通中并无 SA 不足引起的问询,也无 SA 增强引起的判断、预知和建议,因此只要有基本的呼叫、命令与回复三种类型就能完成基本的信息沟通。沟通内容编码示例如表 3-13 所示。

表3-13 基于SOP工作手册的基本沟通内容编码示例

发起信息	闭环信息	沟通内容	步骤	任务阶段	沟通类型
岗位A	岗位C	报告,发现可疑新增目标	1	查询判断新增目标属性	呼叫
岗位C	岗位A	收到,跟踪目标,判断属性			命令
岗位A	岗位C	收到			回复
岗位A	岗位C	报告,目标属性初步判断为敌方/友方/中立			回复

2）沟通指标

（1）沟通次数。沟通次数指的是各种沟通类型的次数 C_i，如呼叫、命令、问询、判断、预知、建议、回复等，以及沟通总次数 C_{total}。

（2）沟通变化率。沟通变化率指的是各种沟通类型在训练前后的变化率，即
$$\Delta C = \frac{C_i(1) - C_i(0)}{C_i(0)}$$

（3）沟通类型占比。沟通类型占比指的是各种沟通类型在总沟通次数中的占比 $P = \frac{C_i}{C_{total}}\%$。其中，由于TSA不足引发的沟通次数增多或占比提高则表示团队的TSA水平降低，而由于TSA增强引发的沟通次数增多或占比提高则表示团队的TSA水平提高。

（4）社交状态（sociometric status）。团队网络中某一节点的社交状态是该节点相对于网络所有其他节点接收边数 x_{ji} 与发射边数 x_{ij} 之和，为进行标准化，再乘以系数 $1/(g-1)$。g 表示 g 个岗位角色。则

$$\text{Sta}(i) = \frac{1}{g-1}\sum_{j=1}^{g}(x_{ji} + x_{ij}) \tag{3-22}$$

$$\nabla \text{Sta}(i) = (L_1 - L_0)/L_0 \tag{3-23}$$

该指标反映了该网络节点发送和接收信息的密集程度,社交状态 $\text{Sta}(i)$ 越高则反映其在网络中发挥的社会作用越多,越低则反映其在网络中发挥的社会作用越少。

3.7 小　　结

本章介绍了船舶系统设计或应用中必须充分考虑的船员基本特征、基础能力、岗位能力等船员特性以及定性与定量的船员特性表征指标体系,阐述了船员特性测量、特性评估、工作负荷测评方法和团队协同测评方法,可以为船员特性精准表征、科学测量与有效评估提供支持,为船舶适人性设计、关键岗位船员选拔与训练提供支撑。由于乘客差异性较为显著,后续可根据需要,依据本章框架,开展深入研究。

第4章

船员仿真建模方法

4.1 船员仿真模型概念及要点

4.1.1 船员仿真模型概念

人因工程学具有明显的工程应用属性,而工程领域的关键特征之一就是用规范的定量分析方法指导设计和评估。因此,在与采购方和设计师沟通时,相比于不断地阐述人因理念、方法,或建议做大量的人员实验来进行各设计方案的测评,给出具有预测性的、可靠的定量技术或工具可能是更具工程风格的解决思路。

人员仿真模型是对人员在特定任务环境中的特性、行为进行定量描述或预测的模型,通常以数学表达式或计算机程序的形式,是人因工程技术定量化的一种努力和尝试。

由于人的复杂性,人员仿真建模的对象包括人员的外形尺寸、任务动作、认知行为等多个方面的行为和特性。人员仿真模型在原理、方法、形式上也多种多样,涉及多个学科领域,且仍在不断发展中。因此,对人员仿真模型的内涵、范畴进行准确的界定非常困难。本书参考美国人因与工效学会人员绩效建模技术小组的观点,认为凡是可以表达任务环境中人员特性、行为某些方面的特征,且能应用于人因工程的定量模型都可以称为人员仿真模型。

本书将人因工程研究或应用中常用的人员仿真模型大致分为两类,如图4-1所示:一类是生理模型,包括三维人体模型、任务动作模型和生物力学模型等,用来刻画人体外形尺寸、运动能力、力量等维度,用于开展作业姿势分析、可达性分析、肌肉骨骼疲劳分析等工作,可支撑工作场所、作业姿态等方面的设计和测评,国外Jack、Safework和Humsim等软件已经整合了这些模型;另一类是心理模型,包括认知模型、情绪模型、社群模型等,在人因工程领域最常用的是认知模型。认知模型包括感知和注意模型、记忆和判定模型、动作和运动绩效模型、集成模型等,可以描述和预测特定交互作业中人员的认知行为和绩效,可支撑系统界面、交互方式等方面的设计和测评。

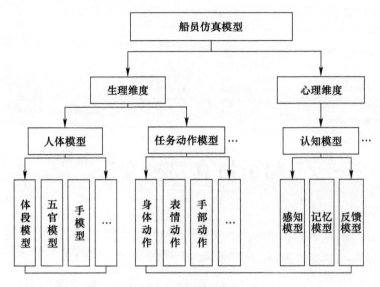

图 4-1 人员仿真模型范畴

船舶人因工程领域,基于船舶任务环境、装备形态特点和船舶使用群体的生理心理特性构建的人员仿真模型即为船员仿真模型,在船舶的设计、测试与建造工作中有广泛的应用。

4.1.2 船员仿真建模要点

船员仿真模型对人进行了不同程度的简化与抽象,建模需要基于最新的人因研究成果和建模理论进行优化完善,通常需要注意下列问题。

(1) 模型的假设:人的行为是极其复杂的,用模型描述人行为的全部维度和细节是困难的。为了使模型易于处理,必须对部分细节进行抽象。此时模型包含一系列假设,在船员仿真建模时需要综合考虑这些假设对于目标人群的通用性,保证模型有更好的通用性。

(2) 模型精度的选取:模型数据的精度应与分析的问题相适应,一方面需要足够丰富的细节以准确表达人特定维度的信息,另一方面可根据研究问题的侧重点对仿真模型进行简化。对于任何建模工作来说合理选取模型精度都是非常关键的。

(3) 模型的约束:船员模型的约束需要符合人在形态学、运动学、生物力学和心理学等方面的规律及约束。例如,人体的关节活动范围有限制、人体骨骼肌肉能承受的力有一定极限、人的工作记忆容量有一定范围等。

4.2 三维人体模型建模方法

三维人体模型是现代计算机图形技术与人体解剖学结合的产物,通过计算机技术实现了不同人体尺寸数据的有效整合。借助三维人体模型可便捷地描述人体几何特性,能实现对人体结构的可视化展示和人体机能的仿真。三维人体建模技术涉及多个不同学科,如数值分析、有限元分析、应用数学、理论力学等。

三维人体模型的常用建模方法包括直接建模、参数化建模、三维扫描建模等。直接建模是计算机领域与医学领域三维人体建模的主要方法，是以最直观的方式对模型直接进行编辑。直接建模是在计算机辅助设计（Computer Aided Design，CAD）系统中通过直接添加特征到模型并施加约束条件的建模方法。本方法可根据实际需要确定人体模型的颗粒度与细节精度。

参数化建模方法是将人体主要结构抽象为有限个单元模型，不同应用场景对人体模型的简化程度不同，比较常见的模型是"简化骨骼 - 刚体"模型。最后基于人体数据规律和参数化建模技术，建立人体尺寸与人体简化模型各体段尺寸的对应关系。使用时仅需要输入测量得到的目标人群参数化人体数据，即可生成需要的三维人体模型。参数化建模方法在工业领域的应用较多。

三维扫描建模方法得益于传感器技术与计算机技术的发展，使用时需要目标用户处于被测扫描区域站立，通过传感器阵列可直接获取人体表面的点云，最后通过计算机将点云按照一定规律生成对应的网格面模型，就可以快速完成人体模型的构建。

对各种建模方法特性的对比分析见表 4 - 1。

表 4 - 1   不同人体建模方法特性对比

特性	直接建模	参数化建模	三维扫描建模
模型类型	网格模型	曲面模型	网格模型
建模效率	低	中	高
数据准确度	中	高	高
模型精度	高	中	中
骨骼模型	有	有	无
适用领域	计算机/医学	工业	工业/医学

三维人体建模的要点是根据建模对象岗位特点筛选不同的关键人体尺寸，获取相关人体尺寸数据，然后将人体尺寸数据输入专用的人体建模软件，生成代表特定群体的三维人体模型。对于作业任务负荷高、难度大的岗位，人体模型需要和适当精度的人体运动学模型与生物力学模型相结合。对于复杂的团队作业设计，人体模型需要与认知模型相结合，构建感知与反馈模型。

三维人体模型在船舶设计与分析工作中有较广泛的直接应用。以某型豪华客船为例，通过应用面向目标游客人群的人体尺寸数据构建船舶三维人体模型，在设计阶段实现对客船游客典型场景的仿真模拟，详见本书 10.3 节。

4.2.1 参数化建模方法

为了构建适用于船舶领域的参数化人体模型，首先要筛选关键人体测量尺寸。构建参数化人体模型时还需要考虑"过度拟合"问题，所选的关键人体测量尺寸不宜过多。通常要根据船舶设计对象的特点，选取不同的人体尺寸作为关键人体测量尺寸。保证人因工程仿真分析结果准确科学的同时，尽可能节约成本。

参考《服装人体测量的部位与方法》(GB/T 16160)中人体测量尺寸的定义,船舶人因工程领域常用的人体测量尺寸说明如表4-2所示。

表4-2 船舶人因工程常用人体测量尺寸

序号	测量项	英文	定义
1	身高	stature	地面到头顶点的垂直距离
2	手长	hand length	从联结桡骨茎突点和尺骨茎突点的掌侧面连线的中点至中指指尖点的直线距离
3	腰厚	abdominal depth	最小腰围高度上,腰部前后最突出部位间平行于矢状面的水平直线距离
4	头宽	head breath	两耳上方与正中矢状面相垂直的头部最大宽度
5	踝高	ankle hight	外踝点至地面的垂直距离
6	头高	head height	头顶点至颏下点的垂直距离
7	肩高	acromion height	从肩峰点至地面的垂直距离
8	头长	head length	眉间点和枕后点之间的直线距离
9	臂长	arm length	上肢自然下垂时,从肩峰点至中指指尖点的直线距离
10	臀宽	hip breath	臀部两侧的最大水平距离
11	肩宽	bacromial breath	两肩峰点之间的直线距离
12	瞳距	interpupil distance	双眼瞳孔之间的距离
13	最大肩宽	bideltoid breath	在三角肌部位上,上臂向外最突出部位间的横向水平直线距离
14	肩肘距	shoulder-elbow distance	肩峰点与前臂水平屈肘最下点的垂直距离
15	臀膝距	buttock-knee distance	从臀部后缘至膑骨前缘的水平直线距离
16	坐姿肩高	sitting acromial height	从肩峰点至椅面的垂直距离
17	坐姿肘高	elbow rest height	上臂自然下垂,前臂水平前伸,手掌朝向内侧时,从肘部最下点至椅面的垂距
18	坐姿眼高	sitting eye height	从瞳孔点至椅面的垂距
19	前臂指尖距	elbow-fingertip distance	上臂肘部后沿到中指指尖的水平距离,肘部弯曲呈直角
20	坐高	sitting height	水平坐面到头顶点的垂直距离
21	足宽	foot breadth	足内外侧间与足纵轴相垂直的最大距离
22	坐姿膝高	sitting knee height	从膑骨上方的大腿上表面至地面的垂距
23	足长	foot length	从足后跟点至最长的足趾尖点之间,与足纵轴平行的最大距离
24	坐姿大腿厚	thigh clearance	大腿上表面最高点至椅面的垂直距离
25	手宽	hand breadth	从桡侧掌骨点至尺侧掌骨点的直线距离
26	拇指前伸长	thumbtip reach	臀部和肩胛骨紧靠墙壁,手抬起呈水平方向,拇指之间到墙面的水平距离

续表

序号	测量项	英文	定义
27	眼高	eye height	指从瞳孔点至地面的垂直距离
28	腘高	popliteal height	膝弯曲成直角,从搁足面至膝弯曲处大腿下表面的垂直距离
29	坐深	seat depth	从臀部后缘至腘窝的水平直线距离
30	拳高	fist height	拳握轴到地面的垂直距离

船舶领域典型的设计对象包括甲板区域、舱室、通道、个人工作空间等不同维度。对于船舶领域典型作业场景关键测量尺寸的选择可参考表4-3。

表4-3 典型船舶应用场景关键测量尺寸的选择

典型场景	关键尺寸	分析维度
通道区域	身高、最大肩宽、腰厚	通行能力
甲板区域	身高、最大肩宽、腰厚	活动空间
低矮部位	身高、头宽、头高	活动空间
坐姿作业舱室	身高、前臂指尖距、坐姿眼高	可达性、可视性
站姿作业舱室	身高、臂长、眼高	可达性、可视性
特殊操作设备	手长、肩肘距、臂长	可达性、作业姿势
特殊显示设备	身高、眼高、坐姿眼高	可视性
座椅类	臀宽、腘高、坐深	作业姿势

在上述人因工程常用人体测量尺寸的基础上,构建基于多刚体假设条件下的简化人体模型。开展船舶人因工程仿真分析不涉及人体的弹塑性和黏弹性等非刚性动力学特性,以多刚体假设为基础,构建比较复杂的生物力学模型。通过构建数字人体拓扑模型,可在计算机仿真环境中构建初步的人体模型,在此基础上通过建立人体测量尺寸与人体模型尺寸关联关系,实现参数化的三维人体建模。

基于多刚体假设条件构建多段连杆人体模型,对虚拟船员的形态学模型进行简化,以体段和关节作为基本的模型元素,可建立数字人拓扑构型,如图4-2所示。划分好数字人体体段模型后,对每个体段模型所表征的人体部位进行说明,每个体段的定义说明见表4-4。

表4-4 人体体段定义

编号	名称	定义
L0	数字人体虚拟体段	连接人体局部基准坐标系原点(H点在脚平面的投影点)与关节坐标系原点(H点)的虚拟体段
L1	下躯干	脊椎L4/L5椎间盘以下的躯干部分,下部分别与左右大腿相连
L2	上躯干	脊椎L4/L5椎间盘以上的躯干部分,上部与颈部相连,上部分别与左右肩部相连
L3	颈部	上部连接头部,下部连接上躯干,将颈椎作为一个独立的刚体
L4	头部	下部连接颈部,头部需要细化,支持可视评价
L5	右肩	右侧肩胛骨支撑的体段,该体段与上躯干有相对运动,如抱肩/后张肩/耸肩/垂肩等

续表

编号	名称	定义
L6	右上臂	上部通过肩关节与右肩相连,下部通过肘关节与右前臂相连
L7	右前臂	不考虑尺骨和桡骨的相对运动
L8	右手	在数字人全身建模时不考虑手部的细节
L9	左肩	左侧肩胛骨支撑的体段,该体段与上躯干有相对运动,如抱肩/后张肩、耸肩/垂肩等
L10	左上臂	上部通过肩关节与左肩相连,下部通过肘关节与左前臂相连
L11	左前臂	不考虑尺骨和桡骨的相对运动
L12	左手	在数字人全身建模时不考虑手部的细节
L13	右大腿	通过右股关节与下躯干相连
L14	右小腿	通过右膝关节与右大腿相连
L15	右脚	将右脚简化为一个刚体
L16	左大腿	通过左股关节与下躯干相连
L17	左小腿	通过左膝关节与左大腿相连
L18	左脚	将左脚简化为一个刚体

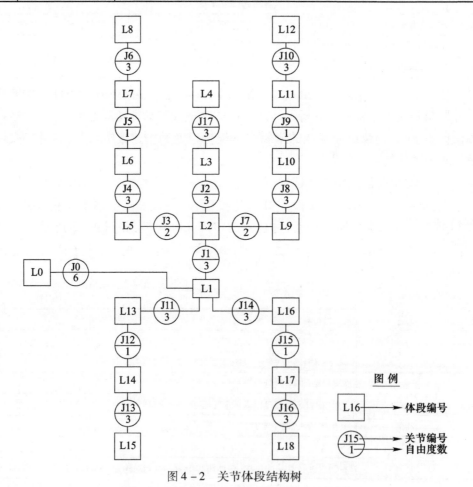

图 4-2 关节体段结构树

实际工程应用中，直接测量所得到的人体尺寸数据数量通常不足以完成完整的人体建模，而且通常与人体简化模型的体段尺寸并不直接对应。因此，需要建立人体各体段之间的相对关系，得到完整人体模型各体段的建模尺寸。

上述各个测量项之间并不完全独立，一些测量项存在较强相关性：

（1）体重与围度类、宽度类以及厚度类测量项之间具有显著相关性。

（2）身高与高度类测量项相关性较强，与长度类测量项也有显著相关性。

（3）胸围、腰围、臀围与体重、围度、宽度及厚度类测量项具有较强相关性，且胸围、腰围、臀围三个测量项彼此之间也有较强的相关性。

（4）头部类测量项与身高、体重等测量项相关性较弱。

（5）手长、足长与身高相关性较强。

最后，针对不同典型的任务场景选取关键人体尺寸输入参数化人体模型，剩余体段的尺寸通过关联关系估算确定。

4.2.2 三维扫描建模方法

三维扫描技术是一种复合性测量技术，它集合了包括光电子学、信息处理、计算机图形学在内的多种学科，通过光学测量手段获取数据并实现计算机建模。测量方法主要包括时间差测量法、三角测量法和相位测量法等[205]。时间差测量法是利用光束的传播时间来测量被测点的位置数据，由于激光的偏向性好，所以采用激光效果比白光好；三角测量法以三角测量原理为基础，通过照射在被测物体上的光的出射点、投影点和成像点三者之间的几何关系确定物体各点的位置数据；相位测量法是利用光栅条纹受投影物体表面高度影响而变形的现象来测量三维物体表面。当均匀光栅垂直投影到平整表面时，将得到均匀分布的光栅条纹；当光栅投影到高度有变化的物体上时，光栅条纹则发生形变并呈非均匀分布，再通过软件分析光栅条纹的形变量，能计算测出被测表面的高度。

以光学三维人体扫描仪为例，具有如下的优点：

（1）具有较高的准确性和可靠性。

（2）单次测量时间短、成本低。

（3）通常是无接触测量。

（4）设备操作简单，自动化程度高，配套要求低。

随着信息化技术的进步，船舶领域未来人机交互设备趋于小型化，在设计如耳机、眼镜、操纵杆等交互设备时，需要构建高精度的手部模型或头部模型，此时应用三维人体扫描仪可以方便地构建局部人体模型。

4.2.3 基于人群特点的模型修正

船舶人因工程仿真建模的对象涵盖船员和乘客，特别是远洋船舶的航行环境具备开放性，通常需要跨洲际航行。开展人体建模工作时需充分考虑不同人群的差异，分析目标用户人群的国家、人种、性别比例、年龄分布等特点，获取相关人体尺寸数据，对构建的人体模型进行修正,生成目标用户人群的三维人体模型库。下面以为瑞典建造的某型双燃料高速豪华客滚船为例进行说明。

项目组对运营航线乘客进行调研,分析了双燃料高速豪华客滚船的目标乘客对象。通过对 206 位乘客进行问卷调查,发现有 202 位来自瑞典本国,占比 98%。瑞典在地理上属于北欧地区,常年气温较低,瑞典人属欧罗巴人种北欧类型,身材瘦高。

采用文献调研与资料收集的方式开展乘客生理基本特性分析,为得到目标乘客的人体尺寸统计数据。根据瑞典国家统计局(SCB)2006 年发布的国民成年人人体尺寸统计数据,按照 P1、P5、P50、P95、P99 整理了瑞典人体尺寸数据,并与其他典型欧洲国家人体尺寸数据并进行了对比分析,基于相关人体尺寸数据,构建了乘客群体的三维人体模型库,如图 4-3 所示。

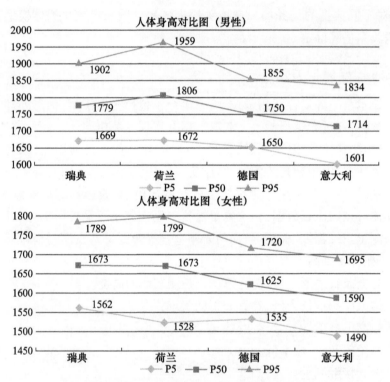

图 4-3 典型欧洲国家人体尺寸数据对比图

远洋船舶还具备一定的风险性,一旦船舶在航行的过程中发生事故,可能危及全船人员的安全。开展通道通行分析时,还需要考虑触礁、起火、疫情等极端情况下的应急疏散问题,此时应用目标用户人群的三维人体模型可以有效支撑相关优化分析工作,相关案例详见 10.1 节。

4.3 任务动作建模方法

船舶领域作业任务种类多、操作流程复杂,开展人因工程工作中除了要应用三维人体模型进行静态分析,还需要对船员的复杂作业任务流程和操作动作进行采集、模拟和分析,构建相关的任务动作模型。任务动作建模需要结合船舶领域的作业任务特点,面向具体作业任务开展。任务动作建模可用于作业时间、体力负荷、人员分工等方面的人因工程分析。

以大型船舶的驾驶作业任务为例,具有作业时间长、受环境影响大、作业强度不均衡等特点。当船舶处于良好气象条件下航行时,任务强度较低,仅需要少量人员在岗。而狭窄水道和进出港作业时,任务负荷明显上升,驾驶室增加在岗人员辅助瞭望。

对船舶领域作业的任务动作进行建模需要对作业动作进行分解,见表4-5。

表4-5 驾驶任务作业分解示例

作业任务分层	操作层	动作层	元动作层
驾驶任务	进出港	主机准备	手部操作(按压)
		航行检测	观察
		……	……
	航行避碰	航行通信	沟通
		控制航向	手部操作(转动)
		……	……
	夜间航行	观察瞭望	观察
		控制航速	手部操作(推拉)
		……	……
	高海况航行	控制横摇	手部操作(转动)
		维持航向	手臂操作
	……	……	……

目前,在人因工程领域常用的任务动作建模方法有基于关键帧(关键动作)的建模方法和基于动作捕捉的建模方法两种。动作建模方法特性分析见表4-6。

表4-6 动作建模方法特性分析

特性	基于关键帧动作	基于动作捕捉
适用人体模型	曲面模型	网格模型/曲面模型
建模效率	中	高
动作精度	高	中
动作流畅程度	中	高
场地要求	无	有

4.3.1 基于关键帧的动作建模

基于关键帧的动作建模,首先对于任务动作开展分析,梳理关键帧对应的人员作业姿势;将典型作业姿势以及对应的时间作为关键帧输入;选取合适的差值方法对各关键帧之间的连续动作进行计算,可得到一段完整流畅的作业动作模型。

为了表征关键帧对应的人体动作,需要基于三维人体模型对人员的作业姿势进行描述,构建合适的数据模型。结合数字人体拓扑模型,对各人体关节及关节的自由度进行定义,即可得到一组人体姿势数据。人体全身关节类型及自由度见表4-7。

表4-7 人体全身关节类型及自由度

编号	名称	自由度数	定义
J1	L4/L5脊椎关节	3	上半身相对于下半身的弯腰、侧弯、转体动作
J2	胸颈关节	3	颈部相对于上躯干的运动关节
J3	右肩胛骨关节	2	右肩胛骨相对于上躯干的运动,包括抱肩/后张肩、耸肩/垂肩
J4	右肩关节	3	右臂与上半身的相对运动关节,为一球窝关节,包括上举/下摆、外张/内收、旋转
J5	右肘关节	1	前臂相对上臂的弯曲/伸展
J6	右腕关节	3	将前臂尺骨和桡骨的相对运动简化为腕关节的1个自由度,即腕关节可以转动;另外2个自由度分别是手部相对于前臂的弯曲和侧弯
J7	左肩胛骨关节	2	左肩胛骨相对于上躯干的运动,包括抱肩/后张肩、耸肩/垂肩
J8	左肩关节	3	左臂与上半身的相对运动关节,为一球窝关节,包括上举/下摆、外张/内收、旋转
J9	左肘关节	1	前臂相对上臂的弯曲/伸展
J10	左腕关节	3	将前臂尺骨和桡骨的相对运动简化为腕关节的1个自由度,即腕关节可以转动;另外2个自由度分别是手部相对于前臂的弯曲和侧弯
J11	右股关节	3	右大腿与下躯干的关节
J12	右膝关节	1	假设膝关节不可旋转,小腿相对大腿的弯曲/伸展
J13	右踝关节	3	假设踝关节可在一定范围内旋转
J14	左股关节	3	左大腿与下躯干的关节
J15	左膝关节	1	假设膝关节不可旋转,小腿相对大腿的弯曲/伸展
J16	左踝关节	3	假设踝关节可在一定范围内旋转
J17	头颈关节	3	头部相对于颈部的运动

人体模型中,每个关节连接两段骨骼,两个相邻关节通过骨骼相连。数字人体骨骼模型是由多个关节与多个骨骼连接起来的树形结构,而数字人体上关节的数量、自由度的数量以及关节的运动约束都是实现数字人体运动的关键因素。关节是连接人体各个肢体部位的纽带,关节的运动包括移动、旋转、收展、伸屈等形式,根据关节的旋转轴向约束,可通

过自由度(Degree of Freedom, DoF)来描述其活动空间的维数。

在此基础上对每个体段的数据进行定义如下：

[(体段父节点框架坐标)(体段父节点人体基准坐标)(体段父节点人体姿态坐标)(体段质心的框架坐标)(体段质心的人体基准坐标)(体段质心的人体姿态坐标)(体段在框架坐标下的方向向量)(体段在人体基准坐标下的方向向量)(长度重量)父关节(自由度旋转轴关节空间角度)]

以关节 J1 为例，构建该关节角度数据如下：

[(0.00 −1.75 100.31)(0.00 −1.75 100.31)(0.00 1.29 10.81)(−0.00 −1.57 122.16)(−0.00 −1.57 122.16)(−0.00 1.38 33.94)(−0.00 0.01 1.00)(−0.00 0.01 1.00)(−0.00 0.00 1.00)(43.97 10.00)J01(3 $X=0.00\ Y=0.00\ Z=0.00$)]

在此基础上将数据结构推广到人体各关节，可得到一组代表人体特定姿势的数据。对于两个关键姿势之间的动作数据可采用差值法进行计算，常用的差值法包括线性差值、双线性差值、最近邻算法等。

开展详细的船舶人员作业任务分析时，如作业时间分析、作业新陈代谢分析、作业安全性分析，还需要在人员作业姿势的基础上对人体动作进行进一步的分类，常用元动作分类及相关动作参数见表4-8。

表4-8 常用元动作类型及相关动作参数

元动作	元动作类型	动作参数
提举	弯腰	最低位置 最高位置 载荷 频率
	蹲姿	
	半蹲	
	仅手臂	
	单手	
放下	弯腰	最低位置 最高位置 载荷 频率
	蹲姿	
	半蹲	
	仅手臂	
行走	倾斜路面	时间 坡度 距离 频率
	水平路面	时间 距离 频率

续表

元动作	元动作类型	动作参数
搬运	手臂在侧施力	时间 坡度 距离 频率 载荷
	依靠腰部腿部发力	
握持不动	手臂在侧双手	时间 频率 载荷
	手臂在侧单手	
	腰部发力	
推/拉	工作台高度	力 频率 距离
	下颌高度	
手臂作业:侧向平面	180°范围单手	频率 载荷
	180°范围双手	
	90°范围站姿	
	90°范围坐姿单手	
	90°范围坐姿双手	
手臂作业:水平面	站姿	频率 距离 载荷
	坐姿	
手部作业	轻体力	时间 频率
	重体力	
手臂作业	轻体力—单臂	时间 频率
	轻体力—双臂	
	重体力—单臂	
	重体力—双臂	

4.3.2 基于动作捕捉的动作建模

随着传感器技术的发展,动作捕捉技术大量应用于人员任务动作建模中。动作捕捉系统是通过在人体表面的典型部位放置传感器/追踪点,通过识别和记录传感器/追踪点上的连续位置变化,在计算机中还原相关人员在一段时间内的连续动作模型。一套完整的动作捕捉系统由传感器、信号捕捉设备、数据传输设备和数据处理设备组成。

动作捕捉系统按原理可分为接触式与非接触式两种:接触式动作捕捉系统有机械式和惯导式两种,非接触式动作捕捉系统有声学式、光学式、电磁式等不同类型。

对于特定有限空间内的高精度作业,通常选择非接触式动作捕捉,对于开展动作数据的地点不唯一或需要开展实船数据采集时,选择接触式动作捕捉。相关动作捕捉设备的特点如表4-9所示。

表4-9 不同类型动作捕捉系统的特点对比

特性	接触式动作捕捉	非接触式动作捕捉
场地范围限值	无	有
位置准确度	中	高
动作准确度	高	高
设备成本	中	高
设备便携程度	高	中

4.3.3 船舶运动环境对动作模型的影响

开展船舶人因工程任务动作分析,除了需要对作业动作进行准确的建模,还需要结合船舶领域的特点对作业任务动作模型进行必要的修正,其中最主要的影响因素是船舶运动环境。

对船舶各类作业任务开展分析时,需要考虑船舶运动传导到船员的影响。一种是船舶运动直接导致了船员晕船,另一种是船舶运动仅对作业产生了一定妨碍但未导致人员晕船。首先分析第一种情况,晕船病[206]也称航海晕动病,是指舰船在航行或锚泊时,在海面风浪涌的作用下,产生复杂而不规则的运动,乘员个体前庭器官受到刺激,在多种因素综合作用下引发的晕动病,表现为头晕、上腹部不适、恶心、呕吐、出冷汗、面色苍白等一系列自主神经反应的体征和症状。如何判断人员是否发生晕船,可通过下列的晕船衡准进行判断,如表4-10所示。

表4-10 晕船的垂向加速度有义单幅值衡准

频率/Hz	摇摆周期/s	垂向加速度/(m/s^2)		
		0.5h	2.0h	8.0h
0.100	10.0	2.00	1.00	0.50
0.125	8.0	2.00	1.00	0.50
0.160	6.3	2.00	1.00	0.50
0.200	5.0	2.00	1.00	0.50
0.250	4.0	2.00	1.00	0.50
0.315	3.2	2.00	1.00	0.50
0.400	2.5	3.00	1.50	0.75
0.500	2.0	4.30	2.16	1.08
0.630	1.6	6.30	3.20	1.60

注:引自 GJB 4000—2000 第0组。

具体的作业任务分析,还需要结合所处舱室位置特点进行分析:

(1) 若所处舱室除了垂向运动,还出现首摇、横摇时,表4-10中的衡准值可降低25%

左右。

（2）若作业位置处于高温、噪声、振动与有害气体等环境的舱室,衡准值可降低25%左右。

（3）若船员处于疲劳、吸烟、饮酒和疾病状态时,衡准值可相应降低。

（4）频繁出海时衡准值可适当提高。

（5）出海第5天后衡准值可适当提高。

若判断作业任务所处环境的垂向加速度超出了对应折算后的衡准值,则判断当前岗位人员发生了晕船反应。模拟时,需要根据晕船的程度对最终的作业完成效率进行折算。

若作业任务所处环境低于折算后的衡准值,则判断对应人员未发生晕船,此时需要根据当前运动数据计算当前作业岗位对应本船的单幅有义横摇角,对当前岗位开展相关体能消耗分析时,可将作业环境简化为在对应横摇角度的斜坡上完成作业任务。

4.4 认知建模方法

4.4.1 认知建模的概念和内涵

认知建模是指建立包含感知与注意、记忆与学习、运动控制等认知过程的模型,以达到理解和预测的目的,通常表述为计算机程序。

由于人类认知活动的复杂性和多样性,迄今为止还没有任何一种技术能够将人类的认知过程全部洞悉,因此,认知建模往往侧重于对人类认知过程的某一方面或者几个特定方面进行建模研究。借助认知建模,人们能够有效描述人类认知的相关成分和各要素之间的相互关系,信息加工的不同阶段及其相应特点。

认知模型并不是专属于人因工程学科的一个概念。认知建模是随着认知科学和计算机技术发展起来的一种较为综合的建模方法,在广泛的学科和行业领域中得到使用,如临床心理学家使用认知模型来评估正常人和临床患者之间认知处理的个体差异（精神分裂症患者）,认知神经科学家使用认知模型来了解大脑不同区域对应的心理功能等。后来,认知模型理论和方法被引入人因工程用于人员认知行为绩效的建模,以改善人机关系。本节仅对人因相关的认知模型建模方法进行介绍。

由于人工智能(Artificial Intelligence,AI)也是一门与人的认知模拟相关的技术科学,这里对人工智能与认知模型的概念进行简要辨析。人工智能的目标在于构建一个具有一定智能水平的系统,通常并不太关注所构建的系统在机理等方面与人类是否相似。认知模型的目标则在于理解或预测人的认知行为,通常基于心理学研究得到的明确的机制、模型等。虽然两种技术方法在发展过程中也在相互借鉴,但是其差别仍然是显著的。

4.4.2 认知建模方法

参照Byren和Pew 2009年的综述[207],认知模型大致可分为4个领域:感知和注意、动作和运动控制、记忆和决策以及集成模型。

1. 感知和注意模型

感知和注意力是很广泛的领域。大多数认知过程都涉及注意力,在心理学中注意力这个词也被广泛运用,因此,很多模型都可以被归类为某种形式的注意力模型。本书举例介绍一些影响力较大的模型。

1) 视觉搜索

视觉搜索模型关注的是在视野中找到一个特定的对象需要多长时间,如飞行员在驾驶舱中找到某个特定的仪表,计算机用户在菜单或桌面图标中找到某个特定的项目。对视觉搜索进行绩效建模的研究和应用至少可以追溯到1964年[208],目前仍有很多学者研究。

举一个简单而实用的视觉搜索模型的例子,设计计算机界面上的一个选项菜单,这些选项被选择的概率是非均等的,可以以某种方式(如粗体或其他颜色显示)对其中某些选项高亮显示。当某个选项被高亮显示时,用户将能更快地找到它,但也导致找到未高亮显示的选项将花费更多的时间。那么,设计师应该如何使用高亮显示来使得所有选项的总搜索时间最短呢?通过对搜索时间做一些简单假设,例如,搜索时间与选项数量呈线性关系,高亮显示的条目通常会先搜索等,Fisher等[209]推导出了一个公式,该公式对于符合给定概率分布的给定选项数可以给出最佳的高亮显示的选项数。两组验证实验的结果表明,该模型可以很好地预测人的实际搜索时间。

此外,还有其他一些模型,如Melloy等[210]提出了一种基于离散时间非平稳马尔可夫过程的模型,得到了操作员扫描显示器所需时间的上限和下限估计。还有研究采用集成模型进行建模,如Fleetwood和Byrne[211]报告了一种图标搜索ACT–R模型,模型可以预测图标的特性(易辨别性和复杂性)和大小对搜索时间与眼球运动的影响。

2) 视觉采样

控制室、驾驶舱、汽车和其他显示信息丰富的环境中,人员需要从多个区域(如显示器、仪表盘)获取信息完成任务。因此,除了关注找到某个特定区域所需的时间,人因还关注视觉如何在多个区域之间分配注意力,以及漏掉某个区域关键事件的概率。

这个领域最早有影响力的模型由Senders[212]提出,Sheridan[213]对模型进行了扩展,Wickens等[214]后来提出了显著性、努力、期望和价值模型,该模型表示为

$$p(A) = sS - ef\text{EF} + (ex\text{EX})(vV)$$

其中,$p(A)$是某一特定区域被采样的概率,S是该区域的显著性,EF表示当前参与位置到该区域的距离,EX表示期望事件发生率(或带宽),V表示该区域的信息值。方程中的小写值是常数系数。Wickens等将SEEV模型应用于飞机驾驶舱中的飞行员,并观察在该环境中不同显示器和仪器的实际采样,发现专业飞行员的行为非常接近简化版SEEV模型所预测的最佳行为[215]。

3) 工作负荷建模

当执行多个任务时,任务对人的脑力资源的需求(工作负荷)将增加,而人的资源是有限的。本书3.5节介绍了工作负荷的测量方法,本节将介绍如何基于任务特点对工作负荷

进行建模。首先考虑一个简单的情形,人员要对两个不同的刺激做出不同的反应(即典型的选择反应任务)。研究发现,当两个刺激出现的间隔较短时,对第二个刺激的反应就会因为对第一个刺激的反应而延迟,称为心理不应期(Psychological Refractory Period,PRP)。这种现象的一个解释为人对信息的处理是单通道的,即单通道瓶颈模型。这个简单的瓶颈模型成功预测了许多 PRP 实验中的结果。但是该模型也有一些限定条件:①当两个刺激的间隔过短(小于 100ms)时,响应过程将不再是心理不应期方式;②当两个刺激占用的是独立的知觉资源,或者经过较多的训练,可以一定程度避免瓶颈的出现。

一个更通用的理论框架为多资源理论,该理论提出了三个不同的信息加工维度:加工阶段(知觉、认知、反应)、加工编码(即空间和言语)和加工模态(即视觉和听觉,视觉被进一步细分为中心视觉和周围视觉)。每个维度内不同水平的生理机制相对独立。当两个任务在任何维度上使用相同的资源时,任务间的干扰就会增加。例如,在驾驶中,视觉次任务比听觉次任务对驾驶的干扰更大,因为驾驶本身对视觉模态资源的需求很强。基于多资源理论已经形成了一些定量模型,如脑力负荷 VACP 预测模型,通过视觉(visual)、听觉(auditory)、认知(cognitive)和精神运动(psychomotor)4 个通道来预测脑力负荷,该方法可用于船舶信息系统台位适配设计,案例见 5.4.4 节。

2. 动作和运动控制模型

感知和注意模型是关于外部刺激如何"进入"人的模型,动作和运动控制模型则是人员输出行为的模型。任务动作建模侧重从生理层面对动作序列进行精细的刻画,如动作的极限角度、能量消耗等,本节的模型则侧重从认知层面对动作的绩效进行预测,如考虑人的感知、匹配等过程预测动作的反应时、准确性等。本书主要介绍针对三类动作构建的经典模型,即响应离散目标、指向静态目标和追踪动态目标。

1) 响应离散目标动作模型:Hick – Hyman 定律

人机交互中,通常会有一类典型的任务,对多个离散选项做出不同的响应,即选择反应任务。比如,观察多个信号指示灯,当不同的信号灯亮起时,需要做出不同的按键响应。

Hick[216] 和 Hyman[217] 注意到选择反应任务的难度很大程度上由任务的信息熵决定。信息熵(H)是选择反应任务中备选项数量(n)的函数,$H = \log_2(n+1)$;操作人员的反应时间(RT)是信息熵的线性函数,即 $RT = a + bH$。这就是 Hick – Hyman 选择反应时间定律。

2) 指向静态目标动作模型:Fitts 定律

人机交互中常常需要移动光标等以指向某个静态的目标(如计算机显示器上的按钮、窗口、图像、菜单项和控件),关于这一动作的分析已经有一个完善的建模工具——Fitts 定律[218]。该定律指出,完成目标移动的时间(MT)是移动难度指数的线性函数:$MT = a + bID$。对于任何移动,难度指数(ID)是与目标的距离(D)和目标的宽度(W)之比的函数:$ID = \log_2(2D/W)$,这一关系由信息论推导而来。

20 世纪 70 年代,施乐帕克研究中心(Xerox PARC)研究人员为他们正在开发的新图形用户界面选择指向技术时,使用 Fitts 定律对不同的指向(操纵杆和鼠标)选择进行系统评估,发现操纵杆的最佳绩效也比鼠标的一般绩效更差,而且其他任何技术似乎都不太可能在很大程度上超过鼠标,基于这一关键原因,施乐公司选择了鼠标。现在苹果和微软的系统均是施乐之星衍生而来,可以说,Fitts定律是鼠标无处不在的一个关键促成因素。

Fitts定律也在许多方面得到了扩展。例如,有些任务要求操作员不仅要命中目标,还要按照一定的轨迹移动。这种行为可以用转向定律很好地描述[219-220],它是集成了沿运动路径的宽度函数。

3) 追踪动态目标动作模型:手动控制理论

动态目标追踪行为中,人员的动作输出随着感知输入而发生变化。将这种输出随输入的时间响应转化为频率响应,当对感知输入产生的运动响应是线性时,就可以用数学表达式(即传递函数)来表示频率响应函数。

为了更好地描述人员的操作策略等因素,研究人员引入数学优化问题中的最优控制理论建立了最优控制模型。最优控制理论是研究如何找到动力系统的最优控制策略,以使目标函数取最优值,比如如何控制航天飞船的火箭推进器,以消耗最少的燃料到达月球。在追踪动态目标任务的最优控制模型中,操作人员通过一定的内部动力系统模型控制操控对象,从而使任务绩效相关的目标函数取最优值,如使操控对象与目标之间距离的均方根误差最小。

3. 记忆和决策模型

关于记忆和决策的模型非常多,其中有些模型的很大一部分工作是在更大、更集成的建模框架中,将在下一节进行介绍。这里重点介绍两种与人因特别相关的建模方法上:认知技能的GOMS模型、判断和决策的透镜模型。

1) 认知技能的GOMS模型

很多工作情况下,操作人员经验丰富,已经充分掌握了如何完成任务的正确知识,并且只需要执行这些知识,完成任务经常称为常规操作(routine)。对于这种情况已经有一系列模型非常成功地描述了人的绩效,这就是GOMS(用于目标、操作符、方法和选择规则)模型。

GOMS模型的最简单形式是击键级模型(KLM)。构建KLM时,分析师只需列出用户为完成任务而必须进行的所有操作(如击键、点击鼠标),也称为元操作。然后,通过使用一组相当直接的规则添加"心理"操作(如在屏幕上找到一个特定的物体)。每个元操作都有一个与之相关的时间,如一个按键的时间是280ms,任务的总时间是通过将元操作时间相加来估计的。因此,可以通过比较每个过程的估计执行时间来比较过程的效率。为了实现这一点,必须做出许多假设:操作是无错误的,元操作不能并行执行,所有相似的元操作近似相等且对环境不敏感,等等。此外,还有更详细的GOMS模型版本,详见5.4.3节。虽然GOMS这种风格的模型是高度近似的,但它基本能够满足实际应用所需的准确度要求,因此,这一方法目前仍然使用较多。

2) 判断和决策的透镜模型

人因专业人员感兴趣的另一个关键认知活动是判断和决策。常规认知技能的操作步骤都是事先知道的,相反,在许多情况下,操作人员需要在不确定的情况下做出判断。长期以来,这类问题在许多学科中都引起了极大的兴趣,尤其是数学和经济学。然而,这些模型中有很大一部分并不是用来模拟人在该情况下的行为,而是用来模拟最优行为。

有一种判断模型在这类领域较为成功,那就是透镜模型(lens model)。透镜模型的本质是对基于判断线索对判断结果的回归方程模型。虽然这在某种意义上似乎过于简单,但这一过程如何很好地描述人类的判断,是一个理解人类判断的强大分析框架,已被用于多个人因领域,如航空和指挥与控制等。当然,透镜模型也有局限性,如它只确定使用了哪些线索以及使用的程度,并没有说明使用和判断线索的过程。

4. 集成模型

人因中应用人员绩效模型的挑战之一是,大多数模型都适用于有限的单项认知过程。例如,菲茨定律在预测对象运动到静止目标的时间方面通常非常准确,但这是其能力的极限。虽然警觉性检测范式的许多扩展已经被提出,但通常仍然局限于二元情况等。然而,真正的人的绩效确实需要多种能力。例如,在1min的时间里,飞行员可以很容易地进行目视搜索,瞄准目标并按下按钮,执行例行程序,做出多线索概率判断等。目前,已经有学者努力集成和统一多个模型,并构建跨领域的系统。有两种主要的建模方法已经获得了一定程度的普及,即任务网络建模和认知体系结构。

1)任务网络建模

网络模型一词指的是涉及蒙特卡罗模拟的建模过程,而不是具体的某一个模型。构建任务的网络模型时,首先要构建一个将任务分解为离散子任务的流程,每个子任务作为一个节点,串行和并行路径将各个节点连接起来,通过一定的控制逻辑控制网络内的流动。当对人-系统绩效进行建模时,一些节点将表示人决策过程和/或人工任务执行,一些将表示系统执行子任务,还有一些将人类和机器绩效聚合到单个节点中。每个节点由指定的完成时间分布和完成概率表示。将所有这些规范编入计算机后,该网络就会以蒙特卡罗的方式反复运行,以输出人员绩效的分布。建模的关键在于选择正确的抽象级别来表示节点和路径,并估计每个节点的统计参数。有时还需要通过人在回路的模拟来对模型进行验证。在军用和其他领域,Micro Saint[221]及其衍生工具被广泛用于模拟任务绩效预测。

2)认知体系结构

近年来,一种基于认知架构的集成建模方法在人因领域受到越来越多的关注。认知科学认为,人类的思维过程是可以被理解的,包括人类的决策过程、推理过程,甚至是创造过程等。因此,思维过程可以被表达成一定的结构和在这些结构上的计算过程,这就是认知体系。认知体系是基于大量的人类实验数据和人类认知理论,通常以计算机模拟的形式实现。Newell[222]在1990年出版的《认知统一理论》(Unified Theories of Cognition)一书中对这一领域的前景进行了描述。Newell认为是时候让认知心理学停止收集不相关的经验现象,开始认真考虑以计算机模拟模型的形式实现理论统一了。认知体系正试图做到这一点。

认知体系本身通常无法描述人类在任何特定任务中的表现,必须给它关于如何做这项任务的知识。一般来说,认知体系中的任务模型(通常称为认知模型)由架构和执行指定任务所需的知识组成。这种知识通常基于对建模目标活动的全面任务分析。认知架构有时还与执行任务复杂环境的仿真系统关联。在某些情况下,认知体系直接与人类用于执行任务的实际软件交互。大多数认知架构还输出绩效。也就是说,它们产生了一个有时间标记的动作序列(如鼠标点击、眼球运动),可以与真实的人类在任务中的表现进行比较。

早期的认知体系被分为符号主义(symbolic)和联结主义(connectionist)两大类。随着理论的发展,认知体系更倾向于使用混合(hybrid)的方式构建模型。人因研究中使用的认知体系包括执行过程交互控制(Executive Process Interactive Control,EPIC)、人的信息加工排队网络模型(Queuing Network – Model Human Processor,QN – MHP)、理性思维的适应性控制(Adaptive Control of Thought – Rational,ACT – R)等。其中 EPIC 体系已被用于任务建模,如菜单选择[223]。QN – MHP 是相对较新的一个认知体系,已经被用于转录打字[224]和驾驶行为[225]的建模。对人因贡献最大的体系是 ACT – R[226-227],已被用来模拟许多现象,如驾驶时拨手机[228],菜单选择[229],飞机机动[230]和滑行[231],过程监控[232],编程飞行管理系统[233],图形理解[234],搜索互联网[235]。

ACT – R 是由美国卡内基梅隆大学 Anderson 等提出的认知体系理论。ACT – R 从认知心理学和神经科学两个角度进行模型的构造,因此它不仅可以模拟真实世界的认知问题,还可以对复杂的认知神经科学数据进行统一化的整合。ACT – R 认知体系在计算机上得到完整的实现,使得研究者可以借用计算机直接模拟人类认知行为。

ACT – R 认知体系由多个模块、多层结构所实现,通过不同模块和不同层次之间的相互配合实现各种功能,由 symbolic 系统和 sub – symbolic 系统两部分组成。因为 sub – symbolic 系统构成的是模块内部的工作方式,所以无法在图中表达。ACT – R 的 symbolic 系统的内部结构如图 4 – 4 所示,整个系统由若干不同模块组成,其中最重要的过程性模块通过缓冲块将其他所有模块连接成一个整体。symbolic 系统本身可以看作由一个产生式系统驱动的模型,通过过程性模块中的产生式规则来对不同模块的缓冲块进行操作。运行在外部结构后台的 sub – symbolic 系统通过一系列的数学方法对 symbolic 系统中模块内部的操作进行控制,大量的学习过程参与了 sub – symbolic 系统的运行。

通过运行 ACT – R 系统构造的基于计算机的虚拟人类认知过程,研究者可以得到大量的人类认知数据,包括认知过程每一步的时间、认知过程的准确度等。

ACT – R 认知体系的显著特点在于集成性[236]和通用性[237],基于该体系就可以对人类认知行为的各个方面进行建模表达。ACT – R 认知体系的另一优势在于,它对人类各项基本认知过程(如学习、记忆等方面)都有较为深入的描述,且具有较为充分的理论基础,可以支撑人的认知过程的准确建模。Anderson 在其论著《人脑认知体系结构及其计算模型》[238]中具体阐述了 ACT – R 认知体系中各模块功能、参数等,不同模块的功能及参数均来自认知心理学、神经科学等领域的研究成果,每一个模块实现的功能都对应大脑每个区域真实的功能,每个模块的参数设置也通过实验数据研究的论证[239]。

然而,基于 ACT – R 认知体系进行认知建模的局限也比较明显。首先,ACT – R 作为认知体系更像是一个基本骨架,为了构建具体模型,还需要研究者们从不同角度不断地增加和完善具体内容。比如,认知体系结构现有的学习能力局限性很强,与外界环境进行交互的感知 – 动作模块只能进行简单的交互动作等[236]。其次,基于 ACT – R 认知体系建立复

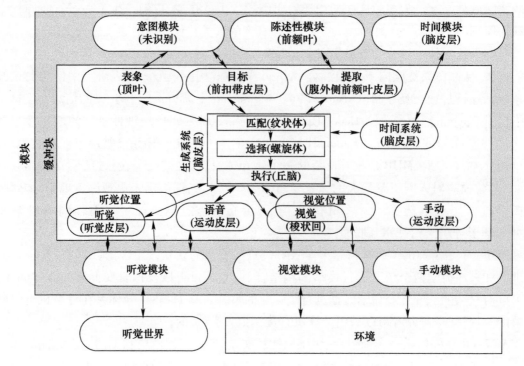

图 4-4　ACT-R 的 symbolic 系统的内部结构

杂任务的具体模型将非常耗时,且可能还需要做大量补充研究工作。在具体建模时,需要将复杂任务分解为基本的认知步骤,需要对任务环境和特定知识(包括陈述性知识和产生式规则)进行描述和提取,许多特定用户策略、知识和参数等也需要开展专门的研究才能获得,而这些分解、提取和开发方法本身也需要经过大量的培训和实践才能掌握[237,239],因此具体模型的构建非常耗时耗力。

第5章 船舶人因工程设计技术

5.1 概 念

人因工程设计是从用户使用需求出发,基于设计对象的人-机-环特性开展平台、系统、设施、设备、人机接口等设计,实现安全、高效、宜人、经济的目的,提升人机适配性[53]。人因工程设计摒弃单纯以功能实现为导向的设计理念,将人的因素贯穿整个研制过程,设计初期充分调研用户的需求,合理转化;设计过程中,邀请用户参与迭代改进,避免了设计后期的大量返工;设计后期,开展必要的用户体验测试,将收集的问题和意见反馈到设计中去。

5.2 船舶人因工程总体要求

船舶人因工程紧密贴近船舶研制实际,以"安全、高效、宜人、经济"为总要求,实现"人-机-环"深度融合。在船舶平台、系统等产品的需求分析、方案论证阶段提出明确的人因工程要求,从顶层规划阶段提升船舶产品的人-机-环匹配性。船舶人因工程总体要求如图5-1所示。

"安全",主要是指确保船员身心健康、生命安全、工作安全,具体要求包括为人员生活、工作提供生命安全保障,具备有效的防人误措施,通道设施安全、无伤害,声环境符合卫生学要求,噪声水平不应对人员生理心理造成伤害,电磁环境辐射符合人员健康标准等。以"具备有效的防人误措施"为例,其意为应对人误操作采取适当的风险控制和风险缓解措施,减少风险,包括对系统灾难性事件的容错水平和实现,给出操作中不同的冗余、备份系统或者终止功能不可用的详细解释,限制灾难性事件或人员损失,同时对系统故障和异常工况进行响应;以减少人因失误的可能性为目的,提供用于检测和纠正或从错误中恢复的人员能力;以限制失误产生的负面影响为目的,识别导致灾难性事件的操作者无意识操作,

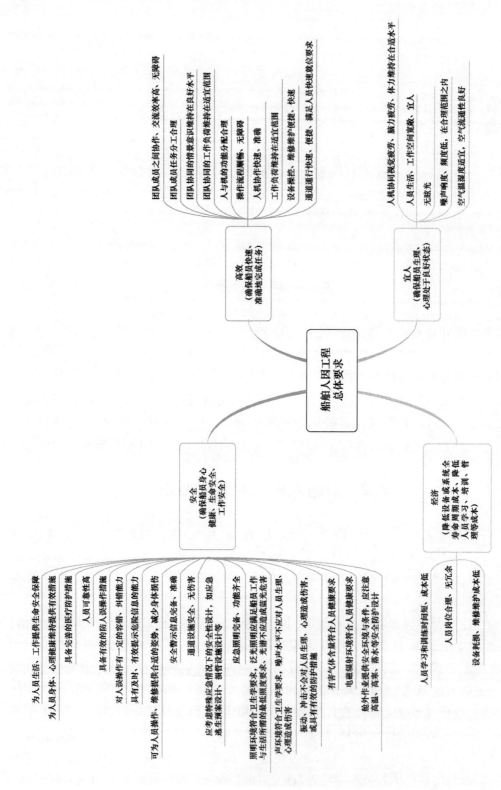

图 5-1 船舶人因工程总体要求（见彩插）

并确定容错水平;识别会导致灾难性事件其他类型的人为错误;运用适当的错误管理方法。

"高效",主要是指确保船员和乘客快速、准确地完成任务,具体要求包括团队成员任务分工合理,人机协作快速、准确,设备操控、维修维护便捷、快速等方面。以"人机协作快速准确"为例,其意为确保用户高效完成任务,包括优化使用流程,进行系统交互任务的分析与功能分解,在人机协作过程中简化任务操作,制定高效任务流程;系统具备基本的可读性及合规性,在人员操作过程中建立适当的反馈机制,使人员明确操作成功与失败,经常性操作应提供快捷操作等,缩短人员反应时间,提高操作效率。

"宜人",主要是指确保船员生理、心理处于满足工作和生活的良好状态,具体要求包括船舶作业中的光环境、热环境、噪声环境等方面。具体要求包括人机协同工作方式舒适,光环境舒适、无眩光,空气温湿度舒适、宜人,空气流通性良好,噪声水平在合理范围之内等方面。

"经济",主要是指降低设备或系统全寿命周期成本,降低人员学习、培训、管理等成本,具体要求包括人员学习和训练时间短、成本低,人员岗位合理、无冗余,环境维护成本低等方面。以"人员学习和训练时间短、成本低"为例,其意为设备或系统设计应符合用户的认知操作习惯,包括通过调研了解操作人员的操作习惯,提供符合认知的设计,使得操作易于理解,易于学习;色彩、图形、交互、文字表述等各方面的设计应尽量与传统习惯保持一致,降低学习成本,缩短训练时间。

5.3 船舶平台人因工程设计技术

5.3.1 船舶平台人因工程设计范畴

船舶平台人因工程设计工作核心是实现船员、舱室、环境的和谐,并实现船员在船舶平台上的安全、舒适与健康,研究范畴包括人员安全设计、舱室空间设计、舱室环境设计、平台总体设计等,建立高度融合的人-船舶-环境系统,如图5-2所示。

船舶平台设计以船舶总布置规划、舱室功能任务、舱室设备组成及设备选型方案、环境条件需求为设计输入条件,考虑人群行为特性、人体能力与局限,开展典型舱内空间设计、舱室环境设计、平台布局设计、人员安全设计。典型舱内空间设计包括设备空间布局设计、维修空间设计、走道及出入口设计、部分工作舱室的舷窗设计;舱室环境设计包括光环境设计、热环境设计、噪声环境设计、振动环境设计、摇摆环境设计;平台布局设计包括舱室群设计、紧急疏散路线、甲板作业流程设计等;人员安全设计包括危险区域、标识系统、报警系统、安全操作程序等设计。

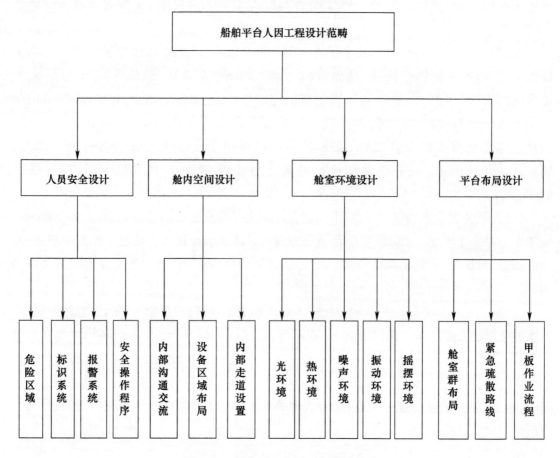

图 5-2 船舶平台人因工程设计范畴

5.3.2 船舶平台人因工程设计流程

船舶总体设计过程一般分为论证立项、方案设计、工程研制等若干个阶段，相对应的船舶人因工程设计工作围绕船舶总体论证立项与方案设计开展，主体流程包括人因工程要求分析、人因工程设计与优化，如图 5-3 所示。人因工程要求分析与船舶总体立项论证同时进行，以船舶总体使命任务和功能需求为核心，分析人、机、环境三者间的设计约束，提出人因工程指标及要求，确保将出现过的、一般常识性的、存在重大安全隐患等问题在早期解决；人因工程设计与优化、测试与评估围绕船舶总体方案设计迭代循环开展，人因工程设计方根据船舶总体设计单位的输入条件进行人因工程设计与优化，输出人因工程设计方案或优化方案，在船舶总体设计技术状态趋于稳定时，适时开展二维/三维数字仿真、半实物仿真、模拟舱等的人因工程测试验证，构建目标对象的人因工程测评指标体系，如适居性、安全性、通行能力、作业效率等，对设计成果进行人因工程分析与验证。

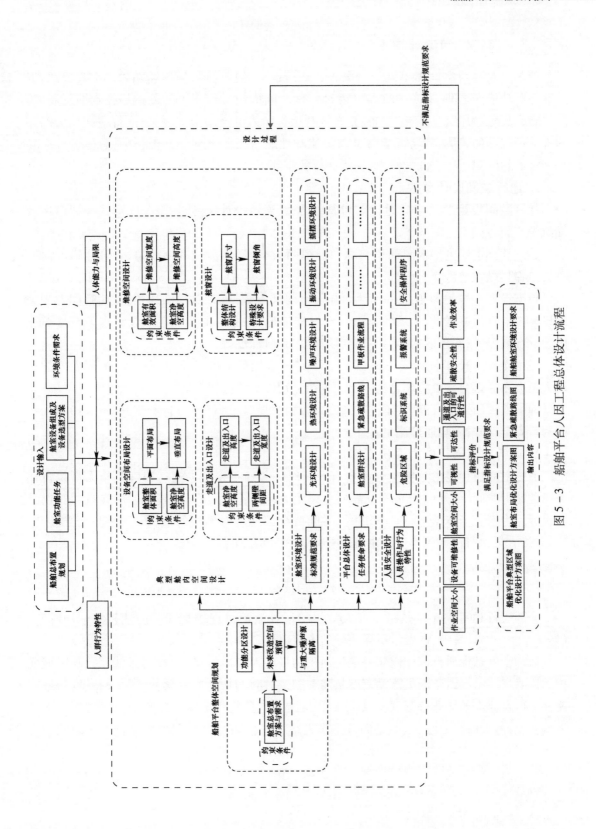

图 5-3 船舶平台人因工程总体设计流程

5.3.3 通行空间设计技术

船舶平台通行空间由不同类型的人员通行设施衔接而成,属于船舶内部空间资源,发挥联系各功能区之间、船舶内部与其外部空间之间的纽带作用。随着造船技术的发展,船舶平台大型化愈加明显,维护设备、系统正常运行的人员流动愈加复杂,通行空间作为船舶内部人员流动的载体,其通行能力是人员流动性能与工作效率的衡量指标,总体设计应充分考虑船舶内部通行空间的需求,提供必要的空间。

1. 通行空间设计参数

通行空间设计参数包括通行空间通道类型、通道设计尺寸、通道交叉形式与通道地板面抗滑移能力。

通道类型主要包括横向通道与纵向通道两大类,具体形式有出入口、走廊通道、楼梯、垂直悬梯与纵坡通道等。

通道设计尺寸是指通道可设计的几何空间尺寸数据,针对横向通道,与通行能力相关的设计因素有通道宽度、长度、高度;针对纵向通道,与通行能力相关的设计因素有通道宽度、长度、高度、倾斜角度、台阶数量、台阶高度、台阶深度等。

通道交叉形式有十字形、T形、Y形、X形等,采用最多的是十字形交叉,不同方向的流动人员会在通道交叉处实现合流、分流,人员流动冲突机会增多。

通道地板面抗滑移能力:不同的通道地板面材质,抗滑移能力各不相同,不仅影响人员的通行安全,同时影响通行流量。

2. 通行空间通行能力评价指标

通行空间通行能力分析指标主要有通行时间与通行密度。通行时间是指人员执行任务时的通行时间(到达时间),不仅需要考虑距离,还需要考虑影响其到达所经过通行设施的设置。为避免个体差异,以平均通行时间或全部通行时间进行表征,平均通行时间 T_{ave}(s)是指人员执行任务流动过程中所耗费的平均时间,即

$$T_{ave} = \frac{\sum_{i=1}^{N_c} T_i}{N_c} \tag{5-1}$$

全部通行时间 T_{all}(s)是指所有人员执行任务流动过程中耗费的时间, $T_{all} = \max\{T_i\}$ ($i = 1, 2, \cdots, N_c$),其中 N_c 表示所需通行的人员数量。

通行密度是指通行区域内某一单位面积的平均人员通过量,一般用区域人数与区域面积的比值来表示。由于人员流动密度是随着测试时间的长度而变化的,以平均密度与最大密度进行表征。平均通行密度 p_{ave}(人/m²)是指人员执行任务流动过程中所经过区域内的平均密度;最大通行密度 p_{max}(人/m²)是指人员执行任务流动过程中所经过区域内的最大密度。

$$p_{ave} = \sum_{j=1}^{T_{all}} \left(\frac{N_c}{N_0}\right) \bigg/ T_{all} \tag{5-2}$$

其中, N_0 表示通行空间标准容纳人员数量。

$$p_{\max} = \max\left\{\sum_{j=1}^{T_{all}}\left(\frac{N_c}{N_0}\right)\right\} \quad (j = 1, 2, \cdots, T_{all}) \tag{5-3}$$

3. 设计参数与通行能力评价指标映射关系

国际海事组织(International Maritime Organization, IMO)海事安全委员会 MSC.1/Circ.1238《新客船和现有客船疏散分析指南》中指出:人员能够正常行走的最大通行密度为 3.5 人/m^2,若超过此数值认定为拥挤状态;或用流率来进行限定,超过 1.5 人/(m·s)认定发生拥挤。分析通行人员拥挤效应显著的情况,依据 IMO 给出的 3.5 人/m^2 拥挤情况判别条件确定仿真测试方案中的人员数量。为减少偶然误差,在相同仿真测试条件下选择进行多次独立重复实验,输出每一横向走廊通道宽度条件下运行的 10 次仿真结果,得到不同指标的均值($\bar{x}$)和标准差(Standard Deviation, SD),如表 5-1 所示。

表 5-1 通行时间仿真结果数据

通道宽度/mm	仿真次数	T_{ave}		T_{all}		p_{ave}		$p_{\max}$	
		$\bar{x}$	SD	$\bar{x}$	SD	$\bar{x}$	SD	$\bar{x}$	SD
700	10	13.09	1.72	39.06	2.27	2.29	0.18	3.44	0.38
800	10	14.88	1.74	35.58	2.23	2.46	0.30	3.80	0.42
900	10	14.24	1.64	31.50	1.33	2.36	0.14	3.45	0.31
1000	10	12.90	1.21	27.54	1.08	2.37	0.20	3.69	0.29
1100	10	12.49	1.26	25.98	1.58	2.27	0.15	3.64	0.35
1200	10	12.51	1.32	25.74	1.82	2.23	0.17	3.46	0.30
1400	10	11.47	0.7	23.76	1.84	2.01	0.09	3.57	0.24
1500	10	11.38	1.02	23.10	2.02	1.99	0.11	3.53	0.33
1800	10	10.39	0.73	20.94	1.37	1.85	0.07	3.50	0.33
2000	10	19.80	1.30	9.93	0.71	1.76	0.09	3.39	0.24
2100	10	19.68	1.19	9.88	0.76	1.69	0.08	3.52	0.21
2200	10	18.78	1.02	9.54	0.49	1.67	0.07	3.54	0.26
2400	10	18.36	1.33	9.59	0.71	1.58	0.12	3.33	0.18
3200	10	17.82	1.36	9.17	0.46	1.29	0.09	3.53	0.29
3500	10	18.00	1.23	9.17	0.35	1.19	0.06	3.08	0.24

检验通道宽度取值变化对 4 个分析指标是否有显著影响,进行单因素方差分析,分析结果见表 5-2。对于平均通行时间 T_{ave},方差分析结果 $F(14,135) = 30.186, P = 0.000$;对于全部通行时间 T_{all},方差分析结果 $F(14,135) = 175.531, P = 0.000$;对于平均密度 p_{ave},方差分析结果 $F(14,135) = 80.253, P = 0.000$;对于最大密度 $p_{\max}$,方差分析结果 $F(14,135) = 4.856, P = 0.000$,显著性均小于 0.05,说明通道宽度对 4 个分析指标均有显著性影响。

表 5-2 通道宽度与分析指标数据方差分析结果

分析指标	模型	平方和	自由度	均方	F	P
T_{ave}	组间	498.884	14	35.635	30.186	0.000
	组内	159.368	135	1.181		
	总计	658.252	149			

续表

分析指标	模型	平方和	自由度	均方	F	P
T_{all}	组间	6142.930	14	438.781	175.531	0.000
	组内	337.464	135	2.500		
	总计	6480.394	149			
p_{ave}	组间	22.468	14	1.605	80.253	0.000
	组内	2.700	135	0.020		
	总计	25.168	149			
p_{max}	组间	6.036	14	0.431	4.856	0.000
	组内	11.986	135	0.089		
	总计	18.022	149			

为进一步量化通道宽度取值与 4 个分析指标之间的关系,采用回归分析方法进行定量分析,首先计算通道宽度取值与分析指标之间的 Pearson 相关系数,相关性检验结果分别为 $r(T_{\text{ave}}) = -0.776, r(T_{\text{all}}) = -0.811, r(p_{\text{ave}}) = -0.930, r(p_{\text{max}}) = -0.468$,见表 5-3,说明通道宽度与平均通行时间 T_{ave}、最大密度 p_{max} 具有中度负相关性,与全部通行时间 T_{all}、平均密度 p_{ave} 具有高度负相关性。

表 5-3 通道宽度与分析指标数据相关性检验结果

分析指标	Pearson 相关系数 r	P
T_{ave}	-0.776	0.000
T_{all}	-0.811	0.000
p_{ave}	-0.930	0.000
p_{max}	-0.468	0.000

应用曲线估计分析通道宽度与分析指标之间的关系,结合散点图和拟合曲线可知:三次曲线能够较好地拟合通道宽度与平均通行时间 T_{ave}、全部通行时间 T_{all}、平均密度 p_{ave}、最大密度 p_{max} 之间的关系。图 5-4 表示通道宽度与平均通行时间 T_{ave}、全部通行时间 T_{all} 的关

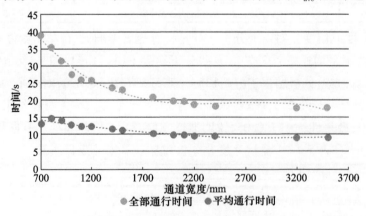

图 5-4 通道宽度与通行时间关系曲线

系曲线,图 5-5 表示通道宽度与平均密度 p_{ave}、最大密度 p_{max} 的关系曲线。通道宽度与 4 个分析指标数据回归分析结果见表 5-4。

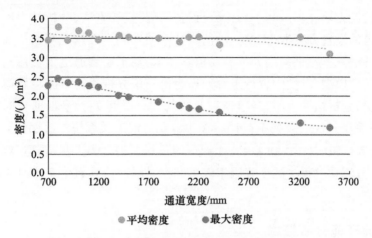

图 5-5 通道宽度与通行密度关系曲线

表 5-4 通道宽度与分析指标数据回归分析结果

分析指标	模型汇总				
	R^2	F	df_1	df_2	P
T_{ave}	0.933	51.470	3	11	0.000
T_{all}	0.974	137.852	3	11	0.000
p_{ave}	0.980	182.159	3	11	0.000
p_{max}	0.419	4.321	2	12	0.039
分析指标	参数估计值				
	常数	b_1	b_2	b_3	
T_{ave}	17.322	-0.005	2.466E-007	1.178E-010	
T_{all}	69.180	-0.060	2.393E-005	-3.128E-009	
p_{ave}	2.604	0	-2.556E-007	4.956E-011	
p_{max}	3.586	—	2.548E-005	-3.621E-008	

回归分析结果表明平均通行时间 T_{ave} 与通道宽度之间的三次函数关系显著 ($R^2 = 0.933$),依据三次曲线参数估计结果得到平均通行时间 T_{ave} 与通道宽度之间的关系式为

$$y = -0.005x^3 + 2.466 \times 10^{-7} x^2 + 1.178 \times 10^{-10} x + 17.322 \tag{5-4}$$

全部通行时间 T_{all} 与通道宽度之间的三次函数拟合结果 ($R^2 = 0.974$) 关系式为

$$y = -0.06x^3 + 2.393 \times 10^{-5} x^2 - 3.128 \times 10^{-9} x + 69.18 \tag{5-5}$$

平均密度 p_{ave} 与通道宽度之间的三次函数拟合结果 ($R^2 = 0.980$) 关系式为

$$y = -2.556 \times 10^{-7} x^2 + 4.956 \times 10^{-11} x + 2.604 \tag{5-6}$$

最大密度 p_{max} 与通道宽度之间的二次函数拟合结果($R^2=0.419$)关系式为

$$y = 2.548 \times 10^{-5} x^2 - 3.621 \times 10^{-8} x + 3.586 \qquad (5-7)$$

传统的通行能力研究多是基于理论分析与实际测量的方法,分析结果不能有效地反馈至工作空间通道的设置方案上,人员流动仿真技术的发展为工作空间通道通行能力的测试提供了可视化的工具。本书采用人员流动仿真技术,基于船舶通道人员流动特性分析结果构建人员流动仿真模型,以横向直行走廊通道为例模拟分析通行设施设置参数变化时内部人员的流动情况,分析结果表明,通道宽度与平均通行时间 T_{ave}、全部通行时间 T_{all}、平均密度 p_{ave} 之间的关系呈三次函数关系;与最大密度 p_{max} 之间的关系呈二次函数关系。最大密度 p_{max} 的函数拟合效果较弱($R^2=0.419$),主要原因是最大密度为人员流动过程中所能达到的最大密度,受人员流动过程中的干扰因素较多,时变性较强,其数值基本维持在承载人员密度 3.5 人/m^2 左右。

5.3.4 作业环境分析技术

作业环境是影响人－机－环系统综合效能的重要因素之一。船舶作业环境会对船员的生理机能、心理状态产生影响。美国、英国等国家都将船舶作业环境列为与武器系统同等重要的位置,并对其进行系统性研究,尤其对舱室色彩、照明、空气环境、噪声等舱室作业环境因素开展了大量的研究工作,并制定了一系列用于指导作业环境设计的标准和规范。因此,开展船舶作业环境人因工程设计,对于改善船舶船员的作业环境、提升作业效率、保障身心健康具有重要意义。

1. 面向任务的船舶作业环境设计要素分析

船舶作业环境人因设计应以船舶船员的任务需求为出发点,逐层梳理相关的作业环境设计要素。

1)船舶作业任务需求分析

以舰船作战为例,作业环境人因工程设计需要考虑的作战使用需求,分析如下:

(1)"看"的需求。作战指挥员及情报分析人员需要观察舱室内显示大屏、控制台显示屏呈现的战场态势信息以及相关目标信息。使用需求为舱室需设置能呈现态势信息的显示屏幕且便于相关人员观察,作业光环境应适宜,舱室照明水平、光源色温应适宜,能避免出现明显的眩光。

(2)"说"的需求。作战指挥员与情报分析人员对观察阶段获取的信息进行分析与处理,包括情报处理、预估目标威胁程度、评估当前态势等。使用需求为作战指挥员需要与情报分析人员进行口头交流,舱室噪声环境不应对指挥员作业造成明显影响。

(3)"想"的需求。各方面作战指挥官基于当前态势开展作战筹划,作战指挥员最后确定作战方案。使用需求为作战指挥员需要与各方面作战指挥官进行口头交流,舱室应提供合适的环境,避免对决策产生不良影响。

(4)"做"的需求。武器控制人员基于指挥员下达的命令,执行作战任务,同时及时将行动中的信息和结果反馈给前面阶段,以便及时调整。使用需求为控制人员通过操控轨迹球鼠标、按下按钮、敲击键盘等操作完成作战指令的输入,舱室光环境应适宜,能提供适宜的照度水平同时避免出现眩光。

2) 船舶作业环境设计要素

船舶舱室人因工程设计的主要目标是将人和装备作为一个整体,设计装备的人机接口,以实现舱室各系统在不同工况下安全高效地运行。舱室需要为船员提供一个利于任务执行且无不适感和人身危险的作业环境。通过上述船舶作业任务需求分析可知,舱室作业环境中的光环境、热环境、噪声环境会对船员产生较大影响。通过德尔菲法等方法筛选提炼得到船舶舱室作业环境人因工程典型设计要素,如图5-6所示。

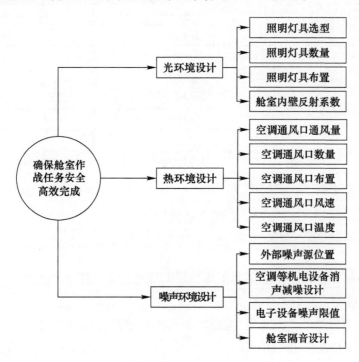

图5-6 船舶作业环境典型设计要素

2. 船舶作业环境人因设计要求

1) 光环境

(1) 一般要求。船舶舱室宜设置一般照明、局部照明、应急照明等照明方式及相应的灯具,以保证各种工况下的正常使用。为了满足舱室各类作业的基本视觉需求,舱室应采用均匀分布的一般照明;如操作任务需要,应在一般照明外提供局部照明,以满足各岗位船员的个人需求差异,局部照明宜采用亮度可控的调节方式;人员安全疏散口和通道应设置应急照明。

船舶舱室应合理选用照明颜色,利用无反射表面,减缓船员视觉紧张和视觉疲劳。

(2) 一般照明。依据《船舶通用规范0组船舶总体与管理》(GJB 4000—2000)和《船舶人体工程学应用指南》(GD 22—2013),为保障照明视觉作业的需要,船舶各类工作舱室的一般照度应满足表5-5所列标准。

表 5-5 一般照度要求

舱室或区域		初始平均照度/lx
机电集控室	军用船舶	150
	民用船舶	300
驾驶室	军用船舶	75
	民用船舶	300
海图室	军用船舶	300
	民用船舶	500
雷达控制室	军用船舶	50
	民用船舶	200
办公室	军用船舶	300
	民用船舶	300
控制台、仪表板区域	军用船舶	300
	民用船舶	300
通道、楼梯等区域	军用船舶	75
	民用船舶	100

船舶工作舱室主要工作面的照度均匀度应不低于0.6，舱室照明光源应选择色温合适、显色性较高的灯具，色温宜为2500～5500K，一般显色指数 Ra 应不低于80。照明灯位置应合理，避免光线直接照射入船员的眼睛。船员视野中心的60°锥角范围内应避免出现高亮度光源。

（3）局部照明。工作使用的局部工作灯照明光线应均匀柔和，被照工作面的最小照度应不低于50Lx，最大照度应不低于300lx。

（4）应急照明。船舶应急照明，为保障继续作业用的工作面照度不低于5lx，疏散通道的应急照明最低照度应不低于0.5lx。

（5）眩光控制。宜合理安排船员的工作位置和光源的相对位置，避免反射光射向船员的眼睛。若不能满足上述要求，可采用投光方向合适的局部照明。防止和减少由镜面反射引起的光幕反射和反射眩光，避免将灯具安装在干扰区内，考虑低光泽度的表面装饰材料和合适的灯具发光面积。舱室内人工照明产生的不舒适眩光可采用统一眩光值（Unified Glare Rating, UGR）进行评价，各工作岗位视点处的统一眩光值应不大于22。

2）热环境

（1）舱室划分原则。根据环境温度控制方式，可将工作舱室分为空调舱室、通风舱室、非通风舱室三类。工作舱室多为空调舱室，部分为通风舱室。具体舱室类型，可根据实际设计调整。通常工作人员不会长时间停留在非通风舱室，本书仅对空调舱室与通风舱室进行热环境约束。

（2）设施配置。各级船舶除了设置通风系统，还应设置空调系统；无空调设施或仅具制冷功能而无供暖功能的空调设施舱室，应按需要设置冬季供暖设施。

(3) 空调舱室。工作舱室,夏季最高温度应为27℃±2℃,相对湿度应为50%±10%;冬季最低温度应为20℃±2℃,相对湿度应为(40±10)%。自地板至高1.8m范围内,垂直温差不超过3℃;水平方向每米距离温差应不超过1℃,且同一舱室内不超过2℃;作业区域内相邻舱壁表面温度与该处所平均温度的差别不超过10℃;当工作舱室与相邻非空调舱室之间人员直接流动时,其温差应不超过10℃。由空气分配装置送入工作舱室的气流不直接吹向船员人体,其速度应小于5m/s,气流应低于0.5m/s。各舱室新鲜空气补给量应能补偿排风损失并保证室内正压,且每人每小时应不少于25m³。舱室换气次数,每小时应不小于6次。人员长时间办公或休息处,平均热感觉指数(Predicted Mean Vote,PMV)推荐值为-1.5~+1.5,不满意者的百分数(Predicted Percentage of Dissatisfied,PPD)不超过30%。

(4) 通风舱室。4h值班的高温区,机舱最高舱温应不高于55℃,辅机舱最高舱温不高于45℃,相对湿度应不大于50%,风流速度应不小于0.5m/s。工作岗位处可采用局部冷风。对于设有工作岗位的低温区舱室,其最低温度应不低于10℃。

3) 噪声环境

(1) 环境噪声。空气噪声舱室类别是按照语言交谈距离的清晰程度或其他功能要求进行分类的,可分为A、B、C、D、E五类舱室。

A类是指谈话双方在不小于2m的距离进行交谈,无须重复就能听清楚,且差错较小的舱室或处所,如驾驶室、海图室、集控室。

B类是指要求保持安静的舱室或处所,如声呐室、医疗舱室。

C类是指谈话双方在小于2m的距离进行交谈,无须重复就能听清楚,且差错较小的舱室或处所,如驾驶室、海图室、集控室。

D类是指需要大声喊叫或通过扩音器或增音电话在短距离内才能进行交谈的高噪声舱室或处所,如主机舱操作部位。

E类对语言清晰度没有要求,但在不配听力保护设施时,船员听力不被损伤的高噪声舱室或处所,如主机舱、辅机舱。

(2) 听力保护措施。对于在等效连续A声级大于90dB(A)处所的工作人员应提供听力保护方案,具体措施如下:

从声源、传播途径和接收者入手,如使用抗噪话筒以控制噪声源,使设施布局更加合理以控制噪声传播等。

为避免噪声的不良影响,应将设备产生的噪声尽可能控制在较低水平,同时也应控制其他噪声(如语言交流)。可通过降低各舱室周围环境的噪声级等途径,优化舱室的声环境。

在噪声舱室工作而缺少听力防护装具的船员,应结合具体噪声,控制每个班次的作业时间。依据GJB 4000—2000(0组),噪声舱室内,允许船员暴露的时间如表5-6所列,并应配备听力保护装备。

表 5-6 舱室允许暴露时间

每天允许暴露时间/h	暴露噪声限制/dB(A)
8	90
4	93
2	96
1	99
1/2	102
1/4	105

注：最高不应超过115dB(A)。

在很强的低频噪声环境中(总声压级为100dB(A))，应采用抗噪话筒。与同等传输特性的非抗噪话筒相比，它能够改善语言峰值与噪声均方根的比值，并应不少于10dB(A)。

3. 船舶作业环境人因设计流程与方法

船舶作业环境人因设计的总体流程如图5-7所示。

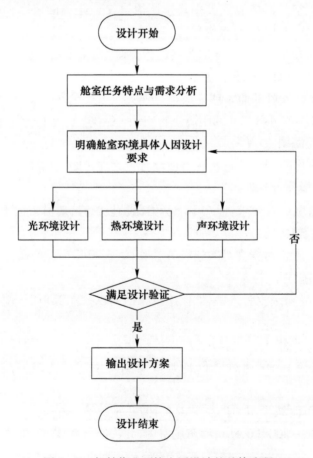

图 5-7 船舶作业环境人因设计的总体流程

首先针对设计目标舱室开展任务分析与船员使用需求分析,基于任务特点与需求提炼船舶作业环境人因工程设计要素。结合标准适用性分析、关键要素实验验证等结果,明确船舶作业环境人因设计准则与要求。其次开展舱室光环境、热环境以及声环境等设计。最后开展设计验证,确保作业环境设计方案符合设计要求。

下面以某控制指挥室光环境人因设计为例,阐述人因设计流程与方法。

1)设计需求分析

控制指挥室是全船的"大脑"和"中枢"。指挥人员需要在完成各自任务的基础上完成团队任务,以达到既定的作战目标。因此,指挥室的光环境设计需要同时考虑个体任务需求与团队任务需求。就个体任务而言,需要设计局部照明以满足各操控台位的照明需求;对于团队任务而言,需要设计泛光照明以满足日常会商、走动、书写、阅读等需求。

2)设计要求

根据船舶各类工作舱室的一般照度要求,指挥室的一般照明照度要求参照机电集控室的要求执行,平均照度应不低于150lx,局部照明照度应不低于50lx。照明光源色温宜为2500~5500K,一般显色指数 Ra 应不低于80。

3)设计过程

(1)照明灯具选型。根据上述舱室光环境设计要求,结合舰船照明灯具型谱,选择合适的泛光照明灯具与局部照明灯具。泛光照明灯具选取60W矩形LED面板灯,局部照明灯具选取5W LED 筒形灯。

(2)照明灯具数量计算。CB/T 3485—93《船舶舱室照度计算与测量方法》中关于一般照明照度的计算方法如下:

$$F = \frac{SEK}{N\eta} \qquad (5-8)$$

式中: F 为单个灯具的最低光通量(lm); E 为要求达到的最低平均照度(lx); S 为舱室面积(m^2); K 为照度补偿系数; η 为利用系数,根据舱室室形指数、墙壁和天花板的反射比及灯具配光曲线选取; N 为照明灯具数量。

根据式(5-8)的计算方法可以推导计算舱室照明灯具的最小数量,即

$$N = \frac{SEK}{F\eta} \qquad (5-9)$$

根据指挥室的实际情况,舱室的长、宽、高分别为11.7m、4.9m和2.3m,因此式(5-9)中 $S = 57.33m^2$,查相关表得 $\eta = 0.49$。另外, $E = 150$lx, $K = 1.5$, $F = 2600$lm,计算一般照明灯具数量 $N = 5.2$,因此指挥室至少需要6个60W的矩形LED面板灯。

对于局部照明而言,因根据舱室台位的设置而布置。指挥室共7个工作台位,因此,共需7个5W LED 筒形灯。

（3）灯具布置方案设计。根据指挥室灯具数量以及舱室的外形尺寸特征进行灯具布置设计。对于60W矩形LED面板灯而言，应尽量均匀布置以保证照度均匀度，同时还应考虑舱室内显控设备及大屏表面是否会存在明显的反射眩光。对于5W LED筒形灯而言，重点应避免显控台显示屏和触摸屏表面形成明显的反射眩光。指挥室的舱室高度为2.3m，考虑通风、布线等约束，灯具的布置高度为2.1m。基于上述设计，得到指挥室的灯具布置设计方案，如图5-8所示。

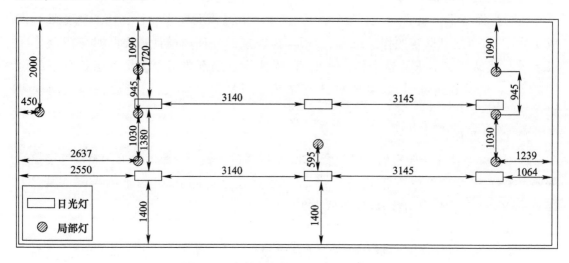

图5-8 某控制指挥室光环境设计方案

5.3.5 基于人因工程的舱室空间布置技术

船舶舱室空间可划分为多个功能区，每个功能区包含多个工作岗位。典型工作岗位包含工作平台、座椅、显示设备、控制设备等要素，兼顾适用性、合理性、安全性、舒适性和经济性等方面。"适用"表示设计方案与任务需求的匹配程度，应利于发挥舱室的各项功能，如驾驶室应有利于观察瞭望、内部沟通和全船指挥；居住舱室利于船员或乘客休息和活动；厨房利于烹调和配膳。"合理"应包括岗位设置合理、空间划分合理、设备位置合理等。"安全"是船舶舱室设计中需要着重考虑的问题，应关注船舶灭火和人员应急逃生需求。"舒适"是空间布置工作的更高追求。"经济"是船舶设计重点关注的因素。只有协调好上述维度才能达到船舶平台空间布置最优化。

舱室工作岗位的布置不应过于拥挤或过于松散，布局时需要允许舱室内人员之间进行直接语言交流，还应避免相邻人员之间相互干扰，进入彼此的"近身区域"。布置工作舱室内的设备时，应美观、整齐，并按功能分区布置。舱室内设备间应预留一定空间，方便人员的通行、维修和清扫工作。

舱室设备的布置应满足设备本身技术要求，利于人员操作、维修保养及安装。岗位空间内的布局应使操作人员能方便地存储和查看其工作所需的所有相关文档，以及在紧急情况下拿取可能需要的物品。舱室设备的布置不应影响操作人员之间的交流。舱室的布局应确保人员能方便地到达所有工作岗位。

1. 岗位内的设备布局

船舶舱室中工作岗位的设计不仅包括布置显示终端、控制终端和座椅,还需要考虑到储物、桌面使用面积和多人协同等方面的需求。

控制类设备的布局需要基于人员作业姿势开展设计。船舶人员的标准作业姿势通常为坐姿,人员手臂前伸身体略后倾。为便于人员操作,常用的控制器件应布置在人员最佳操作范围内,所有控制器相对人员的距离应在人员手部最大操作范围内。

显示设备的布局应基于人员的眼位开展设计。视线一般可视为一条水平线,显示器件的位置应处于人员视线范围内,便于人员扫视观察。最佳视域为沿视线方向±15°的圆锥范围,人的有效视觉区域则是椭圆锥。

人员长时间持续作业会导致人身体后倾靠向座椅,导致坐姿眼位的降低,因此屏幕高度不应设计得过高。后倾坐姿也增加了眼睛到屏幕的距离,显示器件的字号不应过小。

座椅的设计与选型应与船舶舱室控制台的尺寸、显示器和控制器相适应。对于需要对外观察瞭望岗位的座椅不能过低。对于船舶座椅设计还需要考虑船体运动对人的影响。座椅设计的常用高度尺寸参考值见表5-7。

对于船舶座椅设计除了包含传统座椅人因设计方法,还需要考虑船体运动对人的影响。

表 5-7 尺寸高度参考值

序号	尺寸	对人体尺寸	标准参考值/mm
1	扶手距椅面的高度	肘高	215
2	座椅面距地面/脚踏的高度	腘高	460±50
3	工作面距地面/脚踏的高度	肘高+腘高+设计修正量	735~760
4	控制台下表面距地面/脚踏的高度(容膝高度)	腘高+大腿间隙高	>460

注:引自 GJBZ 131—2002《军事装备和设施的人机工程设计手册》。

舱室控制台及座椅设计优化流程如下:

(1)根据是否需要查看共用显示设备,考虑控制台显示设备上缘高度。

(2)若存在视野遮挡且难以优化显示设备尺寸,根据控制台显示设备布局与尺寸确定适宜的设计眼位,参考最新人体尺寸数据中的坐姿眼高计算座椅面距地面高度。若座椅面距地面的高度高于建议值则考虑配置脚踏,座椅面距脚踏高度根据腘高+设计修正量计算。

若无视野遮挡,可根据最新人体尺寸数据中的腘高+设计修正量计算座椅面距地面高度。

(3) 考虑最新人体尺寸数据或参考标准,设计座椅扶手高度和工作面距地面/脚踏的高度。

(4) 确认工作面上布置的控制设备与人员的距离在400~700mm范围内,便于人员的操作使用。

(5) 核查当前控制台容膝高度是否满足,若不满足应优化控制台下方空间,若因此调整了工作面距地高度,则应从第(2)步开始进行循环迭代,直到各尺寸均满足要求。

2. 典型作业空间的尺寸需求参考

对于典型作业空间的尺寸需求,可参考表5-8。

表5-8 活动空间尺寸 (单位:mm)

项目	尺寸	
	最小	最佳
双人并行通过	1060	1370
双人面对面通过	760	910
狭窄人行道尺寸		
高度	1600	1860
肩宽	560	610
行走宽度	305	380
垂直入口		
方形	450	560
圆形	560	610
水平入口		
肩宽	535	610
高度	380	510
爬行通过的管道		
圆形或方形	635	760
仰卧作业		
高度	510	610
长度	1860	1910
蹲伏作业		
高度	1220	
宽度	685	910
最佳展开范围	685	1090
最佳支配范围	485	865

续表

项目	尺寸	
	最小	最佳
弯腰作业		
宽度	660	1020
最佳展开范围	810	1220
最佳支配范围	610	990
跪姿作业		
宽度	1060	1220
高度	1420	
最佳工作点		
最佳展开范围	510	890
最佳支配范围	510	890
跪爬空间		
高度	785	910
长度	1500	—
匍匐作业或爬行空间		
高度	430	510
长度	2860	—

注：引自 GJBZ 131—2002《军事装备和设施的人机工程设计手册》。

3. 控制台的组合布局

1）控制台的典型布局样式

本部分对工作舱室功能区的设计可依据下列步骤进行：

（1）开展任务分析。

（2）初步划分工作舱室的各功能区。

（3）按照分区的重要性对各个分区进行排序。

（4）参考图 5-9 所示序号，将舱室功能区按优先顺序进行初步布置。

（5）优化调整功能分区尺寸与位置。

图 5-10 中，箭头方向为当前舱室布局朝向，对于工作舱室通常是船艏方向。对于需要借助舷窗对外观察瞭望的舱室，应以舷窗方向作为舱室布局朝向。

在完成舱室功能分区后，从舱室出入口位置、业务流程、功能区之间协同交互、共用设备的操作使用等角度对功能分区进行核查，分析舱室功能分区的合理性，并初步规划各分区的尺寸与位置。

工作舱室的主要设备包括各型显控台、会商桌和显示大屏。对于船舶工作舱室，需要基于各型设备尺寸特点、岗位数量、舱室空间与人员间交互等角度开展分析。通过调整设备布局，实现设备使用便捷、人员间沟通高效、舱室内通行顺畅等优化目标。

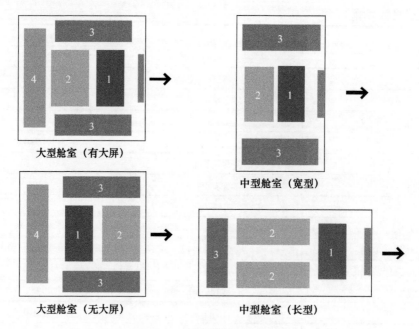

图 5-9 舱室功能分区建议

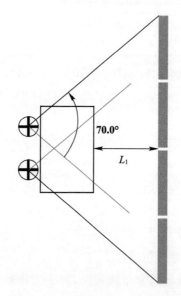

图 5-10 从视域考虑大屏布局

工作舱室的显控台布局可依据下列步骤进行:

(1) 开展任务分析。

(2) 对需要布局的功能区从布置显示大屏、操作共用设备、沟通交流、空间利用率、避免噪声干扰、未来加装设备等维度开展评估。

(3) 参照表 5-9 初步选取适用的布局样式。

（4）根据具体功能区的尺寸特点对具体布局方案进行调整。

表 5-9　显控台选取建议

布局样式	特点	选择建议
直线布局	布置显示大屏：优 操作共用设备：良 沟通交流：中 空间利用率：优 避免噪声干扰：优 未来加装设备：优	适用于大多数情况
平行布局	布置显示大屏：优 操作共用设备：良 沟通交流：良 空间利用率：中 避免噪声干扰：良 未来加装设备：良	舱室空间充足，需要同时使用大屏时
分散布局	布置显示大屏：中 操作共用设备：优 沟通交流：中 空间利用率：优 避免噪声干扰：优 未来加装设备：良	舱室空间有限，两组人员需要避免相互干扰时
集中布局	布置显示大屏：中 操作共用设备：优 沟通交流：优 空间利用率：良 避免噪声干扰：中 未来加装设备：良	两组人员需要频繁沟通会商时
折线布局	布置显示大屏：良 操作共用设备：良 沟通交流：优 空间利用率：良 避免噪声干扰：良 未来加装设备：优	能进一步利用舱室剩余空间，与相邻区域有沟通需求时

2）显示大屏的布局方法

舱室设备通常由会商桌、控制台和显示大屏组成,对于工作舱室显示大屏的布局,有效兼顾多名人员的观察需求是影响显示大屏布局的关键。基于人因工程可视性评估方法主要从人员视域、屏幕观察角、屏幕观察距离等方面开展优化,确定相关设备的布局方案。

大屏应居中正对人员布置,依据人眼观察信息的特性,确定大屏幕与人员的相对距离。其可依据下列步骤进行：

（1）根据图 5-10 所示方法作图,将大屏区域与人员的最大眼动视域重合可得 L_1,会商桌或控制台相对大屏的距离不应小于 L_1。

（2）根据图 5-11 所示方法作图,调整会商桌或控制台相对大屏的距离,使用人员刚好处于大屏幕观察角合适范围内可得 L_2,会商桌或控制台相对大屏的距离不应小于 L_2。

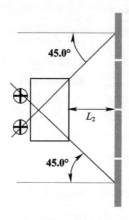

图 5-11　从屏幕观察角考虑大屏布局

（3）从方便人员判读信息的角度开展分析,依据显示大屏主要信息的字符高度,计算适合人员判读信息的视距 L。如图 5-12 所示,相关尺寸示意图及视距 L 的计算公式如下：

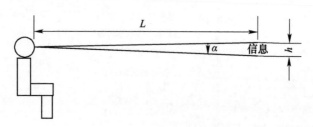

图 5-12　从视距角度考虑大屏布局

$$L = \frac{h}{2\tan(\alpha/2)} \quad (5-10)$$

其中,α 角度最小取 $16'$,最优取 $21'$,最大取 $24'$;h 为屏幕信息的字符高度;L 为人员可以判读信息的视距。

（4）优化相关设备的布局,兼顾 L_1、L_2、L 三项尺寸要求,分析大屏幕与人员相对距离的建议值,进而可得到大屏幕及相关设备的初步布局方案。当舱室内大屏数量较多时,可采取图 5 – 13 所示方式布置大屏,以减少 L_2 尺寸要求。

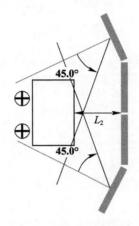

图 5 – 13　一种减少 L_2 尺寸需求的布局方法

(5) 完成初步的布局方案后,还需要综合考虑舱室可用空间的特点、相邻功能区观察大屏的需求、大屏的安装方式与安装要求等因素,对布局方案进行调整。

当大屏的安装高度可调时,应使大屏中心高度与人员坐姿眼高重合。若可能存在视野遮挡,则应调整大屏的安装高度,消除视野遮挡。

5.3.6　疏散方案设计技术

紧急情况下人员安全疏散一直是公共安全领域最为重要的研究课题之一,船舶平台由于其自身及环境的特殊性,疏散问题愈发受到关注和重视。紧急情况下人员疏散方案设计不仅能够辅助或直接制定船员逃生路线,指导不同情景下的船员疏散预案,还能完善船舶舱室布局设计。

紧急情况下人员疏散是一个动态流动的过程,人员作为疏散过程中的流动主体,其内在属性和在船舶平台影响下所产生的特定行为是疏散路线设计的基础。人员在船舶各个空间、场所中的行为呈现出较大的不确定性,既有较大的偶然性,又有一定的规律性,所以研究紧急情况下的船舶人员行为特性是疏散方案设计的前提和条件。描述人员流动行为特性变量分宏观和微观两类。宏观特性变量包括流量与流率、密度、速度[240];微观特性变量包括步频与步幅、个体速度、运动轨迹、人员时距[241]。

1. 人员移动行为宏观特性

流量是指在单位时间内通过某一点或某一横截面的总人数,一般以人/15min 或者人/min 为单位进行统计;流率是指单位时间内通过单位有效宽度的人员数量,一般用人/(s·m)或人/(min·m)作为单位。

密度是指区域内某一单位面积的平均人员数量,一般用区域人数和区域面积的比值表示,即以人/m^2 作为单位,有时也用某一区域中人员所占面积与整个区域面积的比值表示。

速度是指人员的平均运动速度,分为两种情况:一种是时间平均速度,即人员在某一段时间里通过某个断面的平均速度;另一种是空间平均速度,即人员在某一时刻,所观测区域内人员速度的平均值。

2. 人员移动行为微观特性

步频与步幅是人员行走过程的基本特征,两者是构成人员行走速度的基本要素。下式表示了人员 p 的瞬时速度 V_p 与步幅 L_p、步频 f_p 的关系:

$$V_p = L_p \times f_p \tag{5-11}$$

步数是人员在单位时间内两脚着地的次数,一般以每分钟着地的次数为计量单位,即步数/min。人员行走步数变化在 80~150 步数/min,常用值为 120 步数/min。人员的步频是指人员行走时的步数频率,主要受人员的行走目的、天气情况、携带行李、行走设施、周围人员速度等因素的影响。

步幅是指人员行走时每跨出一步的长度,单位为 cm。步幅的分布区间受性别、年龄、心理状况、身体条件等人员个体属性因素的影响。通常情况下,妇女、老年人和儿童的步幅较小,而男性、中青年人步幅较大;身体高步幅大、下坡步幅大、精神愉悦步幅大,而身体矮小、上坡、精神不振则步幅小。

个体速度是描述人员行走状态的一个基本参数,是指人员在单位时间内行走的距离,一般单位是 m/s 或 m/min。为避免与宏观特性速度混淆,这里称为个体速度。每个人员的个体速度差异性明显,在外界因素一定的情况下,人员的个体速度受步频、步数、步幅、个人生理条件、时间价值和空间忍受能力等因素的影响。个体速度大小可以根据人员的行走距离以及通过该距离的行走时间确定,计算公式为

$$v_z = \frac{L_z}{t_i} \tag{5-12}$$

式中:v_z 为人员个体速度(m/s 或 m/min);L_z 为人员行走距离(m);t_i 为人员行走时间(s 或 min)。

运动轨迹是指在一段时间里人员的运动路径曲线,它直观、清楚地描述了人员在该方向上的运动行为。由于人员在二维平面里可以自由运动,所以在横向和纵向两个方向上绘制的轨迹曲线非常复杂。

人员时距是指在朝同一方向运动队伍中,两个连续的人员通过某一横截面的时间间隔,也称为平均时间间隔。

人员移动行为微观特性取决于人员本身和外部条件,相关因素包括年龄、文化、性别、行走目的与设施类型。

3. 人员疏散方案设计模型构建

紧急情况下船舶人员疏散过程中,影响其选择路线的因素有很多,包括到达集合站的距离、选择集合站的位置、所选择路线的拥挤度等。人员疏散方案设计模型实质上是求解人员疏散最少时间的方案。最短的疏散路线不等于最少的疏散时间,疏散路线的通行能力

和疏散过程中人员个体之间的拥挤度都会影响疏散效率,即疏散路线的阻抗情况影响疏散效率。

针对疏散过程中一般是个体自主疏散、群体自主疏散与诱导疏散相结合的实际情况,构建人员疏散方案设计模型,应考虑船舶平台实际空间环境制定人员疏散方案,以人员个体自主疏散的方案设计为例进行说明。基于个体自主疏散的方案设计模型侧重在应急疏散情景下,人员个体根据自己的经验选择最短路径到达疏散集合站,不考虑与其他人的讨论、引导行为与结伴行为,即所有人员个体均选择各自的最短疏散路径进行疏散,为了避免出现局部过度拥挤,设计过程中增加了最大拥挤度的限制,考虑在疏散路径上人员数量分布均衡的条件下,得出最短疏散时间对应的疏散方案。

将船舶平台空间环境信息应用拓扑结构原理转化为网络图 $G(V,A)$,其中 V 和 A 分别表示图中的节点和弧。集合 V 代表单独的疏散空间,如住舱和公共区域等空间,$V = \{v_1, v_2, \cdots, v_n\}$(其中 $v_1, v_2, \cdots, v_n$ 表示各个节点)为有限节点集合;集合 A 代表连接以上疏散空间的通道,如走廊、楼扶梯和门等通行设施,$A \subseteq V \times V$ 为有限弧集合如图 5-14 所示,其中,$S_1 \sim S_3$ 表示疏散起点,$E_1 \sim E_3$ 表示疏散终点,$V_1 \sim V_{10}$ 表示疏散路线中间节点,$S = \{s_1, s_2, \cdots, s_a\}$ 为源节点集合,代表人员的初始位置,$S \in V$;$E = \{e_1, e_2, \cdots, e_b\}$ 为终止节点集合,代表人员需要到达的集合站,$E \in V$;各节点之间连线上的数字表示弧的通行能力,箭头表示弧的方向。

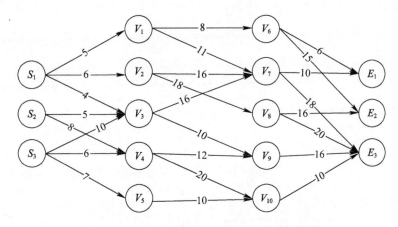

图 5-14 空间环境信息拓扑网络关系示意图

疏散路径 P 为从疏散源节点到疏散终止节点的有效路径,设 p_k 为路径 P 中包含的各节点在疏散路径中的编号,则路径 P 可用 $v_{p_1}, v_{p_2}, \cdots, v_{p_k}$ 表示,其中 $1 \leq p_k \leq n$,k 是节点 v_{p_k} 在路径 P 中的顺序编号。$p_1 = 1$、$p_k = n$ 表示路径 P 起始于疏散源节点,终止于终止节点,疏散路径集合可表示为 $P = \{P_1, P_2, \cdots, P_q\}$。

其他参数变量定义说明如下:x_{ij}^k 表示编号为 k 的个体的路径选择,其中 $x_{ij}^k = 1$ 表示弧 (v_i, v_j) 在个体 k 选定的疏散路径上;$x_{ij}^k = 0$ 表示弧 (v_i, v_j) 不在个体 k 选定的疏散路径上;l_{ij} 为节点 v_i、v_j 之间的距离,即 $(v_i, v_j) \in A$ 之间的弧长度;t_{0ij} 表示自由流状态下弧 (v_i, v_j) 上人员疏散时间;t_{ij}表示弧(v_i,v_j)上人员实际疏散时间;t_q^k表示个体k选择最短路径编号为q的路径P_q的个体疏散时间;t_q表示所有选择编号为q路径$P_q=(v_{p_1},v_{p_2},\cdots,v_{p_k})$的个体通过该路径的疏散时间;$s_0$表示自由流状态下人员速度;$K_{ij}$表示弧$(v_i,v_j)$的人数;$Q_{ij}$表示弧$(v_i,v_j)$的总流率;$k_{ij}^{s_a}$表示源节点$s_a$到弧$(v_i,v_j)$上的人数;$C_{ij}$表示弧$(v_i,v_j)$的通行能力;$f_{ij}$表示弧$(v_i,v_j)$的拥挤度;$f_{\max}$表示路段允许的最大拥挤度,$f_{\max}=1$;$R$为总人数;$R_{s_a}$表示源节点$s_a$处的待疏散人数;$R_{e_b}$表示到达终止节点$e_b$的人数。

引用交通流领域公认的 BPR(Bureau of Public Roads)函数表征人员通行时间与撤离路径负荷之间的关系。BPR 函数表达式为

$$t = t_0\left[1+\alpha\left(\frac{n}{N}\right)^\beta\right] = t_0(1+\alpha f^\beta) \tag{5-13}$$

关于 α 和 β 的取值,在车辆交通流研究领域,美国联邦公路局推荐采用的数值分别是 0.14 和 4.00;在人员交通流领域,美国公路局交通分配手册中给出的推荐值分别是 1.41 和 5.04。对比上述参数可以发现,BPR 函数因空间环境的不同导致参数变化较大,具体取值可通过固定情景人员通行情况的仿真模拟求出。

人员疏散方案设计模型以疏散时间最短为目标,寻找每个人员个体在疏散路径网络中通行时间最短的路径,总疏散时间的计算从第1个人员个体开始疏散至最后1个人员个体疏散完成所用的时间,即所有人员个体疏散时间的最大值,因此建立目标函数:

$$\min t_q^k = \sum_{i=1}^n \sum_{j=1}^n t_{0ij} x_{ij}^k \tag{5-14}$$

$$T = \max\{t_1, t_2, \cdots, t_q\} \tag{5-15}$$

求解人员个体疏散最短路径的约束条件:

$$t_{0ij} = \frac{l_{ij}}{v_0} \tag{5-16}$$

$$\sum_{\substack{j=1\\j\neq i}}^n x_{ij}^k - \sum_{\substack{j=1\\j\neq i}}^n x_{ji}^k = \begin{cases} 1, & i=1 \\ -1, & i=n \\ 0, & \text{其他} \end{cases} \tag{5-17}$$

$$\sum_{\substack{j=1\\j\neq i}}^n x_{ij} \begin{cases} \leq 1, & i\neq n \\ = 0, & i=n \end{cases} \tag{5-18}$$

$$x_{ij}^k = \begin{cases} 0, & \text{该弧被使用} \\ 1, & \text{该弧未被使用} \end{cases} \tag{5-19}$$

$$i=1,2,\cdots,n;\quad j=1,2,\cdots,n \tag{5-20}$$

式(5-16)表征自由流状态下的通行时间,式(5-17)表征x_{ij}^k的取值构成从源节点到终

止节点的可行疏散路径,式(5-18)表征疏散路径中不存在回路,式(5-19)表征决策变量 x_{ij}^k 的取值约束,式(5-20)为参数的取值范围。

求解人员总体疏散时间的约束条件有

$$t_q = \sum_{i=p_1}^{p_{k-1}} \sum_{j=p_2}^{p_k} t_{ij} = \sum_{i=1}^{n} \sum_{j=1}^{n} t_{ij} x_{ij}^k$$

$$= \sum_{i=1}^{n} \sum_{j=1}^{n} t_{0ij} \left[1 + \alpha \left(\frac{Q_{ij}}{C_{ij}} \right)^{\beta} \right] x_{ij}^k \tag{5-21}$$

$$K_{ij} = \sum_{k} x_{ij}^k \tag{5-22}$$

$$C_{\max ij} = f_{\max} C_{ij} \tag{5-23}$$

$$Q_{ij} = \begin{cases} K_{ij}/t_{0ij}, & f_{ij} < f_{\max} \\ C_{\max ij}, & f_{ij} \geq f_{\max} \end{cases} \tag{5-24}$$

$$R = \sum_{a} R_{s_a} = \sum_{b} R_{e_b} \tag{5-25}$$

式(5-21)表征加载人员后各弧段的实际通行时间,式(5-22)表征弧段上实际通行人数的计算,式(5-23)表征最大拥挤度状态下的最大通行能力,式(5-24)表征各弧段上人员流率的计算,式(5-25)表征源节点 s_a 处的待撤离人数与到达终止节点 e_b 的人数相同。

考虑到模型的求解速度和效率,采用线性规划求解算法,其目标明确、算法简明,可以得到明确的最优解,能够提供明确的人员疏散方案。人员疏散方案设计模型的求解是通过对源节点到达终止节点的遍历,找出人员疏散的全局最短物理路径,并将人员分配到相应弧段上。增加拥挤度的设定,将弧段上超过拥挤度最大限值的人员个体重置到源节点,保证所有弧段上人员个体的通行不受拥挤状态影响,基于疏散时间依次对疏散路径进行拥挤度调整的最短路径遍历,即在考虑弧段上已有人员影响的基础上将人员分配至弧段上,直至所有人员均分配至当前网络状态下的最优疏散路径,结合 BPR 函数计算人员在各弧段上的实际通行时间,具体流程如下:

(1) 选择人员初始位置源节点和到达终止节点,使用 Dijkstra 函数计算该源节点至选定终止节点的最短疏散路径。

(2) 选择其他终止节点,重复步骤(1),直至遍历完所有终止节点,并选择其最短路径作为该源节点的疏散路径。

(3) 选择其他源节点,重复步骤(1)和步骤(2),直至遍历完所有人员初始位置源节点。

(4) 将承载人员数量赋值到弧段上,判断各弧段上的人员数量是否超过设定的拥挤度上限值,将超过的人员重新赋值到源节点,并将该弧段赋值为无穷大,避免对该弧段的重复选择。

(5) 基于弧段上的人员数量,结合 BPR 函数对弧段进行修正,重复步骤(1)~步骤

(4),直至各弧段上的人员数量均小于拥挤度的上限值。

(6)使用 BPR 函数计算各弧段上人员的疏散时间,进而求取总疏散时间。

5.4 船舶信息系统人因工程设计技术

5.4.1 船舶信息系统人因工程设计范畴

船舶信息系统人因工程工作核心是建立人机交互子系统,研究范畴包括任务分析、人机功能分配、人机界面设计、先进交互设计等方面,如图 5-15 所示。

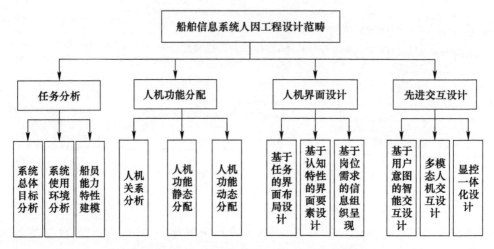

图 5-15 船舶信息系统人因工程设计范畴

5.4.2 船舶信息系统人因工程设计流程

船舶信息系统人因工程设计流程主要包括需求分析、功能设计、人机交互设计、软件实现四个部分,具体设计流程如图 5-16 所示。

1. 需求分析

船舶信息系统的需求分析主要包括系统总体目标分析、系统使用环境分析、船员能力特性分析三个方面,可采用访谈法、实地调研法、ACT-R 认知建模等方法开展需求分析,形成的人因工程设计需求为功能设计提供支撑,具体内容为以下几个方面:

(1)系统总体目标分析。系统总体目标主要为系统的任务使命、功能定位、达成的功能目的等内容,通过对系统总体目标的分析,可对设计对象形成相对概括的认识。

(2)系统使用环境分析。系统使用环境分析是人因工程设计中的重要环节,在设计中考虑使用环境的因素,可提高系统实际使用过程中的人机适配度,避免因为特殊环境导致的误操作等安全性问题。船舶信息系统,它的使用环境主要包括海洋环境和微环境两类,具体如表 5-10 所示,系统的应用场景分析应将大环境和微环境充分结合,作为系统信息显

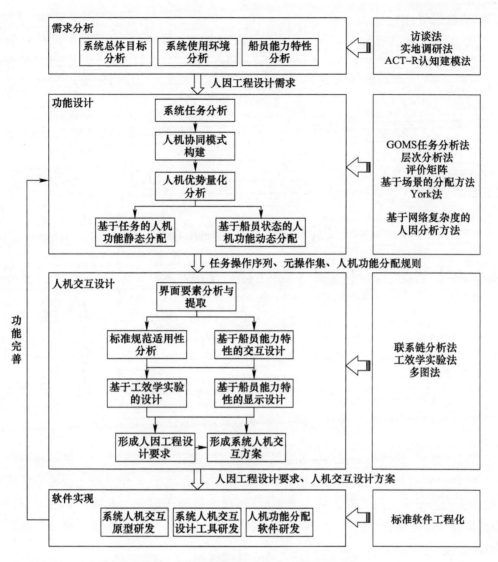

图 5-16 船舶信息系统人因工程设计流程

示、交互操作设计的约束条件。

表 5-10 使用环境因素表

类别	因素
海洋环境	摇摆、颠簸等复杂海况
微环境	舱室内自然光、灯具照明、噪声、温湿度、通风等

（3）船员能力特性建模。根据船员各岗位的工作要求,分析与执行任务相关的认知、操作等能力指标,提取视觉/听觉感知、理解、判断、预测、手部操作等工作能力特性,通过资料分析和数据采集方式,获取能力指标范围,建立船员认知模型、操作模型,为人机交互设计提供输入与依据。

2. 功能设计

首先,开展系统任务分析,基于层次分析法和 GOMS 模型,建立三层次的任务分解技术,实现"使命任务–作业任务–典型功能–人机交互流程–操作序列–元操作"的分解逻辑,如图 5-17 所示。

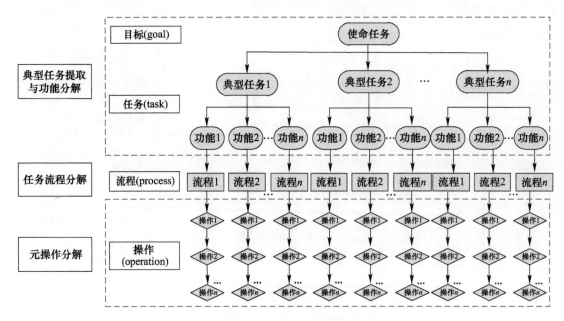

图 5-17 任务分析结构

任务流程分解的目的是在功能分解的基础上建立操作流程,即为完成功能而需要的各项有序操作。将功能分解形成标准化的人机交互操作流程,且操作具有先后顺序的固化程序,操作流程的步骤之间具有关联关系,分解形成人机操作序列。元操作分解是在任务流程分解到操作层的基础上,进一步细分为元操作层,这里的元操作是指不可分解的最小操作单位,形成元操作集。

其次进行人机协同模式构建,以需求分析和任务分析为输入,分析船员与系统协同环路中信息发现、感知、传输、决策到操作执行的过程,基于人体静态活动尺寸等特征和听觉、视觉、触觉等感觉能力,认知和操纵能力等因素,以及系统的计算、存储、综合处理等能力,分解人与系统在信息接收、存储、处理、效能输出过程中各自的优势和劣势,构建系统人机协同模式。

以人机协同模式为输入,开展人机优势量化对比。设定复杂系统人机高效融合的客观指标,如任务完成率、操作正确率等,研究制定人机功能分配的定量评估标准,分析典型任务中人、系统协同效能的对应关系,建立以人机协同作业效能为标准的人机功能分配模型。

最后基于人机协同模式构建和人机优势量化分析结果开展人机功能分配。基于任务的人机功能静态分配主要为按照预先设置好的任务,利用人与机器的相对优势进行直接的功能划分,分配完成后,在整个任务执行过程中无法调整人机功能分配。以人机优势量化分析为基础,针对不同任务采用对应的人机功能静态分配方式,这样能够在系统的设计阶段合理规划船员、系统的人机功能界面,形成面向任务的静态人机功能分配方案。

基于船员状态的人机功能动态分配主要为通过在线监测与评估船员的作业绩效,以人机功能静态分配方案为基础,构建人机功能动态综合触发机制,动态功能分配允许系统在运行阶段根据人员情况的变化将功能在人与系统之间动态地重新分配。系统的使用过程中,采用动态分配的方式,通过对船员作业绩效进行实时监控,智能地调整人机分配方案。

3. 人机交互设计

首先,开展界面要素分析与提取。界面要素是组成人机交互界面的最小单元,是各个界面中的共性设计元素。因此,设计之初,应根据系统功能特点提取典型人机界面,如表页、弹窗、消息栏、态势图等,再对人机界面中的信息显示、交互方式进行分解,形成界面设计要素集。人机界面显示要素包括字符、符号、颜色、线条等方面,交互要素包括提示、反馈、默认、控制装置等方面,具体见表5-11。

表 5-11 船舶软件系统界面要素列表

项目类别	界面要素
显示要素	字符(字体、字符高度)、符号、颜色、亮度、线条、闪烁、空白、数据、刻度、量纲
交互要素	命令输入、提示、反馈、系统响应、默认、错误预防与处理、光标、语音、控制装置(操作方式、轨迹球、键盘、触摸屏、打印输出)

其次在界面要素梳理完成后,针对设计对象开展国内外标准规范适用性分析。对于难以从标准规范中获取支撑的重点设计项,可开展工效学实验,获取有效实验数据,支撑要求制定,形成能够约束人机界面设计各要素的人因工程设计要求。

开展基于船员操作特性的交互设计和显示设计,交互设计主要是指交互通道设计、交互要素设计等方面,显示设计主要是指界面的布局设计、风格设计、显示要素设计等方面。依据系统的使用环境、使用人群、任务特性等分析结果确定界面的配色风格;依据系统的设备尺寸、操作域、视域、任务的操作流程等因素确定界面框架的总体布局和界面各业务模块的功能划分,以及界面内部各信息元素的相互关系;依据视距、交互方式、业务类型等因素确定界面字体类型、字体高度、控件尺寸、符号、线条、闪烁等界面要素设计;依据系统的交互通道、任务的元操作类型等因素确定界面任务的交互类型选择、界面提示、告警、反馈方式、默认设置、快捷方式等方面,形成人机交互设计方案。

4. 软件实现

软件工具的研发具体包括系统人机交互原型、系统人机交互设计工具、人机功能分配软件三个方面。

(1) 系统人机交互原型研发包括系统架构设计、人机界面开发、后台数据联调三个阶段。系统架构设计包括对各个模块的逻辑划分和系统框架设计,设计连接各个模块的接口,形成高效、合理、稳定的系统框架。人机界面开发首先确定界面基础元素并开发所需组件,其次通过可视化开发方法完成界面开发,最后采用信号槽等方法实现前端功能逻辑。

后台数据联调首先需约定前后台数据的传输协议和传输方式,以此为基础完成前后台数据通信,完成系统功能实现。

(2) 系统人机交互设计工具研发以人因工程设计要求为顶层依据,遵循现行标准,开展软件设计和编码实现,通过单组件实现、多组件集成的方式形成初版设计工具。软件测试阶段,开展第三方测试和用户体验实验,根据反馈问题进行迭代升级,最终研发形成系统人机交互设计工具,能够实现快速搭建界面和高度还原设计方案。

(3) 人机功能分配系统是船舶人机功能分配的通用软件,软件内含人机功能静态分配和动态分配两种功能。使用该软件能够方便、快捷地对任务中的人机功能进行快速分配,并在任务执行过程中对静态分配结果进行实时动态调整,以满足在不同人员状态下系统人机功能的快速、精准分配,该软件的特点是省时、省力,且对测量设备的依赖度较低。

5.4.3 GOMS 任务分析方法

任务分析是数据收集完成后紧接着的一个重要步骤,主要是对系统相关活动的描述和说明。任务分析包括识别任务、收集任务数据、分析数据,最后生成任务分析报告。依据船舶作业任务特点和技术特点,重点介绍在船舶信息系统设计中常用的 GOMS 任务分析方法。

1. GOMS 模型概述

GOMS 模型是一种用户认知模型,主要用来描述任务在实践过程中是如何执行的。

GOMS 元模型使用以下几个概念元素来描述任务世界[51]。G 即 Goal,代表目标;O 即 Operations,代表操作;M 即 Methods,代表方法;S 即 Selectionrules,代表选择规则。①目标:用户执行任务想要实现的系统状态;②操作:为了完成目标而执行的一系列基本活动,操作的类型有感知操作、认知操作、动机行为或者这几种操作的结合,每个操作都有一个预定的执行时间;③方法:是描述如何完成目标的过程,一个方法本质上来说是一个内部算法,用来确定子目标序列及完成目标所需要的操作;④选择规则:当完成同一目标有多种方法时,需要设置一种规则标准来判断在何种使用情境中应该选择什么样的方法。

GOMS 模型的研究方法就是首先把操作员使用界面的行为理解成完成任务的过程,大的任务实现是由很多小的任务组成的,这些小的任务可以分解为更细小的原子任务。每个原子任务的实现,都依靠不同的操作行为完成,每个操作行为都附有不同的属性。

2. 在船舶领域的应用及基本操作时间表

作为一种认知模型,GOMS 模型能自行预测行为序列以及完成行为序列所需要的时间,帮助设计师和工程师精确描述用户使用系统的过程,从而解决不同方案在时效上的相对有效性。因此,利用 GOMS 模型导入操作员实现终极目标的过程,就可以测试用户与界面交互所用的时间,统计出每个任务每步操作执行的时间。对消耗时间长的步骤,可进行优化。同时:①将日常使用的功能和任务所需要的控制与数据突出地放在界面上;②把所有其他不经常使用的功能放到次要界面位置上,让它们远离操作员正常的视野;③对界面的按钮盒、对话框和菜单的放置与布局的优化可以有准确时间依据,完成对人机界面全面的优化,其人机界面优化如图 5-18 所示。

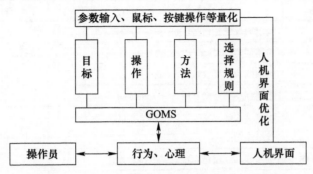

图 5-18 GOMS 模型对人机界面优化示意图

GOMS 行为与目标的分解说明,不仅可以应用于交互界面定性研究,还可以做定量分析。用户为完成某目标所用的时间,就是用户与界面进行交互的各个基本操作加起来的总时间。从定量分析的角度来讲,用户使用某项功能界面所需的时间,可以评价界面的绩效性。

收集大量的文献后,本书总结出部分 GOMS 模型基本操作时间,见表 5-12。

表 5-12 GOMS 模型基本操作时间表初版[242]

序号	方法(Methods)	操作定义(Operations)	代码	时间/s
1	心理准备	用户进入下一步所需的心理准备时间	M	1.35
2	归位	用户将手从键盘移动到鼠标或从鼠标移动到键盘所需的时间	P	1.1
3	点击鼠标	点击鼠标所需时间	C	0.2
4	击键	敲击键盘一个键所需时间(打正常单词)	K	
		最好的操作员(135w/min)		0.08
		良好的操作员(90w/min)		0.12
		普通熟练的操作员(55w/min)		0.2
		平均操作员的水平		0.28
		打随机字母		0.5
		打复杂编码		0.75
		不熟悉键盘的操作员		1.2
5	画线	手动绘制直线段的时间	D	待定
		手动绘制曲线段的时间		待定
6	视觉注视	视觉定位到一个目标位置		0.23
7	大脑认知	将界面中看到的信息想象并存入大脑(如将获取的目标名称存入 Chunk)		0.2(认知建模中为 200ms)
8	寻找按钮	在界面中寻找所要点击的按钮		$a + b\log2(n)$
9	移动鼠标	将鼠标从任意点移动至目标位置		$a + b\log2(D/W + 1)$
10	搜索目标	多目标下进行随机视觉搜索的时间均值		$\dfrac{t_0 \times A}{a \times P_1} \times N$

续表

序号	方法(Methods)	操作定义(Operations)	代码	时间/s
11	观察简单信号	观察简单视觉信号(如闪烁的警告灯)		0.1
		简单词语(6个字母左右的单词)		0.29
12	观察刻度	读取圆形刻度表数值		4
13	移动手指	手指移动到某交互设备开关机按键上		1.2
14	按动按键	按下某按键如显示屏下的调节亮度按键(手指已接触按键)		0.5
15	鼠标加键盘操作	按住Shift+鼠标左或右键的按键操作		0.48
16	检查	检查之前输入的文本是否正确		1.2
17	加载新页面	弹出或加载新页面		取决于系统时间或网速

从 GOMS 时间表可以发现，部分典型任务环境下缺失操作，如以往的文献中并没有海洋环境下使用轨迹球的数据。面向船舶领域需要进行一定的修正与补充实验，使 GOMS 模型可更好地应用于船舶领域的设计优化和评估。

3. 面向船舶领域的 GOMS 模型修正研究

为探究轨迹球鼠标在屏幕上画线时间与线段长度、线条类型(直线或圆弧曲线)、线段绘制方向(从右至左、从左至右绘制)间的关系，可将其看作鼠标拖曳某目标将其放置于指定位置，拖曳轨迹为直线和弧线，并以此设计实验。

实验选取30名被试，男性，右利手，具备船舶知识背景，有轨迹球使用经验，实验设计用户完成画直线和曲线两种任务，并记录其操作时间数据见表5-13。

针对两种实验任务的操作时间进行数据分析，结果表明所画线型为直线时的平均用时为4.76s，且90%的用时在3.16~5.10s，且与文献中的画线时间4s数据相近，因此认为在此分辨率下的屏幕画直线所用大致时间为4.76s；所画线型为曲线时的平均用时为6.34s，且90%的用时在5.03~7.97s，因此认为在此分辨率下屏幕画曲线所用大致时间为6.34s，见表5-13。

表5-13 GOMS 模型在轨迹球使用背景下的操作时间

方法	操作	代码	时间/s
画线	手动绘制直线段的时间	D	4.76
	手动绘制曲线段的时间		6.34

5.4.4 台位适配技术

1. 台位适配概念与内涵

船舶信息系统具有态势感知、指挥筹划、行动控制和综合保障等功能，是装备体系的"大脑"与"中枢系统"。合理的台位分配可以降低操作员的工作负荷，提高人机协作效率。功能分配是指将系统中的功能或任务分派给人或者机器的过程，台位适配是指在人机功能分配完成后，基于工作负荷预测对台位适配方案进行调整的过程。

2. 基于工作负荷的台位适配方法

船舶信息系统中，船员主要执行观察、判断、决策和协同等以脑力为主的操作。因此，可将船员的工作负荷作为台位功能分配方案的重要依据。工作负荷的评测方法可分为主观测量、生理指标测量和解析度量三种，前两种都需要在船员的参与下完成，而解析度量法则通过解析任务本身特性来度量工作负荷，并不需要船员的参与，比较适合船舶设计早期对船员的工作负荷和时间进行预测。解析度量法普遍采用两种方法：①McCracken 和 Aldrich 提出的 VACP（V 即 Visual，指视觉通道；A 即 Auditory，指听觉通道；C 即 Cognitive，指认知通道；P 即 Psychomotor，指神经运动通道）方法[243]；②Card 等创建的 GOMS。本节重点介绍 VACP 方法。

基于多重资源理论，VACP 方法提出工作负荷是多重资源通道同时加工处理信息的大脑负荷结果。操作员信息处理及资源通道占用模型如图 5-19 所示，操作员利用视觉通道和听觉通道接收来自显控台和指挥员等外部输入的信息，并利用认知通道对信息进行处理，最后，通过神经运动通道把处理结果反馈给外部环境，进而完成整个信息处理过程；由于信息处理过程对资源通道的占用，从而形成了操作员的工作负荷，因此，操作员执行任务过程中在四个通道上占用的资源可以作为任务负荷大小的评价指标。

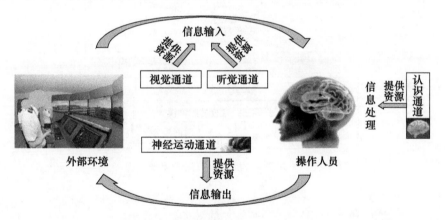

图 5-19　操作员信息处理及资源通道占用模型　　替换 P188

基于 VACP 方法的方位适配分析，可分为三个步骤，具体技术路线如图 5-20 所示。首先，对各特定任务下的作业进行详细的分析及分解；其次，对分解后的各项操作评估在 VACP 四个通道上的负荷值和操作时间进行预测；最后，基于工作负荷分析结果针对不同的任务建立功能动态适配模型。

1）典型任务分析

首先，通过调研掌握任务操作流程；其次，对任务进行层次分析及分解，将任务分为任务层、作业层、操作层以及元操作层，并对各项元操作的持续时间以及负荷进行预测；最后，形成包含操作流程和操作时间的任务模型。

采用层次化任务分析法对任务进行自上而下的逐层分解，编制任务分析层级及对应示例表见表 5-14,形成任务分解结构图。

表 5-14 任务分析层级及对应示例表

层级	示例
使命层	近程攻击、远程攻击、对空防御等
任务层	目标解算、武器控制等
操作层	目标指示、射击计算等
元操作层	听取命令、修改结果等

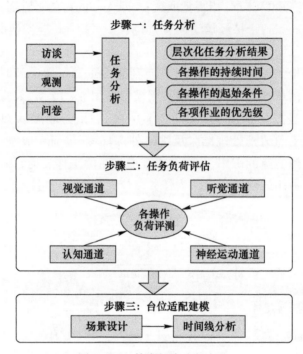

图 5-20 技术解决途径方法

其中:

(1) 结构最顶层为"使命层",表示平台当前的使命。

(2) 结构第二层为"任务层",表示为完成使命而需要开展的一例作业,对任务的分析主要包含完成任务的操作,以及相应的专业知识。

(3) 结构第三层为"操作层",表示为完成作业而需要的各项操作,操作层从第三层开始,但是可以进一步向下细分为元操作层。

需要说明的是,这里的分析只考虑完成作业时所必需的操作,而不考虑操作员的个人习惯、人格特种、环境特征、操作系统反应时间和中转时间等因素对操作的影响,也不考虑其他各种因素导致的额外操作。

完成任务层次化分析后还需对操作时间进行预测,以便为后续工作负荷的预测提供时间线。Card 等提出的人信息处理模型是一个能综合描述人的信息处理过程的模型,将该模型与预测人体反应时间的 Hick's 定律和预测运动时间的菲茨定律相结合,可以得到一个相对全面的用以预测执行时间和记忆限制的人的行为模型。这个模型将人员的操作时间分为 4 个模块：知觉（Perceptual Process）模块、认知（Cognitive Process）模块、冲动（Motor Process）模块、眼动（Eye Movement）模块。可以通过分解完成一个操作的信息处理模式或者序列，并根据每个模块的处理时间常量值见表 5-15，获得操作员在 4 个模块上的加工时间，从而计算完成一个操作的执行时间。例如，对于一个视觉刺激的典型"识别—行动"循环由以下处理阶段序列组成：

$$E_m \Rightarrow T_p \Rightarrow T_c \Rightarrow T_m \quad (5-28)$$

则执行时间为

$$T = E_m + T_p + T_c + T_m \quad (5-29)$$

表 5-15 次处理模块 × 响应时间常量值（标准值，单位：ms）

次处理模块	符号	最快时间	平均时间	最慢时间
知觉	T_p	50	100	200
认知	T_c	25	70	170
冲动	T_m	30	70	100
眼动	E_m	70	230	700

注：次处理模块即构成操作时间的四个次级处理模块。

将操作分解为特定的动作，依据 VACP 方法分析得到四个资源通道上特定动作的算法，并将信息处理模型中的常量值代入算法中就可以计算执行时间。各行为具体的时间预测函数如表 5-16 所示（以视觉函数为例说明，其余通道都有类似事件预测函数）。

表 5-16 视觉时间预测函数

函数	算法	注释	执行
探测	$T_{Vde} = E_m + T_p + T_c$		察觉
读取	$T_{Vr} = N[E_m + T_p + 2T_c]$	N 表示符号或文字的数目	文字符号
扫描	$T_{Vs} = P[E_m + T_p + 2T_c + T_m]$	P 表示要浏览的目标数目	查找
检查	$T_{VI} = I[E_m + T_p + 2T_c]$	I 表示检查的目标数	监察/检查
辨别	$T_{VDi} = S[E_m + 2T_p + 2T_c]$	S 表示要区别刺激的对数	比较一致性
追踪或定位	$T_{Vt} = R[E_m + T_p + T_c + T_m]$	R 表示速度变化的视阈度数，对于静止的物体 $R = 1$	追踪/对准轨迹

通过该方法所获得的预测时间是在不考虑计算机系统反应时间和人误操作、重复操作以及操作中断等情况的前提下，完成某一作业任务的各项操作时，在视觉、听觉、认知和神经运动四个通道上需要的时间。当各项动作之间没有冲突时，某一操作的预测时间为完成时间最长的动作所需要的时间，当各项动作存在冲突时，某一操作的预测时间为完成各项动作所需时间的总和。

2）工作负荷分析

采用 VACP 方法对使用共用显控台完成典型作业任务时产生的工作负荷进行评估不需要实际操作员的参与，而是通过建构作业任务模型，对操作在各个通道上产生的工作负荷值打分进行评估。情景是在特定的台位功能分配方案下,操作员为了完成某项作业而进行的在时间上有先后关系的一系列操作序列的组合。情景设计是根据当前设备和任务操作情景进行复现或者构建,评估操作员使用当前设备执行不同任务的工作负荷和操作时间。情景模型涉及的信息有典型作业任务的操作、元操作(动作)、完成操作的时间、系统反应时间等,在任务分析的基础上,针对不同的任务,提出相应的情景假设,构建相应的任务情景模型。所有情景模型采用任务分析中各项操作的中位预测时间作为情景模型中的操作完成时间,并采用前期调研和评估获得的系统反应时间作为情景模型中的系统反应时间。

操作员在执行任务的过程中产生认知需求,从而带来负荷,所以对于操作员完成操作的工作负荷可以通过评估认知需求来进行预测。执行一些复杂的任务时,往往需要多种处理源同时作用,一个操作的工作负荷可能来自不同的认知加工通道,如拨电话需要回忆电话号码(知觉)、寻找按键(视觉、认知)、拨号(神经运动)、确认拨号正确(听觉、视觉、认知)同时进行,因此,认知需求需要通过对四个通道上的资源要求来进行评估。

VACP方法提供了各项操作或者动作在四个通道上的负荷量标准值,见表5-17。根据各项操作的标准值可以计算不同任务操作产生的负荷值,如当需要切换页面时,操作员可以利用视觉通道在界面中搜索到指定页面对应按钮(视觉通道负荷值7.0),利用认知通道进行选择(认知通道负荷值1.2),利用神经运动通道进行鼠标点击操作(神经运动负荷值2.2),没有利用听觉通道的操作(听觉通道负荷值0),因此,总负荷值为 7.0 + 1.2 + 2.2 + 0 = 10.4。

表5-17 各资源通道任务描述及其负荷值(标准值)

操作描述	负荷值	示例
视觉(V)		
探测(探测图片的出现)	1.0	观察某个报警灯亮
辨别(探测视觉差异)	3.7	确定某个开关"开"和"关"状态
检查(非连续检查/静态条件)	4.0	确认某项指标大于某个值
定位/排列(选择方向)	5.0	确定某个按钮的位置
追踪/跟随(保持方向)	5.4	跟踪声音移动
读取(符号)	5.9	读取文字说明
扫描/搜索/监视(连续检查,多重条件)	7.0	监视某个变量的变化趋势
听觉(A)		
探测声音(探测声音出现)	1.0	注意到警报声
声音定位(一般性定位/注意)	2.0	定位警报声(只有一个报警)
声音定位(选择性定位)	4.2	定位警报声(有多个警报同时存在)
核实声音反馈(探测语气声音出现)	4.3	核实声音上的反馈
解释语义内容(讲话)	4.9	理解对话内容
辨别声音特征(探测听觉性差异)	6.6	区分不同警报的声音特征
解释声音模式(脉冲频率等)	7.0	解释警报声音特征所代表含义

续表

操作描述	负荷值	示例
认知(C)		
自动(简单联想,应激反应)	1.0	旋起某个旋钮到"开"
选择	1.2	决定选择某条路径
符号/信号识别	3.7	识别某个标志(如"红色")代表的含义
评价/判断(考虑单个方面)	4.6	判断某个变量的趋势
编码/解码,回忆	5.3	回忆某个参数或变量的值(很少用到)
评价/判断(考虑多个方面)	6.8	在了解多个变量的情况下,做出判断
估计,计算,转化	7.0	需要进行心算等操作
神经运动(P)		
讲话	1.0	汇报信息等
离散刺激(按钮,开关,扳机)	2.2	点击鼠标等
操纵	4.6	手工将阀门打开
调节(旋钮,控制杆位置)	5.8	将旋钮调整到某个特定的位置
符号处理(书写)	6.5	写上某句话
连续离散操纵(键盘输入)	7.0	向计算机输入某个值

当操作员存在时间压力时,如果进行同样的操作,其所承担的负荷会比没有时间压力的情况下大,如一个正常需要 1min 完成的作业,要求操作员 40s 内完成,则会给操作员带来额外的负荷,通常情况下额外负荷同要求时间与正常时间之比正相关。实际应用过程中,可将时间系数设定为正常时间与所要求的完成时间之比。

3) 台位适配建模

整合情景构建模型和工作负荷评估预测操作时间和各项操作所产生的工作负荷进行时间线分析,获得在执行典型作业任务过程中,随着时间的推进,操作员在各个时间点上产生的工作负荷变化趋势,以及操作员执行任务时在视觉、听觉、认知和神经运动 4 个通道上产生的工作负荷以及总负荷值,并且可以直观地显示总工作负荷随操作进行的时间推移是否超限(超过阈值)。VACP 相关研究通常认为总工作负荷阈值(红线)是 40~50,但具体选择多少合适,尚未形成定论。因此,在后续的研究中,负荷阈值的确定仍然是一个重要的问题。

5.4.5 基于认知能力的软件人机界面设计技术

1. 人机界面需求分析

人机界面设计首先要对设计对象所关联的人、机、环境三个要素进行影响因素拆分,环境包括光源照度、噪声、色温、震动等因素;机包括设备类型、屏幕尺寸、分辨率、屏幕数量及排布、交互方式、性能等因素;人包括人的年龄、性别、职业、职务、具体需求等因素。如图 5-21 所示,这些因素会对软件界面布局、人机交互方式、界面要素设计等产生影响。因此,从人的认知能力出发,设计具有高人机适配性的软件界面,需要基于人、机、环境三个方面开展分析。

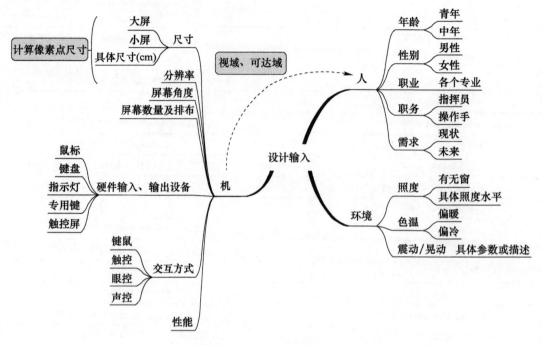

图 5-21 人机界面设计输入

2. 人机界面设计原则

船舶信息系统属于复杂信息系统,具有信息量大、交互繁杂、多功能模块联动等特点,应制定统一的设计原则,避免系统内各个业务模块间出现显示及交互上的冲突,影响用户使用。

总体设计原则:系统人机界面设计应以高效、安全、友好为目标,各业务模块人机界面按照一致性、易读性、易理解性、防错性、便捷性、舒适性等总体要求开展人机界面设计工作,提升系统综合绩效。

具体设计实施时,基于人的认知特性,视觉设计、交互设计还应遵循一定的准则,确保人机界面设计能够满足总体要求。

1) 视觉设计准则

(1) 视觉方向准则:是指引导用户界面阅读的行为方向,用户通过扫描的方式来确定自己需要查看的内容,设计师可以利用视觉方向来引导用户,优化界面布局。

(2) 信息主次准则:是指界面信息应按照重要程度按序排列,并通过视觉元素区分体现,良好的视觉主次设计可以帮助用户更好地理解。

(3) 信息就近准则:是指界面信息应根据任务需要,相关联信息近距离排布,缩短用户操作的路径及视觉轨迹。

(4) 水平显示准则:是指界面字符信息建议水平排布,对于用户来说,水平方向阅读速度要优于垂直方向阅读速度。

(5) 信息最小量准则:是指人机界面应在满足功能的前提下,减少不必要的信息干涉,降低用户的记忆负荷。

2) 交互设计准则

（1）交互直接准则：是指针对用户所见，直接进行操作，减少认知加工，缩短交互步骤。

（2）交互反馈准则：是指用户在系统中的每一步操作，只要触发就应该为用户提供有效的反馈，让用户清楚自己的操作状态或结果。

（3）帮助和提示准则：是指系统中应根据任务类型合理为用户提供帮助和必要的提示，并将主动权交与用户。

3. 人机界面布局设计

界面布局设计主要包括界面的功能区域划分、常显信息位置、信息层级结构及信息块组织等方面。功能区域划分主要依据人机关系中的最佳视域、操作域范围划分界面中的操作区域、显示区域、图形区域、表页区域等的位置情况；常显信息位置主要是指系统中的状态信息如时间、经纬度、通信状态、告警信息等的位置，此类信息位置不会随任务情况及操作流程的变化而变化；信息层级结构是指在该应用场景及交互方式下，系统信息的层级结构组织方式，便于用户进行操作和使用；信息块组织是指界面布局中同类型信息或业务紧密相关信息的组织，便于用户查找和使用。

4. 人机界面风格设计

人机界面风格主要为界面的整体配色及显示风格，界面整体配色影响系统属性的传达和信息的辨识速度，显示风格会对用户的主观感受造成较大影响，进而影响用户的操作绩效。人机界面风格设计主要以人机界面需求分析为输入，依据人的性别、年龄、职业情况，确定人机界面的基本色相；依据环境的照度、色温情况，确定颜色的饱和度、亮度及前景色与背景色的对比度；依据机的显示性能情况确定颜色的层次及细节效果。在人机界面风格确定之后，开始界面控件设计，界面控件的前景色、背景色、风格样式等元素应最大限度地与界面的整体风格保持一致，确保人机界面风格的整体和谐。

5. 人机界面要素设计

人机界面要素为界面信息组成的基础部件，包括配色、字符、符号、线条等显示要素，也包括快捷方式、反馈、提示、闪烁等交互要素，如图 5-22 所示。在界面布局及界面风格确定之后，以系统任务分析为输入，开展人机界面要素设计。

人机界面要素设计应依据相关标准规范开展，对缺乏支撑项应采用工效学实验的方式获取量化支撑。例如字符高度，主要受视距影响，视距越远字符高度应越高，但字符高度过高就会挤压界面信息量，导致相同面积的空间显示的信息量减少；闪烁频率，主要受人眼的感知能力影响，两种闪烁的频率过于相近，就会导致用户难以区分，需求识别的关键信息的闪烁，也会导致用户识别困难；快捷方式，主要受用户使用习惯影响，船舶信息系统中相同功能的快捷键应与民用系统相一致。

5.4.6 任务与界面信息要素映射关系构建技术

人机界面信息要素是组成人机界面的最小显示或交互元素，界面信息的设计应首先依据其重要程度，在众多需要显示的界面信息要素中，确保重要信息要素的显示效果。船舶信息系统的人机界面信息显示是为船员执行作业任务服务的，好的人机界面信息要素呈现

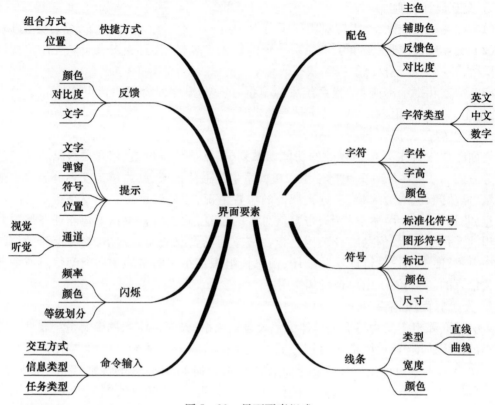

图 5－22　界面要素组成

方式应当与任务相匹配。因此,采用科学的方法建立任务域信息要素之间的映射关系,确保信息按需显示与设计,是人机界面设计的重要工作之一。

通过设计人因工效学实验,研究界面信息要素权重的界定方法,根据实验结果构建任务与界面信息要素映射关系。

1. 人机界面信息要素提取

船舶信息系统人机界面显示的信息种类较多,显示方式多样,为了更加精准、有效地开展人机界面设计,需要归纳、提取界面的信息要素。

1）船舶信息系统人机界面特征分析

船舶信息系统人机界面是信息要素呈现的主要方式,信息要素通过一定的逻辑组织后在相应的界面中呈现,每种界面呈现都是为了支撑船员执行相应的任务。因此,为提取信息要素,首先需要筛选系统的主要人机界面。

船舶信息系统人机界面以满足船员完成各类任务为主,通过对信息的组织,根据船员的认知和操作需求,以图、表的形式呈现。计划类图（叠加或不叠加的图）是以输入为主的图,采用图形、符号等形式绘制各类计划等。

2）信息要素分析与提取技术

信息要素分析与提取应基于筛选出的系统重要界面开展,为了确保提取的信息要素全面、完整,并且能够与任务建立准确的关系,提取应依据以下方法:

（1）信息要素的提取顺序为"界面→分区→窗口→分层→分组"的层次开展。首先以界面为单位，再将界面按照功能或信息类别进行分区，进一步按照层级、窗口逐个开展，上述工作完成后，分析信息要素是否可以按组分类，最终提取信息要素最小单元为同级别最小窗口或者同类信息分组。

（2）提取信息要素应遵循"简单信息到复杂信息，由高层级信息到低层级信息"的原则。由于重要界面信息较多，隐含很多二三级菜单、弹出窗口等，为了确保信息提取的准确，应先尽量以界面最少信息为初始状态，提取完成后，再逐层增加信息。

（3）信息要素编号、命名。当信息要素提取后，应对其进行编号和命名，编号的方式多样，但需遵循一定的规则，并且同一信息要素的编号应唯一，无歧义，即使出现在不同界面中也应仅有一个编号。

按照上述方法，对态势认知所涉及的态势图、目标表页两个主要界面中的信息要素进行提取，根据信息类别、层级和关联关系，对界面信息要素进行分组、编码，建立典型信息要素列表。

2. 任务域理论模型构建技术

任务域中的"任务—信息要素"映射关系具有如下特点：

（1）任务域中包含多个任务，任务的完成具有明显的时间效应，根据任务的开始时间和终止时间将该元操作定位在船员的工作时间轴上。

（2）每个任务都与某个或某些特定的人机界面信息要素有关，船员执行任务的过程主要围绕信息要素开展。

（3）任务域与任务、任务与信息要素之间存在映射关系，即一个特定任务的元操作往往与多个信息要素相关。

（4）任务中信息要素之间明显存在权重差异，权重即该任务中信息要素的重要程度，与任务流程、搜索频率相关，在标准流程和界面设计条件下，重要程度（即权重）可以用船员在执行任务中观看信息的注视时间进行计算。

为建立任务与界面信息要素映射关系，首先分析船舶信息系统典型任务，提取人机界面信息要素，梳理任务剖面，建立任务—信息的理论模型。该模型中，任务与信息之间存在"一对多"或者"多对多"的映射关系。每个任务中相应的元操作对应界面的一个或多个信息要素，如图 5-23 所示。

为了应用上述模型指导人机界面设计，需要采用工效学实验的方法进行量化。在量化实验开展前，首先建立典型任务与信息要素的对应关系。通过对船员的访谈、资料分析和模拟操作等方式，将元操作与界面中所涉及的信息初步对应，为实验提供输入。通过工效学实验获取每个任务下信息要素的注视时长，进行归一化处理后，计算每个信息要素的权重，见表 5-18。

表 5-18 各任务信息要素重要度分析结果

任务1	Info1	Info5	Info8	Info9	Info16	Info17	Info20	Info21	Info23	Info24	Info25
比例总计	4.412	0.012	0.005	0.027	0.345	0.156	1.451	0.005	0.964	0.398	0.105
重要度	0.560	0.002	0.001	0.003	0.044	0.020	0.184	0.001	0.122	0.050	0.013

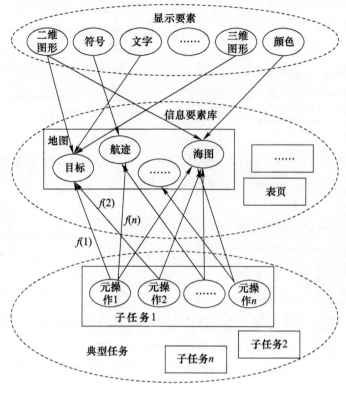

图 5-23　任务域理论模型

3. 映射关系量化

根据实验结果可知,每个任务所涉及的信息和权重均不相同,因此,根据实验数据可建立任务与界面信息要素的映射关系。

$$R = \sum_{i=1}^{n} R_i = I_j \cdot a_{ij} \quad (5-30)$$
$$j = 1,2,\cdots,0 \leqslant a_{ij} \leqslant 1$$

其中,R 为映射模型,R_i 为第 i 个任务,I_j 为第 j 个任务信息,a_{ij} 为第 i 个任务的第 j 个权重值,n 为任务数。

采用该模型,可建立人机交互任务与人机界面信息要素的量化关系,确定各任务中信息的重要度,以此为依据开展人机界面设计。具体内容如下:

(1) 根据信息重要度,对于任务相关的人机界面中呈现的信息要素进行筛选,确定信息的呈现方式。例如,重要度小于 0.001 的信息要素不直接显示在任务界面中,采用隐藏、索引等方式设计,降低船员的认知负荷。

(2) 根据信息重要度,设计任务界面中的信息布局。重要度高的信息要素布置在船员视觉中心处,重要度低的信息要素布置在船员视觉边缘处,以增强重要信息要素的突显性。

5.5 船舶设备人因工程设计技术

5.5.1 船舶设备人因工程研究范畴

船舶设备人因工程工作核心是从船员需求出发,设计高效、便捷与安全的船舶设备,重点是针对需要长时间操作使用的交互类设备,其主要形式为控制台。控制台是为操作人员提供可承载各种显示控制器件的专业设备。

船舶控制台总体上可分为机电控制设备与显示控制设备两类。机电控制设备主要布置在船舶主机/辅机舱、集控室、驾驶室、甲板等部位。机电控制台上的人机交互器件主要是各机械和电气设备的显示仪表、开关、阀门、手柄与控制器等,机电控制台本质上是机电系统各类仪表和控制终端的集成平台。

显示控制设备主要布置在指挥室、损管中心、驾驶室等部位。控制台上的人机交互器件主要为显示屏、触控屏、鼠标、键盘等,显示控制台本质上是搭载特定软件系统的加固计算机。

船舶在航行时通常伴随有一定幅度的船体运动,船舶装备在设计时通常需要与船体固定,需要为操作人员提供扶手或其他支撑结构。对于甲板或其他露天部位可能存在较重的水汽、盐雾甚至是甲板上浪,船舶装备的设计与选型需要额外考虑防水设计、防锈设计和绝缘设计。对于主机或甲板特殊设备相邻的部位,船舶设备的设计需要考虑一定的防冲击和隔振设计,以免影响人员的日常作业。

5.5.2 船舶设备人因工程设计流程

船舶设备作为人机交互环境的主要载体,是人机交互的重要通道。目前,相关船舶设备设计依据标准大都比较老旧,缺乏对现役使用人员的研究,对于新型交互技术支持不足,难以为良好的人机交互提供良好的支撑。船舶设备的设计应针对用户反馈的功能需求痛点,对显示、控制功能进行优化设计,积极融入前沿交互技术,搭建高效舒适的多模态人机交互环境,为良好的人机交互环境提供物理环境支撑。

船舶设备的设计流程主要分为功能需求分析、外观外形设计、人因工程校核分析、结构设计、样机生产试制、测试与验证六个阶段,研制路径如图 5-24 所示。

其中,功能需求分析是船舶设备人因工程设计工作的开端,主要目的是根据用户需求与船舶作业环境要求对设备的目标功能定位进行设计,并提出设备设计需求,这些工作是所有后续工作的输入和基础。外观外形设计是根据设备的功能定位,结合尺寸规范和功能布局要求进行外观外形的设计,其中尺寸规范与设备布局要充分考虑到人因设计要素与现有技术条件的约束,造型设计一般输出带有设备装配关系的三维图纸数据。基于数据进行人机工效的分析,这里一般对操作人员的容膝空间、可视性、可达性、作业姿势、安全性等要素进行分析,在设计阶段避免整个设计方案出现人因工程问题。在对分析得到的问题进行修改迭代后,进入结构设计阶段,在前期基础上深化设计方案,该阶段以结构、电气工程师

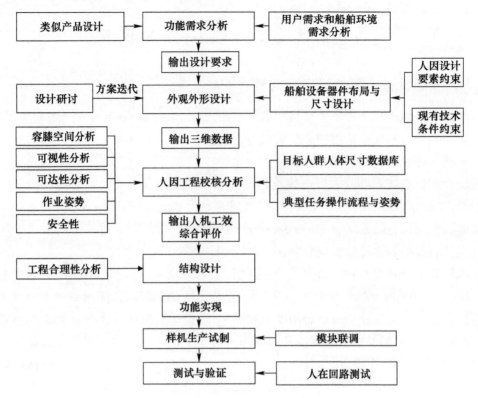

图 5-24 船舶设备研制路径

为主导,人因工程设计人员配合进行工程设计,避免设备最终的人机交互效能因工程化而降低。最后,是样机生产和测试验证,样机试制后进行功能、性能测试与人因工程测试,对设计方案进行验证,最终可交付批量生产。

5.5.3 船舶设备功能需求分析

1. 功能需求分析概述

有效地获取和理解用户需求并在产品功能的抽象表示与描述中准确地反映用户需求信息是取得设计成功的必要前提[244]。由于用户需求受环境、任务和生理心理等多个因素影响,如何分析和把握其真实需求是承研方进行设备设计开发之前面临的一个重要问题。

船舶设备设计中,需求分析涉及所有有关对产品生命周期不同透视的信息,如用户需求、可制造性、可靠性、维修性、成本等。因而从广义上讲,设计的用户不仅包括来自外部的最终用户的需求,而且包括设备开发过程中所涉及的所有开发者与实现者,即所谓全生命周期的用户。

功能需求分析是指产品需求信息被采集、分析、归纳,并转换为设计要求的过程,以便更好地组织设计过程,该过程是用户调研与设计之间的桥梁,是决定产品最终用户满意度的关键,如图 5-25 所示。产品需求分析从顾客的初始需求开始,到最终完备化的设计规范,是一个烦琐的、用户与设计者之间频繁交互的过程。通常反复的拉锯和取舍是达到完备化的设计规范所必需的。该过程涉及用户领域与设计者领域之间的相互沟通和理解,其间存在许多困难,如用户难以充分理解不同需求之间潜在的耦合和约束关系及其对目标设备综合性能的影响。

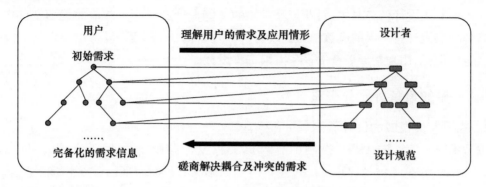

图 5-25 产品需求分析的过程

2. 功能需求分析的难点

功能需求分析的难点包括以下几个方面:

(1) 功能需求表达文本不匹配:通常,用户和设计者基于不同的视角和不同的语义来表达产品需求信息。二者在语义和术语上的差别使产品需求信息难以从用户映射到设计者。

(2) 功能需求信息本身缺乏明确的体系结构:船舶环境复杂、应用场景特异性较强,设备需求的不同变量及其关系通常难以被深刻地理解,一般以抽象、模糊的概念化方式表达。由此造成产品设计不得不基于模糊的假设,形成了设计决策的瓶颈。

(3) 功能需求分析缺乏结构化的映射关系:产品需求变量与设计参数之间的关系在设计的早期阶段都不是很明确。用户提出的需求对产品性能的影响难以估计,尤其是技术、质量、经济性等方面的影响。

(4) 功能需求信息的广度:在当前的工程研制模式下,并行设计要求产品需求信息反映所有产品生命周期中用户的诉求,从而在设计的早期考虑制造、装配、服务、工程等因素。产品功能需求信息的广度要求其分析应区别于传统的基于单点的需求分析模式,需要反映整个产品生命周期所涉及的各个不同方面、不同部门对产品需求信息的透视,成为一种驱动并行设计环境下团队工作的元设计数据。这一广度的要求无疑增加了产品需求分析的难度。

3. 船舶设备的功能设计

功能设计是功能需求分析的延续,是产品定位的深化和具体化,对后期的产品设计具有导向作用。在前期功能需求的牵引下,对要改进或设计的设备产品应具备的功能系统进行全面、系统、深入的设计工作,进一步细化设计工作的目标表图像。

功能设计有两种方式:一是对现有设备产品功能系统与用户需要和产品定位之间的差异进行研究,即找出不足功能、不必要的功能、过剩功能和必要但原有产品中缺乏的功能,对原有功能系统进行改进,这是价值工程的传统方式,可称为改进式;二是按设备产品定位重新设计出新产品的完整的、理想的功能系统,它是较新发展起来、应用前景更好的方式,可称为创新方式,在产品重大改进、新产品开发、新技术应用中十分重要。

功能设计应以提供产品功能系统图设计及必要的定量指标为其完成的形式,对产品设计的要求可写入设计任务书中,对非产品对象的功能设计亦可写入相应的规划文件中。船舶设备的功能设计所产出的应该是目标设备应当具有的功能要素、设备组成型谱以及必要的定量定性指标,用来指导后续的设备人因工程设计。

5.5.4 船舶设备外观外形设计

1. 基于人员视域的设计原则

参考 DL/T 575.2—1999《控制中心人机工程设计导则 第 2 部分:视野与视区划分》[245]。人员对视觉信号的感知是人体对信号的感受、传递和加工,以至形成整体认识的觉察、识别解释过程。视觉信号按感知程度分为以下三个层次:

（1）觉察:船员发现了信号的存在。

（2）识别:船员辨别出所觉察的信号。

（3）解释(或译码):船员理解了所识别信号的意义。

人体作业可视性的划分与人体视线视野空间范围密切相关,视线作为人体眼睛中最敏锐的聚焦点与注视点之间的连线,常用的典型视线特征及应用见表 5-19。

表 5-19 典型视线的特征及应用

视线名称	姿势	头轴线的前倾角/(°)	视线与水平线的下倾角/(°)	放松部位	应用举例
水平视线	立正	0	0	—	垂直方向的基准视线
正常视线	立正	0	15	眼	立姿、立姿观察常用视线
自然视线	放松立姿	15	30	眼、头	立姿控制台、立姿阅读、立姿操作常用视线
坐姿操作视线	放松坐姿	25	40	眼、头、背	坐姿操作常用视线

视野是指头部和眼睛在规定条件下,人眼可察觉到的水平面与垂直面内所有空间范围,一般包括直接视野、眼动视野、观察视野和色觉视野。直接视野、眼动视野和观察视野为人眼能觉察到信号的空间范围,反映人的视觉生理机能;色觉视野为人眼对不同颜色的视野,在进行器件布局设计时,着重考虑人员直接视野、眼动视野和观察视野。

（1）直接视野:当头部和双眼静止不动时,人眼可察觉到的水平面与垂直面内所有的空间范围,可分为单眼与双眼直接视野。

（2）眼动视野:头部保持在固定的位置,眼睛为了注视目标而移动时,能依次地觉察到的水平面与垂直面内所有的空间范围,可分为单眼与双眼眼动视野。实际上,眼动视野是在上述姿势下转动眼球可能观察到的注视点的范围,叠加以注视点为中心的相应直接视野而构成的空间范围。

（3）观察视野:身体保持在固定的位置,头部与眼睛转动注视目标时,能依次地觉察到水平面与垂直面内所有的空间范围,可分为单眼与双眼观察视野。实际上,观察视野是在上述姿势下可能观察到的注视点的范围,叠加以注视点为中心的相应直接视野而构成的空间范围。

2. 基于人员操作域设计原则

参考 DL/T 575.3—1999《控制中心人机工程设计导则 第3部分:手可及范围与操作区划分》[246]。人体作业可达性取决于人员作业时的上肢可达域范围,即手部功能可及范围,该范围取决于人员臂长。

1) 矢状面内坐姿手功能可及范围

(1) 坐姿手功能可及范围尺寸。矢状面内坐姿时手(抓捏)功能可及范围(用三个手指抓捏控制器)尺寸,用第5百分位数男子人体模板确定。若无活动人体模板,可用作图法近似地确定。在此,手臂系统被简化为一个二杆系统:

① 坐姿肩关节中心高(相对于座椅面):530mm。

② 躯干距控制台台面前缘:100mm。

③ 臂(手)功能最大旋转半径 r_A:610mm。

④ 前臂(手)功能最大旋转半径 r_{UA}:350mm。

(2) 坐姿手功能可及范围的延伸。当躯体向前弯曲时,肩关节中心前移,第5百分位男子手功能可及范围可向前延伸 150~200mm。

2) 水平面内坐姿手功能可及范围

(1) 坐姿手功能可及范围尺寸。水平面内坐姿时手(抓捏)功能可及范围(用三个手指抓捏控制器)尺寸,依然用第5百分位数男子人体模板确定。人员坐姿操作的俯视图如图 5-26 所示。图中:

① 肩关节中心间距:330mm(即 SDP_R 与 SDP_L 的间距)。

② EDP_M:肩关节水平面内,位于正中矢状面上的肘关节中心。

③ EDP'_M:手在台面上时,位于正中矢状面的肘关节中心。

肩关节水平面内,手功能可及范围如图 5-26 中的虚线所示。它是以 EDP_M 为中心、r_{UA} 为半径的圆弧与以 SDP_R 或 SDP_L 为中心、r_A 为半径的圆弧相切处连接所构成。其上臂转动角度为臂内侧36°至外侧106°。

作业面上手功能可及范围,见图 5-26 中实线所示。它是以 EDP'_M 为中心、r'_{UA} 为半径的圆弧与以 SDP_R 或 SDP_L 为中心、r'_A 为半径的圆弧相切处连接所构成。这里 r'_A 和 r'_{UA},取决于台面和椅面的高度差 h。若座椅参考面高度为 420mm,对于台面高度为 770mm 或 700mm,r'_A 和 r'_{UA} 尺寸如表 5-20 所示。

表 5-20 几种 r'_A 和 r'_{UA} 的计算值 (单位:mm)

椅面高度	台面高度	r'_A	r'_{UA}	椅面与台面的高度差/h
420	770	583	335	350
	680	547	314	260

(2) 坐姿手功能可及范围的延伸。当人的躯干短时间向前、向左或向右倾斜弯曲时,可使手功能可及范围在一定范围内延伸。水平面内延伸的手功能可及范围可由图 5-27 近似地表达(仅表示出右半部分)。

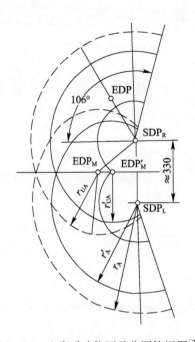 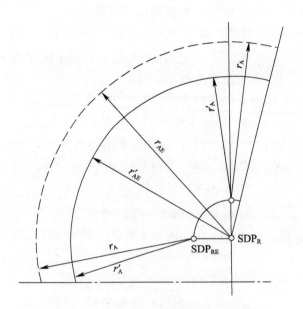

图 5-26 坐姿手功能可及范围俯视图[246]
SDP_R—右肩关节中心；
SDP_L—左肩关节中心。

图 5-27 延伸的手功能可及范围[246]
SDP_{RE}—延伸后的右肩关节中心；
r_{AE}—延伸的最大手功能可及半径。

延伸的手功能可及范围是：SDP_{RE} 以 150~200mm 为半径，围绕 SDP_R 转动，并在手臂伸直状态下，围绕 SDP_{RE} 所画圆弧的包络线。其中，虚线是肩关节水平面内延伸的手功能最大可及范围；实线是台面上延伸的手功能最大可及范围。由图 5-27 可看出：

肩关节水平面内：$r_{AE} = r_A + (150 \sim 200\mathrm{mm})$

控制台台面上：$r'_{AE} = r'_A + (150 \sim 200\mathrm{mm})$

3）水平面内坐姿手可达域划分

水平面内手的可达域一般可划分为三个部分：舒适操作区Ⅰ、有效操作区Ⅲ和可扩展操作区Ⅳ。一般情况下，坐姿操作时，台面上的操作区划分如图 5-28 所示。舒适操作区是上臂靠近身体、曲肘，前臂平伸做回转运动所包括的范围；有效操作区是正直坐姿状态下，手臂伸直，手能达到的操作区；扩展操作区是在坐姿情况下，身体改变姿势，手能达到的操作区。

4）矢状面内坐姿手可达域划分

矢状面内的坐姿手可达域的划分，如图 5-29 所示，可分为舒适操作区Ⅰ、精确操作区Ⅱ、有效操作区Ⅲ和可扩展操作区Ⅳ。舒适操作区是手功能可及范围内，坐姿肩关节中心的高度与台面之间所包括的空间；精确操作区是手功能可及范围内，坐姿眼高与台面之间所包括的空间；有效操作区是在坐姿眼高以上，手功能可及范围内的空间；扩展操作区是在坐姿情况下，人的躯干前倾，肩关节中心前移 150~200mm，手功能可及范围向前方扩展的空间。

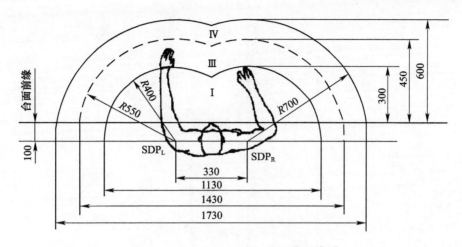

图 5-28 水平面内手可达域的划分[246]

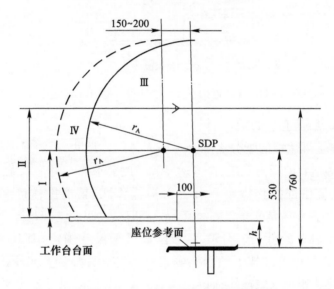

图 5-29 矢状面内手可达域的划分[246]

5) 矢状面内立姿手功能可及范围

(1) 立姿手功能可及范围尺寸。矢状面内立姿手功能可及范围尺寸,一般可用第 5 百分位数男子人体模板确定,如图 5-30 所示,具体尺寸如下:

① 立姿肩关节中心高:1270mm。

② 手臂最大功能旋转半径:r_A = 610mm。

(2) 立姿双手最大功能可及高度的上限、下限。人员立姿双手最大功能可及高度的上限、下限如下:

①上限:1790mm(按第 5 百分位数男子双手上限)。

②下限:840mm(按第 95 百分位数男子双手下伸)。

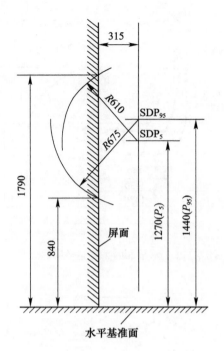

图 5 – 30　矢状面内立姿手功能可及范围(mm)[246]

6) 矢状面内立姿手可达域划分

矢状面内立姿手可达域的划分需综合考虑人体结构尺寸、人的视野范围、人肢体的有效活动范围、肢体最适宜的用力范围、操作速度和精度要求等。对于以立式屏、柜为代表的立姿操作而言,立姿手部操作区可划分为舒适操作区、精确操作区和有效操作区,如图 5 – 31 所示。舒适操作区是介于立姿肩高与立姿肘高之间的空间范围,在此范围内,肌肉活动程度和能量代谢率最低,按第 50 百分位数男子尺寸确定,其尺寸范围为 1050 ~ 1400mm;精确操作区尺寸范围按下述因素确定:以第 50 百分位数男子的尺寸(加鞋跟高 25mm)为基准,设定人眼与立式操作面的距离为 400mm,上限尺寸按水平视线以上 15°确定,下限尺寸按水平视线以下 30°确定,其尺寸范围为 1350 ~ 1690mm;有效操作区尺寸范围按下述因素确定:上限尺寸以立式操作面前双手最大功能可及高度尺寸确定,下限尺寸以第 95 百分位数男子的单腿跪姿肘高尺寸确定,其尺寸范围为 650 ~ 1790mm。

3. 基于人体尺寸与作业姿势的设计原则

为确定设备器件的设置如何最适应于船员,设计过程应明确定义器件设置位置以及它们的相互关系,人体测量数据提供了人体三维尺寸的基本信息,可使用人体尺寸测量数据实现器件设置位置与关系的确定,器件布局设计时应用人体测量数据的原则有:

(1) 选择最新适用的人体尺寸数据,随着社会经济、科技的发展,人体尺寸数据随之变化,其最佳适应尺寸也随之变化,因此,设计时应选择用户群体最新适用的人体尺寸数据。

(2) 考虑与人体尺寸相关的因素,人体尺寸与国家、区域、民族、年龄及性别等因素有

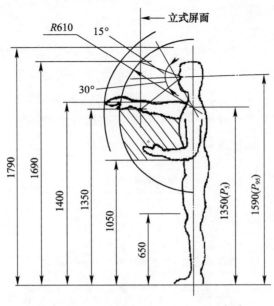

图 5-31　矢状面内手可达域的划分[246]

关,设计时应予以考虑。

(3) 当设计特征为适应大部分人群时,应采用极端人体尺寸。在实际中,为适用极大部分人时,通常可能会选用最大或最小的人体测量尺寸数据,如第95百分位男性和第5百分位女性。

(4) 当某些非重要特征的设计不适合使用最大最小人体尺寸时,可使用平均人体尺寸进行折中性设计。

(5) 使用人体尺寸进行特征设计时,应根据设计对象的实际使用情况增加适当的修正量,因为公布的人体尺寸数据均是在特定的条件下,而非具体的使用条件下测量的。

GB/T 5703—2010《用于技术设计的人体测量基础项目》规定了人因工程学使用的人体测量技术,常用的两种作业姿势为立姿与坐姿。

立姿:挺胸直立,头部以眼耳平面定位,眼睛平视前方,肩部放松,上肢自然下垂,手伸直,手掌朝向体侧,手指轻贴大腿侧面,自然伸直,左、右足后跟并拢,前端分开,使两足大致呈45°角,体重均匀分布于两足。

坐姿:挺胸坐在调节到腓骨头高度的平面上,头部以眼耳平面定位,眼睛平视前方,左右大腿大致平行,膝盖弯曲大致成直角,足平放在地面上,手轻放在大腿上。常用的典型坐姿姿势有三种,定义分别如下:

正直坐姿:躯干线笔直,臀角为85°~90°的一种坐姿,其状态与坐姿工作及操作时的姿势接近吻合。

前倾坐姿:躯干线前倾,臀角小于85°的一种坐姿。当人员手部操作前方远处(在手功能可及范围之外)的控制器件或进行精确监视时,就会暂时出现这种前倾坐姿。

后倾坐姿:躯干线后倾,臀角为100°~105°的一种坐姿,与身体在放松状态下观察前方显示大屏时所采取的坐姿相吻合。

4. 船舶设备人因工程与造型设计

造型设计是融合用户需求与人因工程要求的重要步骤,在此基础上进行工程化,并最终使方案高质量地落地,如图 5-32 所示。该阶段主要是根据项目需求分析的要求对方案的可行性、工程的合理性、成本、美学等方面进行综合分析取舍,然后有针对性地进行方案策划、方案设计,并通过初步快速效果图来充分表达设计意图,进行内部评审与迭代后,形成具备工程可行性的初步设计方案,交付后续的工程设计。

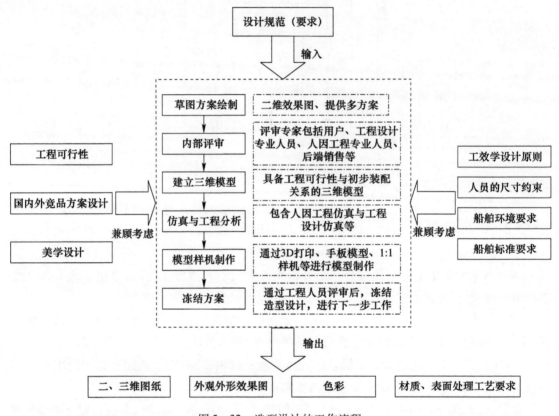

图 5-32 造型设计的工作流程

1) 输入与输出

在设计工作中,主要输入是前期基于需求分析得到的设计规范(要求),在设计过程中常常需要兼顾考虑操作人员的尺寸约束、工效学设计原则、美学设计、国内外竞品方案设计、工程可行性等因素。在实际工作中,经常会综合考虑各个方面的因素后,形成多组备选方案,经过内外部评审与多轮迭代后,确定相对最优方案进行下一步的细化设计,最终形成可指导后续工程设计的二、三维图纸以及外观外形效果图,色彩,材质、表面处理工艺要求等。

2) 一般设计方法

随着科技的发展,以及大量 CAD、CAE 设计工具的出现,极大地提升了方案的设计效率,也从技术上更好地保证了方案的高效性与科学性。针对船舶设备,设计方法上可应用当前常规的工业设计方法进行设计工作,主要流程包含初步草图方案绘制→内部评审→建立三维模型→仿真与工程分析→模型样机制作→冻结方案等。

进行方案设计的人员主要为工业设计专业人员,参与内部评审与迭代的专家可以是用户、工程设计专业人员、人因工程专业人员、后端销售等,在内部迭代中要充分听取不同专业的人员意见,充分融合不同立场的观点,此时的设计工作更像是"戴着脚镣跳舞",设计师应更加耐心,不断的方案迭代才是保证较高设计质量的关键。

3) 设计风格

针对船舶设备的行业特点以及行业需求,船舶设备的外形设计一般风格原则体现以下两个方面的特点:

(1) 易用:以满足功能需求和用户使用为最优先。

(2) 简约:设计风格简约大方,体现船舶行业特色。

船舶设备的外观外形应充分展现时代精神和行业特色,充分适应新的技术条件和用户需求。造型设计应与作业需求紧密连接,并紧紧围绕"简洁、易用"的设计思想,贯彻轻量化、模块化的设计理念。

5. 船舶设备的 CMF 设计

CMF 的概念从字面上来看,是 Color(色彩)、Material(材料)和 Finishing(加工工艺)的缩写。设备的色彩与表面材质设计是设备形状之外重要且直接的触点,都是设备整体设计不可分割的重要部分。它是连接和与此对象和用户交互的深层情感部分,主要用于颜色、材料、加工和其他设计对象的设计。具体地说,关舱门的声音取决于舱门的材料。手柄的传热能力取决于表面处理或操纵杆的紧凑结构,柔软的表面处理为操作员提供了完整的安全感。

1) 船舶设备的色彩设计

船舶设备作为工业装备,在配色上不宜太过轻浮,色彩设计应综合考虑提高照明效果、利于改善窄小的空间环境及气温感觉、有助于提高船员识别能力,促进注意力集中等因素;舱室内的设施、设备色彩设计应围绕空间内的主色调进行协调配色;在满足功能需求的前提下,应尽可能减少色彩数量。

其中,确认产生消极情绪的颜色(如红色、粉色及黑色等)应限制使用或不使用;船舶内部的色彩设计应考虑灯光作用下的综合效果(特别是水下场景),还应考虑构成舱室内部色彩环境的材料其色彩以外的其他属性(如光泽、透明度、材质、底色花纹、质感等)对色彩效果的影响;舱室内所选用的颜色种类不宜太多太杂;应用于舱室的舱顶、舱壁、地板以及家具等的色彩选配应相互协调,且以低彩和中等偏高明度的色彩为宜。

对周围存在不安全因素的环境或设备需引起注意的部位,以及在紧急情况下要求识别危险的部位,其表面应涂以安全色。舰船安全色一般为大红、中酞蓝、淡黄、淡绿、橘黄 5 种颜色,其具体含义如表 5-21 所示。在安全色需要与对比色配合使用时,应按表 5-22 选用对比色。

表 5-21 安全色及其含义

安全色	含义
大红色	禁止、停止、消防、损管、高度危险
中酞蓝色	小心、指令、必须遵守的规定
淡黄色	注意、警告
淡绿色	指示、安全状态、通行
橘黄色	危险、救生设施

表 5-22 安全色及其相应对比色

安全色	相应对比色
大红色	白色
中酞蓝色	白色
淡黄色	黑色
淡绿色	白色
橘黄色	黑色

2) 材质与表面工艺

受限于船舶作业场景,通常的设备材质大都由钢、铝、ABS、橡胶等材质构成,应结合具体工作环境要求,灵活运用金属、非金属材料的搭配,在保持耐久性、可靠性的前提下,降低设备带来的冰冷感,提高操作人员操作便捷性与舒适性。

在表面处理工艺上,常用的工艺有拉丝、压花、喷砂、抛光、水转印、烫印、镭雕、金属蚀刻等。在应用时应结合使用需求以及相关的工业标准要求。推荐在与操作人员产生操作关系与接触的部件处理上,可优先采用哑光工艺,如酸洗磷化后静电粉末喷塑处理等,能更好地吸收反光,同时能给予操作员更好的触感,减轻设备冰冷感,提供更舒适的操作手感。在选择处理工艺时,也应考虑安全性和环境问题,如减少使用重型电镀、喷涂、油性墨水等,可以一度解决的就不用两度,也可尝试环保材料,如免喷涂、水性油墨等以减轻环境和安全负担。

5.5.5 船舶设备器件布局设计技术

1. 器件布局的工效学原则

器件布局设计的理想情况是把每一个器件都放在最优的位置上,以发挥它的工效。最优位置可以基于人员的能力和特性来进行预测,包括人员的感知能力、人体尺寸以及生物力学的特征,其位置将促进人员所执行的作业行为的绩效。但将每一个器件均放置在最优位置上通常是不可能的,所能做到的是尽可能将所有器件都布置在合理的位置上。涉及具体的布局方案前,所考虑的通用工效学原则如下:

(1) 重要性原则:将最重要的器件布置在最佳位置上。
(2) 频次性原则:将使用频率最高的器件布置在最佳位置上。
(3) 功能性原则:将功能上相关的控制器件与显示器件布置在邻近位置上,即按功能组布局或按功能分区布置。

（4）顺序性原则：器件的布置应与操作的逻辑保持一致。

2. 显示器件的布局设计

参考 GJB 2873—1997《军事装备和设施的人机工程设计准则》[247]和美军标 MIL – STD – 1472《美国国防部标准 – 人因工程》[248]，设计人员在布置工作台面上的显示器件时，应采用下列原则：

（1）经常监视的显示器件应放在作业人员的最佳视野范围内。

（2）对长期不使用、不间断使用的显示器件应置于最佳位置。

（3）作业人员至显示器件的最佳观察距离为 635mm。

（4）短期观察显示器件的距离最好不小于 400mm。

（5）与只要粗略监视的显示器件相比，需要准确判读的显示器件，应放置在最接近作业人员的正常视线区域内。

（6）显示器件应与视线垂直，只要不必准确判读且视差不过大的显示器件，偏离视线的角度最大可允许45°。

（7）作业人员头部在正常位置上，即允许头部正常转动以及受头盔或其他装置限制，应能读出全部仪表和图解的显示。

（8）保证作业人员一种动作或连续动作所需的全部显示器件应组合在一起。

（9）不常用的显示器件应放置在作业人员视野的边缘。

3. 控制器件的布局设计

参考 GJB 2873—1997《军事装备和设施的人机工程设计准则》[247]和美军标 MIL – STD – 1472《美国国防部标准 – 人因工程》[248]，设计人员在布置工作台面上的控制器件时，应采用下列原则：

（1）主控制器应置于肩高与腰高之间。

（2）控制器件的位置应保证作业人员能在同时用两手操纵两个控制器件，而不使双手交叉或交换。

（3）经常使用的控制器件，应安装在作业人员的左前方或右前方。

（4）经常使用的控制器件，除非有充足的分装理由，否则应组合在一起。

（5）经常使用的控制器件，应针对右手操纵予以安装。

（6）经常使用的控制器件，应安装在离正常工作位置半径不超过 400mm 的范围之内。

（7）偶尔使用的控制器件，应安装在离正常工作位置半径不超过 500mm 的范围之内。

（8）不常使用的控制器件，应安装在离正常工作位置半径不超过 700mm 的范围之内。

（9）控制器件无论在什么观察角度上，作业人员都应该看见它们，以便检查其状态。

（10）全部控制器件均应置于作业人员够得着的范围内，即可扩展操作域的范围内。

（11）要求精确调节的控制器件和要求粗略调节的控制器件相比，应安装在离作业人员的视线较近处。

（12）作业人员必须一边监视显示器件，一边操纵控制器件时，控制器件应放置在显示器件的附近或正下方。

（13）不经常使用的控制器件应放在侧面，以防意外触动。

（14）偶尔使用的控制器件，应安装在折叶门内或放进仪表板凹槽内，以减少扰动及防止误操作。

（15）当需要把控制器件放置在作业人员看不见的地方，在控制器件的设计中应考虑形状编码，以帮助作业人员通过触摸探明正确的控制器件。

第6章 船舶人因工程测评技术

6.1 概　念

船舶人因工程测评是指基于用户实操的角度,对涉及人机交互的船舶信息系统、硬件设备设施、作业平台、作业环境等被测对象进行测定,通过采集特定预设任务场景下作业人员的绩效、生理心理状态、工作负荷、满意度等指标参数,评估被测对象满足安全性、高效性、宜人性等人因工程要求的程度,同时揭示船舶在交付使用前存在的人因工程缺陷。

为便于读者理解船舶人因工程测评工作,本书在相关工作的基础上对船舶人因工程测评进行了全面总结,绘制的船舶人因工程测评全景图如图6-1所示,主要从定义与内涵、范畴、测试与评估方法、测评的层次与分类、测评指标、测评技术、测评过程、测评工作的管理及价值九个维度进行介绍。

船舶人因工程测评实际包括测试与评估两部分,人因工程测试需要对安全性、高效性、宜人性等人因工程顶层指标要求进行逐层分解,最终落实到船舶自身表现出来的特征的测定;人因工程评估则是基于船员的视角,对各指标的实测数据进行合格判定,或将各测试指标数据归一化处理后通过合适的评估模型进行合成,最终得到评估结果,用于回答人因工程研制要求的满足程度。

6.2 船舶人因工程测评总体要求

船舶人因工程测评包括测试任务分析、环境构建、用户样本选取、用例设计、数据采集与分析、评估结果评定等环节,关键在于测试环境构建、用户样本选取、测试用例设计、数据采集与分析,评估的关键在于构建评估模型的准确性与可行性。船舶涉及的岗位多、人员多、信息多、目标多,开展人因工程测评时需结合不同被测对象特点与测试需求,确定测试的内容与方法,构建适用的评估指标与方案。船舶人因工程测评的范畴是船舶信息系统、设备设施以及舱室环境等与人作业、生活等活动直接相关的"接口"部分。

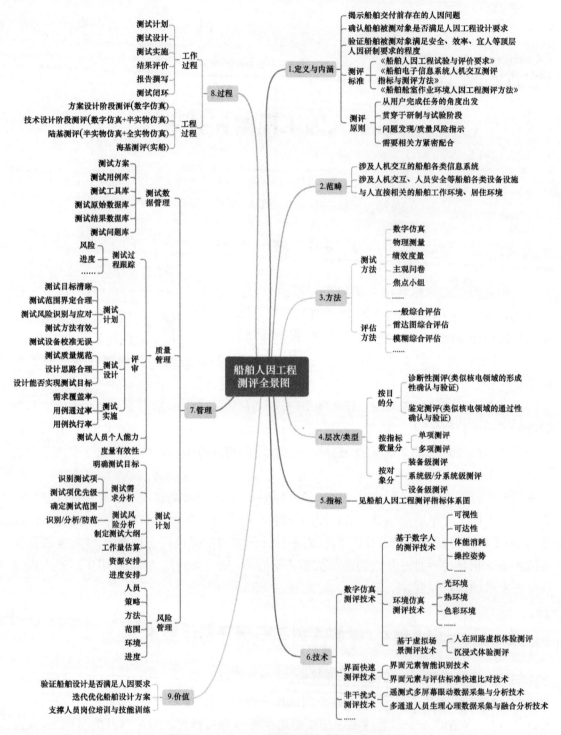

图6-1 船舶人因工程测评全景图(见彩插)

针对船舶人因工程测评工作的实施阶段,各要素分析如表6-1所示。

表6-1 船舶人因工程测评要素分析

实施阶段 测评要素	仿真测评		实船测评
	数字仿真	半实物仿真	
环境构建	由计算机软件构建船舶舱室、设备设施、显示界面、外部自然环境等数字虚拟场景	半实物仿真平台(低保真模型或高保真模型),包括: (1)与实船接近的舱室环境; (2)模拟的海洋航行环境(一般采用视景仿真); (3)模拟或真实信息系统部署环境	(1)海洋航行环境; (2)实船舱室环境; (3)实船设备部署环境; (4)实装系统互联互通环境
测试用例	(1)常规任务测试用例:船员主要任务,如操控、监视、通行、维修等; (2)非常规任务测试用例:特殊应急任务,如应急逃生仿真等	应能覆盖测试对象的正常典型工况作业任务与应急工况作业任务	(1)常规任务测试用例:船员主要任务。基于实际任务,根据各岗位任务分工,形成常规任务的测试用例; (2)非常规任务测试用例:特殊应急任务。需要考虑是否会影响实船航行工作,酌情设置
用户样本	虚拟数字船员,应符合被测对象目标用户的特性	具有代表性的模拟船员或真实船员	具有代表性的真实船员
数据采集	仿真软件相关分析模块采集数据	测试设备手动或自动采集测试数据,人工分析测试数据	(1)非侵入式生理采集设备; (2)人因工程测评估系统
数据处理	仿真软件相关分析模块自动计算	(1)异常数据剔除; (2)生理数据、操作绩效数据、量表数据归一化	(1)异常数据剔除; (2)生理数据、操作绩效数据、量表数据归一化

开展船舶人因工程测评工作,需充分考虑时间、经济成本以及可能遇到的风险并采取解决措施,确保测评工作保质保量、高效完成。船舶人因工程测评各阶段的价值取向如图6-2所示。

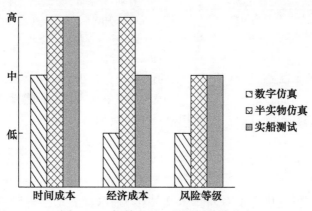

图6-2 船舶人因工程测评价值取向

6.3 船舶人因工程测评实施程序

船舶人因工程测评一般实施程序如图 6-3 所示。

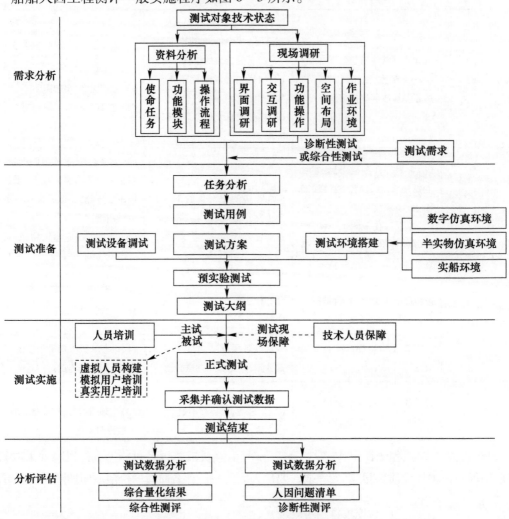

图 6-3 船舶人因工程测评实施程序

1. 需求分析

调研测试对象技术状态,了解测试对象的使命任务、功能模块、操作流程、用户需求等,明确测试对象的空间布局、作业环境以及系统界面、交互方式、功能操作,熟悉典型作业任务,并依据测试需求确定测试内容、测试指标及测试类型与方法。

2. 测试准备

测试准备工作主要包括以下五个方面。

1)任务分析

由测试对象研制方提供测试对象技术文件(若采取计算仿真测评,研制方应提供全套测试对象的三维模型以及相关设计参数文件),根据相关输入文件结合现场调研状况进行测试对象任务分析,形成任务元操作及操作序列图。

2) 设计测试用例

依据任务分析结果,结合测试内容与测试类型设计测试用例。测试用例应覆盖测试对象的正常工况与特殊应急工况。

3) 制定测试方案

基于测试对象技术状态与测试需求,选取测试指标,明确各指标的测试方法与所需的测试设备,并与测试对象责任单位共同确定测试方案。

4) 预实验

准备测试设备及相关材料,包括眼动仪、摄像机、秒表、测距仪、测角仪、照度计、色彩照度计、亮度计、噪声计、室内空气质量综合测量仪、参试人员知情同意书、数据采集表、用户体验量表等,测试设备均应事先进行计量校准以确保测试精度。基于测试对象设计方案搭建测试环境,包括计算机仿真测试环境(数字仿真测评)、半实物仿真测试环境(半实物仿真测评)与实船测试环境(实船测评),布设测试设备,调试校准测试设备,按照测试方案执行预实验测试。

5) 编制测试大纲

对预实验测试采集的数据进行分析与处理,纠正测试用例执行过程中所发现的问题,及时调整测试方案与策略,最终形成测试大纲。

3. 测试实施

1) 测试前

(1) 参试人员选取:半实物仿真测评的参试人员最好为实际用户,其次为有相关知识经验的模拟用户,参试人员的年龄、学历等应尽量贴近测试对象的实际使用情况;实船测评的参试人员必须为实际用户,应具有代表性;数字仿真测评的参试人员为虚拟数字船员,应符合目标测试对象实际用户的基本特性。

(2) 主试人员培训:针对主试人员的培训主要包括测试对象使用培训、测试方案培训以及应急措施的培训。

(3) 参试人员培训:针对参试人员的培训主要包括模拟用户与真实用户的测试对象使用培训、测试方案的培训。

2) 正式测试

主试人员布设、调整、校准测试设备,并为参试人员佩戴相关测试设备,准备就绪后,开始正式测试。

主试人员按照测试大纲告知参试人员测试任务,参试人员执行相关任务操作,测试过程中主试人员记录参试人员操作情况,每一测试任务完成后组织参试人员填写相应的问卷,整体测试任务完成后组织参试人员进行访谈。

3) 测试结束

主试人员对采集的测试数据进行确认,确认数据的完整性与有效性,并对测试数据进行保存,关闭测试设备。

4. 分析评估

针对测试采集的主客观数据进行统计分析得到测试结果,根据评估目的的不同,船舶人因工程测评可分为诊断性测评和综合性测评。一般而言,数字仿真与半实物仿真测评基本为诊断性测评,主要服务于船舶研制单位,目的是评定各指标测试结果与评估准则之间的符合性,同时发现被测对象存在的问题,形成人因问题清单。实船测评一般为综合性测评,主要服务于船舶采购和管理部门以及用户,目的是通过测试采集的多维数据融合分析与相关评估模型的构建,计算得到被测对象的人机工效总体水平。对于综合性测评而言,指标体系构建、指标权重分配以及评估模型建立对于最后所得的综合评估结果至关重要,常用的指标权重分配方法有主观分配方法、客观分配方法、组合分配方法、交互式分配方法等,常用的评估模型有神经网络模型、灰色理论模型与模糊理论模型等。

6.4 船舶人因工程评估指标体系及评估模型构建技术

6.4.1 评估指标体系

1. 评估指标体系构建原则

指标是用以评估系统的参量,反映决策对象功能的特定概念和具体数值,具有数量性、综合性及时效性。指标体系是由一系列指标构成的整体,它能全面真实地反映研究对象各方面的情况。指标并非越多越好,评估指标过多,存在重复和相互干扰;也不是越少越好,决策指标过少,可能所选的指标缺乏足够的代表性,容易产生片面性结果。建立完善、科学、合理的评估指标体系应遵循以下原则:

(1) 科学性原则:人机界面单项指标的提取和构造必须以相关的准则、理论知识为依据,科学合理、符合实际情况。

(2) 全面性和代表性原则:提取和构造单项指标应尽量覆盖人机界面子评估要素各方面特征,体现其评估目标的全面性;所选择底层单项指标应具有代表性,能真实地反映评估对象的主要特征。

(3) 无歧义原则:人机界面底层单项评估指标必须与评估目标密切相关,能真实、准确地反映评估的意图和内涵。

(4) 可比性原则:指标间具有明显的可比性,应该避免被选指标间的包含关系,消除评估结果因指标之间相关关系而产生的倾向性,防止人为地夸大部分指标,造成评估结果失真。

(5) 简易、实用性原则:人机界面底层单项指标含义明确,数据规范;数量在满足要求的前提下,应尽可能简易。

(6) 定量分析和定性分析相结合原则:指标尽可能进行量化,但在实际工作中有些指标难以定量,要使得评估更具有客观性,计算时应采用定量指标和定性指标相结合的方式,便于评估模型的处理,并且可以弥补单纯定量指标的不足及数据本身存在的缺陷。

2. 评估指标体系架构

依据评估指标体系构建原则,一般情况下描述复杂对象系统的评估指标体系可用递阶结构表示:

(1) 最高层:表示评估要达到的总指标,其是促使研究这一评估问题的原动力,但这个总指标常常表达得比较笼统和抽象,可以从任务支持、乘客运输、人员保障维度整合。

(2) 中间层:表示评估所涉及的中间环节即一级指标,这些指标比最高层要具体,而且下层的二级指标比上层的一级指标更具体明确。

(3) 最底层：为最基本的评估指标，这些指标一般是能够精确描述、可测定的或可直接评估的。

船舶是典型的大型复杂系统，支持情报、指挥、保障等众多岗位人员人机交互，评估范围覆盖船舶信息系统、硬件设备设施、作业环境等。面向这种复杂系统的人因工程评估，评估指标应涵盖"人-人关系""人-机关系"以及"人-环关系"三大方面，船舶人因工程测评指标集如图6-4所示。

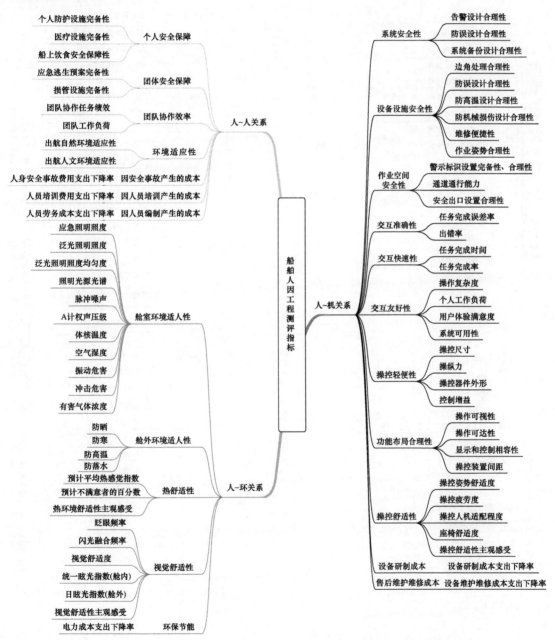

图6-4 船舶人因工程测试项（见彩插）

具体开展船舶人因工程测评时,应根据测评的对象以及测评的目标进行测评指标体系的构建。指标体系的总体架构应采用分层递阶方法逐层分解,若需要考察船舶的安全性、效率宜人程度以及经济性等方面,可围绕这4个方面对船舶人因工程顶层指标进行逐层分解,再根据人因工程评估要素进一步细化指标,由粗到细、由表及里,从全局分解到局部,建立三个层次的指标体系,具体如图6-5所示。

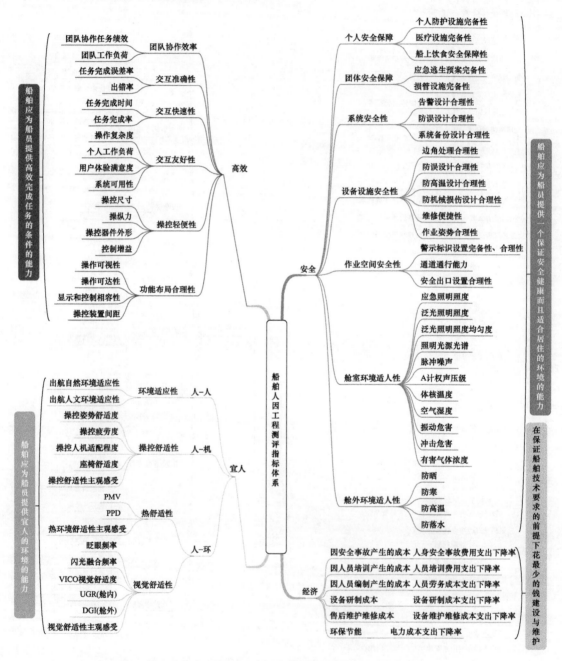

图6-5 船舶人因工程评估指标体系架构(见彩插)

一级指标:作为顶层指标,包括安全、高效、经济、宜人。
二级指标:围绕评估目标构建,可考核、可量化。
三级指标:根据评估要素对二级指标进行细化,确保指标覆盖范围全面、清晰。

6.4.2 指标权重分配方法

指标权重分配方法可分为主观分配方法与客观分配方法两种。相比主观分配方法,客观分配方法要求有足够的样本数据,通用性和可参与性差,计算方法也比较复杂,有时会存在与实际重要度相悖的情况,因此,有研究者将主观分配方法与客观分配方法进行结合,提出了组合分配方法。此外,在某些情况下,权重的确定并不能一次完成,需要动态调整,又提出了交互式分配方法。

1. 主观分配方法

主观分配方法是由决策者或专家根据个人的经验主观确定权重的方法,主要有层次分析法(Analytic Hierarchy Process,AHP)、专家评分法(Delphi法)、比较矩阵法、判断矩阵法、环比评分法等。其中,常用的是层次分析法与专家评分法。

层次分析法通过定性指标模糊量化方法将评估对象进行两两对比,计算各对象的权重。这是一种简便的数学决策方法,最大优点是将少量的定性信息转化为定量的数据,比较适用于分析具有分层交错评价指标且难于定量描述的目标系统。

专家评分法是采取匿名方式向多位专家征求意见,经过数据统计后进行权重分配的方法。该方法思路简单易行,在专家选取科学合理的前提下其可信度较高,因此得到广泛应用。基于前期研究基础,一般开展三轮专家评定的指标权重,结果就可以收敛(第三轮与第二轮指标权重相关性可大于0.9),得到适用于船舶人因工程评估的指标权重。权重定义为该指标对又好又快完成任务的影响程度。指标的打分都采用统一尺度,分值可为0~100,0表示无,100表示10分,即影响程度逐步增大。同时,要求专家给出在判断各指标对人因工程评估的影响程度等级时的确信度。确信度等级的划分也采用0~100打分,分数越高表示越熟悉、越确信。当确信度得分低于50时,则认为该专家对所判断的指标不够熟悉,应将该数据剔除。此外,推荐的专家结构分为三类:

(1) 有实际使用经验的用户;
(2) 船舶设计师;
(3) 船舶管理专家。

2. 客观分配方法

客观分配方法是基于客观数据进行分配的方法,主要应用于评估对象属性的分配。客观分配方法主要有熵权法、主成分分析法、因子分析法、线性规划法、基于方案满意度法等。常用的有熵权法、主成分分析法等。

熵权法是根据评估指标的熵值大小分配其权重的方法,它能够将差异较大的指标权重扩大,而将差异较小的指标权重缩小。某指标的熵值越大,说明该指标的数值差异越大,则该指标的权重也越大。

主成分分析法是通过对样本数据进行数学变换,将一组可能存在相关性的变量转换为一组线性不相关的变量,再提取相关特征值,根据主成分的特征向量及贡献值得到各指标的权重。

3. 组合分配方法

组合分配方法主要有方差最大化分配方法、组合目标规划法、最小二乘法等。本书不再赘述,可阅读参考文献[249]。

4. 交互式分配方法

交互式分配方法是通过多轮迭代或动态调整,可以获得相对合理的权重。它不仅最大限度地利用了已知的信息,又能充分发挥决策者的知识经验及其主观能动性。在船舶人因工程评估中交互式分配方法得到越来越多的关注,本书重点介绍一种基于改进层次分析法提出的动态权重分配技术。

评权矩阵的标度是定量度量定性判断的一种尺度。标度数值需要具有实际物理含义,保证标度数值之间数量差异能够真实反映人的量化概念,正确表达人员评估意见,使评判与标度相统一。传统AHP权重计算方法可以保证评估指标权重大小的排序关系,但不能准确地确定权重相对大小关系,而Delphi法最显著的优点是群组决策的循环反馈机制,对评估意见进行反馈和修正,以约束群组权重意见的发散。

通过研究人的各种感觉所反映出来的心理量,与外界刺激之间的转换关系,建立对评估指标权重的主观标度等级。设定 S 为主观感觉量,R 为客观刺激量,则 $S = f(R)$。基于 $S = f(R)$ 转换关系的权重数值转换方法,将传统 AHP 权重的 5 级评定影响程度等级,如"不大""一般""大""很大""极大"转换为符合心理与外界刺激关系的权重值,并通过 Delphi 反馈机制的群组评权增加独立样本次数提高权重意见的多样性、广泛性和代表性,并采用基于灰色相似关联度的评权意见分歧程度 d 作为验证,保证和检验群组评权意见的收敛性,以衡量评判人员权重向量与均值权重向量分歧程度,分歧程度越低则群组意见越一致。设定评权意见分歧程度阈值 ξ,若 $d \geq \xi$,则需要对评权矩阵进行调整;当 $d < \xi$ 时不需要进行调整,直接输出权重向量,即通过限定分歧程度大小 d 进行群组评权过程反馈机制的控制。

评估指标的权重既与指标本身相关,也与评估阶段、评估对象的状态等因素有关。船舶系统研制评估指标体系面向船舶系统研制全寿期周期,因此在工程研制的各个环节,各项指标的权重也有所侧重。与此同时,即使针对同一研制阶段,不同系统、不同任务场景的指标权重也是有所不同的。因此,通过研制目标分解可选取多种典型的任务场景进行层次任务分析,一方面基于改进型 AHP 的评估指标权重分配方法,逐次分别建立各种典型研制阶段及任务场景的评估指标权重,进行归一化处理后形成面向多种评估任务的指标权重集;另一方面通过选取特定实际评估案例,对评估指标的权重进行修改完善,并构建开放的指标增添及指标权重修正模型,实现在现有指标集及指标权重的基础上快速增添面向指定评估案例的评估指标及权重。

针对船舶典型研制阶段及典型任务场景,涵盖人–硬件关系、人–软件关系、人–环关系、人-人关系的关键典型评估指标,以输出适当的评估指标权重向量为目标,计算和构建了人因工程评估指标权重动态分配方法,如图6-6所示。

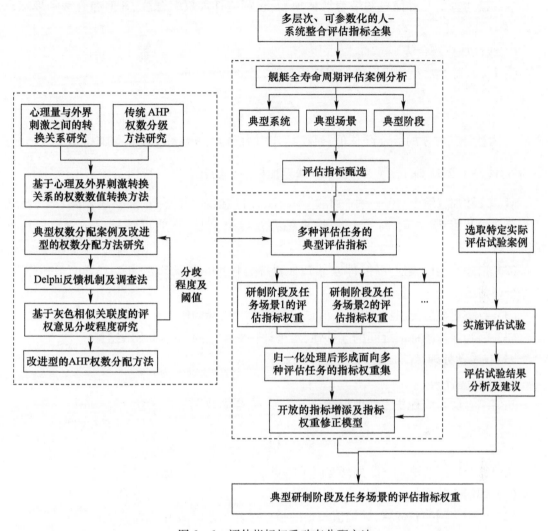

图6-6 评估指标权重动态分配方法

6.4.3 评估模型构建技术

指标体系构建完成之后,需要进一步构建最终的评估模型。评估模型,即采用某种数学模型 $y=f(w,x)$ 将多个评估指标的单项评估值,结合权重信息,合成一个综合评估值,该综合评估值代表了被评估对象的整体水平。这里,用于"合成"的数学模型是综合评估模型。不同的综合评估模型适用于不同的评估对象,因此,在选择综合评估模型时应考虑评估目标和被评估对象的特点,使得综合评估值能够更准确地反映被评估对象的实际情况。船舶人因工程测评常用的综合评估模型包括一般综合评估模型、主成分分析法、BP神经网络、雷达图综合评估模型和模糊综合评估模型。本书简要介绍其中常用的几种。

1. 一般综合评估模型

本节概述分析几种简单的综合评估模型,包括线性加权综合法、几何综合法和理想点法等。

1)线性加权综合法

线性加权综合法是利用下面的线性模型进行综合评估,即

$$y = \sum_{j=1}^{m} w_j x_j \quad (6-1)$$

式中:y 为被评估对象的综合评估值;w_j 和 x_j 分别为第 j 个指标的权重系数和单项评估值,$0 \leq w_j \leq 1 (j=1,2,\cdots,m)$,$\sum_{j=1}^{m} w_j = 1$。线性加权综合法具有以下特性:

(1)线性加权综合法是一种"加法"综合法,对指标之间的独立性要求较高,即指标之间不存在相互影响,否则,综合评估结果将存在重复信息,不能反映被评估对象的实际情况。

(2)指标间可以线性互补,即差的指标对综合评估结果的影响可以被好的指标弥补,使综合评估值维持在一定的水平。

(3)权重更显重要,且突出评估值或权重较大的指标的作用。

(4)因为评估指标值之间的互补性,对被评估对象之间的差异不敏感。

(5)对(预处理过的)指标数据无额外要求。

2)几何综合法

几何综合法是一种非线性加权综合方法,其综合模型为

$$y = \prod_{j=1}^{m} x_j^{w_j} \quad (6-2)$$

几何综合模型要求 $x_j \geq 1$,其具有以下特点:

(1)适用于各评估指标相互耦合的情况。

(2)由于采用乘积运算,评估值较小的指标对合综合评估结果的影响更大。

(3)对指标评估值的变动更敏感,有助于反映被评估对象之间的差异。

(4)对指标评估值要求较高,要求预处理后保证指标值大于或等于1。

对几何综合模型来说,指标值越小的指标,降低综合评估结果的作用就越大,其效应类似"木桶原理"。因此,对于采用几何综合模型的评估,若要提高总体评估值,必须首先完善评估值最低的那个指标。也就是说,几何综合评估模型对评估值较小的指标比评估值较大的指标更敏感。但反过来说,该模型可以促使被评估对象协调、全面地发展。

3)理想点法

理想点法是逼近理想点/样本点的排序方法(The Technique for Order Preference by Similarity to Ideal Solution,TOPSIS)的简称,其基本思想是首先为被评估对象的系统状态值(指标值)设定一个理想点 $(x_1^*, x_2^*, \cdots, x_m^*)$,该点处系统的各指标值代表了系统的最佳状态。

若被评估对象的状态$(x_{i1},x_{i2},\cdots,x_{im})$与理想状态$(x_1^*,x_2^*,\cdots,x_m^*)$非常接近,则称被评估对象$(x_{i1},x_{i2},\cdots,x_{im})$处于理想状态。被评估对象的系统状态与理想系统的距离通常取加权后的欧氏距离,即

$$y_i = \sum_{j=1}^{m} w_j (x_{ij} - x_j^*)^2, i = 1,2,\cdots,n \qquad (6-3)$$

这时,即可按y_i值的大小对各被评估对象进行排序,显然y_i的值越小越好,特别地,当$y_i=0$时,被评估对象的系统状态即达到理想点。

2. 雷达图综合评估模型

雷达图又称蛛网图,因其与导航雷达的显示界面相似而得名,如图6-7所示。雷达图由若干个同心圆(或多边形)和一些从圆心处引出的射线构成。雷达图中的每一条射线都代表一个指标,每一个同心圆(或多边形)都代表一个指标值,并且从圆心向外其指标值增大。

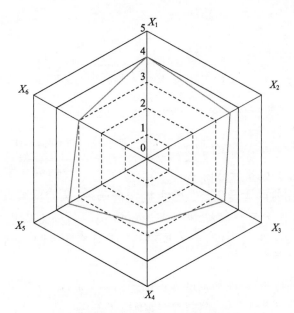

图6-7 雷达图的一般形式

雷达图综合评估法是一种基于雷达图的综合评估方法,它通过提取雷达图的特征量,构造综合评估函数,用综合评估函数的函数值代表综合评估的结果。雷达图综合评估法是一种将图形评估法与数值评估法相结合的综合评估方法,非常适用于对复杂的多属性体系结构进行整体性、全局性评估,同时相比其他方法非常直观。由于雷达图的直观性,通过雷达图的绘制,可以直接看出被评估对象的状况,因此,雷达图还可以用于定性评估。

传统的雷达图综合评估方法未考虑指标的权重,认为各个指标对于评估目标的重要性是相同的,然而许多情况下并非如此。

3. 模糊综合评估模型

Zadeh于1965年提出模糊集(Fuzzy Sets)的概念,并于1978年进一步提出可能性理论,

说明了模糊与随机现象的本质不同,由此确立了模糊集理论的地位。模糊理论认为,许多情况下,由于系统的复杂性、数据的缺失以及人的思维本身的原因,人们对事物的认识经常具有不确定性,难以准确地描述事物,这种不确定性即为模糊性。具有模糊性的现象或事物,往往表现出"亦此亦彼性"。模糊集理论将经典集合的二值逻辑推广到区间内的连续性逻辑,可以很好地处理模糊问题。

经典集合的特征函数 χ 意味着经典集合理论只能表现"非此即彼"的现象,也就是确定的概念。然而,对于具有模糊性的元素,经典集合理论就不再适用。为此,Zadeh 将经典集合理论中元素 x 对于集合 A 隶属情况特征函数的取值从 $\{0,1\}$ 扩展至 $[0,1]$,从而能够表示具有"亦此亦彼"性的现象与概念,由此提出了模糊集合的概念,并给出其定义:

设 $\tilde{A}$ 为给定论域 U 上的一个模糊集,对于任意 $u \in U$,都对应一个数 $\mu_{\tilde{A}}(u) \in [0,1]$,称为 u 对模糊集 $\tilde{A}$ 的隶属程度或隶属度,$\mu_{\tilde{A}}$ 称为 $\tilde{A}$ 的隶属函数。那么,模糊集 $\tilde{A}$ 可以表示为

$$\tilde{A} = \{(u, \mu_{\tilde{A}}(u)) \mid u \in U\} \tag{6-4}$$

这样,模糊集 $\tilde{A}$ 就可以完全由其隶属函数所刻画。当 $\mu_{\tilde{A}}(u) = 1$ 时,u 完全属于 $\tilde{A}$;当 $\mu_{\tilde{A}}(u) = 0$ 时,u 完全不属于 $\tilde{A}$。$\mu_{\tilde{A}}(u)$ 越接近 1,就表示 u 隶属于 $\tilde{A}$ 的程度越大;相反,$\mu_{\tilde{A}}(u)$ 越接近 0,u 隶属于 $\tilde{A}$ 的程度越小。特别地,当 $\mu_{\tilde{A}}(u) = \{0,1\}$ 时,$\mu_{\tilde{A}}$ 退化成一个经典集合的特征函数,$\tilde{A}$ 也相应地退化成一个经典集合。模糊集合理论实质上是通过引入隶属函数,将不确定性的形式转化为数学上确定的函数,从而将模糊性量化,为解决模糊问题提供了有效的数学工具。模糊集合理论可以较好地处理模糊现象中的模糊性,因此,模糊集理论在综合评估与决策、可靠性分析、控制等领域都受到重视,得到极为广泛的应用。

主观评估由于受到人的心理和生理等不确知因素的影响,存在决策过程中的随机性及认识上的模糊性问题,而模糊综合评估可以准确描述人因工程综合评估中许多评估指标的模糊性,可以采用模糊数学的理论和方法将其数量化,并根据相关的评判模型对其进行评判。此外,系统评估往往涉及多个指标,从某一种指标出发可以对它做出一种评判,而从另一种指标出发又可以做出另一种评判,因此,应用模糊综合评估法可以很好地对各指标进行综合考虑,避免仅从一个指标就做出评判而带来的片面性。

4. BP 神经网络模型

BP 神经网络是一种按照误差逆向传播算法训练的多层前馈神经网络,其学习过程分为信号的正向传输与误差的反向传播两部分。BP 神经网络主要由输入层、隐含层和输出层组成,典型的 BP 神经网络结构如图 6-8 所示。

输入层的物理意义很明显,就是系统人机交互的各评估指标的特征向量,其中每个指标对应一个神经元,隐含层使 BP 网络具有了识别非线性模式的能力,是输入模式的内部表

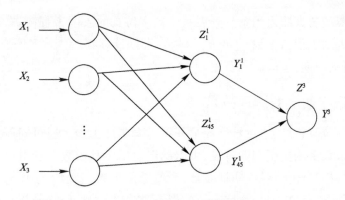

图 6-8 典型的 BP 神经网络结构

示,将输入元素和输出元素中的联系辨别出来,提取出输入对输出的影响程度的不同特征。输出层是人机交互的评估结果,拟根据数据量化结果分为及格、不及格两等。

1) 确定网络的层数

一般神经网络的层数视线被确定好,但神经网络可以有不同的隐含层,理论分析证明,在隐含层节点数不被限制的情况下,只有一个隐含层的 BP 神经网络能够实现任意的非线性映射,所以一般在模式样本数较少时 BP 神经网络隐含层数不超过两层。

2) 输入层的节点数

输入层的作用相当于缓冲存储器,也就是把外部的数据接收进来,所以它的节点数由输入矢量的维数决定。

3) 输出层的节点数

输出层的节点数由两个方面决定:一个是输出数据的类型,一个是表示该类型数据所需数据的大小。

4) 隐含层的节点数

隐含层的阶段作用是能够把样本中的内在规律提取并存储起来,理论上已经证明了一个不被限制隐含层节点数的 BP 神经网络能够实现任意的非线性映射,对于输入模式到输出模式是有限的映射并不需要有无限个隐含层节点,因此在设计隐含层节点数时,可以参考一下公式进行设计,即

$$n = \sqrt{n_i + n_0} + a \tag{6-5}$$

式中:n 为隐含层节点数;n_i 为输入节点数;n_0 为输出节点数;a 为 1~10 的常数。

5) 传输函数

传输函数有很多种,如线性函数、阈值函数及 S 型函数等,常用的为单极性 S 型函数。

6.5 基于数字仿真的人因工程测评技术

船舶的设计阶段,尤其是进入深化方案设计阶段之后,可根据设计图纸构建三维物理空间模型,基于使用需求开展数字仿真人因工程测评,主要包括人-机(硬件)关系以及

人-环关系两种典型仿真测评场景。开展基于数字仿真的人因工程测评,可在设计阶段评估方案是否满足人因工程基本设计要求,诊断方案设计存在的人因工程问题,减少后期返工的风险,缩短研制周期,降低研制费用。

6.5.1 基于数字船员的测评技术

在船舶的设计阶段,可以通过数字船员开展仿真测评工作。通过对船舶典型设计要素的分析整理,结合数字船员模型的特点,可以确定适用于基于数字船员测评技术的对象要素包括人员配置分析与优化、总体布局设计、台位器件布局、显示界面设计等,其中,总体布局设计与台位器件布局分析依托数字船员的形态学模型,人员配置分析与优化及显示界面设计分析依托数字船员的生物力学模型和认知模型。

1. 基于数字船员的空间布局分析与测评技术

基于数字船员的工作空间分析与测评技术,可根据详细的台位分布与空间规划,从人员活动包络数据出发,对工作空间开展分析测评,优化舱室总体布置与工作空间的设计。基于数字船员的工作空间分析技术,其本质是空间相关设计参数与数字船员形态学尺寸参数间进行比较分析。若设计尺寸满足数字船员工作所需空间大小,则空间满足人-系统整合设计要求;若设计尺寸不满足数字船员工作所需空间大小,则需根据设计要求重新调整相关设计要素。

基于数字船员的工作空间分析技术中,可分析的空间相关设计要素包括但不限于通行空间(宽度、净高等)、作业空间(进出岗位空间、容膝空间等)、维修空间等;数字船员形态学尺寸参数包括身高、蹲姿高、肩宽、大腿长度、小腿长度等。值得一提的是,可分析的空间布局相关设计要素,不仅包括上述原始设计要素,同时也包括团队任务中存在他人干扰的修正设计要素,如双人通道宽度、公共维修空间、语言沟通距离等。

2. 基于数字船员的人机交互分析与测评技术

基于数字船员的人机交互分析与评估技术,可根据详细的台位分布与器件布局,从人员特性数据出发,对设备人机交互情况开展分析测评。

1)可视性分析与评估

基于数字船员眼点位置构建视域分析坐标系,坐标系 Y 轴与船员视线同向、Z 轴沿数字船员中线竖直向上。根据数字船员与交互界面的相对位置,计算得到第 i 个交互界面的中心坐标 $(0, y_i, 0)$,根据不同视野水平和垂直方向的视域角度 α 与 β,求解数字船员视锥在交互界面上的投影方程 $\dfrac{x_i^2}{(y_i \cdot \tan\alpha)^2} + \dfrac{z_i^2}{(y_i \cdot \tan\beta)^2} \leq 1$。根据不同交互界面的坐标,判断其核心显示要素是否落于视锥投影椭圆内。

对于不同的视野水平,α 与 β 的取值各不相同。对于眼球转动情况,最佳视域水平时 $|\alpha| \leq 15°$,$|\beta| \leq 15°$;最大视域水平时 $|\alpha| \leq 35°$,$\beta \in [-20°, 40°]$。对于头部转动情况,最佳视域水平时 $\alpha = 0°$;最大视域水平时 $|\alpha| \leq 60°$,$\beta \in [-35°, 65°]$。对于头部和眼球均转动情况,最佳视域水平时 $|\alpha| \leq 15°$,$|\beta| \leq 15°$;最大视域水平时 $|\alpha| \leq 95°$,$|\beta| \leq 90°$。

标准作业姿势下,通过对比分析显示设备的布局位置与不同人眼视域范围的相对位置关系。可得到显示设备的可视性测试结果。根据显示设备的数量与重要程度对测试结果进行进一步的评估,可得到可视性对设备人机交互的影响。

2) 可达性分析与评估

基于数字船员腰部中心位置构建可达域分析坐标系,坐标系 X 轴与数字船员视线方向同向、Z 轴沿数字船员中线竖直向上。根据数字船员坐姿肩高、肩宽等尺寸数据,求解船员肩关节与手掌心坐标。

假设肩关节的上下摆、前后摆,肘关节弯曲角度分别为 i,j,k,根据坐标平移与旋转,可得出由肩关节坐标求解掌心坐标的变换矩阵为

$$T = T_1 \cdot T_2$$

$$T_1 = \begin{bmatrix} 1 & 0 & 0 & 0 \\ 0 & \cos i & -\sin i & 0 \\ 0 & \sin i & \cos i & 0 \\ 0 & 0 & 0 & 1 \end{bmatrix} \cdot \begin{bmatrix} \cos j & 0 & \sin j & 0 \\ 0 & 1 & 0 & 0 \\ -\sin j & 0 & \cos j & 0 \\ 0 & 0 & 0 & 1 \end{bmatrix} \cdot \begin{bmatrix} 1 & 0 & 0 & 0 \\ 0 & 1 & 0 & 0 \\ 0 & 0 & 1 & L_1 \\ 0 & 0 & 0 & 1 \end{bmatrix}$$

$$T_2 = \begin{bmatrix} \cos k & 0 & \sin k & 0 \\ 0 & 1 & 0 & 0 \\ -\sin k & 0 & \cos k & 0 \\ 0 & 0 & 0 & 1 \end{bmatrix} \cdot \begin{bmatrix} 1 & 0 & 0 & 0 \\ 0 & 1 & 0 & 0 \\ 0 & 0 & 1 & L_2 \\ 0 & 0 & 0 & 1 \end{bmatrix}$$

其中,T_1 为肩关节到肘关节的变换矩阵,T_2 为肘关节到手掌的变换矩阵,L_1 为上臂长,L_2 为前臂加手掌长。

根据相关规范中人体各关节的调节范围,即可得到相应手掌(或其他操作末端)的可达范围。

标准作业姿势下,通过对比分析控制设备的布局位置与不同操作域范围的相对位置关系,得到控制设备的可达性测试结果。根据控制设备的数量与重要程度对测试结果进行进一步的评估,可得到可达性对设备人机交互的影响。

3) 操作受力分析与评估

以下背部受力为例阐述受力分析与评估的流程。选取数字船员脊椎 L4/L5 处的肌肉扭矩、拉力、压力和剪切力,分析特定环境下数字船员脊椎受力对下背部的影响,判断作业任务会导致人体下背部受伤的概率。

(1) 脊椎 L4/L5 处肌肉扭矩的计算。脊椎 L4/L5 处肌肉扭矩的计算公式如下:

$$M_{L4/L5} = b \times (mg)_{bw} + h \times (mg)_{load} \qquad (6-6)$$

式中:$M_{L4/L5}$ 为脊椎 L4/L5 处肌肉扭矩;b 为脊椎 L4/L5 椎间盘以上的数字船员体段所受重力的力臂;$(mg)_{bw}$ 为脊椎 L4/L5 椎间盘以上的数字船员体段的重力;h 为手上负荷的力臂;$(mg)_{load}$ 为手上加载的负荷。

(2) 脊椎 L4/L5 处肌肉拉力、压力和剪切力的计算。

脊椎 L4/L5 处肌肉拉力的计算公式如下：

$$F_\mathrm{M} = \frac{b \times (mg)_\mathrm{bw} + h \times (mg)_\mathrm{load}}{E} \quad (6-7)$$

式中：F_M 为脊椎 L4/L5 处肌肉拉力；E 为 F_M 的力臂，取均值 6.5 cm。

脊椎 L4/L5 处肌肉压力的计算公式如下：

$$F_\mathrm{C} = \cos\alpha \times (mg)_\mathrm{bw} + \cos\alpha \times (mg)_\mathrm{load} + F_\mathrm{M} \quad (6-8)$$

式中：F_C 为脊椎 L4/L5 处肌肉压力；α 为骶骨截平面与水平面的夹角，且满足

$$\alpha = \beta + 40 \quad (6-9)$$

$$\beta = -17.5 - 0.12T + 0.23K + 0.0012TK + 0.005T^2 - 0.00075K^2 \quad (6-10)$$

式中：β 为骶骨的角度（°）；T 为躯干轴和竖直轴的夹角（°）；K 为膝关节角度（°）。

脊椎 L4/L5 处肌肉剪切力的计算公式如下：

$$F_\mathrm{S} = \sin\alpha \times (mg)_\mathrm{bw} + \sin\alpha \times (mg)_\mathrm{load} \quad (6-11)$$

式中：F_S 为脊椎 L4/L5 处肌肉剪切力。

根据前述计算得到的结果，可按表 6-2 中受力危险等级进行处理。

表 6-2 下背部受力分析结果指导性意见表

受力类型	计算结果/N	分析处理方案
压力	< 3000	属于安全负荷，绝大部分人可以承受
压力	3000～6000	属于危险负荷，应该避免长期保持相应动作
压力	> 6000	属于极度危险负荷，应该尽快停止动作
剪切力	< 800	属于安全负荷，绝大部分人可以承受
剪切力	≥ 800	属于危险负荷，应该避免长期保持相应动作

通过分析典型受力条件下船员作业的受力评估结果，得到船员作业受力的测试结果，根据各典型作业状态对测试结果进行进一步的评估，可得到作业受力对设备人机交互的影响。

6.5.2 舱室环境仿真测评技术

船舶设计阶段开展基于人因工程仿真的舱室环境测评工作，可及时有效发现舱室环境设计过程中潜在的人因问题，提高舱室环境的适人性。基于仿真的船舶环境人因测评主要从船员的任务使用需求出发，充分考虑环境对船员的共性与个性影响，在保证作业任务安全高效完成的基础上，尽可能让船员感受舒适宜人。船舶舱室环境仿真的可信度主要包括物理模型可信度、数据可信度以及结果可信度，只有确保船舶舱室及设备设施物理模型准确、舱室及设备设施特性参数和光源/热源等参数等数据准确，才能确保环境仿真结果的可信度。

1. 光照环境仿真测评技术

由于船舶工作舱室结构紧凑、设备数量多、管路等布置复杂,舱室的光照强度分布不均匀,光环境不理想。尤其是作战类舰艇,工作舱室内光源种类繁多,光环境较为恶劣。因此,在船舶设计阶段尤其是设计初期应对光照系统进行合理设计,将基于人因工程学的光环境仿真评估技术融入船舶舱室设计中,以便对光环境进行快速评估,并对设计存在的不足及时改进,从而达到动态优化设计的目的。

1)光环境仿真测评环境构建

船舶舱室光环境仿真测评环境构建主要包括舱室物理环境建模与视觉系统建模。舱室物理环境建模包括舱室及舱室内相关设备设施的三维建模、舱室照明光源的建模、舱室显示屏建模、舱室及设备设施的表面材质光学特性(包括色彩、反射系数等)设置;视觉系统建模主要从船员视觉作业需要考虑,包括视点空间位置处的视野探测器建模、照度测量面的照度探测器建模。

2)光环境仿真测试用例设计

船舶舱室光环境仿真测试用例根据测评的对象与目的有所不同,一般而言,需覆盖被测评舱室的正常作业工况与应急工况。对于照明光环境而言,正常作业工况即开启泛光照明灯或局部照明灯,开展相关作业任务;应急工况即船舶发生紧急情况需要撤离、逃生等需要开启应急照明光源。

3)光环境仿真测评指标

由6.4节船舶人因工程测评指标体系可知,评价船舶光照环境的主要指标包括照度、照度均匀度、色温、蓝光指数、眩光UGR值、显示屏幕可读性等。从目前计算机光环境仿真的技术成熟度而言,照度、照度均匀度、眩光、显示信息可读性4个指标可通过仿真手段直接分析得到。这4个指标也是影响船员视觉绩效、视觉系统健康安全以及视觉舒适性的主要因素,能客观表征船舶舱室光照环境人因工程设计水平。

光环境仿真测评指标的具体测试数据采集方式描述如下:

(1)照度。传统的舱室照度评价方法一般采用流明法,该方法简单快捷,在舱室照明设计阶段可快速估算在一定灯具型号与数量下舱室能达到的平均照度水平,但是存在精度较低、与实际情况差异较大等问题。通过光学仿真软件中的照度分析功能可直接仿真得到所需评估舱室的平均照度值、最大照度值以及最小照度值等重要照度参数,且具有照度数据的采集样本大、计算速度快、结果精度高等特点。

(2)照度均匀度。照度均匀度是指规定表面上的最小照度值与平均照度值之比。照度均匀度越高,说明舱室内光线分布在空间上越均匀,当照度均匀度过低时,舰员长时间的视觉区域切换时容易产生视觉疲劳。该指标可通过光学仿真软件中的照度分析模块直接计算分析得到。

(3)眩光。目前对于眩光的评价各个国家采用不同的方法,但对于室内不舒适眩光,普遍采用国际照明委员会(CIE)于1995年提出的统一眩光指数法(UGR)进行评价,图6-9所示为不舒适眩光形成原理示意图。日本学者Yukio Akashi通过主观评价实验得到 UGR 指数与眩光的主观不舒适感觉之间的相关系数达到 0.89,因此 UGR 被认为是目前为止最理想的室内照明不舒适眩光评估模型。该模型的建立,使通过测量模型计算参数评价舱室的照明眩光成为可能。

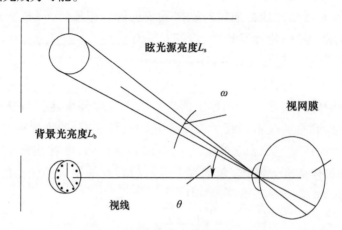

图 6-9　不舒适眩光形成原理示意图

不舒适眩光可采用现场测量计算的方法进行评价,该评价方法直接,且评价结果能反映真实的光环境情况,但是必须基于实物以及相应的配套光环境才能开展评价,且受设备和测量方法影响,对于复杂的光环境几乎无法实施。对于船舶舱室设计阶段并不适合。由于眩光的程度一般与人员对于不合理光线的主观不舒适感觉程度相关,因此,可通过被试主观评价实验的方法进行眩光评价。同样,该方法也需要在实物以及配套光环境下开展实施,无法在设计初期进行。随着计算机视觉环境仿真技术的发展,人眼的观察及相应的光学参数模拟均能通过仿真手段获取。例如,通过 SPEOS 软件仿真可得到 .xmp 文件,该文件记录了船舶船员视点位置的所有光度学参数以及物理空间参数,通过调取 UGR 值计算所需的基本参数,可直接获得被测位置处的眩光评价值。

(4) 显示信息可读性。显示屏参数中决定显示可读性的两个主要要素是显示亮度和对比度。显示亮度是显示屏表面传递到观察者眼中的光亮度,对比度是屏幕的白色亮度与黑色亮度的比值,也正是人类眼睛能够区别不同表面的原因之一。因此,若要提高显示屏的可读性,需具有足够的显示亮度和良好的对比度。此外,可读性依赖的因素还包括显示字符大小和观察者的年龄。

通过文献和资料的收集与分析,目前对于显示屏可读性的分析一般采用 1945 年由 H. C. Weston 建立的视觉性能评价模型,该模型已列入 CIE 技术文件,参照 CIE 145—2002《视觉与视觉性能的相关性模型》,对该模型涉及的定义进行简要说明。

① 视觉相关术语。

视觉性能(Visual Performance,VP),是指视觉系统在执行视觉功能时准确性和速度的综合表现能力。

相对视觉性能(Relative Visual Performance,RVP),是指视觉性能值与视觉系统所能达到的最大值之比。

视觉灵敏度(Visual Acuity,VA),是指视觉系统分辨细节的能力,如空间分辨率,能够被视觉系统所区分的相邻两物体所形成角距的倒数(弧度)。

对比敏感度(Contrast Sensitivity,CS),是指最小可观察目标对比度的倒数,相对对比敏感度(Relative Contrast Sensitivity,RCS)是归一化后的值。

目标对比度的定义为

$$C = \frac{|L_b - L_{target}|}{L_b} \qquad (6-12)$$

式中:L_b 为背景亮度(cd/m^2);L_{target} 为目标亮度(cd/m^2)。

② Weston 视觉性能评价模型。

Weston 使用的是兰道(Landolt)C 环(简称 C 环)视力表,以不同对比度显示在背景光不同的显示器上,观察者在特定位置观察 C 环的方向,Weston 根据一系列复杂的实验结果建立了一套标准:

$$辨别正确率 = \frac{正确辨别兰道 C 环数}{正确辨别兰道 C 环数 + 错误辨别兰道 C 环数} \qquad (6-13)$$

$$辨别速度 = \frac{正确辨别兰道 C 环数}{分钟} \qquad (6-14)$$

人眼视觉性能定义为

$$人眼视觉性能 = 正确率 \times 辨别速度 \qquad (6-15)$$

在研究过程中,眼睛所能辨别的细节的尺寸(C 环之间的间隙)、C 环的对比度、背景光亮度为变量,研究所得的 VP 计算方法,根据对比度及目标尺寸的大小分为两类:

a. 针对高目标对比度 $C > 0.35$,人眼的分辨角 $\alpha \geq 1.5'$ 的情况:

$$VP = 0.5384 \times (\alpha - 1.499)^X \cdot (\log L_b + 0.09196)^Y \cdot (c - 0.2534)^Z \cdot AF \qquad (6-16)$$

式中:$X = 0.1194 \times (\log L_b + 1.923)^{0.08403} \cdot (c + 1.516)^{-0.6549}$;

$Y = 0.8135 \times (\alpha - 1.182)^{-0.7831} \cdot (c + 1.054)^{-3.062}$;

$Z = 0.5745 \times (\log L_b + 0.2669)^{-0.3902} \cdot (\alpha - 0.8302)^{-0.7637}$。

b. 针对低目标对比度 $C < 0.35$ 的情况:

$$VP = 0.6577 \times (\alpha - 1.499)^X \cdot (\log L_b + 0.035)^Y \cdot (c - 0.08521)^Z \cdot AF \qquad (6-17)$$

式中:$X = 0.082 \times (\log L_b + 0.11339)^{-0.6378755} \cdot (c + 0.02243)^{-0.23}$;

$Y = 0.1452 \times (\alpha - 0.0041)^{-0.18451} \cdot (c - 0.099)^{0.1168}$;

$Z = 1.291 \times (\log L_b + 0.264)^{-0.38675} \cdot (\alpha - 0.218)^{-0.523}$;

$C = \frac{|L_b - L_{target}|}{L_b}$。

其中,L_b 为背景画面亮度(cd/m^2),L_{target} 为目标亮度(cd/m^2),C 为目标对比度,α 为目标尺寸(rad),AF 为年龄的影响因素。

$$AF = f(Age, C) = 1 - [1.317 \times 10^{-4} \times (Age - 20)^E] \qquad (6-18)$$

$$E = (C + 0.199)^{-0.148} + 1.024 \quad (6-19)$$

其中,Age 为年龄。

则

$$VP = VP_{20} \cdot AF \quad (6-20)$$

式(6-20)反映了基于 Weston 视觉性能评价模型的 VP 表达方法,为将视觉性能与视觉系统所能达到的最高值相关联,RVP 值大小介于 0 至 1 之间并规定:20 岁视力正常年轻人观察细节的分辨角为 4.5′、对比度为 0.9、背景光平均亮度为 1000cd/m² 的画面时其相对视觉性能值为 1,此时认为可读性为 100% 正确。

因此,若以 RVP 作为显示屏的可读性指标,则其可总结为与 L_b、L_{target}、Age 以及显示目标尺寸 α 的函数,即 RVP = $f(L_b, L_{target}, Age, \alpha)$。

目前,关于显示屏的可读性定量评价暂无标准要求,实际设计过程中,可提供显示屏的可读性评价方法,通过优化迭代达到更优的目的。RVP 值可通过 SPOES 软件的可读易读性分析模块直接仿真得到。

2. 热环境仿真测评技术

影响人体冷热感觉的各种因素所构成的环境称为热环境。船舶舱室热环境由舱室空气温度、湿度、气流速度和平均辐射温度四要素综合形成,以船员的热舒适程度作为评价标准。舱室热环境质量的高低对船员的身体健康、工作效率将产生重大影响。船舶由于舱室数量多、功能各异,船员需要在不同舱室之间进行空间驻留,不同舱室的热环境感受会大大不同。因此,将基于人因工程学的热环境仿真评估技术融入船舶舱室设计中,以便对热环境进行快速评价并对设计存在的不足及时进行改进,从而达到动态设计优化的目的。

1) 热环境仿真测评环境构建

船舶舱室热环境仿真测评环境构建主要包括舱室物理空间环境建模、热源环境建模与风场环境建模。其中,舱室物理空间环境建模包括舱室及舱室内相关设备设施的三维建模、舱室通风与空调设施的建模;热源环境建模主要针对舱室内可能存在的热源进行建模,包括功率较大的电气电子设备、人体热源、供热设施、外部太阳光(若是有舷窗的舱室需考虑)。

2) 热环境仿真测试用例设计

船舶舱室热环境仿真测试用例根据测评的对象与测评目的有所不同,一般而言,需覆盖被测评舱室船员的正常工况与特殊工况。对于船舶内部密闭舱室而言,正常工况即正常开启舱室通风与空调系统开展相关作业任务;特殊工况即考虑船舶舱室暖通系统发生故障无法正常运行的情况。

3) 热环境仿真测评指标

由 6.4 节船舶人因工程测评指标体系可知,评价船舶舱室热环境的主要指标包括空气温度、空气相对湿度、空气流速、空气气流温度和速度不均匀系数、吹风感及空气分布特性指标(Air Diffusion Performance Index, ADPI)、热舒适性预测平均评价,以及热舒适性预测不满意百分比等,其中,吹风感及空气分布特性指标、热舒适性预测平均评价以及热舒适性预测不满意百分比 PPD 三个重要指标可通过 Airpak 仿真软件直接分析得到。这三个指标也是影响船员工作效率、生理健康安全以及热舒适性的主要因素,能客观表征船舶舱室热环境人因工程的设计水平。

4) 热环境仿真测评方法及工具

目前,在船舶舱室气流组织领域,常用的热环境仿真方法是基于计算流体动力学(Computational Fluid Dynamics,CFD)的仿真方法。利用 CFD 仿真技术对活动区域的空气品质进行预测、评估,通过分析研究室内温度场、速度场等评价要素的分布情况,对合理设计空调系统提高室内空气环境质量、降低能源消耗具有重要的指导意义。目前,使用最为广泛的热环境仿真软件为是 Fluent 公司开发的通风计算软件 Airpak,它是一款面向暖通空调领域专业环境分析的系统软件,可以准确地仿真空气分布、流动状况及热传递等。

6.6 基于半实物仿真的人因工程测评技术

基于半实物仿真的人因工程测评是研制周期中最早的人在回路测评方式。通过组织一定样本量被试人员,依据测试大纲,完成测试用例任务,采集测试指标数据,同时开展主观问卷调查与访谈。后期通过多源数据处理分析以发现船舶测试对象存在的问题,同时获得用户对测试对象的满意度,为设计下一阶段提供依据。

船舶半实物仿真环境构建是开展人在回路测试用例设计的重要前提条件,应尽量构建与实船相似的环境,以保证人在回路测评用例的覆盖面以及测评结果的科学性与有效性。船舶半实物仿真平台所需的基本环境一般包括:

(1) 与实船接近的舱室物理空间与环境,根据保真度的不同相似度不一样,一般高保真的模拟平台与实船物理空间与环境可基本一致,包括舱室舱段、舱内设备设施、照明设备、空调设备、标识等。

(2) 模拟的海洋航行环境,如海洋洋面环境、天气环境等,在半实物阶段一般采用虚拟仿真技术构建这一部分环境,必要时配合 VR 技术可实现极端天气下船舶摇晃等环境模拟,这一部分是特殊应急工况用例设计需要重点考虑的因素。

(3) 模拟或真实信息系统部署环境。

以某大型船舶驾驶室半实物仿真平台环境构建为例,平台应由指挥区、瞭望区、驾控区-值更官位、操舵手、信号员、雷达员等区域构成,舱室布局、内部设备设施应与现阶段设计方案保持一致。除此之外,驾驶室半实物仿真平台应具备以下条件:

(1) 能够真实模拟驾驶室设备布置情况(窗户、窗户周边设备设施、驾控台、各工作台位设备设施、座椅等),体现通道、出入口空间、维修空间以及驾驶室设备(驾控台、瞭望区域座椅、海图桌、操舵座椅等)之间几何空间关系的设置。

(2) 能够真实模拟驾驶室设备色彩环境,即驾驶室墙体、天花板、地板、设备的色彩设置。

(3) 能够真实模拟驾驶室人工照明情况,即不同作业任务下照明灯具的开/关以及照明灯具的可调节范围。

（4）能够真实模拟驾控台显/控器件的所有光源显示模式。

（5）能够真实模拟驾控台显/控器件的所有显示/操作模式、显/控器件控制功能标注说明等。

（6）能够真实模拟驾控台人机界面交互方式，存在人员操作信息反馈。

（7）能够真实模拟船舶外部环境，包括雨雪天、阴天、晴天、雾天等天气环境、海洋风浪导致的船舶摇晃感等的模拟。

（8）能够真实模拟不同作业任务的操作情景，即海上航行工况、作战工况、靠码头工况操作与驾驶室外视景模拟状况的协同。

（9）保证驾控台上器件操作与视景变换无滞后现象。

6.6.1　工作舱室测评技术

驾驶室作业环境特殊，且人员在驾驶船舶的过程中需监控的内外部信息量大，航行设备多，交互界面复杂。搭建半实物仿真平台进行人在回路测评，可尽早发现驾驶室设计方案的不合理之处，减少后期修改成本。

1. 测评指标

驾驶室半实物仿真平台人在回路测评内容主要包括驾驶室整体环境测评与驾控台人机适配性测评两部分。

驾驶室整体环境测评指标包括：

（1）光环境：用于评价舱室整体照度、局部照度、照度均匀度、亮度分布、眩光等。

（2）热环境：用于评价舱室整体温湿度、局部温湿度、温湿度均匀度、通风速度等。

（3）噪声环境：用于评价舱室噪声等级、噪声频率、隔音/吸音能力等。

（4）振动环境：用于评价舱室振动等级、振动频率、振动位置等。

（5）空气质量：用于评价空气异味、颗粒物（Particulate Matter，PM）指数、有毒物质浓度、通风频次等。

（6）电磁辐射：用于评价舱室电磁辐射或其他辐射情况等。

（7）作业空间：用于评价舱室内部通道、出入口等作业空间的设置。

（8）外部视域：用于评价舱室外部海面视域、窗视域、视域盲区等。

驾控台人机适配性测评指标包括：

（1）驾控台几何空间：用于评价驾控台高度、宽度、深度、台面高度、容膝空间、维修空间等。

（2）作业可达性：人员舒适操作区、有效操作区、扩展操作区等。

（3）作业可视性：人员直接视域、眼动视域、观察视域等。

（4）设备布局：用于评价驾控台操作界面的显示设备布局、控制设备布局、显控组合布局等。

2. 测评方法

驾驶室半实物仿真平台人在回路测评使用的测评方法有核查表测试、实验测试与问卷调查测试。

(1) 核查表测试：核查表是研究人员用来核查某种具体行为是否发生或出现的一种简表，有助于观察目的的具体化，可用于记录观察对象的属性特征数据，据此提供有关的诊断性信息，除此之外，核查表简便易用、省时省力、针对性强、结果易于整理。

(2) 实验测试：通过设计实验方案，模拟驾驶室典型工况下的作业任务，组织一定数量的模拟用户实地体验测试，并进行相应的数据测试，通过有效的数据处理方法，得出科学的结论。

(3) 问卷调查测试：以书面提出问题的方式收集测试数据的方法，将需测试的内容指标编制成问卷，以邮寄、当面作答或追踪访问的方式进行，得到模拟用户针对测试指标的主观量化评价。

3. 测试任务

航行的工况有出航前准备、一般航行、离/靠码头、出/进港航行、狭水道航行、雾中航行、渔网区航行、紧急避碰、夜间航行等，基于尽量涵盖每一航行工况的需求。以进出港航行与远洋航行为例，所包含的具体测试任务如下所述，需驾驶室全体船员相互配合完成。

1) 进出港航行

船舶处于港口停泊状态，接到命令出港巡航，需沿固定航线航行至指定的水域，之后返回港口靠港停泊，任务海域的海图如图 6-10 所示。进出港航行所包含的具体操作任务有出航前准备、离码头、出港、狭水道航行、一般航行、进港、靠码头，每一操作任务对应的具体海况、气象条件、时间如图 6-11 所示。

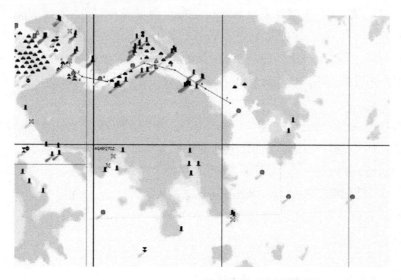

图 6-10 进出港航行任务海域海图（见彩插）

(1) 出航前准备：起航前驾驶室舰员所需完成的准备工作，具体包含航行计划的制订、

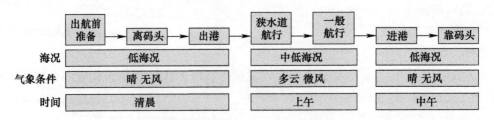

图 6-11 进出港航行任务概况

航海资料的准备、航海仪器设备的调试等。

(2) 离/靠码头:离码头是指船舶离开泊位驶入港区的操作任务,靠码头是指船舶进入港口后驶入泊位并停船的操作任务。离/靠码头需要同时考虑航速、航向、船位、风浪作用与缆绳受力等因素,大型船舶的船体惯性大,离/靠码头需在多艘拖轮的辅助下进行,需要通过信号兵对拖轮的拖带作业进行指挥,保证离/靠码头的安全。

(3) 出/进港:指的是舰船通过港内航道出/进港口的航行。船长需提前查知相关港口的航道资料,部署安全注意事项,航行过程中船长通过信号员向港内船只发布航行通告,注意航行避让。

(4) 狭水道航行:狭水道指的是舰船不能完全自由航行与操纵的狭长水域,具体为狭窄海峡、江河水道、岛礁区航道等。航行过程中,需提前查知相关海图、港图、航路指南等航行资料,及时核查水深等水文情况,控制船速及船与岸边的距离。

(5) 一般航行:指的是船舶在宽阔水域预定航线上的航行,除到达航行计划中规定的转向点或偏离航线外,其余状态下航向、航速保持相对稳定。

2) 远洋航行

船舶处于锚泊状态,需在次日零点前航行至指定海域抛锚,任务海域的海图如图 6-12 所示。远洋航行所包含的具体操作任务有起锚出航、一般航行、雾中航行、渔网区航行、紧急避碰、夜间航行、抛锚,每一操作任务对应的具体海况、气象条件、时间如图 6-13 所示。

(1) 起锚出航是指把锚拔起,开始出航,抛锚指的是船舶到达规划的任务海域,进行抛锚停泊。

(2) 一般航行:指的是船舶在宽阔水域预定航线上的航行,除到达航行计划中规定的转向点或偏离航线外,其余状态下航向、航速保持相对稳定。

(3) 雾中航行:指的是因雾造成能见度不良情况下的航行。航行过程中应保持安全航速并发放雾笛,时刻注意当前能见距离、离岸距离、倾听他船雾笛、避免频繁改变航向、航速。

(4) 渔网区航行:指的是船舶在渔网区之间的水道航行。航行过程中时刻注意海域内的浮漂与船只,控制船速与航行姿态。

(5) 紧急避碰:本舰在公海某水域航行过程中,发现×海里外某船高速朝本船方向航行,无沟通回复,需采取避碰措施调整航速与航向。

(6) 夜间航行:任务操作类似于雾中航行,此外需实施灯火管制部署,航行过程中加强瞭望,注意航行避让。

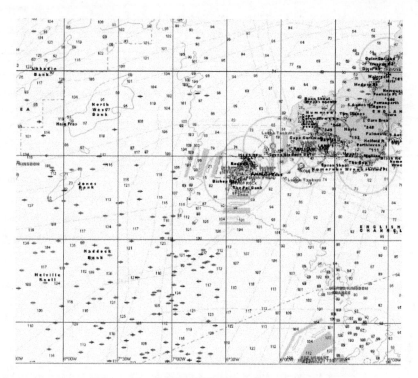

图 6-12 远洋航行任务海域海图(见彩插)

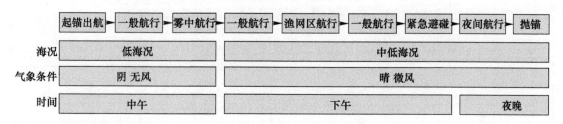

图 6-13 远洋航行任务概况

4. 测试过程

1) 测试准备

测试开始前,测试人员与驾驶室设计责任单位人员共同对测试现场的硬件、软件测试环境进行确认,签署驾驶室半实物仿真平台实验测试技术状态确认单,作为测试开始的必要条件。

技术保障人员和测试人员对参与实验测试的模拟用户进行培训,培训所包含的内容有:基于驾驶室半实物仿真平台驾驶模拟系统讲解各战位的系统功能与操作步骤,讲解完成后由模拟用户在各战位驾控台进行体验操作,熟悉各系统的操作,测试人员向模拟用户介绍本次测试任务与测试注意事项。

2) 测试实施

驾驶室实际体验实验测试流程如表 6-3 所示。

表6-3 驾驶室实际体验实验测试流程

测试日期	××年××月××日至××年××月××日
测试地点	××××××
测试人员（主试人员）	测试人员应熟悉驾驶室基本作业任务与流程,熟练掌握测试的内容与流程
模拟用户	依据测试内容与实验信度和效度的要求,确定模拟用户人数； 模拟用户最好为实际用户,其次为有相关知识经验的人员； 模拟用户的年龄、学历等应尽量贴近测试对象的实际使用情况
核查	测试人员根据具体测试方案采集驾驶室半实物仿真平台光环境、热环境、噪声环境、振动环境、空气质量、电磁辐射、通道/出入口空间、外部视域、驾控台几何空间、驾控台操作界面显示/控制设备等相应的测评指标参数数据,基于制定的指标量化核查表进行核查测评
布设测试设备	测试人员依据实验测试需要布设电源插座、三脚架、视频拍摄DV、视线追踪系统（眼动仪）等相关测试设备； 测试人员依据实验测试任务完成驾驶模拟系统软件环境的配置
模拟用户培训	技术保障人员对不同战位模拟用户进行驾驶模拟系统使用操作的培训； 测试人员向模拟用户介绍本次测试任务与注意事项,向模拟用户说明与外部船只通信沟通的方式； 模拟用户自由体验,熟悉驾驶模拟系统的操作与相关设备的使用
实验测试预实验	技术保障人员开启半实物平台驾驶模拟系统相关设备,测试人员开启测试任务软件环境的设置； 测试人员调试各测试设备,确保能够正常运行； 模拟用户按照测试任务的要求进行操作,完成测试任务； 测试人员保存各测试设备采集的数据,关闭测试设备； 实验参与人员在预实验记录表中记录实验过程中所出现的问题,测试人员与委托方技术保障人员就所出现的问题完成问题回归
实验测试正式实验	技术保障人员开启半实物平台驾驶模拟系统相关设备,测试人员开启测试任务软件环境的设置； 测试人员调试各测试设备,确保能够正常运行； 模拟用户按照测试任务的要求进行操作,完成测试任务； 测试人员保存各测试设备采集的数据,关闭测试设备； 测试人员引导模拟用户在固定场所集合,针对不同战位的模拟进行问卷调查并开展访谈,完成问卷回收与访谈内容记录
测试数据统计分析	统计分析核查表测试数据、实验测试数据与调查问卷数据,发现存在的人因问题,提出合理的改进建议

6.6.2 生活舱居住性测评技术

随着船舶远航任务的不断增加与任务范围的不断延伸,船舶出海执行任务的时间也不断延长。船舶作为船员的第二个"家",在长航时任务中不仅为船员提供休息场所,更在缓解船员身心疲劳、保障船员心理健康等方面发挥着不可替代的作用。因此,有效提高船舶生活舱室设计品质,满足船上各类人员的生活需求,对维持船员工作绩效至关重要。

依托生活舱室半实物模拟平台,可以从居住舱室的环境性、功能性、安全性等维度构建生活舱室适居性评估指标体系,制定科学翔实的生活舱室人员测试与评估实施方案,形成生活舱室适居性测评技术。

1. 典型测试与评估对象

生活舱室的测试与评估典型对象为住舱、卫生间、盥洗室、活动室、餐厅、会议室等典型舱室,以及舱室间通道与各类标识。

2. 居住性评估指标体系

生活舱室适居性评价的核心问题,在于合理解决设计资源与居住资源的矛盾,即合理解决结构约束、空间约束、成本约束与空间需求、功能需求、安全需求间的矛盾。因此,需要通过一定技术手段提取影响舱室适居性水平的关键指标,构建关键指标间的逻辑关系、关键指标与宏观体验任务间的映射关系,从而通过人员体验与主观评价,构建关键指标间的相对重要度矩阵,完成关键指标的权重分配,进而形成各关键指标的权重排序、辅助解决设计资源约束下的居住资源合理分配。

基于生活舱室的功能特点,提出了生活舱室适居性指标体系。该体系从功能性、安全性、环境性三个维度对舱室适居性进行评价。

1)功能性评价指标

(1)内部通行能力:用于评价舱室内部的有效通行高度、有效通行宽度、通道临时占用情况等。

(2)空间布局合理性:用于评价舱室空间大小、舱室空间利用率、设施位置合理性、设施尺寸合理性等。

(3)个人设施完备性:用于评价舱室内个人设施配置情况与配置数量等。

(4)公共设施完备性:用于评价居住区公共设施配置情况与配置数量等。

(5)设施操作便捷性:用于评价舱室设施使用是否费力、设施位置是否超出舰员能力包络、设施操作动作是否合理、设施操作是否存在干涉等。

(6)舱室位置通达性:用于评价舱室位置与其他公共服务舱室或部位、作业战位或部位间的路线设计等。

2)安全性评价指标

设施安全性,用于评价设施自身及其属具固定是否牢固、是否按需配置有锁具或防脱落设计、设施结构是否牢固耐用、设施是否圆滑无尖角、设施操作动作是否科学不会造成损伤、设施操作要求是否超过舰员能力极限、设施是否易于发生误操作等。

(1)应急照明:用于评价特殊情况下应急照明的形式是否科学、应急照明的配置是否充足、应急照明的位置是否合理等。

(2)应急通道与门:用于评价特殊情况下通道的通行能力是否满足区域内舰员疏散需求、门的尺寸与开启方向是否有利于疏散等。

(3)应急指示标识:用于评价指示用标识形式是否科学、标识配置是否充足、标识设置位置是否合理等。

(4)应急设备设施:用于评价区域内公共/个人安全设施设备的形式是否科学、配置是否充足、位置是否合理等。

(5) 安全管理科学:用于评价疏散路径规划是否合理、疏散条件确认是否科学、危险警告方式是否合理等。

3) 环境性评价指标

(1) 热环境:用于评价舱室整体温湿度、局部温湿度、温湿度均匀度、通风速度等。

(2) 光环境:用于评价舱室整体照度、局部照度、照度均匀度、色温、光源质量、眩光等。

(3) 装饰色彩环境:用于评价舱室装饰风格、色彩搭配、色温色调、装饰配件等。

(4) 噪声环境:用于评价舱室噪声等级、噪声频率、隔音/吸音能力等。

3. 适居性评估指标体系权重

在完成适居性评估指标体系的基础上,还需依托专家打分法确定各底层评价指标相对重要度,并利用层次计算才可得到最终功能性、安全性与环境性三维度指标间的权重关系。

以某船舶生活舱适居性评估为例,依托生活舱室人员发放问卷,通过9标度法完成底层指标相对重要度的打分,通过一致性指标考核打分结果的逻辑性与合理性,进而获得对应指标权重。打分过程前,主试负责向打分人员详细解释指标含义、打分方法与打分注意事项,确保层次计算的数据来源科学有效。

通过分析计算参试人员对各项指标的相对重要度打分,得到各项指标的权重,如图6-14所示。

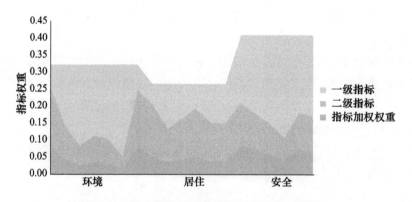

图6-14 舱室适居性评估指标权重分布(见彩插)

由分析权重结果可知,在一级评价指标中,安全性指标权重最高为0.41,与其他两项指标差别较大,说明安全性是舱室适居必须首先满足的指标要求;环境性指标权重与居住性指标权重相差相对较小,一方面说明在三个指标中安全性指标较为突出,另一方面也说明船员对环境与功能要求相差不大,环境相对突出。

在二级评价指标中,设施安全性加权权重最大,说明在各项指标中,设施的安全对适居性水平影响最深;通道与门、安全设施配置的加权权重分列第2、第3位,说明在保证舱室设施安全的基础上,舱室通道与门的设计、安全设施设备的配置对船员适居性影响较大。

最终排序说明,安全性对舱室适居性水平影响最大,需要在设计中尽可能确保设施安全、合理设计通道与舱室门、在适当位置合理配置公共/个人安全设施设备,从而切实提高舱室适居性水平,保障船员作业绩效与船舶实际效能。

4. 测试与评估方案

生活舱室的测试方式包括物理测量、人因核查、船员体验与随行访谈3种。物理测量即通过专用测量设备或工具,针对生活舱室内的关键物理参数与环境参数,开展客观测量记录,形成关键物理与环境参数数据;人因核查即从人因工程角度针对生活舱室内的定性指标参数,开展主观测试评估,形成生活舱室人因核查数据;船员体验与随行访谈即邀请特定船员在生活舱室内完成指定任务,由主试结合任务情境开展实时访谈,形成参试人员对生活舱室的体验感受与主观评价。其中,船员体验与随行访谈是生活舱室测试与评估的主要测试手段,用以获取船员对舱室适居性的主观评价与意见建议;物理测量与人因核查用于为船员评价结论提供相应的定量、定性依据,并为舱室设计的改进优化提供数据支撑。

5. 测评过程简介

生活舱室测评,共分三个阶段开展:

1)基础数据收集阶段

由测试主试负责,对生活舱室进行大范围物理测量与人因核查,以为后续生活舱室的评估收集基础数据资料。

2)船员体验阶段

由测试主试、参试人员共同参与,主试引导参试人员根据《船舶生活舱室人员测试与评估实施方案》中的体验任务清单完成指定任务或动作,用于收集参试人员对生活舱室及其部位的意见与建议,并完成对各舱室的总体评价打分。

3)重要数据采集阶段

由测试主试负责,针对参试人员反馈的关键部位、关键问题,进行重点数据二次收集,为后续评估与优化提供数据资料支撑。

邀请正式参试人员进行体验评估之前,应预先选取普通参试人员,职业可为大学生,身高要求与正式参试人员的具体要求一致。由普通参试人员进行评估任务流程演练,逐步完善评估流程,最终拟定评估流程如表6-4所示。

表6-4 生活舱居住性测评流程

日期	××年××月××日至××日
地点	××生活舱室半实物仿真平台
保密条件	根据项目委托方及项目测试承担部门的保密相关规定,制定外场实验保密条列
确定试验工作人员	确定试验工作人员,工作人员应为涉密人员,熟悉基本作业任务与流程,熟练掌握本次测试内容与流程
确定参试人员	根据试验内容与试验信度和效度的要求,确定参试人员人数
物理测量	试验工作人员根据测试与评估方案中的具体要求,采集半实物生活体验舱室几何空间尺寸、热环境、照明环境、色彩环境等相应的指标参数数据,依据测试指标量化核查表,进行核查评估
核查	试验工作人员根据测试与评估方案中的具体要求,对半实物生活体验舱室非测量型量化指标进行针对性的核查判断

续表

日期	××年××月××日至××日
专家半实物体验评估	邀请人因专家、船舶设计专家依据测评经验在半实物生活体验舱室进行体验测评和核查,并根据指定核查项目完成核查表
参试人员预实验	由试验工作人员对参试人员进行培训,介绍评估目标以及评估要求,引导参试人员按照测试与评估方案中任务单的具体要求,依据一致的程序进行试验
船员半实物测评	由试验工作人员对船员进行培训,介绍评估目标以及评估要求,引导参试人员按照测试与评估方案中任务单的具体要求,依据一致的程序进行试验

6. 测试与评估结果

通过试验测试、专家评估、模拟船员体验调查问卷分析,形成一份详细的评估结果报告,依据 AHP 法确定指标权重结果,以及模拟船员调查问卷分析结果,对评估结果进行数据处理,得出针对各舱室适居性的综合评分结果。同时,以不同功能区域舱室为单位,分别阐述环境、安全性、功能性三个维度上,半实物生活体验舱室存在的亮点和问题,列出问题清单,分析所发现问题的原因,并提出改进建议。

6.7 基于实船的人因工程测评技术

实船人因工程测评是在实船环境、实际用户使用条件下对实船被测装备开展人因工程综合测试,以评估真实任务场景中"船员—系统(包括软件与硬件设备设施)—环境"的安全性、高效性、宜人性、经济性程度。对于军船而言,实船人因工程测评是在装备状态鉴定阶段、试验试航阶段以及使用阶段开展的专项测试评估。

与仿真测试相比,船舶实船阶段的人因工程测评受到环境、设备、人员、系统等多方面约束,测试评估工作更加复杂,测试难度更大,其主要特点体现在以下几个方面:

(1) 测试环境具有真实性、复杂性、不可控特点。测试环境主要包括两个方面:一是海洋自然环境,即天气情况、海况环境、水域环境,以及台风等突发环境;二是船舶作业环境,包括声、光、温湿度、通风、电磁等环境。不论是海洋自然环境还是作业环境,都具有复杂多变、相互干扰、无法人为控制和调整等特点,对人因工程测试有一定程度的影响,如过大的风浪引起船体剧烈晃动颠簸,导致船员无法操作设备完成测试。

(2) 参试用户具有真实性、专业性特点。实船人因工程测试中的参试用户是船舶直接使用者,其群体特性、知识背景、经验水平、操作习惯等均满足测试要求,并且十分专业。

(3) 被测对象具有稳定性、复杂性特点。实船人因工程测试中的被测对象是部署到实船的装备,具有较为完善的功能、性能,能够满足船员实际操作使用要求,因此在测试中应基于被测对象功能性能合理设计测试用例。

(4) 测试用例具有约束性、风险性特点。实船人因工程测试所制定的测试用例应充分考虑实船环境、实船工作任务被测对象部署、被测对象功能状态等多方面约束。在设置测试用例时,需要对被测对象的部署情况、应用场景、功能性能进行充分调研,既要基于实船实际任务,也要考虑实际测试过程中的不可控因素,尽量避免不可控因素的干扰。

(5)测试方法具有非侵入性、可追溯性特点。实船人因工程测试具有操作复杂、复现难度大等特点,为了确保参试人员在执行测试用例时流畅、无干扰,生理、行为和量表等数据采集应采用非侵入式采集设备,此外,为了确保测试数据完整、后续可追溯,采集方法应综合采用音频、视频等多样化方式,便于后续数据比对处理。

实船人因工程测评应充分考虑复杂海况环境和舱室设备布置、系统互联互通、用户实际使用等多方面约束,制订科学、合理的测试方案。一般而言,复杂实船环境下的人因工程测评工作分为六部分内容:

(1)明确实船人因工程测试的目标,制定测试评估范围。一般情况下,实船测试评估的主要目的是在真实产品、真实使用环境和真实用户相结合的条件下,考核评估是否满足用户使用。因此,在测试评估工作开始前,应根据实船测评任务制定明确的目标,选取被测对象的核心、代表性的功能开展测试评估。

(2)调研实船测试环境,确保被测试对象具备正常、稳定的状态。为了保证制订测试方案的可行性,应到实船进行调研,对海洋航行环境、舱室光照和噪声等内部环境、被测对象部署环境、电磁干扰环境、测试设备布置环境等进行充分掌握,综合测试实施过程中的场地约束、测试设备部署、测试环境和人员干扰等实际情况,确认被测对象和实船环境是否具备测试条件,并作为测试方案的依据。

(3)制定实船测试用例,选取实船测评指标和方法,形成测试大纲。基于实船环境和被测对象的任务调研,将根据被测对象研制方案初步梳理形成的测试用例再实船实操,确认操作步骤的可执行性、可复现性。根据实船测试内容和测评用例,选取相应的测评指标和适用于实船的非侵入式测评方法,形成实船测试大纲。

(4)组织开展人因工程测试。在测试开始前,根据测评用例选定参试用户进行测试培训。基于实船舱室环境,调试部署好测试设备、准备测试素材,确认好被测对象的技术状态和稳定性。测试开始后,要求参试用户按照测试用例完成任务,测评人员监控测试过程,并用设备完成数据采集,由于实船测试复现困难,需要确认每次测试数据的完整性、有效性。

(5)整理和分析测试数据,形成测评结论。测试结束后,对数据进行整理,根据数据分析结果得出测试指标结果,将测评指标数据代入综合评估模型,得出量化实船测评结论。

(6)针对实船测评结论提出优化建议。针对测评发现的人因问题和测评结论,从人因工程角度提出优化建议,支撑被测对象改进提升。

6.7.1 实船测试用例设计技术

实船人因工程测试评估具有真实性、复杂性等特点,为了满足测试任务要求,测试用例的制定一方面要贴近被测对象研制实际,具有覆盖性和典型性,满足测试需求;另一方面也要充分考虑实船任务、环境、软硬件设备、人员等方面的约束与不可控性,用例的操作应详细具体、可操作、可复现,充分考虑测试用例制定的覆盖性、典型性和可实施性,测试用例一般分为常规任务测试用例和非常规任务测试用例,其特点如下:

（1）常规任务测试用例。常规任务测试用例的目的是测评被测对象是否能满足用户实际正常操作使用的要求。针对被测对象正常状态下的操作，选取典型、有代表性的任务，形成常规操作步骤，建立常规任务的测试用例。常规任务测试用例为用户执行任务的正常操作流程、操作方式、信息输入输出方式。常规任务测试用例的制定需要充分考虑实船环境约束、船员岗位任务分工、被测对象技术状态、参试人员状态，形成的操作步骤具体、明确，考虑到上述约束条件的变化会影响具体操作，应制订相应的备选方案。

（2）非常规任务测试用例。非常规任务测试用例的目的是测评被测对象在应急、非正常等边界状态下是否能满足用户操作使用的要求，以及对人为操作失误的纠正能力。针对突发应急状态、非正常状态或人为误操作状态，选取典型非正常状态，形成相应的操作步骤，建立非常规任务的测试用例。非常规任务测试用例为用户在出现突发状态或者操作失误状态下的操作流程、操作方式、信息输入输出方式，如设置误操作方式，测评系统的防误操作设计。非常规测试用例的制定需要充分考虑是否会对实船实际工作、被测对象状态等造成重大损失或者不可逆影响，在不影响正常工作条件下酌情设置。

实船人因工程测评测试用例设计的主要流程如图 6-15 所示。

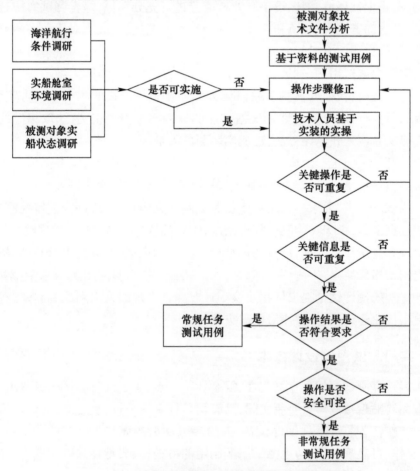

图 6-15　实船人因工程测评测试用例设计的主要流程

6.7.2 非侵入式多维数据采集技术

针对实船人在回路的人因工程测试,非侵入式数据采集技术具有干扰小的优势。

1. 遥测式多屏幕眼动数据采集与分析技术

使用无接触式数据采集方式,当使用者操作多屏显控台时,无须佩戴复杂特殊设备,置于各屏上摄像头组模块多角度实时拍摄屏幕前使用者的图像,产生当前时刻的人物图像信息,包括人脸多角度的图像序列、图像的源相机参数,以及源相机所在屏幕位置信息。采集过程对使用者不产生任何干扰,符合自然人机交互需求。采集各个时刻的人物图像信息,利用级联卷积神经网络、约束局部神经域以及三维人脸和人眼模型实现复杂背景、光照及不同视野环境下人体头部位姿、眼睛注视方向的计算。

非接触式眼动数据采集系统如图 6-16 所示。每个屏幕上方都会外接一个高清相机模组,采集人在操控过程中的图像信息,用于眼动跟踪;每个屏幕的前面也会外接一个高清相机模组,实时拍摄屏幕上的信息,实现人员操控信息的实时非侵入式采集。这些相机采集到的图像会实时发送到一个独立的计算平台上,实现船员的视线估计以及操控界面分析,最终识别出每一个操控动作及操控时的视线焦点及眼动状态,为后续的人因分析提供数据支撑。

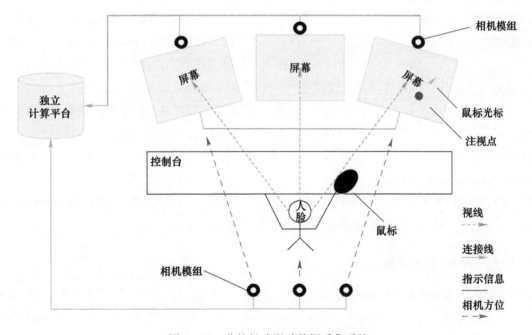

图 6-16 非接触式眼动数据采集系统

2. 多通道人员生理心理数据采集与分析技术

从人员生理和心理人因工效角度出发,识别人员效能状态表征指标(如心率、呼吸率、体动对应人员生理状态,情绪状态对应心理状态),通过专家公信度测评等方法对比大量专家意见,筛选确定可表征指标,确定人员生理心理状态指标权重,采用数学模

型构建实船环境人员状态指标的量化评估模型,建立人员生理心理状态评估量化指标体系。

传感器数据采集技术具有智能获取、传输和处理信息的能力,它将系统和各个节点有机地连成一个整体,起到相互协同的作用。从数据层、特征层和决策层构建多传感器数据融合策略,通过传感器与人员工作(居住)环境、设备的有机结合,研究适应实船环境的人员状态非侵入式测试设备,在不影响人员正常工作(居住)的前提下,实现对实船环境人员状态的测评,并进行可视化结果显示。例如,通过嵌入式毫米波雷达传感器和薄膜压电传感器分别获取人员心率、呼吸率和体动,同时通过低干扰微孔面部视频通道和智能引擎算法获取人员心理情绪强度和情绪效价,实现实船环境人员生理心理状态的非接触式检测。

以下介绍非接触式人员状态测试设备原型系统的两个关键技术:

1) 面向生理心理状态的非接触测试关键技术

针对生理状态特征,心冲击图(Ballistocardiography,BCG)技术和光电容积脉搏波描记(Photoplethysmographic,PPG)技术是具有代表性的非接触式测量技术方法。针对心理状态特征,人员的情绪与压力状态会影响其效能操作和决策,利用心理状态、表情、动作行为、任务和情绪(如快乐、悲哀、恐惧等)之间的内在联系,运用非接触式主动检测系统,通过采集面部表情信息、身体行为(行为视频),提取其动态特征参数,特别是对抑郁、疲劳等异常情绪引发的面部表情、身体动作等不同模态分别进行特征参数提取,并开发非接触式心理识别算法,实现人员心理状况指标的评估,判断人员情绪状态。

2) 人员工作状态综合评价关键技术

综合评价技术的理论研究与实践活动在不断的发展。最初,主要采用评分评估、组合指标评估、综合指数评估法、功效系数法到后来的多元统计评估法、模糊综合评判法、灰色系统评估法、AHP法。近年来的数据包络分析(Data Envelopment Analysis,DEA)法、人工神经网络(Artificial Neural Network,ANN)法等,评估方法日趋复杂化、数学化、多学科化,使之成为一种交叉性的科学技术。不同传感器模块所测得的数据是相互独立的,为了能够获得综合测评结果,需研究适合多通道传感器数据的综合评价方法。

6.7.3 小样本抽样技术

船舶人因工程测评时,首先要对被测对象的交互数据进行采集,然后通过对数据样本的统计及分析得到测评结果。对于统计试验中的样本量,通常认为大样本才可能得到可靠的用户数据,样本量较大对于提高数据的置信水平肯定是有用的,然而由于被测对象的特殊性和试验条件的限制,往往很难获得大量的数据样本。在要求统计学意义下的数据统计分析方法受到了质疑,如果试验次数过少,那么评估结果所依赖的被测系统信息较少,其数据的置信度或者说信度和效度难以保证,若增加试验次数和被测样本量,则在实际工程中都是难以接受的,如某些岗位,由于用户群体固定且群体总量较小,该对象的人因工程测评本身就是一种小样本,如何在小样本的条件下,保证数据的置信度与结果的信度和效度是非常困难的。

对于小样本条件下的试验数据分析方法,通常采用现有状态数据去模拟未知的分布,通过再生抽样将小样本数据转化为大样本。但实船环境的人因工程测评是以人为中心的综合性评估,该方法显然不合适,因此船舶领域中以人为中心的人因工程测评的小样本难题是如何在小样本的前提下,确定最小样本量,保证其符合大样本的分布,且置信度符合要求。

1. 实船测试需求下的样本量估算

在实船环境的人因工程测评工作中,通常有以下两种情况的测评:
(1) 被测对象 A 比被测对象 B 的人因工程水平高吗?
(2) 被测对象 A 的人因工程水平是否合格?

要得到以上两种情况的定量结果,需要控制试验进行的条件,主要应该考虑实验研究设计的因素、各因素的水平以及实验设计的类型等。实验设计的因素和各因素水平越多,抽取的样本容量也就越大;被试内设计需要的样本容量较被试间设计和混合设计要少。为保证实验结果满足统计分析的条件,并获取稳定的实验处理结果,试验的样本数量应该不少于 8 个,本节以用户完成某任务的完成时间为例,来确定试验的具体样本量。

1) 试验假设

首先假设任务完成时间总体服从正态分布。经过前期的培训,模拟用户完成任务的成功率很高。正是因为有了人的参与,任务成功率才受复杂多种因素(如各种试验环境、人的心理、情绪、身体状况等)的影响,但这些影响都是随机和微小的。当然实测结果与总体分布会或多或少地有所偏离,可以在实验结果出来以后,对于特定的试验受特殊因素影响较大的样本,如果其分布已明显偏离了正态分布,再对已有假设条件做必要的修正,否则模型的可靠性无从谈起。因此,可认为任务成功率近似服从正态分布,这也是工程实践中的一般假设,并且数据误差正态假设是假设检验的基础。

2) 样本量计算

有了对任务完成时间样本数据分布的假设,就可以进行参数的统计检验和假设检验。在假设检验中,t 分布是为了描述小样本特性应运而生的分布,t 检验作为一种双尾检验,对样本也有一定的要求,有了上述的小子样数据分析,就可以在符合实验要求的置信度下采用最优区间估计法对总体的均值 μ 进行估计,让该指标真正有效地反映任务完成率的特性。

在总体方差 σ^2 未知时,基于标准正态分布的参数统计量 Z,参数检验要求 $n \geq 30$。因此,就以 30 为建立样本容量的分界线,小于 30 个样本就需要使用小子样数据统计理论进行分析。通过数理统计学中的 t 分布理论,确定估计建立模型所需的最小子样数。推导过程如下:

依据 $t_{n-1} = \dfrac{(\bar{X} - \mu)}{S/\sqrt{n}}$,可以得

$$n = \left(\frac{S \cdot t_{\alpha,n-1}}{\bar{X} - \mu}\right)^2 \quad (6-21)$$

为了对该实验有更好的指导意义,再进行几个参数的假设,进行小子样数的确定。

其次,假设任务的成功率 $\mu = (95 \pm 1)\%$,检测显著性水平 $\alpha = 0.05$。

当计算出的 $n > 30$ 时,样本量需按照 n 个进行选取才能满足建模和参数检验的要求;若计算的 $n < 30$,则使用"试差法",按照取整后 n 的值,由 t 分布表查出相应的 $t_{\alpha,n-1}$ 值,代入式(6-21)再计算 n 值,依此循环,直到新计算出的 n 值与先前计算的 n 值相同或者相差很小为止,说明 n 值稳定在某一区间内,那么,取其中最大的即可满足参数检验的条件。

取 $n = 6 < 30$,这时发现再进行试算的过程应与第6次试算完全一样,也就是说满足参数检验条件的样本数应稳定在6和7。

因此,满足参数检验假设的条件应为 $n \geq 6$,就可以保证在95%的置信度时,保证满足参数检验抽样的相对误差不大于5%;也就是说应用小子样数据分析理论进行上述类型的任务成功率实验应选取6名受试者即可保证分析结果的有效性。

2. 代表性用户的选取

代表性是指所选择的模拟用户样本应该包含总体的所有相应特征。为了获得具有代表性的样本总体,应该从群体中随机选择样本个体。随机性是指群体中的每一个个体都有相等的机会被选入样本。同时,在选择被试时还要考虑随机性和样本空间大小等因素。

抽样方法的选择依赖于以下几个因素:可利用的抽样框、总体分布情况、调查个体的费用以及数据分析方法。应首先确定所需测评结果的统计置信度水平。置信度水平取决于测试类型和测试目的。测评抽样的精度要求通常根据相对误差、变异系数、估计量的方差等各类指标提出明确要求,一般要求误差不超过5%。在要求达到精度的条件下,使调查总费用最省的设计为最优设计。

用户测评往往采用招募样本的方式获得受试者,应采用对招募受试者的配额抽样。考虑到工效学用户测评的特点,对受试者的配额抽样采用相互控制配额抽样。针对多个需要控制的用户特征对拟招募的受试者进行交叉分类,先确定样本总数,再根据每类需要控制的用户特征的各自比例,确定每类应抽取的样本数目。配额分配完成后,抽取被调查个体受试者。根据每个个体受试者对不同指标的体验结果及各个体验指标的特征选择辅助变量,作为权重设计的依据。权重设计主要考虑两个方面的加权:一是子总体的规模;二是如果指标和年龄结构相关,采用年龄结构比作为加权指标,估计各个测试指标,给出测试指标的估计量,同时给出估计量的精度估计。

人因工程测评抽样中如果有辅助信息可以利用,那么采用分层抽样技术可以提高估计量的精度。分层抽样的精度取决于层内方差的大小,因此分层需遵循的原则是层间方差(差异)越大越好,层内的方差(差异)越小越好。

如果事先分层有困难,缺乏层的抽样框,就宜采用事后分层技术。事后分层又称抽样后分层,使用它的前提是每层的权重可以通过某种途径获得,从而是已知的。事后分层不仅可以用于简单随机样本,而且可以用于按照其他标识分层的分层随机样本,不过此时要求层样本量是按照严格比例分配的。

根据一般经验法法则,如果目标用户群有几种截然不同的群组,如实船环境下多岗位不同工作内容的用户群体,有必要在每个群组中至少安排4个用户参与测试。

6.7.4 实船舱室环境数据采集技术

舱室环境类测评指标既包括客观指标也包括主观指标,实船阶段舱室环境的测评工作通常以客观指标测试的结果为主。

1. 舱室环境数据采集测试条件控制方法

实船阶段,船舶处于系泊或航行状态,此时舱室内部的环境受外部自然环境、船舶航行状态、舱室设备状态、舱内人员等多重因素影响。相关环境复杂多变、相互干扰,相关测试条件不受控,这使得开展实船人因工程测试需要特别注重对测试条件的控制,并在测试开始前记录好测试条件,测试条件是影响环境测试用例的关键因素。典型的测试条件包括外部自然环境、船舶航行状态、舱室设备状态和舱室人员等。

外部自然环境主要包括船舶所处的气象条件和自然条件,外部自然环境对船舶舱室的热环境和船体运动测试的影响较大,开展实船测试时需要控制的条件包括季节、时间、天气、风浪流条件等。

船舶航行状态主要有靠港、低速航行、高速航行、海上特殊作业等,航行状态对船舶噪声环境和船体运动环境的影响更明显。例如,靠港状态船舶主机通常处于停转状态,此时声环境的测试结果未包含主机导致的舱室振动噪声。若开展海上特殊作业(如补给作业、舰载机起降、全船广播、鸣笛等),则可能在测试过程中产生瞬时噪声,影响舱室声环境测试结果。

舱室设备状态主要包括设备运行、未运行、维修等不同状态,对船舶热环境、光环境、声环境测试均有影响。若舱室设备处于运行状态时设备会产热,则一段时间后会升高舱室温度。此外,设备运行和散热风扇还会导致额外的噪声,设备配属的显示设备还会成为舱室的额外"光源"。

舱内人员活动会影响舱室环境测试的结果,测试时舱室拥挤的大量人员会影响舱室热环境测试结果,舱室人员语言沟通会影响声环境测试结果,舱室人员若处于照度探测器附近,可能遮挡光照从而影响光环境测试结果。

测试用例的选择需要兼顾典型和特殊的任务状态,并结合测试条件合理设计测试用例,综合考虑不同条件下舱室环境的合理程度。以声环境、光环境、热环境为例,舱室环境测试条件对数据采集的影响及控制要求梳理如下:

(1)对于声环境测试,主要受船舶航行状态(应考虑主机停止、低速航行、高速航行等不同工况)、舱室设备状态(包括设备运行与未运行时的工况)、舱内人员(如人员说话对测试产生干扰)等条件因素影响较大,测试时应加以控制。

(2) 对于光环境测试,主要受外部自然环境(对驾驶室、塔台等外部舱室影响较大)、舱室设备状态(应考虑设备显示器、设备指示灯、照明灯具等之间的相互干扰)、舱内人员(人员对于光线的遮挡应避免)等因素影响较大,测试时应加以控制。

(3) 对于热环境测试,主要受外部自然环境(应考虑季节与天气因素)、舱室设备状态(如机械设备、电子信息设备、通风设备和温度调节设备对于温度的影响)、舱内人员(应考虑值更状态、满员状态、超员状态等不同舱室人员状态)等因素影响较大,测试时应加以控制。

2. 舱室环境数据采集的测点布置方法

实船舱室环境测试数据采集的关键在于数据测试采样点(测点)的布置,与主观测评中的模拟用户选择类似,采集测点的选择将直接影响测试结果的科学性和有效性。

测点的布置既要考虑舱室整体的代表性又要考虑局部的差异性,可将测点分为均布测点和局部测点,其中均布测点用于代表舱室整体水平,局部测点用于兼顾特殊因素影响下局部环境条件。舱室环境测评关注船舶人员在舱室环境中是否舒适和高效,测点的布置也需要结合舱室人员的分布情况进行考虑,测点布置方法如下:

1) 结合舱室人员分布对舱室进行分区

根据舱室形状、人员集中程度、舱室人员职能分布等因素对舱室内部进行划分,舱室面积越大需要划分的分区越多。

2) 结合空间特点及环境因素特性选择合适的均布测点

考虑功能区的面积、形状与人员数量选择均布测点的数量和相对位置关系,测点数量通常为3~5个,面积越大、人员越多的分区需要的测点数量越多。对于热环境和空气质量的环境测试,舱室位置对测量结果的影响较小,此时测点数量可以适当减少。对于光环境和声环境的测试,舱室位置不同测试结果的差异较明显,测点的数量应适当增加。对于大型舱室,若同分区内相邻两测点的间距超过10m,则应在两测中点处追加1个测点。典型的均布测点的布置方式如图6-17所示。

3) 在舱室特殊部位增加局部测点

针对不同的测试项,应分析舱室相关的特殊部位,若邻近区域没有测点则需要增加局部测点。对于声环境需要关注的部位为强噪声源附近的岗位。对于热环境需要关注的部位为空调附近的岗位、舱室通风最差的岗位、人员最集中的部位等。对于光环境需要关注的部位为亮度对比度较高的岗位、舱室最暗的岗位、存在明显眩光的岗位等。

4) 测点高度的要求

对于不同的测试项,测点的高度需要进行专门的考虑,选取的位置由人员典型的作业姿势和测试项本身共同决定。对于声环境测试,当人员处于坐姿作业时测点高度应选择人员坐姿的耳朵位置处(约1.2m)。对于光环境测试,照度测试的测点高度取桌面高度(约0.7m),亮度测试的测点高度取人坐姿人眼位置(约1.2m)。对于热环境测试每个测点需要

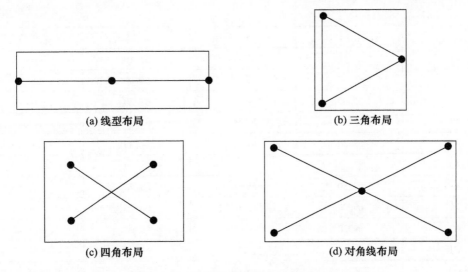

图 6-17 典型的均布测点的布置方式

在不同高度测量三次,分别是人员的头部(1.5m)、腹部(1.1m)以及足部(0m)三处,再以 1∶2∶1 的比例加权平均计算该测点的测试结果。

声环境测试各测点的测试结果的取值,根据平均声压级计算公式计算得到,平均声压级计算公式如下:

$$L_p = 10\lg\left[\frac{1}{n}\sum 10^{0.1(L_{pi})}\right]$$

式中:L_{pi} 为第 i 点的 A 计权声压级(dB)。

以某大型船舶舱室声环境测试为例,相关测试结果样例及测点分布如表 6-5 和图 6-18 所示。

表 6-5 某舱室声环境测试样例

检测对象	××××室	编号	××××-01
技术状态	系泊试验阶段	数量	1
检测日期	××××年××月××日		
检测地点	××××船厂		
仪器名称/型号	噪声计/RION NL-42		
检测项目	舱室环境噪声		
检测标准	GJB 763—89《舰船噪声限值和测量方法》		
质量控制	—		
检测结果			
备注			
编写:		审核:	批准:
舱室环境噪声测试—数据记录表(单位:dB)			

续表

测点	第一次测试值	第二次测试值	第三次测试值	测点平均声压级
A1	67.40	63.00	65.10	65.17
A2	65.50	63.30	64.80	64.53
A3	65.00	61.10	63.30	63.13
A4	68.20	62.70	64.20	65.03
A5	68.30	62.50	64.30	65.03
A6	67.20	69.60	68.40	68.40
A7	67.80	65.30	66.50	66.53
A8	69.00	63.00	66.70	66.23
A9	69.20	64.20	65.90	66.43
A10	63.30	63.10	63.40	63.27
A11	66.10	65.60	65.80	65.83
A12	63.40	62.80	63.10	63.10
A13	67.20	66.90	67.00	67.03
A14	66.00	65.60	65.90	65.83
A15	69.50	68.70	69.20	69.13
测试平均声压级	66.87	64.49	65.57	—
舱室总体平均声压级	65.65			

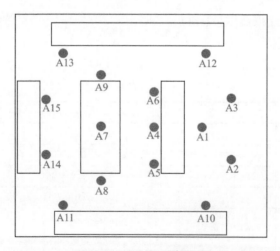

图6-18 某舱室声环境测试测点布置方式示例

下篇

应用与实践

第7章

"海狼"系列大型涉人隔离密闭实验

　　一些特殊类型船舶或特殊岗位的船员在出航过程中长时间处于极端特殊的环境,由于空间狭小密闭、充斥有害气体、缺少日光照射、长期社会隔离、生活单调枯燥、高风险性等不利因素影响,船员会出现生物节律紊乱、睡眠障碍、躯体不适、抑郁焦虑情绪增加、注意警觉性下降等工作能力衰退现象,并呈现出一定的规律性变化。构建定量化模型揭示船员工作能力变化规律,确定长航船员工作能力下降维度与时机,可为长航船员工作能力的维持与提升、船舶适人性设计以及人员岗位优化配置等提供参考依据。

　　采集船员工作能力数据应尽可能排除、减少或分离无关因素的干扰。然而,在实际出航过程中往往无法满足该要求。首先,船上干扰因素较多,难以人为控制,影响测试数据准确性;其次,船员任务繁忙,且需要轮班,较难按照研究计划有效配合测试;再次,部分工作能力测试需要人员停止正在执行的工作配合测试,对人员及其工作任务存在干扰,无法在船舶实际出航的过程中开展;最后,船上缺少工作能力测评方面的专业技术人员,较难开展一些对专业技术要求较高的测试。

　　过去几十年间,美国针对船员工作能力已经开展了科学、深入、全面和持续的研究,积累了大量的数据和模型,并形成了相关的舱室设计标准、生活保障方案以及选拔训练技术等。我国航天领域针对长期空间飞行任务中航天员的生理、心理状态维持问题开展了大量研究,形成了相关技术和标准,有效支撑了历次载人航天任务的顺利完成。但是由于数据保密、国内外人员特征差异等原因,无法将国外的相关数据、技术、标准等直接应用于我国船员。由于环境特异性、任务差异性等原因,国内航天等领域的相关成果也无法直接用于解决我国特殊岗位船员工作能力维持的问题。因此,迫切需要基于我国船舶作业环境、任务和船员的特点,积累长航任务中船员工作能力变化数据、突破船员工作能力评价技术,形成与船舶人因设计、人机功能分配、特殊岗位人员选拔训练等相关标准规范,为长航任务中船员工作能力测评、维持和提升提供支撑。

7.1 实验简介

自2018年2月起,中国船舶集团有限公司综合技术经济研究院(简称中船综合院)人因工程全国重点实验室(船舶)项目组围绕特殊类型船舶作业人员工作能力变化规律,开展了我国船舶领域首个长航时、全流程、多维度大型载人隔离密闭系列实验(以下简称"海狼"系列实验),包括人因设计专项实验、短期模拟实验、光环境因素、气体环境因素、噪声环境因素中短期隔离密闭实验和中长期隔离密闭实验等多阶段实验,分阶段、分层次探索了不同时间跨度与隔离密闭耦合作用下船员工作能力的变化规律[73,250-254]。

人因设计专项实验主要针对船舶典型显示界面、交互方式等要素开展专项研究,初步了解船舶典型显示界面、交互方式等要素对人员工作绩效的影响,为船舶人机界面、操控方式的人因设计与标准制定提供支撑。

光环境气体环境及噪声环境因素实验揭示了照明、主气体成分、噪声等环境因素对人员工作能力的影响[255-257],可以为船舶舱室照明环境设计、气体环境保障、噪声环境优化及特殊岗位人员工作能力维持提供参考依据。

中短期与中长期隔离密闭实验分别针对30天以内与30天以上的航行任务(分别简称海狼-30和海狼-90实验),揭示中短期与中长期隔离密闭环境下特殊岗位人员工作能力变化规律及其机制[258],可为特殊岗位人员工作能力调控策略设计、人员选拔训练以及装备设计提供数据支持。

"海狼"实验突破了大型涉人实验综合设计技术、船员工作能力表征与测试技术以及多源异构人体数据融合分析技术等关键技术,从人员、环境和任务等多个方面模拟了长航任务:

(1) 人员模拟。实验招募了具有船舶远航任务经验的人员作为模拟船员(实验被试,本书统称为"模拟船员")。全部模拟船员在正式实验开始前均经过系统培训,经评估合格后方可参加正式实验。模拟船员专业覆盖了船舶远航关键岗位,包括情报处理、武器控制、船舶导航、船舶驾驶、指挥控制。

(2) 环境模拟。实验从社会隔离、物理空间、光环境、声环境、温湿度、主气体成分等方面模拟了某类型船舶工作与生活环境,可保障模拟船员在舱内获得和船舶实际出航期间具有生物一致性的工作与生活环境体验,诱发模拟船员产生和船舶实际长航任务相似的工作能力与作业绩效变化特征。

(3) 任务模拟。实验模拟航程约2万海里,针对长航不同阶段的任务特点设计了多个阶段模拟任务。实验期间模拟船员执行常规模拟任务(如常规航行、环境观测等)和应急突发模拟任务(如船舶故障处理、火灾演练等)。典型模拟任务由有丰富经验的船员与项目组共同设计完成。

(4) 社会模拟。实验通过设计多层级、多岗位的社会互动模式关系,模拟了船舶出航期间船员实际社会组织关系,并通过权责确认程序、任免仪式、签署合作协议、物质激励、培训演练等多种方式巩固了所设计的社会组织模式。

"海狼"系列实验设计了人员生理、心理、认知、情绪、团队协同等方面的132项测试科目,全部测试项目均经过信度和效度检验。在此基础上自主设计开发了适用于船员使用的工作能力测试系统,实现了模拟船员工作能力的全面测量,采集了行为层、特性层、机制层三个层次9个维度上的800余项测试指标,共计1200余万条数据。

7.2 实验目的

重点针对"缺少长航任务中船员工作能力变化数据、测评方法与工具"以及"长航船员工作能力变化规律与机制不明,无法支撑长航船员能力监测、维持与提升"等问题,组织开展了"海狼"系列实验,旨在获取多时间维度船舶长航全流程任务模拟条件下关键岗位船员工作能力与作业绩效变化特征数据,从行为层、特性层、机制层揭示船舶长航全流程任务模拟条件下特殊岗位船员能力变化规律及其机制以及工作能力与作业绩效的关联关系,探索船舶主要环境因素(照明、噪声、主气体成分)对模拟船员工作能力的影响及作用机理,评估信息显示要素与人机交互最佳水平在长航周期上的变化情况。

7.3 实验设计

"海狼"系列实验围绕着"船舶长时间隔离密闭环境下船员工作能力变化规律"的主题,并结合模拟船员个人权益与科学实验要求,制定了实验设计总原则,在此基础上形成了总体流程、变量以及条件模拟(实验设计),制定了各阶段的组织流程、日程安排计划、保障与故障处理机制(实验组织),明确了测试方法与工具平台(实验平台),建立了数据评定标准与数据质量控制措施(见本书1.3节4.数据分析),最终形成了实验设计方案、实验条件模拟方案、实验日程安排方案、测试方法及软硬件配置方案、主试和模拟船员选拔与培训方案、实验保障及预案等如图7-1所示。

7.3.1 实验设计原则

实验设计原则是保证达到实验目的而对实验设计提出的整体要求。"海狼"系列实验设计原则如下:

(1)安全实验:本实验要求在特殊类型船舶中短期与中长期全流程任务模拟对抗条件下开展,船舶真实出航过程存在诸多对船员身心状态产生威胁的因素,还存在威胁船员生命安全意外情况的可能性。因此,在进行实验设计和实施方案设计时,出于伦理学的角度考虑,在长航条件模拟和实验保障等方面,应尽可能地保证模拟船员的安全和身心健康,并积极做好相关预案。

(2)有效诱发:在保障安全的前提下,诱发模拟船员与真实船舶任务情景下尽可能相似的工作及生活状态,尽可能使实验的生物学效应与船舶长航条件一致。

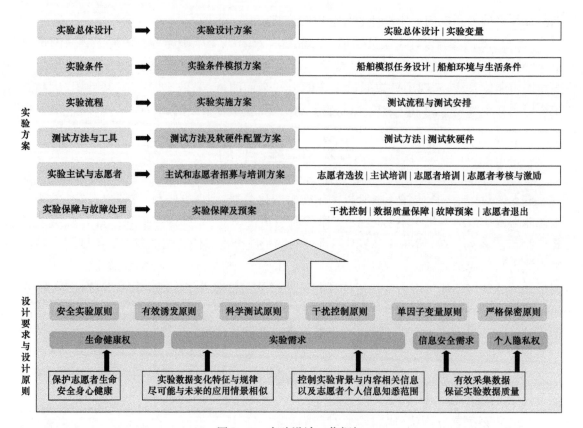

图 7-1 实验设计工作框架

（3）科学可行：本实验要模拟的特殊类型船舶中短期与中长期任务存在隔离密闭要求，使得模拟船员需要在无舱内外通信的情况下，全程几十天自主完成各项实验任务，同时要对能力进行多次重复测量。因此，需要尽可能保障实验数据的有效测量，即要求能力测试指标、测试方法、测试工具科学，测试流程与数据分析流程严谨、标准，尽量减少无关因素的干扰（如环境影响、软硬件设备影响、练习效应、疲劳效应、顺序效应等），以保证实验数据质量。

7.3.2 实验总体流程

"海狼"系列实验模拟了某特殊类型船舶长时间远航非预置式全流程任务的值更任务、环境要素、生活要素，从航行时间、值更制度、工作负荷等多个自变量维度，对关键岗位人员行为层、特性层、机制层等多个层次的工作能力与作业绩效变化特征、变化规律及内在机制开展研究。实验总体包括筹备期、培训与基线期、适应期、实验期、恢复期、回访期六个阶段：

（1）筹备期：通过社会招募、心理筛查、体检等方式选拔具有船舶专业背景的身心健康模拟船员参与实验，同时完成实验方案设计、实验环境搭建、测试和任务系统升级设计与开发调试、物资配给以及其他实验筹备工作。

(2) 培训与基线期:各项准备工作就绪后进入培训与基线期,对筛查合格模拟船员进行系统培训,并采集基线数据。

(3) 适应期:培训考核合格后进入适应期,完成实验预演,评估实验流程,并确认模拟船员实验适应状态。

(4) 实验期:模拟船员在实验期需要按工作手册完成船舶航行模拟任务与各项工作能力周期性监测。

(5) 恢复期:实验结束后对模拟船员身心状态进行检查确认无问题后,模拟船员自行离开。

(6) 回访期:对模拟船员身心状态再次确认无问题后,实验结束。

实验总体流程如图 7-2 所示,详细的实验变量设计、实验条件模拟、实验流程、测试方法及软硬件设备配置、模拟船员选拔与培训、数据质量保障、意外故障处理及安全保密见 7.3 节、7.4 节、7.5 节、7.6 节等部分。

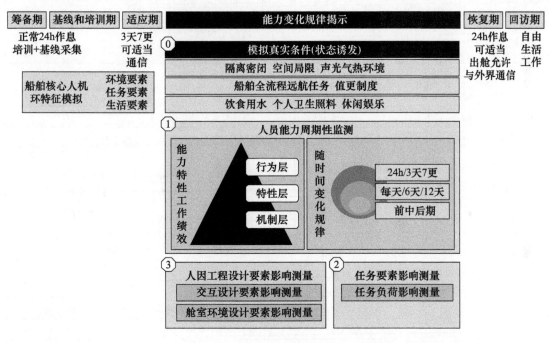

图 7-2 实验总体流程(以中长期隔离密闭实验为例)

7.3.3 实验变量

实验变量包括自变量、因变量与干扰变量三大类。自变量是由研究者选定并进行操纵、变化能产生所欲研究现象的因素或因素组合。因变量通常由研究所关注的能够真实反映模拟船员状态的指标构成。干扰变量,即控制变量,是指那些除了实验自变量以外的所有影响实验结果的变量,这些变量不是实验所要研究的变量,所以又称无关变量、无关因子、非实验因素或非实验因子,通常需要在实验中尽量排除或进行严格控制。

1. 自变量

自变量可以来自课题需求、环境与模拟船员等多个方面。"海狼"系列实验主要从时间、任务、船舶人因工程设计要素等三个方面设计实验自变量，见表7-1。自变量及各自变量水平参照了某类型船舶长航实际任务情况、中短期隔离密闭实验结果、国内外已有文献资料以及项目组前期其他同类实验设置，可以系统评估船舶长航全流程任务条件下模拟船员工作能力变化特征及其背后的机制、船舶人因工程设计要素对模拟船员工作能力和作业绩效的影响自变量均采用模拟船员被试内设计，以减少个体差异的影响。

表7-1 "海狼"系列实验自变量

自变量	自变量维度	自变量设置	自变量水平	自变量设计
时间	出航时间	测试频次	每天、每6天、每12天、每24天、每个月等	被试内变量
	24h维度	警觉性水平	状态最差时间、状态最佳时间	被试内变量
	24h节律		时间1、时间2、时间4、时间5、时间6、时间7	被试内变量
任务	值更	值更更次	不同更次	被试内变量
		值更前后	值更前、值更后	被试内变量
	任务负荷	任务负荷	高、中、低三种负荷水平	被试内变量
船舶人因工程设计要素	船舶交互设计要素	显示界面设计要素	海图配色方案(4种优化方案)；界面字符：字符类型(中文、数字、英文)×尺寸(1级、2级、3级、4级、5级磅)	被试内变量
		交互方式设计要素	目标快捷菜单按键尺寸(1级、2级、3级、4级、5级、6级、7级共7种)	被试内变量
		人机功能分配设计要素	告警闪烁(高频、低频、无闪烁)；自动化水平(全自动化、半自动化、非自动化)×任务难度(高、中、低)	被试内变量
	舱室主要环境设计要素	照明环境	工作舱照度水平(1级、2级、3级)	被试内变量
		噪声环境	工作舱噪声品质(原始、优化)	被试内变量
		气体环境	工作舱主气体成分(1级、2级、3级)	被试内变量

2. 因变量

"海狼"系列实验因变量采集了模拟船员实验期前后及实验期间的工作能力、作业绩效、工作负荷等指标，这些主要来源于以下几个方面：

(1) 实验室研究提出的关键岗位船员工作能力谱；

(2) 通过实船调研获得的直接影响或表征船员工作能力的生理和心理指标；

(3) 通过文献调研获得的直接影响或表征船员工作能力的生理和心理指标。

以中长期隔离密闭实验为例，项目组选择了对长航时间敏感的指标、对长航时间变化不敏感但与船舶任务高度相关的指标、结合一线多次调研及研讨结果确定的长航船员工作能力和作业绩效相关的指标作为实验的因变量,见表 7-2。

表 7-2 "海狼"系列实验因变量

类别	因变量
情绪与心理健康	人格、心理健康、社会支持、情绪调节、情绪状态、应激、习惯
认知与决策	注意、知觉、思维、记忆、认知控制、语言理解、决策、听力
脑功能	大脑结构与激活状态、大脑电生理状态
身体机能和健康状态	身体机能
运动与操作能力	肌力、耐力、操作能力、身体平衡与柔韧性
身体代谢能力	生理稳态、代谢水平、肠道微生态、代谢相关生活情况
生物节律和睡眠调节能力	生物节律、睡眠
岗位任务作业绩效与负荷	作业绩效、工作负荷、情境意识、工作状态
交互行为和绩效	交互任务绩效、交互参数
影响因素评价	生活感受、界面、环境
状态监控	实验状态、生活状态

3. 干扰变量

为减少环境、模拟船员、任务、设备等干扰因素以及练习效应、疲劳效应、顺序效应对实验结果的影响,"海狼"系列实验对可控的干扰变量进行了严格控制,对难以控制的干扰变量进行了监控,并在数据分析中分离相关变量对实验结果的影响。

1) 环境相关干扰变量控制

"海狼"系列实验严格控制了可以影响人员能力状态与作业绩效的环境因素,包括隔离密闭、空间、光环境、声环境、温湿度、主气体成分等,各项环境因素的控制范围通过一线调研获得。实验期间各项环境因素水平均保持相对稳定,并密切监控和记录气体、温湿度等可能随着人员活动产生一定波动的环境因素。

2) 任务相关干扰变量控制

"海狼"系列实验期间模拟船员需要完成两类任务,分别是典型船舶模拟任务和能力测试任务。为了减少任务相关干扰变量的影响,实验进行了如下控制:

(1) 实验中所有被试在测试同一项能力时使用相同的标准化测试任务,以保证所有模拟船员同一项能力测试评估方法和评估标准的一致性。

(2) 模拟任务按照岗位进行分工,在无人员意外退出的情况下模拟任务不换岗,以保证实验期间同一人员受到的来自模拟任务的影响是一致的。

3) 设备相关干扰因素控制

设备软硬件的稳定性与准确性会影响实验结果的可靠性,"海狼"系列实验对测试软硬件设备进行了如下控制:

(1) 实验前对所有软件、硬件以及其他测试工具进行计量、校准或标准化,部分校准周期短于实验周期的,超出校准周期前,通过无接触无交流方式传出舱外进行校准。

(2) 同类测试尽量使用具有相同配置的设备进行测试,部分测试设备数量较少,无法满足全部模拟船员同时测试的,采用短期内轮流测试方式。

4) 模拟船员相关干扰变量控制

模拟船员的人格特征和能力水平等个体差异、情绪状态、测试任务熟练程度、测试态度等因素会影响实验结果,为控制这些因素的影响,"海狼"实验采取了以下措施:

(1) 为控制模拟船员个体差异影响,尽量采用被试内设计,对于不能进行被试内设计且需要进行对比的变量,将基于模拟船员相关能力指标进行配对分组后开展被试间数据采集。

(2) 所有测试均采集基线数据,并采集模拟船员人格特征数据,监测模拟船员实验期间的情绪状态,用以评估模拟船员基线能力水平、人格特征、情绪状态对实验的影响。

(3) 为保障模拟船员认真积极完成测试任务,基于理论分析和调研结果制定了模拟船员奖惩机制。

"海狼"系列实验对环境、任务、设备等方面的影响因素进行严格控制的同时监测了环境、设备、生活等影响因素主观感受以及模拟船员测试和生活状态等指标,用以评估和分离这些因素对实验结果的影响。具体监测指标与指标意义见表 7-3。

表 7-3 影响因素主观感受与模拟船员状态的监控指标

类别	维度	测试指标	指标意义
影响因素主观感受	设备	界面评价	人员对系统界面的主观感受
	环境	环境评价	人员对环境的主观感受
	生活	生活感受	人员对舱内生活的主观感受
模拟船员状态	测试状态	测试状态	通过观察评估人员完成测试时的状态
	生活状态	生活状态	通过观察评估人员舱内生活状态

5) 练习效应控制

为控制多次重复测量可能产生的练习效应,"海狼"系列实验在培训期要求模拟船员对认知等可能受到练习效应影响的测试进行充分练习,使模拟船员测试指标达到熟练且稳定的水平。充分练习所需要的练习时间、练习次数以及需要达到的标准根据国内外文献报告、练习效应实验、前期其他相关实验确定。

6) 疲劳效应控制

数据采集过程中疲劳会影响实验结果的准确性。为减少模拟船员在测试过程中的疲劳,"海狼"系列实验限定:

(1) 单日值更以外测试总时长 1~2h,平均 1.5h;

(2) 认知测试连续测试时长不超过 40min,单次测试时长不超过 10min,连续测试之间休息时间不少于 10min;

(3) 测试时长在实验期间整体均匀分布。

7) 顺序效应控制

一些身体或心理活动强度较大的测试,会影响随后的测试结果,即使同一测试不同条件之间前后顺序不同所受到的模拟船员情绪、态度等状态的影响也不相同。为控制顺序效

应,实验限定:

(1) 尽量避免将前后可能产生影响的测试安排在一起,完成对后续测试影响较大的测试后不再安排测试;

(2) 同一测试实验条件之间顺序进行随机化处理,不能进行条件随机化处理的,在被试之间采用拉丁方顺序排列实验条件。

"海狼"系列实验按照上述两条要求安排测试项目,实验期间所有模拟船员相同测试时段内的多项测试顺序保持一致,以保证所有模拟船员受到的顺序影响近似。

7.3.4 实验条件模拟

为诱发模拟船员接近真实的工作及生活状态,提升模拟船员沉浸感与舱室实验保障功能,中长期隔离密闭实验从舱室环境、个人空间、生活照料、任务负荷等方面对船舶全流程任务对抗特征进行了模拟,具体实验条件的设置和模拟情况如表 7-4 所示(具体实现方案见隔离密闭实验舱、船舶典型任务模拟系统等章节)。

表 7-4 "海狼"系列实验对船舶工作及生活条件模拟情况

因素	要素	模拟情况
环境	隔离密闭	模拟根据:实船采集结果 地理隔离+信息隔离
	空间	模拟根据:实船采集结果 空间限制:物理空间基本模拟某类型船上空间,安装了部分船上特有的设施 空间狭小:住舱、值班室等具有空间压迫感
	光环境	模拟根据:实船采集结果模拟 模拟实船照明环境
	声环境	模拟根据:实船采集噪声和噪声等级 按实船噪声等级播放实船录制噪声
	温湿度	模拟根据:实船调研结果 按照某类型船舶温度、湿度进行模拟
	主气体成分	模拟根据:实船调研结果模拟 在保证生存的前提下,减少新风换气量,厨房和卫生间排风内循环
任务	值更任务	模拟根据:实船调研结果 全流程对抗模拟为某类型船舶的 5 类共 8 个岗位任务全流程模拟,并设置了不同的任务压力和任务负荷 模拟为典型岗位任务循环模拟,设置了不同的任务压力和任务负荷
	值更制度	模拟根据:实船调研结果模拟 模拟典型实船值更制度
	工作时长	模拟根据:实船调研结果 根据船上长航工作状态下,平均工作时长与任务负荷进行模拟,每天进行 8h 值班任务和 2~3h 其他测试任务

续表

因素	要素	模拟情况
任务	高压力高应激条件	模拟根据:实船调研结果模拟 设置故障、火灾等意外情况,不定期的突发应激情况模拟,要求全员到岗,提升实验期的人员应激水平 设置岗位值更任务,通过调整值更任务参数,设定不同难度和负荷等级的任务,并将任务绩效与实验报酬挂钩,增加模拟船员完成任务的时间压力和难度
任务	长航程任务	模拟根据:实船调研结果模拟 模拟远航任务
生活	饮食与饮水	模拟根据:实船调研结果模拟 各类食材每月一次性送入并存储在舱内,厨师随船"出海",在舱内保证餐食供应;饮用水不限量
生活	个人卫生照料	模拟根据:实船调研结果模拟 限值洗澡次数与时长、禁止舱内洗衣等
生活	休闲娱乐	模拟根据:实船调研结果模拟 阅读、观影、简单健身、棋类等

7.4 实验组织

由于"海狼"实验具有全程舱内外信息隔离、实验24h连续运转、模拟船员身心健康风险未知等特殊特点,给实验实施带来了系统、复杂、严峻的挑战。因此,项目组开始实验前期进行了周密策划,设计了精确到分钟的实验实施方案,编制了精确到动作的操作手册,制订了包括新冠疫情防控在内的44项应急预案,开展了模拟船员专项培训,为实验的顺利实施打下了坚实的基础。

7.4.1 培训和基线期

选拔培训期的目的是保证模拟船员在舱内生活安全、实验采集的数据有效。项目组从心理评估和体检合格的备选人员中选拔模拟船员(不少于12名),完成舱内意外故障处置、工作生活制度、典型模拟任务、测试任务及注意事项、测试设备与测试软件操作等方面培训。

1. 模拟船员选拔要求

模拟船员通过社会公开招募,招募数量大于实际需要数量,并从中选拔生理及心理合格者参与隔离密闭科学实验,选拔要求如下:

(1) 通过心理和体检筛查:项目组邀请临床医生从生理和心理两个方面,制订了详细的模拟船员招募要求和严格的模拟船员筛查方案,确保所有参与实验的模拟船员都具有健康的身体素质和较强的心理素质,能够顺利完成隔离密闭实验。

(2) 具有典型模拟任务专业背景优先:为获得更加接近船员出航工作能力与作业绩效

特征的数据,减少因对模拟长航的不适应带来的心理问题,缩短典型模拟任务训练时间,本次优先选拔录用具有典型模拟任务相关专业背景的人员。

(3)通过项目组培训考核:为保障安全、顺利完成实验,最终选拔确定的模拟船员需通过项目组组织的选拔考核。

2. 模拟船员培训要求

为保证模拟船员安全、顺利完成实验任务,项目组针对舱内意外故障处置、工作生活制度、典型模拟任务、测试任务及注意事项、测试设备与测试软件操作等,并制定了详尽的培训计划和内容。

为检验培训效果,在培训全过程对模拟船员培训学习情况进行考核,并及时淘汰不合格者。

培训结束后模拟船员在舱内完成基线测量,基线数据将作为模拟船员模拟长航前的基础对照数据。基线期模拟船员数据采集过程中采用正常的24h作息制度,白天工作8h,并完成各项测试的基线值测量。

实验设置单项能力测试、典型任务成绩、综合态度表现三个考核维度,并结合模拟船员各项成绩和个人意愿确定岗位。确定岗位前所有模拟船员需接受典型模拟任务所有岗位培训,掌握基本的工作内容与工作流程,确定岗位后对所属岗位加强训练。每名模拟船员需全部掌握舱内意外故障处置、工作生活制度、测试任务及注意事项等培训内容。

3. 模拟船员选拔与培训工作整体安排

整个模拟船员选拔与培训工作持续约半年,由30余名主试人员对模拟船员进行线上与现场培训工作,详见图7-3,最终确定8名模拟船员开展中长期隔离密闭实验。

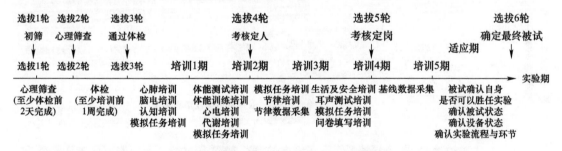

图7-3 模拟船员选拔与培训工作整体计划

7.4.2 适应期

实验适应期共6天,目的是给模拟船员一段缓冲适应时间,以减少工作状态改变可能产生的心理和生理上的不适感,让模拟船员切身体会隔离密闭、实船值更等实验条件生活和工作状态,同时减少初期环境、状态变化对实验结果的影响,并再次确认模拟船员在舱内独立执行任务情况、身心状态及各项实验设备设施性能稳定性。适应期内,模拟船员与外界信息隔离,按照正式实验实船值更制值班,并按照要求执行各项模拟任务及测试。适应期结束后,正式实验前预留3天时间,由项目组、模拟船员、领域专家共同对实验流程及各项保障事项再次核查,进一步完善实验流程与保障工作,确认实验流程与各项保障工作切实可行,模拟船员任务执行情况良好、身心状态稳定、各项测试设施设备运行正常之后放行。

7.4.3 实验期

1. 实验期总体流程

实验期模拟全球航行任务,值更、作息制度以及各环境因素设定均按照实船安排和设置,执行完全信息隔离。所有模拟船员不分组,全部模拟执行同一更。自由活动时段模拟船员按照工作手册完成测试或自主进行休闲娱乐。

2. 实验期模拟船员工作安排

长周期隔离密闭实验与一般实验室实验相比具有主试无干预、测试项目众多、长周期内多次重复测量等特点,为了保证实验期间可采集到有效的实验数据,尽可能避免或减少来自环境、任务以及模拟船员等各方面因素对实验的不利影响,项目组对实验期间的 132 项测试,进行了科学合理的计划,形成了精确到分钟的工作手册,指导模拟船员在隔离密闭实验条件下独立完成全部实验任务。实验期测试安排遵循原则和模拟船员工作手册安排流程如图 7-4 和图 7-5 所示。

图 7-4 实验期测试安排原则

实验期测试安排应遵循以下原则:

(1) 满足实验目的需求:测试频率的设置要满足变化规律研究需求,测试的间隔小于测试指标产生变化的间隔。

(2) 近似实际任务:单日内测试任务的强度、时长与长航实际任务相似,认知测试连续测试总时长不超过 40min。

(3) 保证测试信度和效度:测试频率、顺序、整体分布要保证测试的信度和效度,单一测试多次重复测试结果可实现纵向和横向比较,个体内和个体间多次重复测量的指标测试

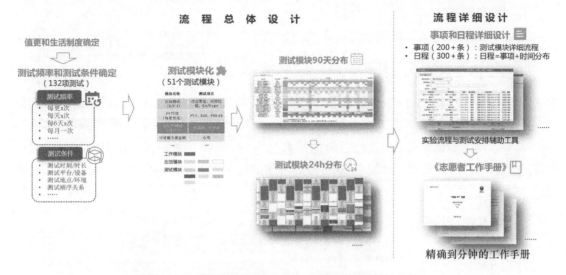

图7-5 实验期模拟船员工作手册编制流程(见彩插)

条件(时刻、前项任务、场地、软硬件、社会存在等)完全相同。

(4) 满足条件约束:满足设备数量、场地、重复测量素材的约束,尽量避免练习效应的影响。

(5) 避免负面干扰:占用同类资源通道的多个测试在测试日之间均衡排布,前后测试项目之间干扰最小化,尽可能避免或减少测试安排给模拟船员带来的疲劳和负面情绪干扰。

3. 实验期实验保障

实验期间,项目组实验保障团队成员在实验现场24h轮流值班,精准完成日均2342次的实验常规保障操作,实时处理日均5万余条实验数据,保障实验顺利完成。实验主试的基本保障工作包括模拟船员生活、测试、数据质量、意外和故障保障等,图7-6所示为实验期主试人员各类工作平台、表册等。

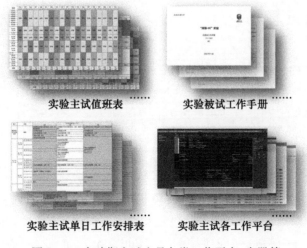

图7-6 实验期主试人员各类工作平台、表册等

1) 数据质量保障

数据质量是数据结果准确性与可靠性的有效保障,关乎实验成败。"海狼"系列实验涉及培训期、基线期、实验期、恢复期多个时期多种类型的测试数据采集与备份,各类测试之间差异性较大,不同测试采集要求、注意事项与测试安排均不相同,这些差异处理不当均会影响数据质量。另外,模拟船员参与实验的认真程度与积极性也会影响数据质量,根据以往的实验制定明确的数据质量核查标准,并将数据质量作为模拟船员绩效考核项目,激励模拟船员参与实验的积极性。因此,为保证数据质量,项目组制定了实验的数据质量保障原则、数据质量评估标准、模拟船员绩效考核机制,形成了实验数据质量保障方案,如图7-7所示。

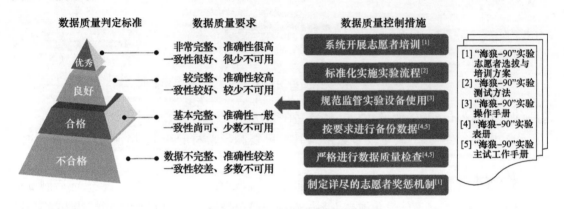

图7-7 数据质量保障

2) 意外、故障处理

为了保障模拟船员的人身安全与身心健康,尽可能完整、高质量地采集实验数据,项目组针对模拟船员安全与健康、测试任务与程序、实验设备与软件、舱室环境与设施等方面可能出现的意外情况,制订了22套共计44个处置预案。每一项预案均开展了主试推演、项目组推演和模拟船员共同推演,并对主试与模拟船员进行了系统培训,培训期与适应期针对各项预案进行了三轮以上预演,保障主试与模拟船员全部掌握预案处置流程,如图7-8所示。

意外及故障预案执行过程中遵循以下原则(按照先后顺序优先执行):

(1) 人身安全原则:排除舱内重大安全隐患,对模拟船员进行系统充分的安全培训,保证模拟船员在实验过程中的人身安全。

(2) 信息隔离原则:实验期尽量避免模拟船员和舱外人员之间任何形式和内容的信息交互,保证模拟船员不会受到外界信息的影响。

(3) 损失最小原则:如果故障或意外可能导致后续实验无法按计划进行造成数据损失的,应尽可能减少数据损失,具体可按照以下原则调整:

① 特性层数据(包括认知、决策、情绪、运动等关键岗位船员工作能力特性指标)的优先级高于行为层(主任务绩效、多任务处理组(Multi-Attribute Task Battery, MATB)任务绩

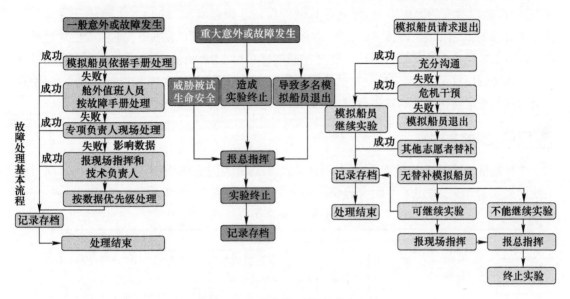

图 7-8 部分意外及故障处理流程

效、工作负荷等)和机制层(生物节律指标、生理代谢指标、脑功能指标)。

② 如果行为层指标数据需要部分损失,优先降低数据采样率,其次降低样本量。

③ 如果机制层指标数据需要部分损失,优先降低数据样本量,其次降低采样率。

7.4.4 恢复期

实验期结束后,转入 7 天恢复期。该阶段的主要作用是评估并确认模拟船员实验后的身体和心理状态,给予模拟船员适当休息,保障模拟船员身心健康安全,同时在条件允许的情况下采集模拟船员恢复后部分测试数据。恢复期内模拟船员恢复正常作息,可适当出舱,允许与外界通信,但需要暂时留在实验场地内进行恢复,期间对模拟船员进行生理和心理的全面检查。恢复期采集数据主要为需要开展实验后测试的项目,最终测试项目会根据实验期数据结果进行调整。恢复期结束后,确认身心无恙,模拟船员签署身心状态及完成任务确认单,可离开实验场地。

7.4.5 回访期

回访期是在主体实验结束后定期对模拟船员进行心理、生理检查,目的是确认模拟船员身心健康状况。若 90 天后模拟船员各项检查结果与实验前无显著差异,则与本次实验正式结束。

7.5 测试方法及实验平台

本节将对实验中使用的测试方法及实验平台进行介绍,从测试项目逐个梳理对应的测试方法,再确定对应的测试工具,即测试软硬件设备。根据实验目的,本实验部分测试可直接选用成熟的商用设备采集数据,在满足成本控制和测试精度的前提下,本实验已对这些设备的选型在采购中进行了综合考虑。针对相同测试项目,读者可参考选用本实验所使用的设备,也可根据自身情况适当调整。对这些商用的测试软硬件设备,本书只进行简要介绍,重点介绍为本实验定制化研发的软硬件设备,本书将功能、性能等方面进行较为详细的介绍。

7.5.1 测试方法

中长期隔离密闭实验结合国内外研究进展情况、前期中短期隔离密闭实验以及项目组其他同类实验结果,确定了本次实验使用的测试方法,如表7-5所示。

表7-5 中长期隔离密闭实验测试方法

编号	测试类别	测试维度	测试指标	测试方法
1	情绪与心理健康	人格	人格特征	卡特尔16种人格因素问卷(16PF)、明尼苏达多项人格测试(MMPI)
		心理健康	心理健康水平	症状自评量表(SCL-90)、多动量表、孤独量表、抑郁自评量表(SDS)、焦虑自评量表(SAS)
		社会支持	社会支持水平	社会支持量表
		情绪调节	情绪调节能力	负面情绪调节量表、认知情绪调节量表
			应对方式	应付方式问卷
		情绪状态	内隐情绪	内隐情绪测试
			外显情绪	正负情绪量表
		应激	应激感受	应激感受量表
			应激影响	时间压力测试
		习惯	不良习惯	吸烟成因量表、饮酒量表
2	认知与决策	注意	注意探测能力	视觉搜索测试
			注意持续能力	多目标视觉追踪测试
			注意警觉性	注意警觉性测试、PVT测试、KSS量表
		知觉	知觉反应	多项反应时(简单、选择、辨别反应时任务)
			速度知觉	速度知觉测试
			时间知觉	时间估计测试、时间比较测试
		听觉		听觉感知能力测试、听觉辨别能力测试
		思维	空间感知能力	三维空间视角变换测试
			数学计算	加减法口算测试
			推理	瑞文推理测试
		记忆	长时记忆	言语记忆测试、非言语记忆测试
			短时记忆	数字记忆广度测试
			工作记忆	言语工作记忆(2-back、3-back)、空间工作记忆(2-back、3-back)

续表

编号	测试类别	测试维度	测试指标	测试方法
2	认知与决策	认知控制	冲突监控	Stroop 测试、Flanker 测试
			反应抑制	Go/Nogo 测试
		决策	冒险易感性	感觉寻求量表
			决策特征测试	BART 风险决策测试
3	脑功能	大脑结构与激活状态	大脑结构状态	核磁 3D 扫描结构像、DTI
			大脑激活状态	核磁(实验前后)静息态及近红外(静息态、任务态)
		大脑电生理状态	脑电节律	静息态脑电
			任务相关脑电	任务态脑电(ERPs)
4	身体机能	身体机能状态	基本健康状况	全面体检
			机能状态	血压、脉搏、体温、静息态心电
			疲劳状态	疲劳自觉症状
			健康舒适水平	健康舒适度量表
5	运动与操作能力	肌力	上肢肌力	握力测试、俯卧撑
			下肢肌力	纵跳测试
		耐力	运动耐力	运动心肺功能
		操作能力	动作稳定性	手部动作稳定性测试
		身体平衡与柔韧性	身体平衡能力	闭眼单独立
			身体柔软性	坐位体前屈
6	身体代谢能力	生理稳态	炎症水平	采集血液检验炎症因子
			氧化应激标志物	采集唾液检验褪黑激素水平
		代谢水平	代谢物水平	采集尿液检验花色苷代谢物水平
		肠道微生态	肠道菌群多样性	采集粪便检验活菌与死菌种类和分布
		代谢相关生活情况	饮食	饮食日志
			排便	排便量表
			体重	每日体重
			用药情况	用药量表
7	睡眠调节	生物节律	外周生物节律	核心体温、心率、呼吸率
			注意节律	PVT 测试、KSS 量表
			活动节律	活动度-腕表
		睡眠	睡眠质量	匹兹堡睡眠指数量表
			睡眠时间	自编睡眠情况调查问卷
			睡眠习惯	睡眠型量表
8	工作绩效与负荷	工作绩效	典型任务绩效	5 个岗位模拟任务
		工作负荷	主观工作负荷	NASA-LX、剩余资源量表
			客观工作负荷	心电(心率变异性等)

续表

编号	测试类别	测试维度	测试指标	测试方法
8	工作绩效与负荷	情景意识	情境意识	情景意识量表
		工作状态	工作状态	工作状态评价量表(自评)、工作状态评估(他评)
9	交互测试	交互任务绩效	视觉交互	海图目标搜索任务
				雷达界面目标辨识任务
				字符目标搜索任务
				雷达界面态势感知的任务
				警报信息处理任务
			触控交互	触控操作任务
		交互参数	交互行为时间参数	EMMA模型的眼动准备及扫视时间测量
				Fitts Law的参数测量
10	影响因素	生活感受界面环境	生活感受	生活感受量表
			界面评价	模拟任务界面评价量表
			环境评价	睡眠影响因素量表、精神/活力影响因素量表、照明环境评价量表(含眩光)

7.5.2 实验平台

实验平台包括隔离密闭实验舱、典型模拟任务系统、人员心理与认知特性测试系统、实验专用测量设备。隔离密闭实验舱用于构建船舶舱室环境,为模拟船员提供生活和工作的环境;典型模拟任务系统用于支撑模拟船员在舱内完成长航过程中典型模拟任务的工作负荷与作业绩效评估;人员心理与认知特性测试系统用于支撑认知与决策能力、情绪与心理健康、运动与操作能力、睡眠与疲劳、影响因素等多类测试项目的数据采集与记录;脑电数据采集系统、近红外数据采集系统、心肺功能测试系统、耳声发射仪、心电测试采集系统、体能测试采集系统等实验专用测量设备主要用于支撑专项测试。

本实验中运动与操作能力、脑功能、生物节律与睡眠调节能力、代谢能力、身体机能、听力、眼动交互行为等专项测试项目,需要使用专用测量设备和实验材料。同时生理生化样品保存、体能训练干预等实验条件的保障,也需要专用测量设备的支持。专用设备及相关实验项目如表7-6所示,部分设备如图7-9~图7-10所示。这些测量设备均为经过信度和效度验证的成熟商业产品。

表7-6 实验专用设备及相关实验项目

专用设备名称	实验项目	设备数量	设备使用地点
握力计	握力测试	1	活动室
纵跳器	纵跳测试	1	活动室
坐位体前屈测试仪	坐位体前屈测试	1	活动室
运动心肺功能测试仪	运动心肺功能测试	1	活动室
功率车	运动心肺功能测试	1	活动室

续表

专用设备名称	实验项目	设备数量	设备使用地点
可穿戴式生理监测设备	心电、呼吸率、心率、核心体温连续监测	6	不限
可穿戴式生理背心	心电监测	3	不限
血压计	血压、脉搏	1	活动室
体重计	体重	2	活动室
脑电数据采集系统	脑电	3	测试室
近红外脑功能成像设备	脑功能成像	1	活动室
耳声发射仪	耳声发射	1	活动室
ActiWatch 腕表	活动度连续监测	8	不限
体能训练器材	体能训练	1	活动室
遥测式眼动仪	眼动准备时间和扫视时间测试	1	测试室
-80℃冰箱	生理生化样本保存	1	舱外监控室

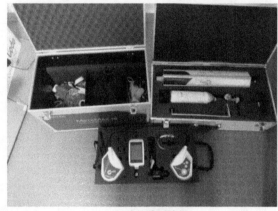

运动心肺测试仪

功率车

纵跳计

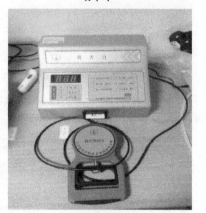

握力计

图 7-9　运动与操作能力专用测试设备

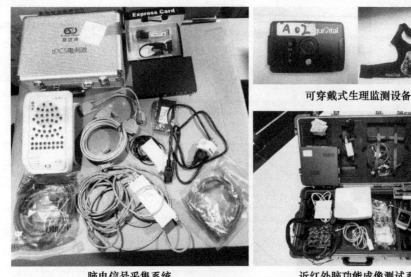

脑电信号采集系统　　　　　　　近红外脑功能成像测试系统

图 7-10　脑功能及身体机能专用测试设备

本实验的专用实验材料主要用于唾液、尿液、粪便等生理生化样品的采集，实验材料包括唾液采集管、尿液收集杯、尿液采集管、粪便采集盒、粪便采集管、模拟船员编号纸贴和一次性手套等。

7.5.3　隔离密闭实验舱

1. 实验舱介绍

隔离密闭实验舱突破了隔离密闭环境模拟技术，能够支撑中长期隔离密闭实验，实验舱实现了对声、光、电、气、温等多种类型调节功能的船舶物理环境仿真，可满足一定人员独立在舱内进行单因素类实验和长时间密闭实验。实验舱可搭载 18 名实验人员，载人条件下最多可运行 120 天。

2. 实验舱功能及性能

1）总体功能及性能

（1）满足一定人员在舱内连续隔离密闭实验，实验舱最大搭载人数不少于 18 人。

（2）满足光环境、声环境、空气质量及温湿度等物理环境的模拟及调节（具体要求见 7.3.4 节实验条件模拟）。

（3）舱室外有监控室和设备间，舱室内具备值班区域、认知决策类测试区域、运动操作类测试区域、餐饮及会议区域、休息区域、个人生活照料区域等功能区域，并实现相应功能。

（4）兼顾参观展示、演示验证及未来人机交互、适居性等。

（5）满足工程质量、环保、消防等方面的强制要求，保证人员健康和生命安全。

2）光环境模拟

（1）除个人生活照料区域外，其余区域的照明环境满足：①色温与照度可以调节，且覆盖光环境实验设计水平;②显色指数满足实验要求;③调光时无可见频闪;④无不舒适眩光;⑤可实现动态照明,无极调光。

(2) 值班区域、各项测试区域及部分住宿区域灯具位置可调。

(3) 预留光环境改造接口。

3) 声环境模拟

(1) 舱室内各个区域可实现实际声音的模拟。

(2) 各区域声音可独立控制和调节。

(3) 舱室内声音还原最大分贝数不小于90。

(4) 舱室内声音还原无明显失真或者杂音。

(5) 舱室有隔绝外界噪声的能力,普通噪声条件下降噪量不小于40dB(即舱外噪声70dB左右时,舱内噪声控制在30dB附近),舱室内各区域也具有一定的隔音能力。

4) 主气体成分模拟

(1) 通过新风系统对舱内进行换气,每个舱室的新风量(个人照料区域除外)可独立调节控制。

(2) 每个舱室可实时监测当前的氧气、二氧化碳及主要有害气体的浓度。

(3) 可通过二氧化碳气瓶量化调控舱内二氧化碳浓度。

5) 温湿度模拟

(1) 舱室内温度调节范围为10～35℃。

(2) 舱室内湿度调节范围为40%～60%。

(3) 舱室内的温度和湿度可实时监测。

6) 值更任务模拟

(1) 值更任务在值班舱室内完成,值班舱室应能满足显控台、大屏以及操控台等设备的部署,提供必要的强电及弱电保障。

(2) 值更舱室具有便捷拆装功能,满足后续大设备进入的需求。

(3) 值更舱室可以通过柔性隔断拆分为两个部分。

7) 开展测试任务

(1) 舱室内可搭载生理测试仪、心肺功能测试仪(含跑台与功率车)、脑电、眼动、近红外等测试设备,以及-80℃冰箱等辅助科研设备。

(2) 对于认知决策、运动操作类测试提供必要的隔音空间和强弱电保障。

8) 生活娱乐

(1) 满足人员洗漱、洗浴、上厕所等个人日常生活照料的功能。

(2) 洗浴间实现每人每天热水定量控制。

(3) 马桶实现每人每天使用次数控制(小便次数不限制)。

(4) 舱室两侧各有一个隔离门,隔离区内设置紫外消毒设备。

(5) 会议室安装微波炉、咖啡机、饮水机以及冰箱等设备。

(6) 会议室及各住舱安装适当尺寸的电视机,可播放提前存储的影音节目。

9) 网络、监控及智能控制

(1) 舱室内部有局域网连接,局域网连接至位于设备间的服务器上。

(2) 照明、声音、新风系统、空调等物理环境调节设备均可在监控室内的远程监视与调节。

(3) 测试区域、值班区域、会议区域、走廊过道等无死角的实时监控(高清监控设备),拾音功能与视频功能同步。

(4) 住宿区域配置监控设备,个人生活照料区域不监控。

(5) 舱室内区域间安装内通,满足各区域通话需求。

10) 沉浸感

舱室内部的布置以及空间布局参照真实船舶环境,如舱壁布置上增加管道、走廊上增加模拟的水密门;舱内风格采用偏绿灰或者蓝灰色风格;床铺、厕所等空间尽可能狭小,有一定的压迫感。

11) 人员防护及安全

(1) 实验舱材料、消防设备满足消防安全要求。

(2) 实验舱材料符合环保要求,并通过相应检测;实验过程有害气体可实时监测,如果超标,可迅速报警。

(3) 舱室内装修有个人防护警示标示,如倒角、台阶、限高等,避免人员受伤。

(4) 舱室预留 2 个应急门(内部隐蔽设计),确保应急条件下的人员疏散。

3. 实验舱布局

实验舱布局如图 7-11 所示。

1) 密闭实验舱区域划分

考虑实验使用及相关配套设置,长期隔离密闭实验舱分为以下两个部分。第一部分为密闭实验舱区域,是用来进行因素类实验和长时间密闭实验的主要区域。中长期隔离密闭实验对密闭实验舱区域进行了升级改造,扩建了厨房、食品存储间等区域。其中,厨房配备电灶、蒸箱、烤箱、消毒柜、微波炉等常用厨具,可以满足正常烹饪需求。第二部分为相关配套区域,主要包括:①外部监控室,是用来对密闭实验舱内的实验进行监控及控制的区域;②设备间是实验舱室外空调设备安放区域,也是进行通风换气的区域。

2) 密闭实验舱内部区域

(1) 值班室:主要用于进行相关实验。房间中间需设置隔断,以满足可以分隔为两个独立空间的使用需求,且分别配置监控设备。其中一个房间需要放置 4 个上下屏显控台,1 个讨论桌。两个独立空间内需要分别设置可移动灯具,以满足后期不同实验需求。

(2) 活动室:主要用作进行运动及操作能力测试实验。房间中间需设置隔断,以满足可分隔为两个独立空间的使用需求,且分别配置监控设备。房间内放置 1 台肌力测试仪、1 台功率车。

(3) 测试室:共有两间,分别进行认知与决策能力测试试验和心理与情绪特性测试试验,且分别设置两个工位,都需要配置监控设备两个测试间的进风量可调节,以便进行相关试验。其中一间测试室需要采用可移动灯具,用于进行相关实验。

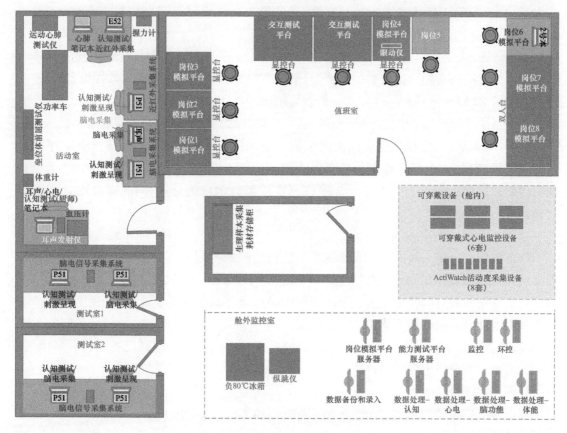

图 7-11 实验平台布局(见彩插)

（4）会议室：主要用于进行人员群组行为特性测试实验，也是模拟船员进行会议及会餐休闲的房间，需要配置监控设备。房间内设置一个组合柜，用于生活小家电、餐饮器具的收纳；同时也可作为书柜使用，满足模拟船员休闲放松的生活需求。考虑到空间的紧凑性，设计采用较为节省空间的一排卡座配合一张长桌及6把可移动的椅子的形式。房间内配置的电器主要有一台冰箱、一台饮水机、一台微波炉、一台咖啡机和一台电视机。

（5）盥洗室：属于模拟船员生活保障舱室，是模拟船员上厕所、洗衣、沐浴的潮湿区域，不需要配置监控设备。考虑到空间的紧凑性，可将几个功能进行整合设计，主要分为如厕、洗浴两个部分。根据实验需求，如厕区域设置了三个小便斗、一个蹲坑、一个马桶，同时还设置了一个备用隔间，仅配置上下水管道，用于满足今后的实验拓展需求。根据实验需求，在隔间门上或者大便器具上设置打卡装置。洗浴区域包括三个洗手盆、两个淋浴间、一个备用淋浴间，备用淋浴间目前配置一台洗衣机、一台烘干机，未来可能调整作为淋浴间使用。根据实验需求，淋浴设备的用水量需要可调控，方便进行相关实验。

（6）住舱：是模拟船员休息的区域，不设监控设备。三个同样大小的住舱都配置有上中下三铺床以及衣柜。每个房间可容纳6人居住生活。其中住舱1、2是日常实验的主要生活舱室;住舱3是特殊实验的测试舱室,住舱3需要设置可移动灯具,而且进风量可调节。

(7) 走廊:为了使实验生活更加贴近实船生活,走廊的宽度仅为800mm。同时在走廊中的特定位置模仿实船设置仿制的水密门,增加空间的真实感。走廊配有监控设备。

(8) 厨房、储藏室:储存食物,准备餐食的场所。

(9) 预留拓展区域:可用来放置模拟阀门、放额外的桌子当额外工位或临时用餐区域。

(10) 隔离室:考虑模拟船员的生活保障以及消防逃生等因素,设计结合空间布局设置了两个隔离室:一个用于舱室外洁净生活用品、实验用品的对内运输,另一个用于模拟船员生活垃圾的对外运输。两个隔离室都配置了杀菌消毒的灯光,同时也都配置了监控设备。

3) 密闭实验舱室外部配套条件

外部监控室是用来对密闭实验舱内情况进行监控及控制的区域。其配置有15个监控视口,对密闭实验舱内的15个点位进行24h监控。配置3个工位,方便人员日常办公使用。同时还留有足够的空间使工作人员可以利用折叠床进行短暂休息。此外,配置1台用于存放实验中体液样品的-80℃冰箱。

设备间需要封闭设置,一方面利用办公楼现有窗扇满足室外空调设备进行通风换气,另一方面也是部分弱电设备的存放区域。

4) 强电系统

强电系统搭接楼宇强电,并配备不间断电源(Uninterruptible Power Supply,UPS),在楼宇断电的情况下可以保证监控室用电设备、舱室内照明系统、交换设备、消防报警、广播、监控、门禁系统、通风系统(不含空调),至少1h正常工作。

5) 弱电系统

(1) 网络通信:可实现完全的单向信息隔离(模拟船员无法接受外界信息,模拟船员可通过监控设备观察舱室内情况),也配备了完善的内部网络功能,舱外模拟船员可根据实验意外和故障预案对舱内电脑设备进行干预。

(2) 电话:每个房间配置电话,可实现舱室内各房间内通及与舱外监控室外通。

(3) 监控系统:含声音和图像,并且音视频同步,舱外监控室可监视到显控台的操作情况、活动室、两个测试间、会议室、厨房、过道,实现无死角监控。走廊、值班室等舱室设置球机,舱外可遥控摄像头角度。监控存储容量120天。

6) 安全系统

(1) 消防报警:整个模拟舱配备独立的消防系统,每个舱室均配烟感应器和喷淋系统,一旦消防主机检测到火情,舱室会立即断开总电闸并打开所有门禁和开启应急照明。舱室内部常备4罐灭火器、10套防火服和完善的逃生标识,并设置模拟阀门等防水训练器材。

(2) 门禁系统:舱室水密门和外部附属门均配备门禁系统,其中隔离室的两个水密门可设置为联动门禁,不能同时打开,确保模拟船员和主试运输物资时互不见面。

7.5.4 船舶典型任务模拟系统

1. 系统介绍

面向中长期模拟舱实验需求基于船舶典型任务想定,基于浏览器和服务器(Browser/Server,BS)架构整合客户端、服务器端与数据库,突破分布式协同仿真技术,实现了船舶关键岗位多人协同作业任务模拟仿真。

该系统包括导演台、五个船舶典型岗位客户端。典型岗位包括情报处理、武器控制、船舶导航、船舶驾驶、指挥控制共五个岗位。客户端支持虚拟船员作业模式,实现人员操作与虚拟船员协同作业,该系统能够模拟船舶长航条件下的典型任务和应急任务,同时支持开展模拟船员培训和实验测试。其中,培训模式支持系统不同岗位的基本操作培训;测试模式主试可定制测试计划,系统按计划推送测试任务。仿真平台实现了模拟船员所有操作数据、绩效数据的实时采集,实现了基于不同评价指标的绩效数据评价。该系统保障了"海狼"系列实验的岗位任务模拟,采集了关键岗位人员的作业绩效数据。

2. 系统需求

针对船舶关键岗位职责和典型任务,建设一套支持船舶长航的多岗位协同作业的典型作业任务可配置人机界面及试验管理系统。此系统将作为实验平台开展测试工作,要求系统记录模拟船员操作数据和任务完成情况数据。系统应包括客户端、服务器端、数据库。客户端至少包括导演客户端和五个模拟船员操作的客户端。该系统能够模拟船舶长航条件下的典型任务和应急任务,主试可定制测试计划,系统按计划推送测试任务,能够记录模拟船员所有操作数据。

3. 系统功能

本系统具备应用服务器、导演台客户端、五个船舶典型岗位模拟船员操作客户端等功能。

1) 设计依据

软件系统研制采用较为成熟的技术,研制过程严格遵循 GJB 438B—2009《军用软件开发文档》及 GJB 2786A—2009《军用软件开发通用要求》相关标准要求,确保研制过程规范可控及研制产品质量过关。

2) 系统结构

系统整体结构包括应用服务器、导演台客户端、情报处理客户端、武器控制客户端、船舶导航客户端、船舶驾驶客户端、指挥控制客户端、数据存储8个部分,如图7-12所示。

(1) 应用服务器:主要功能包括接收用户信息、处理用户信息、模拟航行等信息、向用户推送信息,以及往数据库中保存数据。

(2) 导演台客户端:主要用于导演台编辑测试场景、查询历史测试数据、用户管理和参数设置。

(3) 情报处理客户端:用于情报处理岗模拟船员测试场景显示、标记目标、问卷及量表填写。

(4) 武器控制客户端:用于武器控制岗模拟船员测试场景显示、选择和操控作业工具、监视作业过程、问卷及量表填写。

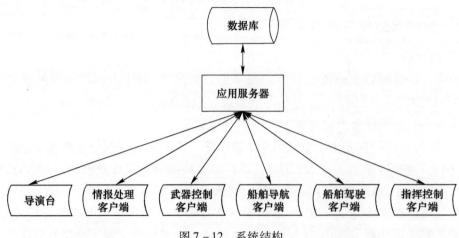

图 7-12 系统结构

(5) 船舶导航客户端:用于船舶导航岗模拟船员规划总任务路径和局部任务路径,并填写航海日志、问卷及量表填写。

(6) 船舶驾驶客户端:用于船舶驾驶岗模拟船员操控船舶、监控报警和故障并做出反应、问卷及量表填写。

(7) 指挥控制客户端:用于指挥控制岗模拟船员发送指令数据、问卷及量表填写。

(8) 数据存储:用于保存导演台、模拟船员的操作内容以及历史绩效数据。

3) 软件架构

本软件系统采用三层 BS 架构,由浏览器客户端、应用服务器和数据库服务器组成,如图 7-13 所示。

系统采用 MVC(Model View Controller)软件分层结构理念来设计与实现。总体分为用户显示层、系统功能层、存储层三层。系统架构基于分层结构,符合国际标准,该系统具有良好的扩展性、标准化、可靠性、稳定性、可扩展性,这对于以后的软件环境升级具有很好的适应性。

(1) 用户显示层:用来响应用户的数据请求,并把处理结果反馈给用户。该层对访问用户提供统一的访问操作界面,其包括导演台客户端界面、情报处理客户端界面、武器控制客户端界面、船舶导航客户端界面、船舶驾驶客户端界面、指挥控制客户端界面。

(2) 系统功能层:是系统的业务逻辑处理层,也是系统的业务核心。其包括用户接口、登录处理、接收信息、推送信息、处理信息和模拟模块 6 部分。"登录处理"模块负责记录登录用户信息;"接收信息"模块负责接收各个客户端的输入信息并转发给"处理信息"模块;"推送信息"模块负责把"处理信息"模块和"模拟模块"的数据推送给客户端;"处理信息"模块负责处理客户端发送的数据并对实验的实时数据进行计算;"模拟模块"负责模拟船舶运行、作业过程等。

(3) 存储层:位于整个软件的基础位置,提供整个软件的数据服务与存储服务,确保系统的正常运行并提供与系统通信的基础。

(4) 系统功能模块

本软件系统的功能模块划分见表 7-7。

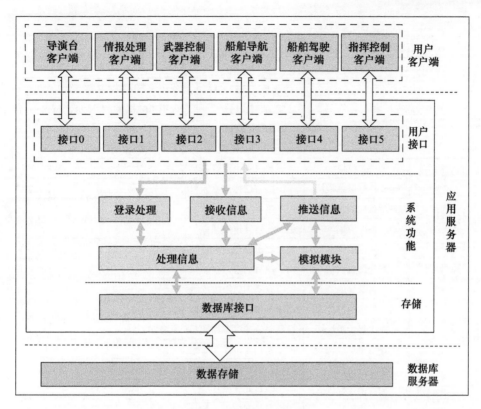

图 7-13 系统软件架构

表 7-7 系统功能模块

模块		功能描述
应用服务器	用户接口模块	主要为用户提供访问应用服务器的接口,包括导演台接口、客户端接口
	登录处理模块	处理用户登录,并记录用户信息
	接收信息模块	把各接口接收到的信息汇总,然后传送给"处理信息"模块
	推送信息模块	把需要推送的信息推送到相应的接口
	处理信息模块	把接收到的信息根据业务逻辑进行处理,并把处理后需要分发给相应用户的消息发送给"推送消息"模块,或者把需要模拟的数据发送给模拟模块
	模拟模块	模拟船舶运行数据、武器运行
导演台客户端	登录模块	用于导演台登录到应用服务器
	用户管理模块	增加、删除、修改用户
	编辑模拟任务场景模块	用于导演台编辑局部任务和总任务
	实时管理模块	用于导演台监控当前运行任务及干预当前运行任务
	模拟任务计划模块	用于导演台制定任务计划
	查询历史数据模块	用于导演台查询日志记录、任务结果和问卷结果
	设置模块	用于导演台设置相关参数

续表

模块		功能描述
情报处理客户端	登录模块	用于登录到应用服务器
	接收测试场景模块	用于接收测试场景数据
	显示测试场景及标记模块	接收模拟数据生成,显示监视图;标记跟踪目标和攻击目标
	问卷调查模块	用于填写问卷调查
武器控制客户端	登录模块	用于登录到应用服务器
	接收目标信息模块	用于接收已标记目标和攻击目标
	显示目标信息模块	用于显示目标的信息
	遥控模块	用于武器操作控制
	监控模块	监控攻击过程并进行二次调整
	问卷调查模块	用于填写问卷调查
船舶导航客户端	登录模块	用于登录到应用服务器
	接收目标信息模块	用于接收测试场景数据
	海图显示模块	显示总任务海图和局部任务海图
	路径规划模块	标记总任务路径和局部任务路径
	航海日志模块	填写航海日志
	问卷调查模块	用于填写问卷调查
船舶驾驶客户端	登录模块	用于登录到应用服务器
	接收目标信息模块	用于接收测试场景数据
	操控船舶模块	操控船舶航行
	仪表显示	显示各仪表及实时数据
	报警和故障模块	显示报警和故障及响应
	问卷调查模块	用于填写问卷调查
指挥控制客户端	登录模块	用于登录到应用服务器
	接收任务信息模块	用于接收测试场景数据
	发送指令数据模块	发送指令数据
	问卷调查模块	用于填写问卷调查
数据存储		用于存储局部任务、总任务、任务计划及执行结果、主试的干预行为和模拟船员的操控行为等

7.5.5 人员心理与认知特性测试系统

1. 系统介绍

系统主要包括基础人因工程实验系统、基础心理试验系统、基础心理评测系统、人员能力特性测试系统,共4个子系统。该系统实现了基础人因测试、心理测试、人员能力测试,对人员数据、实验数据、任务数据的集中采集和管理,为人员能力特性分析、心理状态分析提供统一的数据来源;实现对科研数据的统计计算调度和分析,对各类数据进行基本的清洗、处理、统计、分析、可视化呈现等功能,协助管理人员总结、评估和发现被研究对象的心理状态与能力特性,为实验室研究提供支持依据和量化指导。

本系统基于 C#及 Matlab 开发,可运行于 Windows 7 及以上操作系统。本系统采用 MySQL 数据库,适用 MySQL 5.7 及以上版本。系统逻辑控制设计灵活:系统中通过多重随机方法,控制随机均衡问题,可实现多种形式的伪随机。系统接口易扩展:通过 dll 文件,可以与其他工具进行交互(如 Matlab 等);系统中可以添加已开发完成的 exe 文件,如 PVT 测试项目。系统开发实现了规范化和标准化:统一把量表文件转换成 html 文件,系统中显示 html 内容。可以随时通过编辑 html 文件,来修改展示量表的内容。管理员可以快速添加量表,把 Word 中的量表复制到 html 转换工具中加以修改,任何添加到系统指定的量表文件夹下即可添加新的量表。

该平台作为一款成熟的人员特性数据采集软件,已多次应用于人因工程涉人实验。2019 年 7 月—8 月,该系统成功保障气体单因素实验和光照单因素实验,顺利运行 32 天,共采集数据 26 万余条;2019 年 9 月—10 月,成功保障"海狼 30"长期隔离密闭实验,共采集数据 63 万余条;2020 年 10 月—12 月,保障了"海狼 -90"隔离密闭实验,共采集 128 万余条数据;以及 2021 年 12 月—2022 年 1 月的"海狼 30 Ⅱ"实验的应用此系统采集 85 万余条数据。

2. 系统功能

1)刺激呈现

刺激呈现可设置的参数包括刺激的形状、颜色、大小、位置(坐标)、刺激呈现的顺序、刺激呈现次数、呈现的持续时间、刺激与刺激的间隔时间、刺激类型的变化、特殊任务中的速度、加速度等。

(1)刺激的形状:可对刺激的形状进行设置,如有些是三角形的,调整成圆形等其他形状。

(2)刺激的颜色。

(3)刺激的大小。程序中呈现的材料图形或文字大小可以设置,线条粗细可以设置。

(4)自适应功能,设置一个是否选项,勾选"是"则程序自适应屏幕,勾选"否"则程序不会自适应屏幕。

(5)刺激呈现位置/坐标:刺激可在不同的空间位置随机呈现,也可以设置坐标值,并且能够对坐标进行程序控制。

(6)刺激呈现的顺序:可以固定顺序呈现,也可以随机顺序呈现。

(7)刺激呈现的次数:可以增加或减少。

(8)呈现时间:刺激从出现到消失的时间。

刺激呈现间隔时间:当前刺激消失到下一刺激出现的间隔时间。

时间变量可以是固定的,也可以是随机的,随机包括:在一定范围内按照固定间隔随机,如 500 ~ 1000ms,单位 50ms 的步长生成随机时间序列进行随机;按照某种数学分布随机,如正态分布。

(9) 刺激类型变化：一些以图片形式呈现的刺激材料，可以替换成音频、视频等。

(10) 特殊任务中的刺激运动速度、加速度：主要是速度知觉、多目标追踪任务中。

2) 任务反应记录

(1) 记录反应时间：反应时间为刺激出现到模拟船员按键反应的时间，可以将是否记录反应时间做成一个选项。

记录反应需要有时间限制，如模拟船员多长时间内（这个时间段需要可以人为设置）不做出反应则视为对当前刺激未做反应，或者直接跳入下一刺激。

一些特殊任务中可能存在连续刺激呈现时间短，下一刺激出现后模拟船员才对前一个刺激做反应，因此为了能够区分开模拟船员是对哪一个刺激做反应，单一刺激的反应记录是相对独立的。

(2) 允许按键功能：对于特定测试通常只需要少许按键进行反应，而其他按键在测试过程中不需要按，但模拟船员可能会误按，因此可在测试中设置，只有模拟船员按了反应按键，电脑才会记录，其他按键无效。

(3) 反馈功能：可以设置按键完成后是否给模拟船员反应正确与否的反馈。

(4) 记录实际反应和正确反应：记录模拟船员的实际按键，以及按照程序设定的正确反应应该按哪个键，两者一致，则模拟船员反应正确，输出 1；两者不一致，则模拟船员反应错误，输出 0。

3) 测试任务

除问卷及量表测试以外，每个测试任务都是根据测试范式进行需求分析和详细设计后开发实现功能。下面以 PVT（Process Verification Test）测试为例说明测试任务方面的功能。

(1) 测试流程。首先在屏幕中间呈现测试指导语，如图 7 - 14 所示，模拟船员按 J 键后进入测试。

请您仔细阅读如下指导语：
按键开始后，请注视屏幕中央的"+"，当出现数字后，请立刻
按空格键反应，按键后的数字即为此次的反应时。
请尽量保持反应时越小越好，但不能在数字出现前按键，否
则即为"wrong"反应。
请做好准备，按空格键开始PVT测试！

图 7 - 14　PVT 测试指导语

在"⊕"注视点呈现随机时长（min - max 秒）后，屏幕开始正数计时，时间显示单位是毫秒，模拟船员需要在开始计时后 X 秒内尽快按下屏幕上右侧的 J 键做出反应，随后进入下一个试次，测试流程如图 7 - 15 所示。

① 若模拟船员在 X ms 内做出了按键反应，则将按键时的计时时间定格在屏幕上 Y 毫秒，随后进入下一个试次。

② 若模拟船员没有在 X ms 内做出反应，则 X 定格在屏幕上 Y ms，随后进入下一个试次。

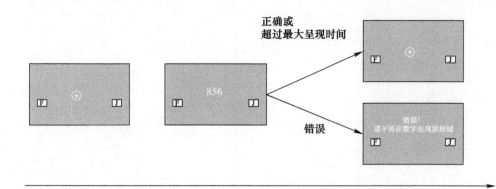

图 7 – 15　PVT 测试流程

③ 若模拟船员在计时开始之前,即"+"未消失前做出反应,则在屏幕呈现提示语"错误！请勿在数字出现前按键",呈现时长为 Z ms,随后进入下一个试次;

④ 若模拟船员在计时开始后,按下除 J 和 ESC 以外的其他按键,则在屏幕呈现提示语"做出反应请按 J 键",呈现时长为 Y ms,并且不对该按键做响应,计时继续。

试次总数取决于模拟船员在每个试次中的实际反应时长,当某一个试次结束后整个测试的时长超过 5min 时,测试结束。整个测试的总时长会略大于 5min。所有试次结束后,屏幕上呈现测试的统计结果,如图 7 – 16 所示,结果停留 V s,随后呈现结束提示语,"本次测试结束,谢谢参与！"结束语在屏幕上停留 N s 后,自动退出程序。

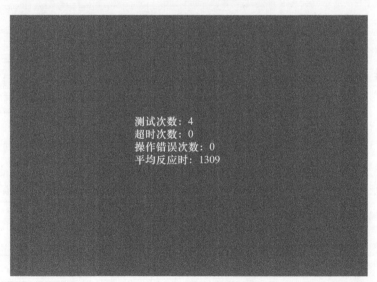

图 7 – 16　测试统计结果

如果模拟船员在测试中任意时刻按 ESC 键,都可以退出测试,但是仍然生成并保存已测试试次的结果文档。

(2) 可调参数。可调控的参数见表 7 – 8。

表 7-8　PVT 测试可调参数

参数类型	参数名称	单位	默认值
总体参数	测试总时长	ms	300000；0 表示读取练习次数和测试次数，非 0 将以此参数控制测试结束，不读取练习和正式测试次数
	练习次数		默认 0，表示不练习，直接正式测试
	正式实验次数		默认 1，仅当测试时长为 0 零时有效。测试时长为 0，正式实验次数也为 0 时，程序直接到结束页面
	测试背景颜色	a,r,g,b	255,128,128,128
	按键结束后，定格的时间显示停留多长时间消失	ms	250
	单个试次最大时间（超过该时间未按键则进行下一组测试）	ms	5000
注视点	注视点内容		+
	注视点颜色	a,r,g,b	255,255,255,255
	注视点的笔画宽度	像素	10
	注视点长度	像素	50
注视点	注视点字体		
	包围注视点圆的半径（直径不小于十字长度）	像素	40
	注视点符号显示时间（支持两种配置方式：①单个整数表示固定值；②"int1 - int2"，表示生成 int1~int2 之间的随机数）	ms	最大值与最小值之间随机，默认 2000~10000，最大与最小相等，就是固定呈现时间
	注视点位置		默认整个屏幕居中，如(0,0)
	包围注视点圆的笔画宽度	像素	10
	包围注视点圆字体		
	包围注视点圆颜色	a,r,g,b	255,255,255,255
	包围注视点圆位置		默认整个屏幕居中，如(0,0)
指导语	测试指导语	图片或 txt 文本	vigilancetip.jpg*.txt
	指导语的字体、颜色、大小、粗细		
	测试指导语显示时间	ms	最大默认 10000，按 J 键进入实验

续表

参数类型	参数名称	单位	默认值
按键	注视点期间按键错误提示信息(按J键以外的按键)	图片或txt文本	按键错误
	注视点期间按键提前提示信息	图片或txt文本	按键提前
	注视点期间按键超时提示信息	图片或txt文本	按键超时
	注视点期间按键错误/提前/超时提示信息显示时间	ms	250,需要分别设置
	注视点期间按键错误/提前/超时提示信息字体		可相同设置
	注视点期间按键错误/提前/超时提示信息大小		可相同设置
	注视点期间按键错误/提前/超时提示信息颜色		需要分别设置
	做出反应可用按键列表(多个按键的话用英文逗号分隔)	—	J
时间计时器参数	时间计时器位置		默认整个屏幕居中,如(0,0)
	时间计时器大小		
	时间计时器字体		Times New Roman
	时间计时器颜色	a,r,g,b	255,255,255,255
	时间计时器最大值	ms	5000
	时间计时器显示刷新间隔	ms	5
所有试次束后显示	平均反应时只统计反应正确的测试	ms	
	所有试次结束后统计结果显示时长	ms	5000,0 表示不显示
结束语	结束语显示时长	ms	2000,0 表示不显示
	结束语内容		可输入或读取.txt
	文字颜色、字体、大小、粗细		

(3) 输出结果

测试结果输出为txt或csv,文件名为"PVT-测试开始时间-模拟船员编号",其文件名中时间精确到0.01s(特指文件名),如2020062820345512。

结果文件内容包括测试结果和测试参数两个部分。

测试结果包含模拟船员编号、姓名、性别、年龄、测试任务名称、试次序号、测试开始时间(年月日时分秒)、测试结束时间、测试时长(用了多长时间,单位毫秒)、试次类型(练习还是正式实验)、记录模拟船员每个试次按键的反应时("时间计时"出现到模拟船员按键的时间,单位毫秒,提前按键记为-1,超时未反应记为-2)、注视点呈现时间、测试次数(即模拟船员按键的总次数)。

测试参数输出包含每次测试单独输出,包括表7-9中的所有参数名称和实际值。

系统用户可分为管理员、主试、模拟船员三类用户,其中基础人因工程实验系统、基础心理实验系统、基础心理测评系统、人员能力特性测试软件系统4个子模块中各个测试任务对不同用户类型的功能是相同的,各测试任务见表7-9。

表7-9 测试任务列表

编号	子系统名称	测试任务
004	基础人因工程试验系统	包含的测试任务有:简单反应时、辨别反应时、选择反应时、单键敲击测试、双键敲击测试、辨别视觉反应、辨别听觉反应、简单视觉反应、选择视觉反应、简单听觉反应、选择听觉反应
005	基础心理实验系统	包含的测试任务有:空间知觉测试、彩色分辨视野、错觉实验、听觉定向测定、闪光融合频率、注意分配实验、记忆广度测试、注意力集中能力测试、大小常性测量、动觉方位辨别、动作稳定性测试、手指灵活性测试、学习迁移测试、注意广度测试、瞬时记忆实验
006	基础心理测评系统	包含的测试任务有:感觉寻求量表、卡特尔16种人格因素问卷(16PF)、明尼苏达多项人格测试(MMPI)、多动量表、抑郁自评量表(SDS)、焦虑自评量表(SAS)、军人社会支持量表(全表)、军人社会支持量表(简表)、负面情绪调节量表、认知情绪调节量表、应付方式问卷、应激感受量表、吸烟成因量表、饮酒量表、健康舒适度量表、饮食日志、排便量表、用药量表、睡眠型量表、工作状态评价量表、生活感受量表(简表)、生活感受量表(全表)、模拟任务界面评价量表、睡眠影响因素量表、精神/活力影响因素量表、照明环境评价量表(含眩光)、疲劳自觉症状调查表、匹兹堡睡眠指数量表、正负情绪量表、症状自评量表(SCL-90)、KSS量表、自编睡眠情况调查问卷、孤独量表、家庭功能评定、家庭关系评定、能力兴趣评定、人际信任及对人性的态度、生活质量测查、心理卫生综合评定、学习及相关问题评定、主观幸福感测查、自我意识评定、自尊评定、综合状态测试等
007	人员能力特性测试软件系统	包含的测试项有:音高绝对阈限测试、响度绝对阈限测试、双耳强度偏侧性测试、双耳时间偏侧性测试、调幅双耳时间偏侧性测试、双字词再认实验、无意义图形再认实验、空间记忆测试、言语记忆测试、听觉记忆测试、持续性注意测试、选择性注意测试、多目标视觉追踪、时间比较、时间估计、速度知觉、复杂音时程差别阈限测量、纯音时程差别阈限测量、白噪声时程差别阈限测量、嵌入音测试、间隔探测阈限、间隔辨别测试、复杂音响度差别阈限、纯音响度差别阈限、白噪声响度差别阈限、复杂音频率差别阈限、纯音频率差别阈限、脉冲序列差别阈限、四音序列测试、调幅噪声辨别测试、旋律失调检测、剖面分析、Stroop色词干扰测试、反向掩蔽测试、正向掩蔽测试、同时掩蔽测试、Go/NoGo测试、BART风险决策测试、PVT、三维空间旋转测试、瑞文测试、内隐情绪任务、时间压力测试、时间压力下典型行为测试、加减法口算测试、指令理解测试、Flanker测试等

7.6 伦理要求

遵循本书1.4节"人因工程伦理"提出的要求和原则,为保护模拟船员的合法权益,本实验开展相关涉人研究前需要通过伦理委员会的审查。伦理委员会对涉人研究的伦理审查负有一种公共责任,其与国家相关部门共同采取措施加强对涉人研究的监督,并接受监督管理部门的考查和评价。本实验向伦理委员会提供以下材料进行审查:

(1) 模拟船员知情同意书,包括所有风险和所有收集数据的说明,模拟船员隐私的保护等。

(2) 研究方案,包括所有测试方法和手段,生理样本处理方式和保存期限,数据用途等。

(3) 用于招募模拟船员的材料,模拟船员的责任和义务,参与实验所能获得的利益。

(4) 主要研究者专业履历。

人因工程涉人研究中,如果实验风险低于日常工作的风险,就认为这种风险是可以接受的。部分测试有特别伦理要求,如本实验涉及的运动耐力测试。根据伦理要求,本实验聘请了专业医护人员携带急救设备和急救药物监督与保障测试过程。

7.7 实验结论

"海狼"系列实验开展了不同时间跨度与隔离密闭耦合作用下,船员工作能力变化规律研究,识别出船舶人因工程设计和特殊岗位人员作训过程中应重点关注的能力指标集;实现了特殊岗位人员工作能力变化规律定量化分析和模型化描述;揭示了信息显示要素与人机交互最佳水平在船舶航行周期上的变化情况,探索了主要环境因素(照明、噪声、主气体成分)对模拟船员工作能力的影响及作用机理。

1. 实验识别出在船舶人因工程设计和特殊岗位人员作训过程中应重点关注的船员能力指标集

实验识别出应重点关注的船员能力指标集,如表7-10所列。即在岗位绩效、事故发生中起到关键作用,并且在长航期间出现衰退的能力指标,包括抗疲劳能力、睡眠调节能力、警觉性、精准操控、态势感知、协同能力、听觉辨别能力、心理稳定性、应急反应、逻辑推理、信息综合能力、多任务处理、数学计算能力等,可以为船舶人因工程设计与特殊岗位船员针对性选拔训练提供参考依据。

表7-10 长航期间人员能力衰退及筛查/训练/干预部分重点

序号	能力	岗位绩效	事故发生	长航衰退	筛查/训练/干预重点
1	抗疲劳能力	√	√	√	★★★★★
2	睡眠调节能力	√	√	√	★★★★★
3	警觉性	√	√	√	★★★★
4	动作稳定性	√	√	√	★★★★
5	时间知觉	√	√	√	★★★★
6	团队凝聚力	√	√	√	★★★★

续表

序号	能力	岗位绩效	事故发生	长航衰退	筛查/训练/干预重点
7	听觉辨别能力	√	√	√	★★★★
8	心理健康	√	√	√	★★★★
9	知觉反应	√	√	√	★★★
10	逻辑推理	√	√	√	★★★

2. 实验揭示了不同时间跨度与隔离密闭耦合作用下船员工作能力退化机制,实现了船员工作能力变化规律定量化分析和模型化描述

长航任务中船员状态显著下降,睡眠障碍、食欲不振、作业能力减退的情况尤为明显。但这些结果主要停留在主观感受和经验性描述,无法有效支持船舶人因工程设计优化和船员工作能力维持。"海狼"系列实验开展了不同时间跨度与隔离密闭耦合作用下船员工作能力变化规律研究,构建了船员工作能力变化规律模型,为船舶人机接口设计、船员能力增强训练提供了数据基础。

(1) 长期隔离密闭条件下模拟船员工作能力显著下降,导致模拟船员工作绩效下降,严重威胁船舶航行安全和任务完成。随着模拟航行时间的增加,模拟船员身心状态退化趋势明显,疲劳感上升,睡眠质量和食欲下降,情绪水平恶化,模拟船员警觉性、认知控制能力等认知能力以及心率变异性等身体机能指标显著下降,并与行为绩效存在较高相关,并且随着任务难度增加出错率上升程度也增加(高难度增加24.52%、中难度增加8.17%、低难度增加0.48%)。同时,为保持相同绩效水平,模拟船员努力程度显著上升。

(2) 长期隔离密闭环境下模拟船员生理稳态和节律紊乱可能是工作能力下降的重要原因之一,建议作为船员工作能力调节的潜在靶点,进一步研究探索。实验期间模拟船员体内炎症因子水平和肠道菌群多样性等生理稳态指标以及警觉性节律等生物节律指标显著恶化,且变化趋势与注意警觉性等认知能力指标以及疲劳等工作状态指标衰减趋势一致。

(3) 基于影响因素、中短期与中长期隔离密闭实验数据,分别采用传统的时间序列预测建模方法和基于贝叶斯网络的预测方法,构建了关键岗位人员工作能力变化规律预测模型,实现了认知与决策、运动与操作等维度的20项工作能力指标的有效预测。

3. 实验探索了船舶主要环境因素(照明、噪声、主气体成分)对模拟船员工作能力的影响,分析了作用机理和效应

照明、噪声以及主气体成分等船舶舱室环境因素对长航船员工作能力具有严重影响。以往研究重点关注船舶舱室环境因素对船员生命和健康的保障,在船员工作能力维持方面的探索还不充分,尤其是缺乏定量化的研究结果,不足以有效支撑面向船员工作能力维持的船舶舱室环境设计需求。"海狼"系列实验建立了照明、噪声以及二氧化碳(后续将扩展至其他有毒有害气体)与船员工作能力的定量关系,发现了当前船舶舱室环境的潜在改善空间,可为后续开展面向船员工作能力维持的船舶舱室环境设计研究和研制工作提供依据。

(1) 照明条件不变的情况下,动态调节屏幕亮度等人因优化措施可使视觉疲劳度降低;模拟船员在夜间值更时工作能力下降最严重,采用优化后的照明方案可有效改善模拟船员夜间值更期间的工作能力水平;使用仿自然光灯可有效改善模拟船员出航期间的情绪,如图 7-17 所示。

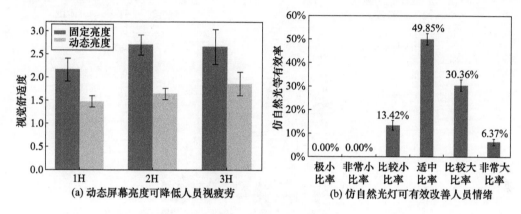

图 7-17 照明调节策略效果

(2) 即便是在不改变噪声水平,通过改变噪声属性(声品质),也有助于维持船员工作能力。

(3) 与低浓度 CO_2 水平相比,中浓度 CO_2 水平条件下模拟船员警觉性下降,高浓度 CO_2 水平条件下模拟船员警觉性下降,且高浓度 CO_2 水平下模拟船员"皮肤干""头晕"和"健忘"等症状更为明显,严重影响船员的工作状态。

4. 实验揭示了人机交互与信息显示要素的最佳水平在航行周期上的变化情况,分析了作用机理和效应

(1) 长航不同阶段模拟船员执行视觉目标搜索类任务(不同目标信息搜索等)时对显示字符大小需求不同。实验基于前期研究设计了从小(1 级)到大(5 级)五级字符,实验结果显示,1 级字符条件下,模拟船员作业绩效显著低于其他字符等级,2 级字符与 3 级、4 级字符条件下模拟船员任务绩效差异不显著,但是在航行中期需要使用更大的字符才能保证与模拟船员获得与航期前期相似的绩效,如图 7-18 所示。

(2) 长航不同阶段模拟船员获得最佳绩效所需的触控按键尺寸大小不同。实验基于前期研究设计了从小(1 级)到大(7 级)七级触控按键尺寸,实验结果显示,3 级、4 级、5 级、6 级、7 级按键反应时差异不显著,但均显著小于 1 级和 2 级按键反应时,如图 7-19 所示。

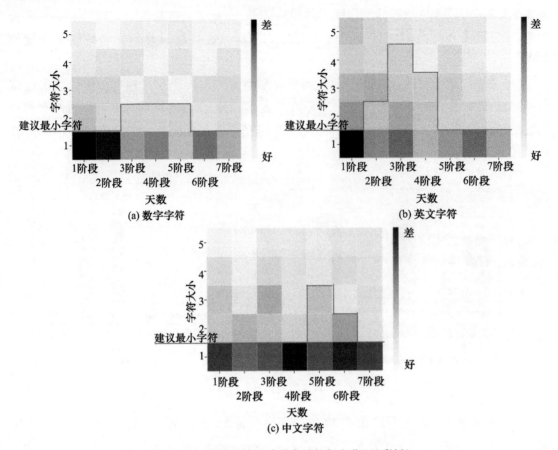

图 7-18 最佳字符尺寸需求随航行变化（见彩插）

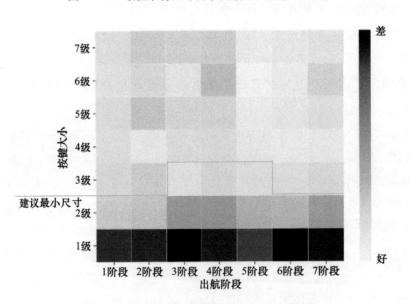

图 7-19 按键尺寸需求随航行变化（见彩插）

7.8 小　　结

本章从实验简介、实验目的、实验设计、实验组织、测试方法及实验平台、伦理要求和实验主要结论等方面介绍了中船综合院组织开展的"海狼"系列实验。系列实验围绕"缺少长航船员工作能力变化特征数据、测评方法与工具"以及"长航船员工作能力变化规律与机制不明，无法指导长航船员能力监测、维持与提升"等问题开展研究，是我国船舶领域首次系统开展长航时、全流程、多维度大型载人隔离密闭实验，包括人因设计专项实验、光环境因素实验、气体环境因素实验、噪声环境因素实验、中短期隔离密闭实验和中长期隔离密闭实验等多阶段实验。实验获取了中短期与中长期全流程任务模拟条件下关键岗位船员工作能力与作业绩效变化特征数据，从行为层、特性层、机制层揭示了全流程任务模拟条件下特殊岗位船员工作能力变化规律及其机制、工作能力与作业绩效的关联关系，初步了解了船舶主要环境因素（照明、噪声、主气体成分）对模拟船员工作能力的影响及作用机理，评估了信息显示要素与人机交互最佳水平在航行周期上的变化情况，研究结果可以为长航船员工作能力评估、维持与提升以及船舶人因优化设计提供支撑。

第8章 船舶人因工程标准研制

标准是提升设计水平的重要手段。本章主要介绍中船综合院人因工程全国重点实验室(船舶)牵头编制的船舶团体标准《船舶人因工程设计要求》。标准技术内容涵盖船舶工作舱室空间布局、舱室环境、信息系统人机界面以及特种作业四大方面的人因工程设计,适用于设计正常排水量5000t及以上的客船、货船和军用舰船。

8.1 标准研制总体情况

8.1.1 研制背景

船舶人因工程标准研制重点考虑与船员直接相关的船舶工作舱室空间布局、舱室环境、信息系统人机界面以及特种作业四个方面,相关要求如下:

(1) 船舶工作舱室的空间布局对船员的安全和工作效率具有重大影响,合理的舱室布置能提高船员的工作效率及人员、物资的流动效率,进而提高整体作业效率。相反,如果舱室布置及空间设计不合理,会显著影响任务的有效完成。通过编制设计标准,在船舶设计阶段综合考虑工作舱室的人机关系,使工作舱室内部空间设计既符合日常使用需求,又能保持整齐、协调、统一。通过合理规划工作舱室空间,实现人与系统的整体效能提升,并改善密闭舱室对船员情绪的不良影响。

(2) 船舶工作舱室作业环境是影响作业人员工作效率的重要因素,良好的作业环境可以激发作业人员的工作热情,从而提高工作效率,最终可提升船舶各系统的综合使用效能。目前,我国船舶舱室环境的设计主要依赖于设计人员的设计经验以及较为老旧的船舶设计标准,无法满足作业任务的实际需要,不能保证作业人员保持良好的工作状态。因此,需要通过人因工程研究提出符合使用需求的船舶工作舱室作业环境设计要求,用以指导船舶设计和建造。通过标准研制,建立船舶工作舱室作业环境人因工程设计要求,从一般要求和详细要求两个维度来规范。船舶工作舱室设计初期考虑人因工程设计理念,提高我国船舶舱室适居性水平,同时可统一规范化舱室作业环境的设计。

（3）船舶信息系统人机界面是船员工作的主要载体,设计是否符合目标使用人员的认知特性、使用习惯等将决定人机系统的整体效能。因此,有必要对船舶信息系统人机界面提出人因工程设计要求,从界面设计的主要人因要素出发,提出可操作性强、统一规范的标准技术内容,为船舶系统研制提供有效的参考依据,提高船舶可用性水平。

（4）船舶特种作业环境与人机交互设备将显著影响船员的安全和工作效率,船舶设计阶段应充分考虑特种作业特点与需求。通过编制设计标准,在船舶设计阶段综合考虑特种作业中的人机环境要求,使参与特种作业的船员在保证健康与安全的条件下,提升工作效率。

基于上述标准研制需求,本标准在收集大量标准规范并进行适应性分析的基础上,开展部分关键指标的试验验证,最终得到具有先进性、可操性强的标准技术内容。

8.1.2 研制过程

2020年3月,中船综合院组织召开了《船舶人因工程设计要求》团体标准编制启动会,成立了编制组,讨论通过标准编制方案。同时着手开展资料收集工作,查阅了大量的相关资料,并针对船舶人因工程设计进行要求,深入了解相关技术要求,在此基础上确立了本标准的原则。

按照计划下达要求,根据标准的编制原则,编制组对标准的内容进行了深入的讨论,提出了标准草案。

2020年8月,根据中国船舶工业协会标准化分会船协标〔2020〕8号文《关于发送＜无人艇自扶正装置＞等5项团体标准征求意见稿的函》向53家标准化分会会员单位及相关设计单位开展征求意见工作,编制组根据相关意见对标准进行了修改完善,形成了送审稿。

2020年11月,船舶行业协会在北京召开了项目审查会,来自中国航空综合技术研究所、北京交通大学、中国船级社等单位的专家对该标准进行了审查,与会专家一致同意该标准通过审查,并提出了修改建议,会后项目组根据专家意见修改形成报批稿。

2020年12月22日,该标准正式公开发布。

8.1.3 研制依据

本标准研制过程中参考的主要文件包括国家标准、国家军用标准、船舶行业标准、其他行业标准以及船舶行业相关设计指南与国际公约。标准涵盖的内容包括作业空间布局、舱室作业环境、系统软件人机交互界面等方面。标准规范参考的基本原则为有效性原则、相似性原则、贴近实际使用原则以及优先采用严格实用的标准。

GB/T 10001.1—2012《公共信息图形符号 第1部分:通用符号》

GB/T 14775—93《控制器一般人类工效学要求》

GB 16557—2010《海船救生安全标志》

GB/T 18049—2017《热环境的人类工效学 通过计算 PMV 和 PPD 指数与局部热舒适准则对热舒适进行分析测定与解释》

GB/T 18978—2009《使用视觉显示终端(VDTs)办公的人类工效学要求》

GB/T 22188《控制中心的人类工效学设计》

GB 50034—2013《建筑照明设计标准》

GJB 888—90《雷达对抗设备显示字符和显示格式》

GJB 966—90《人体全身振动暴露的舒适性降低限和评价准则》

GJB 1016—90《机载电光显示系统通用规范》

GJB 1062A—2008《军用视觉显示器人机工程设计通用要求》

GJB 1283—91《军用室内显控台模块化分及一般要求》

GJB 2476—95《舰船电子设备显控台通用规范》

GJB 2522—95《机载电子对抗设备通用显示字符和显示格式》

GJB 2873—97《军事装备和设施的人机工程设计准则》

GJB 3691—99《舰船电子对抗设备终端显示字符和显示格式》

GJB 4000—2000《舰船通用规范 0 组 舰船总体与管理》

GJB 4000—2000《舰船通用规范 6 组 船体属具与舱室设施》

GJB 4007—2000《飞船乘员舱照明的工效学要求》

GJB/Z 131—2002《军事装备和设施的人机工程设计手册》

GJB/Z 20445—97《光电对抗设备通用显示字符与显示格式》

CB 1108—84《水面舰艇舱室照明标准》

CB 3838—98《船用安全标志》

CB 20117—2014《水面舰艇作战指挥室总体设计与布置要求》

DL/T 575.12—1999《控制中心人机工程设计导则》

HB 7587—98《飞机座舱显示信息基本要求》

HJB 37A—2000《舰艇色彩标准》

JB/T 5062—2006《信息显示装置》

GD 22—2013《船舶人体工程学应用指南》

IMO MSC.337《决议船上噪声级规则》

SOLAS V19《国际海上人命安全公约》

8.2 空间布局的人因工程要求

空间布局针对船舶工作舱室内部工作空间、通行空间、维修空间、控制台布局等方面提出一般要求或专项要求，主要技术内容包括：

1. 一般要求

（1）设备布局应便于施工、操作和维护保养。

（2）设备布局应便于人员存储和查看工作所需的文档，在紧急情况下应便于人员取用需要的物品。

（3）舱室设备的布局应满足操作人员在需要时进行目视交流。

（4）舱室的布局宜确保人员能方便到达所有可能需要查看的区域。

（5）工作舱室的布局应有助于团队协作和操作人员之间的交流，不宜过于拥挤或过于松散。应避免相邻操作人员间距过小，使人员进入彼此的"近身区域"。

（6）工作舱室的所有设备应按功能分区，舱室设备布局应美观、整齐，各分区之间的通道应满足人员通行的需求。

（7）舱室设备的布局应为维护人员进出、设备移动等情况预留所需的空间。

（8）任何视听设备的输出等级、强度宜明显高于大多数人员的可觉阈值，低于大多数人员的容许限值。针对不同类型的视听设备的输出等级应符合 GJB 2873—97《军事装备和设施的人机工程设计准则》中 5.2 节和 5.3 节的相关规定。

（9）指挥舱室主要指挥战位的设备应尽可能布置在舱室前壁，使指挥员面向舰艏，便于使用。

2. 工作空间

（1）控制台后端与后方立面或障碍物间的间距应不小于 300mm。对于立姿操作的控制台，控制台前端与前方立面或障碍物的间距宜不小于 1000mm。对于坐姿操作的控制台，控制台前端与前方立面或障碍物的间距宜不小于 1270mm 的空间。机柜前端与前方立面或障碍物的间距应大于完全抽出状态的抽屉（插箱）深度至少 200mm。

（2）两相邻人员之间的横向间距不宜小于 750mm。

（3）岗位座椅高度宜可调节，座椅高度调节范围可参考人员的坐姿腘高尺寸数据。

（4）控制台与座椅之间的水平方位关系为：人体躯干线距控制台的台面前缘的距离不小于 100mm，以上臂自然下垂在向前 0°~10°范围内，前臂接近水平为宜。

3. 通行空间

（1）主通道的净高度不应小于 1900mm。

（2）通道宽度应考虑到预定的交通高峰负荷量、人员流动方向、该区域出入口的数量和尺寸。

（3）上甲板或长艏楼甲板宜在左舷、右舷各设置一条比较宽敞的主通道，其净宽度不宜小于 1000mm，当主船体的露天甲板舷边无法设置通道时，可在上层建筑内部设置通畅的内部通道。

（4）通道的布置应力求畅通、安全、实用，并应与门、舱口、梯的布置相互协调。主通道的宽度还应满足使用担架运送伤员、舰船上接受补给品等的运送要求，建议其净宽度不小于 1000mm。

（5）露天通道应保证人员能达到该甲板的各个部位，并通过门、梯进入上层建筑和主船体内部。

（6）船舶主船体内至少设置一条内部通道，可不经露天到达除艏端舱室之外的各内部舱室和部位，该通道应设在主船体内破损水线以上的甲板上，难以做到时，可以把上层建筑内的通道与主船体内各水密舱段间的通道联通，以形成内部通道。

（7）通道的宽度，单行路线通道宽度应不小于600mm，双行路线通道宽度应不小于1220mm，单人横向移动通过的通道宽度应不小于330mm，设置单门的通道宽度应不小于1670mm，设置面对门通道宽度应不小于2130mm。同时，通道宽度的设置应为身穿防护服和携带装备的人员留出足够的间隙。

4. 维修空间

（1）维修空间应确保维修人员的可达性。

（2）应为维修留有适当的空间，以避免因维修活动误启动或损坏其他设备与系统。

（3）维修空间应考虑设备的维修方向，如前方、侧方、后方维修等情况。

（4）维修空间尺寸应便于维修人员采取相应的姿势工作，还应考虑使用工具的情况。

（5）设计时应考虑人员维修活动肢体必须经过的过道、手孔等，不应有尖锐边角，确保维修人员头部、手及手臂等部位不被尖锐或突出物所伤害。

（6）维修空间应提供适度的自然或人工照明。

（7）必要时应设置缓冲装置以抵消设备移走和复原的影响。

5. 控制台布局

（1）控制台布局应考虑同一作业任务中人员彼此协作、交流的需要，有助于团队协作和沟通交流，并能够反映不同人员的职责和协作要求。

（2）控制台应能够为人员提供一个安全、稳固和稳定的基础，借以施力。

（3）控制台布局应考虑人员的人体尺寸、姿势、肌肉力量和动作等因素，提供充分、合理的作业空间，使人员可以采用良好的工作姿态和动作完成工作。

（4）控制台若为单人作业使用，其台面控制装置的位置与人体中心前侧的距离不应超过600mm，左右侧的距离不应超过865mm；其置腿空间尺寸应大于510mm（宽度）×635mm（高度）×460mm（深度）。

（5）驾驶室内执行导航和操纵的控制台以及与这些控制台相关的仪表布局应尽量紧凑，便于单独一名领航员就能执行各种操作。主要控制台所在的空间的规划、设计和布置应至少容纳两名人员，但空间也应紧凑。控制台（包括海图桌）的位置应使其中的仪器正对着向前方瞭望的人员安装。

（6）操舵控制台应优先选择布置在船舶的中心线上。如果手动操舵控制台偏离中心线，应提供白天和夜间使用的特殊操纵参照点。如果前方视野被大型桅杆、起重机等物体遮挡，应确保操舵站所在位置与中心线右舷相隔的距离足够远，以便使前方有清晰的视野。

8.3 舱室环境的人因工程要求

舱室环境针对船舶工作舱室照明环境、热环境、噪声环境、振动环境以及色彩环境等方面提出一般要求或专项要求。

1. 照明环境的主要技术内容

1）照明环境一般要求

（1）舱室应设置一般照明、局部照明、应急照明、备用照明等照明方式及相应的灯具，以保证各种工况下的正常使用。为了满足舱室各类作业的基本视觉需求，舱室应采用均匀分布的一般照明。

（2）如操作任务需要，应在一般照明外提供局部照明，为了满足各岗位船员的个人需求差异，局部照明宜采用亮度可控的调节方式。

（3）船舶发生失事时，需确保具备船员安全疏散的出口和通道处，应设置应急照明。

（4）应合理选用照明颜色，利用无反射表面，减缓船员的视觉紧张和视觉疲劳。

（5）应通过照明灯具的合理布局或采取安装透明棱镜罩灯或遮光罩等措施清除反光与眩光。

（6）局部照明应既要满足视觉需求，又要避免对其他人产生眩光影响。

2）泛光照明要求

（1）为保障照明视觉作业的需要，各类舱室应满足泛光照明照度要求。

（2）舱室主要工作面的照度均匀度不低于0.6。

（3）舱室照明光源应选择色温合适、显色性较高的灯具，色温宜为2500～6500K，一般显色指数 Ra 应不低于80。

（4）照明灯位置应合理，不应使光线直射入作业人员的眼睛。作业人员视野中心的60°锥角范围内应避免出现高亮度光源。

3）局部照明要求

（1）工作使用的局部工作灯照明光线应均匀柔和，在工作面的照度应不小于30lx。

（2）局部工作灯的安装高度应高于大多数船员的身高高度及适当心理余量值，宜不低于1950mm。

4）应急照明要求

（1）船舶失事时的应急照明，为保障继续作业用的工作面照度不低于1lx。

（2）疏散通道的应急照明最低照度不应低于0.5lx。

5）眩光控制要求

（1）舱室内由人工照明产生的不舒适眩光宜采用统一眩光值（UGR）进行评价，各岗位视点处的统一眩光值 UGR 应不大于22。

（2）宜合理安排船员的工作位置和光源的相对位置，不应使光源工作面上的反射光射向船员的眼睛；若不能满足上述要求，则可采用投光方向合适的局部照明。

(3) 工作面、地板宜为低光泽度和漫反射的材料。

(4) 防止和减少由镜面反射引起的光幕反射和反射眩光,避免将灯具安装在干扰区内,考虑低光泽度的表面装饰材料和合适的灯具发光面积。

(5) 正确选择照明类型和照明布局,使工作台位、共用显示器等处不致产生眩光。

(6) 适当提高眩光源周围的环境亮度,减小亮度反差,防止对比眩光,并合理地选择遮光装置等来防止眩光。

2. 热环境的主要技术内容

1) 空调舱室热环境要求

(1) 室内工作舱室,夏季最高温度应为(27 ± 2)℃,相对湿度应为$50\% \pm 10\%$;冬季最低温度应为(20 ± 2)℃,相对湿度应为$40\% \pm 10\%$。

(2) 自地板至高1.8m范围内,垂直温差不应超过3℃;水平方向每米距离温差应不超过1℃,且同一舱室内应不超过2℃;作业区域内相邻舱壁表面温度与该处所的平均温度的差别应不超过10℃;当工作舱室与相邻非空调舱室之间人员直接流动时,其温差应不超过10℃。

(3) 由空气分配装置送入工作舱室的气流不应直接吹向船员人体,其速度应不大于5m/s,气流应不大于0.5m/s。

(4) 各舱室新鲜空气补给量应能补偿排风损失并保证室内正压,且每人每小时应不少于$25m^3$。舱室换气次数,每小时应不小于6次。

(5) 人员长时间办公或休息处,预计平均热感觉指数推荐值为$-1.5 \sim +1.5$,预计不满意者的百分数推荐值不超过30%。

2) 通风舱室

(1) 4h值班的高温区,最高舱温、机舱应不高于55℃,辅机舱应不高于45℃,相对湿度应不大于50%,风流速度应不小于0.5m/s。工作岗位处可采用局部冷风。

(2) 对于设有工作岗位的低温区舱室,其最低温度应不低于10℃。

3. 噪声环境的主要技术内容

1) 环境噪声要求

空气噪声舱室类别是按照语言交谈距离的清晰程度或其他功能要求进行分类的,可分为A、B、C、D、E五类舱室,各类舱室噪声限值一般应符合表8-1的规定。

A类是指谈话双方在不小于2m的距离进行交谈,无须重复就能听清楚,且差错较小的舱室或处所,如驾驶室、海图室、集控室。

B类是指要求保持安静的舱室或处所,如医疗舱室。

C类是指谈话双方在小于2m的距离进行交谈,无须重复就能听清楚,且差错较小的舱室或处所,如驾驶室、海图室、集控室。

D类是指需要大声喊叫或通过扩音器或增音电话在短距离内才能进行交谈的高噪声舱室或处所,如主机舱操作部位。

E类对语言清晰度没有要求,但在不配听力保护设施时,船员听力不被损伤的高噪声舱室或处所,如主机舱、辅机舱。

表 8-1 空气噪声限值 dB(A)

舱室类别	噪声限值									A声级
	语言干扰级/dB	倍频程频率中心频率/Hz								
		31.5	63	125	250	500	1000	2000	4000	8000	
A	54	72	69	66	63	语言干扰级				51	60
B	—	77	74	71	68	65	62	59	56	56	65
C	64	82	79	76	73	语言干扰级				61	70
D	72	99	93	87	81	语言干扰级				72	82
E	—	105	99	93	87	84	81	78	78	78	84

注:1. 表中所规定的指标仅适用于船舶巡航状态的稳态噪声;

2. 对于各种噪声类别的舱室,允许在某一个倍频程频带的声压级超过2dB(A);

3. 对于有语言干扰级要求的各类舱室,除了上述规定,还允许语言干扰级的4个倍频程频带中某些倍频程频带的声压级超过语言干扰级,但语言干扰级的4个倍频程频带声压级的算术平均值不能超过规定的语言干扰级值。dB(A)值也不应超过规定值;

4. 对于大型远洋船舶E类机舱(包含主机舱与辅机舱)A声级可放宽至110dB。

2) 听力保护措施

(1) 为控制环境噪声,可以从声源、传播途径和接收者入手,如使用抗噪话筒以控制噪声源,使设施布局更加合理以控制噪声传播等。

(2) 应将设备产生的噪声尽可能控制在较低水平,同时也应控制其他噪声(如语言交流)。可通过降低各舱室周围环境的噪声级等途径,优化舱室的声环境。

(3) 对于船员不配戴听力防护装具而暴露在噪声环境下的情况,应结合具体环境噪声,对每天允许的暴露时间加以控制,以保护船员的听力。也可以从劳动组织上采取措施,如采用轮换作业等,尽可能减少船员在噪声环境中暴露的时间。

(4) 使用单种耳防护装具时,暴露噪声限值可增加20dB(A)。

(5) 使用组合耳防护装具时,暴露噪声限值可增加25dB(A)。

(6) 在很强的低频噪声环境中(总声压级为100dB(A)),应采用抗噪话筒。与同等传输特性的非抗噪话筒相比,它能够改善语言峰值与噪声均方根的比值,并应不少于10dB(A)。

4. 振动环境的主要技术内容

(1) 振动源应在可能范围内与工作舱室隔离。

(2) 在工作舱室产生的振动应通过涂敷吸振的材料或其他方式减弱。

(3) 当用体重计 W(全身称重,如 ISO 6954:2000 所述)以 (x,y,z) 三条轴线测量且所有轴线方向的频幅限制均为 $1\sim80Hz$ 时,工作舱室的最大均方根(Root Mean Square, RMS)振动级不应超过 $215mm/s^2$。

5. 色彩环境的主要技术内容

(1) 舱室内的设施、设备的色彩设计应紧紧围绕该处空间的主色调进行协调配色。在满足功能需求的前提下,应尽可能减少色彩的种类。

（2）舱室空间的色彩设计应考虑在灯光作用下的综合效果。还应考虑构成舱室色彩环境的材料及色彩以外的其他属性（如光泽、透明度、材质、质感等）对色彩效果的影响。

（3）电子设备舱室的舱顶、舱壁的孟塞尔明度不宜低于7.0。

（4）驾驶室舱壁色彩宜选用绿色系，舱顶色彩应与舱壁色彩相协调。

（5）海图室和其他需要手工绘图作业等目力要求较高的工作舱室，宜选用明亮、清净的色调。

（6）报务室一般采用中间偏冷色调，若报务室较为狭长，也可用中间较暖色调。

（7）高温工作舱室的舱壁颜色应以清净冷色调为宜，舱顶一般采用明亮的浅色。

（8）工作舱室内地板色调应为耐脏色。

（9）工作舱室内的家具色彩宜选用与主要设备色彩相近的颜色或铝制材料的木色。

（10）安全色彩的使用应严格控制。安全色彩的使用不能替代防范事故的其他措施。安全色彩一般分为大红、中酞蓝、淡黄、淡绿、橘黄5种颜色。

8.4 人机界面的人因工程要求

人机界面要求针对一般要求、显示布局、显示格式、显示要素、错误预防与处理等方面，主要技术内容包括：

1. 一般要求

一般要求包括一致性、完备性、集成性、易理解性、防错性5个方面的要求。

2. 显示布局

（1）根据人的视觉注意规律，显示屏幕内同一类型信息的重要性排列一般是左上象限最优，其次为右上、左下、右下。

（2）界面显示内容进行分组布置时，尽量将关系密切的信息靠近或采用相似的设计样式，一个组的平均宽度不宜超过67mm（约264px），采用分组数最小化原则。

（3）文本宜水平排列，具有逻辑关系的信息布局等宜遵循从左到右、从上到下和顺时针方向的规律。

（4）系统内同一信息应尽量放在同一位置；使用频率高的信息应放在最易于看见、最便捷选择的位置，重要信息即使不常使用也需要放在容易被搜索到的位置。

（5）界面显示元素布局应保持视觉平衡，信息内容不应堆挤。

（6）同一界面中相关的图表应尽量遵循上图下表、左图右表。

（7）弹出窗口及菜单应位于目标元素的附近，应不遮挡重要信息及下一步操作。

3. 显示格式

（1）信息显示格式应符合船员的作业需求，在优化与发展的同时兼顾系统常用格式，具有合理的继承性，并且系统内外应具有良好的兼容性。

（2）当系统需要直观形象地展示信息在时间或空间之间的相对关系、变化规律、趋势等，宜使用图形显示。

（3）当系统需要同时展示大量、精确数据信息并进行数据记录、计算时,宜采用表格显示。

（4）当系统需要陈述完整、详细、准确的信息等,且具有足够的空间时,宜采用文本形式。

（5）当信息具有两种以上的显示格式时,应为操作人员提供便捷、灵活的人工选择数据格式转换功能。

4. 显示要素

显示要素要求包括字符、符号、颜色、亮度、线条、闪烁、提示、反馈等。

5. 错误预防与处理

（1）系统应具有预防错误的功能,如为操作人员及时提供提示、说明和帮助等,尽量减少操作失误。

（2）当操作人员请求退出、中断程序时,系统应支持自动检查,当数据可能丢失或任务无法完成时,应为操作人员提示说明,并提供确认操作。

（3）当操作人员的操作可能导致破坏性后果并且无法撤销时,应在执行操作前提供警告或确认信息,明确提示可能出现的后果。

（4）当任务允许时,系统应为操作人员提供中断、修改、取消、返回等操作。

（5）系统应对输入数据进行检查,若数据出现错误,应呈现提示信息,在所有的错误被纠正后保存数据。

（6）检测到错误后,应为操作人员提供便捷、快速的修改方式。

（7）当操作人员重复错误操作时,系统提供的第二次错误提示宜明显地区别于前一次,并更详细地指明错误原因和解决方法。

（8）出错信息宜指出错误原因和错误类型、纠正措施,出错提示应简洁、明确,并允许操作人员查看更详细的信息,宜可链接到在线帮助。

（9）出错信息应尽可能靠近导致错误的输入位置,并且不对操作人员的输入造成干扰。

（10）当出错信息的显示影响重要的任务信息时,应支持操作人员人工移除。

8.5 特种作业的人因工程要求

特种作业人因工程要求的主要技术内容主要包括:

1. 一般要求

（1）作业所提供的工作环境应能促进有效的作业程序、工作方式及船员的安全和健康,并且尽可能减少导致船员的能力降低和错误增加的因素。

（2）作业设计应使得对船员在工作负荷、准确性、时间、心理加工及通信等方面的要求不超过船员的能力范围。

（3）在时间、费用与性能的相互权衡中应尽量减少对船员及其训练的要求。

2. 特种作业控制装置

（1）手控控制装置：适用于精细、快速调节，也可用于分级和连续调节。

（2）手轮：适用于细微调节和平稳调节，当手轮连续转动角度大于120°时应选用带柄手轮。

（3）曲柄：适用于费力、移动幅度大而精度要求不高的调节。

（4）操纵杆：适用于在活动范围有限的场所进行多级快速调节。

（5）按键式、按钮式开关：适用于快速控制线路的接通与断开。

（6）选择（或者"转换"）开关：适用于两种或三种状态的调节。

（7）旋钮：适用于用力较小且变化细微的连续调节或三种状态以上的分级调节。

（8）脚控控制装置：适用于动作简单、快速、需用力大的调节，脚控控制装置应在坐姿有靠背的条件下选用。

（9）需用手握紧的控制装置，在与手接触的部位应为球形、圆柱形、环形或其他便于持握的形状。

（10）需与手指接触的部分应有适合指形的波纹，其横截面应为椭圆形或圆形，表面不得有尖角毛刺、缺口棱边等。

（11）为使观测目标时视野良好、便于双手掌握，控制方向用的手轮可以制成半圆形或弧形的转向把型式。

（12）用手掌按压操作的控制装置的表面要有球面凸起形状，用手指按压的表面要有适合指形的凹陷轮廓。

（13）按钮的水平截面应为圆形或矩形，按键应为矩形。矩形按钮和直径在3～5mm的按钮可做成球面或平面形状，若为编码的需要则允许制成其他形状。

（14）用手指操纵的选择开关，转换开关的柄部应为圆柱形、圆锥形或棱柱形。圆锥形柄部应大径朝外，且柄的外端呈球形。

3. 特种作业操作力与载荷

一般控制装置的操作力要求如下：

（1）手轮、转向把、曲柄作用力应满足表8－2要求，对于精细调节的最小阻力为9N，管道阀门类开关瞬间施于手轮上的最大作用力为450N。

表8－2 手轮、转向把、曲柄的作用力要求

操纵方式	每班操纵次数/次					微调或快速转动时
	>960	960～241	240～17	16～5	<5	
	最大作用力/N					
用手或手指	—	—	—	—	—	10
用手及前臂	5	10	20	30	60	20
单手臂	10	20	40	40	150	40
双手臂	40	50	80	80	200	—

（2）操纵杆最大作用力不应超过表8－3的规定，当操纵杆是"左－右"或"上－下"操

纵时,选用括号中的数值。

表8-3 操纵杆的作用力要求

操纵方式	每班操纵次数/次				
	大于960	960~241	240~17	16~5	小于5
	最大作用力/N				
用手指	5	10	10	10	30
手掌	5	10	15	20	40
用手及前臂	15	20	25	30	60
单手臂	20	30	40	60(40)	150(70)
双手臂	45	90	90	90	200(140)

(3) 扳钮最大作用力不应超过表8-4的规定。

表8-4 扳钮最大作用力要求

扳钮长度/mm	作用力/N
10~15	3.0~2.0
15~20	3.3~2.5
20~25	3.5~2.8
25~30	4.0~3.3
30~35	5.0~4.2
35~40	5.7~5.0
40~50	6.2~5.0

(4) 按钮式和按键式开关的作用力应符合表8-5的规定。

表8-5 按钮式和按键式开关的作用力要求

操纵方式	作用力/N
食指按动	1~8
大拇指按动	8~35
手掌按动	10~50
按动按键	2.5~16

(5) 旋钮的操作力矩应符合表8-6的规定。

表8-6 旋钮的操作力矩要求

操纵方式	旋钮直径/mm	力矩/(N·m)	
		最小	最大
捏握和连续调节	10~100	0.02	0.5
指握和断续调节	35~75	0.2	0.7

大力量控制装置的操作力要求如下:

(1) 通常,不应该使用要求船员用力超过大多数船员预定的力量限度最低段的控制装置。

(2) 若工作岗位不能提供适宜的身体支撑或肢体支撑,则不应该使用大力量控制装置,且应避免持续地(即时长超过3s)使用大力量。

(3) 在需要使用大控制力的臂、手及单指控制装置的要求见 GJB/Z 131—2002《军事装备和设施的人机工程设计手册》。

小系统和设备携带性要求如下:

(1) 设计的携带物要求不妨碍行走自由。携带物的外形和重量应协调匹配,主要应符合船员行走的步幅、头部的活动范围、行走时看到脚的位置、蹲下的能力、正常姿势保持的能力。

(2) 由两人携带的物品,尽可能提供横条型把手和肩托。

(3) 没有背负辅助装置的物品应设计双手提举和携带的手柄。

(4) 背负重量超过 20kg 时,如有必要,应提供提举辅助装置,以便他人帮助把负荷放到背负者身上。

(5) 背负辅助装置应尽可能通过垫肩/臀部的支撑把重量分散到尽可能多的肌肉群上。

(6) 尽可能使携带物的重心接近腰部的脊椎处,而又不直接接触身体。

(7) 携带物设计应减少对胸和腋窝的压力,通过骨骼把重量传递到地面。

(8) 辅助装置不应产生侧面不平衡负荷,干扰正常的头部活动,影响下蹲、步行、爬越低的障碍和上肢的活动,产生对肩部肌肉的压力或影响人体体温的调节。

(9) 携带物应尽量减少凸出的棱角,以防对船员产生伤害或被低矮物体钩住,必要时,可配用护套或箱盒。

4. 特种作业安全性

(1) 特殊条件下(如振动、冲击、颠簸等)进行精细调节或连续调节时,为保证操作平稳准确,应考虑肢体有关部位的支撑作用并提供相应的依托支点。

(2) 若操作者需要在受限的空间中工作或通过时的要求见 GJB/Z 131—2002《军事装备和设施的人机工程设计手册》

(3) 与手接触的控制装置的表面温度在小于10℃或大于60℃时,应采用导热系数低的材料制造或包敷。

(4) 机械和传动装置的所有运动部件应设置防护装置,以防操作人员受伤或卷入。

(5) 可伸缩梯子梯级间应提供足够的手指间隙。

(6) 在高电压附近使用的工具和测试线应充分绝缘。

(7) 插头和插座应设计为一种额定电压的插头不能插入另一种额定电压的插座。

(8) 设备中所有高电压接口应设计为管套型接口。

(9) 应提供各种防护措施、接地、连锁装置、警告标志,以减少船员受到危险电压或电流伤害的可能性。

(10) 除了天线和传输线接头,设备上所有外部件的设计均应保证在正常工作期间的所有时间内都在接地电位。为减少接地故障,任何外部的和互连的电缆应在其两端接地。

8.6 标准应用情况

《船舶人因工程设计要求》(T/CANSI50—2020)自发布以来,受到船舶行业各单位的青睐与一致好评,并在产品的研制过程中得到贯彻实施,具体应用情况包括但不限于中国船舶集团有限公司系统工程研究院、第七〇一研究所、第七〇二研究所、第七〇八研究所、第七一六研究所等单位产品研发中得到应用,能够较好地支撑设计师工作,有效提升了船舶人机交互综合效能。

第9章 信息系统人机界面设计软件

9.1 软件概述

国外民用产品方面，美国苹果公司在1991年已经为MacAPP开发了Macintosh ToolBox（共享软件库）以及通用应用程序中间件（对窗口、菜单、按钮等进行可视化），将相关的标准固化到共享软件库中，将软件复杂度一部分转移到底层，解决了界面产品一致性的难题，大大降低了开发难度、产品上线的时间和代码的大小，同时也给用户带来了易用性更强的产品。

国内军品方面，中船综合院人因工程全国重点实验室通过对近年来成果的凝练与固化，形成了《信息系统显示界面及交互方式人因工程设计要求》，开发了信息系统人机界面设计软件，提炼出了文电类、组态类、图表类、仪表类等专业通用功能模板。

信息系统人机界面设计软件是一款具有自主知识产权的、基于人因工程技术的跨平台快速人机界面设计、开发、运行组件。该软件具备开放的架构和集成能力，支持快速从概念设计到人机界面实现。采用C++面向对象开发技术支持在线实时编辑预览模式，编辑界面时即可预览对应界面运行时的效果，能够帮助信息系统设计人员收集具象的功能需求，支持满足用户认知和操作需求的系统设计，帮助用户快速、高效、高准确率地搭建能够满足要求的系统软件。该软件在共性层面能增强系统的人机交互能力、降低用户的操作负荷、提高用户的操作效率，在软件实现层面解决界面样式不统一、交互方式不一致、看不清、辨不明等人因工程问题，统一软件开发方式、降低软件开发成本、提升软件开发效率，最终提升整个系统的人机交互友好性。该软件目前已广泛应用于指挥信息系统、雷达系统、故障监测系统等。

9.2 软件开发依据

软件开发参考了国内外相关的军用及民用标准，满足标准对军用信息系统显示及交互提出的一致性、易读性、易理解性、完备性、符合用户特性设计原则要求。例如，国内《军用装备和设施的人机工程设计手册》(GJB/Z 131—2002)、《质量管理体系要求》(GJB 9001C—2017)等标准，美国国防部设计标准(MIL-STD-1472)和《人机界面设计审查指南》(NUREG—0700(修订版2))。

信息系统人机界面增强工具软件一方面符合人因工程设计要求中的人机交互一致性、便捷性、完备性等10个总体原则，另一方面满足人机界面基本风格、控件和典型模块的具体要求，符合《军事装备和设施的人机工程设计手册》(GJB/Z 131—2002)、《军事装备和设施的人机工程设计准则》(GJB 2873—97)、《舰艇电子航海图系统通用规范》(HJB 272—2003)、《船舶人因工程设计要求》(T/CANSI 50—2020)等标准。

软件设计阶段，为了更加符合用户操作习惯，提高人机交互效率，结合人因工程理念，开展了《界面框架字体色背景色匹配实验》《目标表页中目标属性背景色匹配实验》《针对表格对齐方式实验》《告警信息显示方式实验》《操作空间尺寸实验》等实验任务，确定了组件最佳的显示样式和交互方式。

9.3 软件部署环境

信息系统人机界面设计软件适配多种软硬件平台环境，适配不同版本的Qt环境。软件适配Windows系列和Linux系列的各个环境，此外软件已成功适配龙芯、飞腾、兆芯等国产化CPU，适配中标麒麟、银河麒麟、道系统、JariWorks、统信UOS等国产化操作系统，适配Qt4.8.3、Qt4.8.7、Qt5.5、Qt5.6.1、Qt5.6.3、Qt5.12.1等版本的Qt环境。

软件对目标机的软硬件要求低，动态链接库大小不超过100MB，运行内存不大于50MB。

9.4 软件总体架构

信息系统人机界面设计软件总体架构如图9-1所示，该软件独立于上层应用和底层硬件，代码编译生成动态链接库，以Qt自定义插件的形式集成到Qt Designer中提供给用户直接使用。同时，组件也可以在Qt项目中作为对象动态生成使用。组件主要包括基础平台、界面基础元素库、控件库、构件库。

硬件层是整个软件运行的基础层，集成了显控台、计算机、键盘、鼠标、触摸屏等硬件设备，确保软件支持对用户的行为进行收集、处理和输出，保证软件能正常使用。

系统层为信息系统人机界面增强工具软件提供运行支撑环境，包括操作系统软件以及其他支撑性软件。

数据层是指软件运行时用以支持交互显示的数据类型，包括基础数据、用户信息数据、用户配置数据等。

驱动层用于对上层应用软件提供支撑服务，包含显示驱动、触摸屏驱动、键盘鼠标驱动等，在硬件层集成的基础上，将软件的驱动层集成起来，并解决冲突问题，确保上层应用程

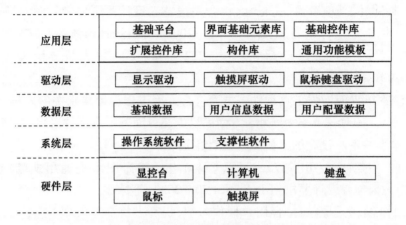

图9-1 信息系统人机界面增强工具软件总体架构

序可以随时调用,实现人机交互设备软件、硬件集成化。

应用层主要是集成于 Qt Designer 中的 Qt 自定义控件,包括基础平台、界面基础元素库、基础控件库、扩展控件库、构件库和通用功能模板。

9.5 软件组成

信息系统人机界面设计软件由基础平台、界面基础元素库、控件库、构件库四个部分组成,如图9-2所示。基础平台包含界面基础元素库、控件库、构件库的所有组件,构件库是由控件库组成的,控件库是由界面基础元素库组成的。所有的组件均可在基础平台上自由地设计布局,并且可以方便快捷地修改属性,各组件按照其功能需求能够支持全透明、半透

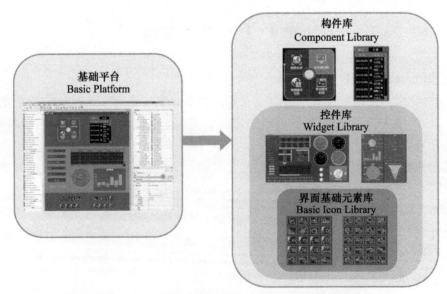

图9-2 信息系统人机界面设计软件组成(见彩插)

明、不透明三种状态。

9.5.1 基础平台

基础平台(Basic Platform)用于对整个工具库进行生命周期管理,包括主题管理、数据管理、组件注册、调用、测试、组装、错误管理和维护等。

9.5.2 元素库

界面基础元素库(Basic Icon Library)由一套图标库构成,包括工具栏、菜单栏、表头、对话框、树形控件等300余个工具图标,白天、黑夜模式各150余个,整套图标已经通过人因工程实验验证。

1. 表头图标设计

表头图标设计包括表头筛选、排序功能图标、表头可选择图标、表头可编辑修改图标、表头扩展功能图标等,如图9-3所示。

图9-3 表头图标设计

2. 对话框图标设计

对话框图标设计包括对话框控件图标、对话框表格控件图标等,如图9-4所示。

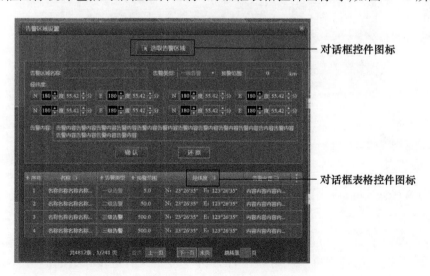

图9-4 对话框图标设计

3. 树形控件图标设计

信息系统人机界面设计软件中的树形控件图标设计,如图 9-5 所示。

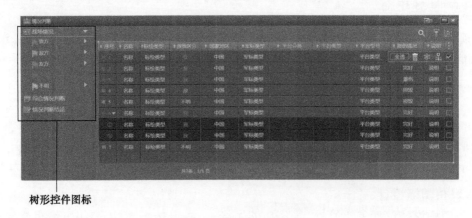

图 9-5　树形控件图标设计

4. 文电图标设计

文电图标设计包括文电信息显示图标、即时通信内容编辑图标、即时通信不同台位头像图标等,如图 9-6 所示。

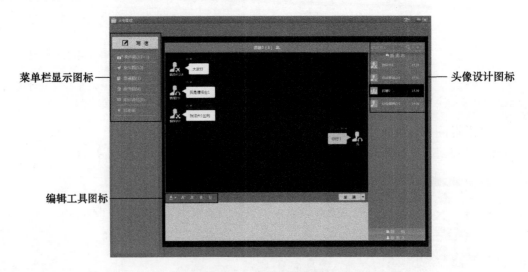

图 9-6　文电图标设计

9.5.3　控件库

控件库(Widget Library)分为基础控件库和扩展控件库。

1. 基础控件库

基础控件库包括窗口、对话框、菜单、时间控件、日期时间控件、整数调节按钮、浮点数调节按钮、下拉按钮、组合框、标签、可验证行编辑器、列表框、进度条、按钮(基本按钮和记忆按钮)、单选按钮、复选按钮、表格、Tab 页、可验证文本编辑器、工具栏按钮、树形控件等。

该界面展示了信息系统人机界面设计软件的基础控件库,如图9-7所示。整体界面为窗口,最上方文字是标签控件,左侧从上至下依次是下拉按钮、日期调节框、时间日期调节框、时间调节框、整数调节框、小数调节框、可验证行编辑器、搜索框、组合框、单选按钮(正常/选中)、复选按钮(正常/选中)、按钮(正常/禁用),右侧从上至下依次是表格、列表框、树形控件、Tab表页、可验证文本编辑器、进度条。

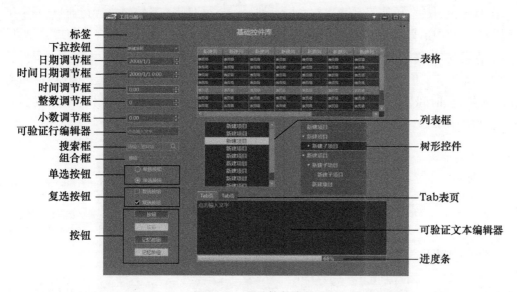

图9-7 基础控件库展示

2. 扩展控件库

扩展控件库包括界面微窗口(Dock)、工具栏、菜单栏(弹出式菜单和右键菜单)、散点图、柱状图、饼状图、雷达图、各类刻度尺、流程状态图、开关按钮等。

该界面展示了信息系统人机界面设计软件的部分扩展控件库,左侧从上至下依次是刻

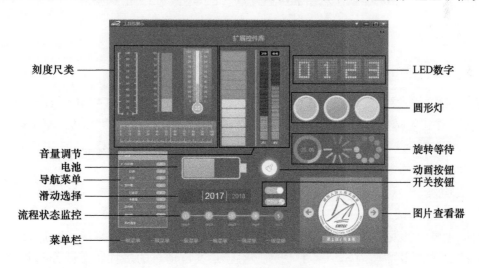

图9-8 扩展控件库展示

度尺类、音量调节、电池、导航菜单、滑动选择、流程状态监控、菜单栏,右侧从上至下依次是 LED 数字、圆形灯、旋转等待、动画按钮、开关按钮以及图片查看器,如图 9-8 所示。

9.5.4 构件库

构件库(Component Library)是指根据特地应用场景开发的专用构件模块,如窗口模板(标题栏、工具按钮、收缩/拉伸控制键)、左右屏幕切换、悬浮控制键、系统登录等待窗口、表格扩展工具栏、多指数图形显示控件、当前活动窗口切换、鼠标定位及凸显、气象查询窗口、即时通信工具箱、告警窗口、鹰眼(普通鹰眼、鹰眼分区)、局部放大、扩展标牌、告警区域设置及显示等。

该界面展示了信息系统人机界面设计软件的构件库,主要包括气象查询窗口、多指数图形显示控件、时间显示控件、即时通信提示窗、悬浮控制键、鼠标定位及凸显、系统登录等待窗口、告警窗口、经纬度控件、表格扩展控件,如图 9-9 所示。

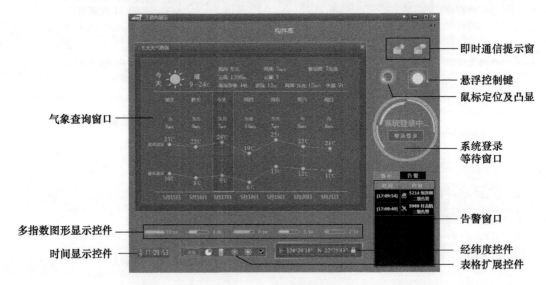

图 9-9 构件库展示

9.5.5 软件通用功能模板

结合前期已开发的工程项目,信息系统人机界面设计软件提供了一系列软件通用功能模板,包括文电类、组态类、图表类、仪表类等。所有类型的模板都由人机界面增强组件构成,符合人因工程设计要求,符合行业标准。此外,模板留有数据交换接口,用户只需按照固定的数据格式调用接口即可完成数据的更新。

1. 文电类

文电类主要用于制作、编辑、存储、发送各类文电;接收、显示、检索各类文电。文电类通用模板主要包括发件箱、收件箱、草稿箱、废件箱、即时通信、机要报等,通过切换菜单显示不同模块,各模块主要内容呈现在主要视觉区域,文电信息的多种状态区分明确,操作简单快捷,跳转灵活快速。

该界面展示了用信息系统人机界面设计软件设计开发的文电主界面,其中左侧为菜单区,右上方为搜索区,往下依次为操作区、显示所有文电信息区、显示单个文电信息区、快速回复区,如图9-10所示。

图9-10 文电类通用功能模板——文电主界面

该界面展示了用信息系统人机界面设计软件开发的文电管理模块中的即时通信界面,包含菜单区、即时通信信息显示、通讯录列表、信息编辑区等功能,如图9-11所示。

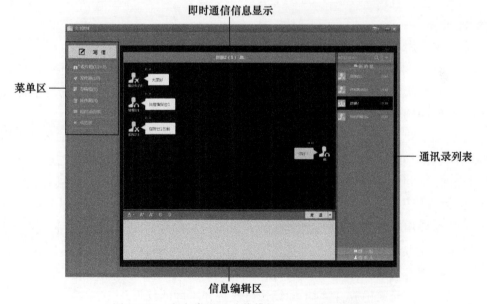

图9-11 文电类通用功能模板——即时通信界面

2. 组态类

组态类主要用于对信息系统中的菜单、控制指令进行统一整理、分类以及调用,方便指挥员快速查找相关命令、菜单,提升作战操作效率。组态类通用功能模板是指触摸屏中的组态按键,将信息以图形化等更易于理解的方式进行显示,并帮助相关人员发出控制指令等,一般分为功能按键和快捷按键两种。按键按照功能分组布局,根据操作人员的操作习惯和操作规律设计。

该界面展示了用信息系统人机界面设计软件设计开发的触摸屏组态按键界面,其中包含功能切换区域和快捷按钮区。主界面为各种常用功能的按钮,单击按钮能快速切换到相应的界面,如图 9 – 12 所示。

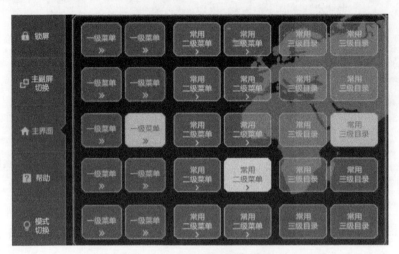

图 9 – 12　组态类通用功能模板

3. 图表类

图表类主要用于对作战相关信息采用相应的优势媒体或综合可视化手段进行展示,图形结构给人直观、生动、简洁的感受,有利于指挥员快速拾取战场相关数据信息,提升作战效率。图表功能模板包括柱状图、饼状图、雷达图、散点图等子类,每一类的基本构成要素有标题、刻度、图例和主体等。

如图 9 – 13 所示,该界面展示了用信息系统人机界面设计软件设计开发的部分扩展控件库(图表库),其中第一行从左至右依次为饼状图、柱状图、折线图,第二行从左至右依次为雷达图、散点图、漏斗图,第三行从左至右依次为简单曲线图、直方波形图、直方对称图。

4. 仪表类

仪表类主要用于模拟各种专业测定仪,参照仪表实物外形设计,采用扁平化设计风格,搭配简洁的交互方式,使数据状态变化的显示更加直观生动,提升指挥员拾取相关信息的速率。仪表类主要包括时钟类、温度类、指南针类、电压类、进度类、网络类等,主要由刻度、表盘、数值、指针等元素构成,根据不同场景可以选择不同的仪表。

该界面展示了用信息系统人机界面设计软件设计开发的各类仪表盘,按从上至下从左至右的顺序,依次为指南针、圆弧仪表盘、汽车仪表盘、半圆仪表盘、时钟、旋转仪表盘、LPM 仪表盘、迷你仪表盘、网速仪表盘、飞机仪表盘、进度仪表盘、时速仪表盘、范围仪表盘、圆环仪表盘、简单仪表盘、速度仪表盘,如图9-14所示。

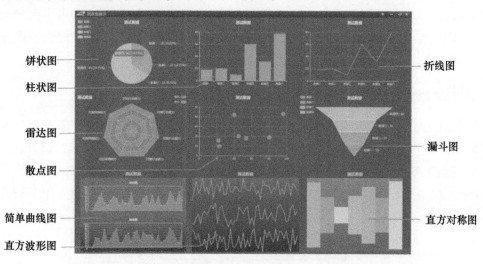

图9-13　图表类通用功能模板(见彩插)

图9-14　仪表类通用功能模板(见彩插)

9.6　软件特点

信息系统人机界面设计软件具有标准性、基础性、规范性、便捷性、友好性、兼容性、可维护性7个特点。

9.6.1　标准性

信息系统软件开发通常是由多个团队、多人协同开发完成的,在开展集成工作时经常发生不同应用软件、不同模块之间样式冲突、不一致等问题,不仅耽误集成的工期而且影响系统整体的用户体验。信息系统人机界面设计软件在设计开发过程中,参考了大量的标准规范。不同软件开发团队在开发过程中均统一采用该中间件,在系统集成时将彻底解决样式冲突、不一致、不符合设计规范等问题,极大地提升了系统的集成效率。

9.6.2 基础性

信息系统人机界面设计软件不依赖底层硬件,实现软硬分离,屏蔽了底层硬件和操作系统的差异与约束,以中间件的形式独立运行于显控台上,如图9-15所示。组件独立于上层应用,只涉及基础平台和相关组件开发,以组件库的形式存在于应用软件中,并为其他研制单位研发的应用程序作支撑。组件与系统本身的业务功能无关,可广泛应用于指挥信息系统、雷达系统、故障监测系统等大型系统软件中。

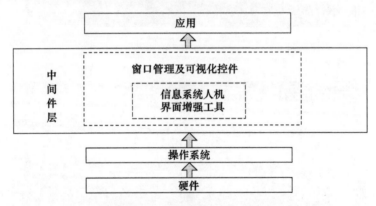

图9-15　信息系统人机界面设计软件基础性示意图

9.6.3 规范性

信息系统人机界面设计软件以《信息系统显示界面及交互方式人因工程设计要求》为顶层设计依据,遵循人机交互一致性、易读性、易理解性、完备性、集成性、防错性、简洁性、便捷性、易学性、舒适性10个总体原则,贴合显示布局、显示格式、显示要素等方面的设计要求,保持规范统一的界面风格设计以及交互方式,如图9-16所示。

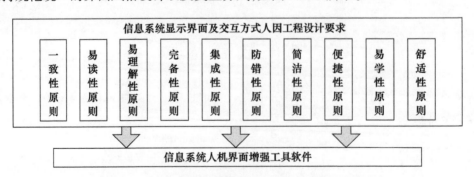

图9-16　信息系统人机界面设计软件规范性示意图

9.6.4 便捷性

信息系统人机界面设计软件提升了用户对复杂人机界面的设计效率,如图9-17所示。支持"所见即所得"的实时在线开发模式,用户只需拖曳组件并做好布局即可,软件后台自动生成代码,既节省设计、开发成本,又解决了大型软件人机界面配色冲突的问题。组件提供了灵活的属性修改接口,实现了用户对文本、颜色、大小、单位等属性的一键式修改,对设计图的还原度可达95%。同时,组件内置了大量面向业务的功能模板,提供了统一的数据接口,用户只需按统一的格式提供数据输入即可自动形成可视化界面,对人机界面开发效率提升300%以上。另外,中间件作为应用软件独立的基础元素,在不影响应用软件的条件下,可以快速方便地升级版本。

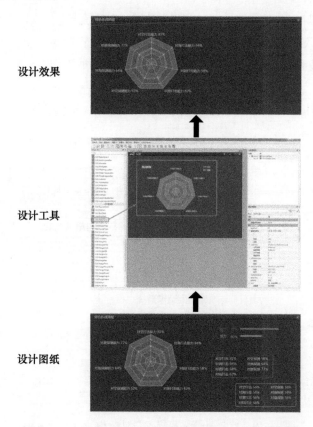

图9-17 信息系统人机界面设计软件便捷性示意图

9.6.5 友好性

信息系统人机界面设计软件重点解决了人机交互中看不清、辨不明、难理解、难学习、不便捷、不灵活等问题,降低了用户在人机交互过程中的认知负荷和操作负荷,提升了人机交互的舒适性,如图9-18所示。组件在设计过程中充分考虑了软件的防错性,如数据格式检查、流程完整性检查,并且专门设计了验证体系,防止非法数据的输入,避免造成软件异常或者系统崩溃。

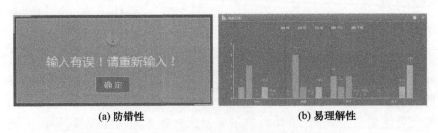

(a) 防错性　　　　　　　　　　(b) 易理解性

图 9 – 18　信息系统人机界面设计软件友好性示意图（见彩插）

9.6.6　兼容性

信息系统人机界面设计软件支持在中标麒麟、道系统等国产化操作系统上的快速部署，并且同一界面在不同平台上保持极高的相似度，用户使用该中间件生成的应用程序均可在不同平台上快速移植，用户移植过程不涉及中间件移植工作，如图 9 – 19 所示。

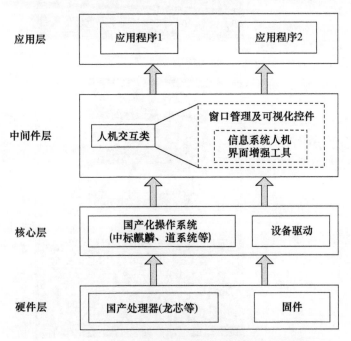

图 9 – 19　信息系统人机界面设计软件兼容性示意图

9.6.7　可维护性

信息系统人机界面设计软件目前已完成 Qt4.8.3 及以上版本的移植，已开发的组件会按照用户反馈意见进行不定期的修改升级，同时会根据新的需求研发新的组件，丰富界面基础元素库、控件库和构件库。单平台编辑，多平台编译即可完成移植。此外，如果目标机软件版本整体升级，该信息系统人机界面设计软件会随着平台一同升级。

9.7 软件测试与验证

信息系统人机界面设计软件已与麒麟桌面操作系统完成兼容性测试,双方完成了技术互认证。确定银河麒麟桌面操作系统(国防版)V10.1、中标麒麟军用桌面操作系统(龙芯版)V5.0、银河麒麟桌面操作系统 V4 与信息系统人机界面设计软件能够达到通用兼容性要求及性能、可靠性要求,满足用户的关键性应用需求,信息系统人机界面设计软件已获 NeoCertify 认证。

信息系统人机界面设计软件已与统信桌面操作系统 V20 完成兼容性和功能性测试,双方完成了技术互认证。确定在鲲鹏、飞腾、龙芯、兆芯平台上信息系统人机界面设计软件与统信桌面操作系统 V20 能够达到通用兼容性要求及性能、可靠性要求,满足用户的关键性应用需求,信息系统人机界面设计软件获颁统信桌面操作系统 V20 产品生态伙伴认证。

信息系统人机界面设计软件已通过权威评测机构的第三方测试认证,在 Windows、中标麒麟、银河麒麟、道系统、Jariworks、统信 UOS 等操作系统环境以及 ×86/×64、龙芯、飞腾等芯片环境下,均全部通过功能和性能测试,并通过第三方测评。

9.8 软件使用方法

信息系统人机界面设计软件配备了全套的软件开发文档,内容包括软件组件清单、软件开发规范、软件安装手册、用户手册、接口函数定义表等。软件提供了依赖头文件、动态链接库、静态链接库等源程序,用户只需将源程序分别复制至 Qt 安装目录下即可使用。

软件以 Qt 自定义插件的形式集成到 QtDesigner 中供用户设计开发使用,支持在线实时编辑预览模式,编辑界面时即可预览对应界面运行时的效果,组件的使用方式分为自定义模板、单个插件、第三方库三种使用方式。

9.8.1 自定义模板使用方式

首先,启动 QtDesigner,在初始界面新建窗体中,选择自定义窗口部件,这里会显示所有已开发的自定义模板。其次,单击"创建"按钮即可完成自定义模板的建立。模板中的数据均为初始数据,组件提供了数据修改接口,用户只需按给定的数据格式,调用数据修改接口,即可完成对数据的修改。

9.8.2 单个插件使用方式

QtDesigner 左侧区域为组件列表,任意拖动组件至中间设计区域,即可进行界面的设计操作。属性编辑区可修改单独组件的属性,修改完成后可在设计区域中实时查看属性的显示效果。另外,组件支持在菜单栏中一键切换人机界面主题,可在设计区域实时查看切换后的显示效果。

9.8.3 第三方库使用方式

信息系统人机界面设计软件可以采用第三方库的形式提供给用户使用,分为配置和使用两个步骤。

(1)配置组件。在 Qt Creator 中打开 pro 文件,将组件的依赖头文件、动态链接库、静态链接库的路径分别对应添加到 INCLUDEPATH、Release:LIBS、Debug:LIBS 三个属性中即可完成组件的配置。

(2)使用组件。首先,在项目工程的.h 头文件中添加具体组件的头文件,如#include <CSSCPushButton>;其次,在.cpp 源文件中使用创建对象的方式创建组件,如 CSSCPushButton * btn = new CSSCPushButton();最后,可按照接口函数定义表对组件进行属性的设置。

9.8.4 软件应用前景

信息系统人机界面设计软件目前广泛应用于指挥控制系统、电子信息系统、雷达系统、故障监测系统、健康管理系统等,涉及船舶、航空、航天、电子、兵器等领域,已达成多项合作项目,充分发挥了高效、友好、便捷的效能。

未来软件持续在各个领域推广应用,以实际业务需求为牵引,迭代升级组件库,同时将探索 QML 平台,形成一套适配 QML 平台的组件库,并集成眼动、语音、手势等多通道交互方式。信息系统人机界面设计软件将秉承人因工程的设计理念,走在人机界面设计与开发的前列。

第10章

豪华邮轮人因工程设计案例

豪华邮轮作为海上的五星级酒店,核心功能在于为各类乘客提供安全、舒适、人性化的高品质服务。相较传统客船设计,邮轮的设计需求更为复杂、严苛。邮轮搭载人数多,且船内空间有限,出海时间较长,为确保高密度乘客的健康卫生,需要对邮轮上食品储存舱、污水舱、医疗卫生舱等舱室的布置位置进行详细的分析与设计。邮轮特色娱乐区域或典型观景位置极易出现人群大量集中情况,因此邮轮高密度人群区域的安全设计问题,不仅对邮轮的整体稳定性、局部强度等性能会产生重要影响,同时也对邮轮通道设计、空间布局、疏散路径等提出更高的要求。邮轮的服务对象不仅包括常规人群,还涉及老人、儿童、残障等各类特殊人群,需要充分考虑特殊人群在邮轮上的生活情境和邮轮自身的特点,实现特殊人群活动空间需求和交互特性需求的满足。因此,为了提升我国豪华邮轮的设计质量和运营品质,吸引更多客源,迫切需要在传统客船设计规范的基础上开展面向邮轮的人因工程设计技术研究,主要包括中国乘客特性分析、邮轮特殊规范应用需求研究,以及邮轮典型场景人因工程仿真与设计。

10.1 中国乘客特性分析

邮轮作为休闲度假的海上"移动城市",有其特殊性,邮轮上生活和居住的人员包括乘客、服务人员和船员,邮轮设计首先应该考虑乘客的需求。本书以中国乘客为主要研究对象,开展豪华邮轮乘客特性研究,包括乘客团组构成与消费特征、乘客疏散行为特性、乘客路径标识认知特性三个方面。

10.1.1 中国乘客团组构成与消费特征分析

邮轮乘客的居住与休闲娱乐需求,与年龄、收入水平、同行人类型等特征密切相关。充分了解中国乘客的居住与娱乐需求,有效提升乘客的乘船感受,需针对中国乘客开展特性数据采集与分析,准确把握中国邮轮乘客的团组构成与消费能力,从而为国产邮轮设计提供数据支撑。

1. 中国邮轮乘客特性数据采集

为准确采集中国邮轮乘客特性数据,中船综合院人因工程全国重点实验室(船舶)采用问卷调查法,设计了《豪华邮轮乘客特性调查问卷》。该问卷内容涵盖了乘客性别、年龄、学历、收入等基本属性,探索了中国乘客的团体出行属性,也调查了乘客的消费行为与消费预期。研究委托第三方机构共发放问卷5000份,回收有效问卷(答案完整有效,且有过邮轮乘坐经历或意向)4233份,有效回收率84.7%。

分别统计调研人员的邮轮乘坐经历、居住地域、性别比例与年龄分布[259]。数据显示,此次问卷调查覆盖的邮轮相关调研人员占比约97.1%,其中超过七成的调研人员有过邮轮乘坐经验(邮轮历史乘客),二成调研人员有邮轮乘坐意向(邮轮潜在乘客);所有邮轮相关调研人员性别比例和我国人口统计数据基本一致(只在36~45岁和46~60岁间,乘坐邮轮的男女比例上略有不同),年龄分布在我国人口特征的基础上偏向于18~66岁具有独立行为能力的人群;所有邮轮相关调研人员生活区域集中于我国邮轮发展战略部署中心,并向周边城市辐射。

上述数据表明,此次问卷所涉及的调研人员既满足抽样统计的基本要求,能够代表我国人口基本特征,又能够有针对性地突出邮轮乘客独有特征,因此获取的数据可有效反映我国邮轮乘客的团组构成与消费特征。

2. 乘客团组构成特征分析

团组构成特征分析,重点关注乘客乘坐邮轮时表现出的团体属性,如同行人数、同行人彼此关系等。这一特征既直接影响乘客对邮轮住舱类型的选择,也影响其在邮轮上的游览、娱乐、消费等行为。因此,充分掌握中国邮轮乘客的团组构成特征,可以为邮轮各类型舱室数量、休闲娱乐设施等的设计与配置提供重要依据。

通过数据分析可知,我国邮轮乘客存在极为明显的家庭观念与团体特征,且团体同行人类型随团组规模的变化而呈规律变化,如图10-1所示:当出行团组规模较小时,团组一般以家庭为单位,以爱人、父母、子女为主要同行人;随着出行团体规模的不断扩大,朋友优先于其他家人成员,开始成为出行团体中的主要成员构成,团组的家庭属性开始逐步下降;而当同行人数超过8人时,团组的家庭属性不再突出,以单位组织为主要途径的出行模式开始凸显;同行人数达到11人以上时,家庭属性基本消失,同行团队以单位同事或朋友为主。

3. 乘客消费特征分析

消费特征分析,重点关注不同收入水平下中国邮轮乘客的住舱类型选择倾向与船上非刚消费能力(除船票以外的非刚性支出)。这一消费特征,既能准确锁定我国邮轮市场的潜在用户群体,也能掌握乘客在船上的消费预期与消费能力,从而为邮轮运营公司提供更符合乘客特征需求的配套服务方案与定价策略。

中国邮轮乘客的舱室类型选择-收入水平变化趋势如图10-2所示,尽管收入水平不

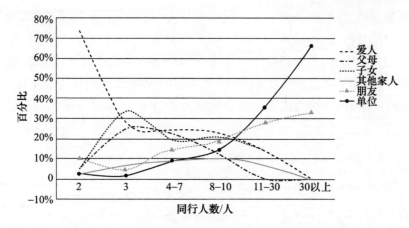

图 10-1 中国邮轮乘客的同行人-同行人数变化趋势

断提升,中国乘客对住舱类型的选择并没有向高档套房集中的趋势,而是集中于中高档的阳台房与中档的海景房。月收入 10000 元以下人群,随着收入水平的不断提升,低档内舱房的选择比例逐步下降,海景房、阳台房的选择比例稳步提升,而套房的选择比例基本稳定;月收入 10000 元以上人群,各类舱室类型的选择比例基本保持稳定,仅月收入 60000 元及以上人群套房的选择比例才有一定提升。可以发现,在邮轮历史乘客数据中,收入水平在月收入 5000 元以下时,各舱室类型选择数据方差均较高,宏观反映出当前收入水平对舱室类型选择的影响较大;收入水平超过月收入 5000 元以后,各舱室类型选择数据方差开始降低,分布曲线波动趋于平缓,反映出收入水平对舱室类型选择的影响较小。而与邮轮历史乘客相比,邮轮潜在乘客各收入水平下舱室选择数据方差均较低,舱室类型选择-收入水平分布曲线整体波动平缓,宏观反映出收入水平对舱室类型的选择影响不大。

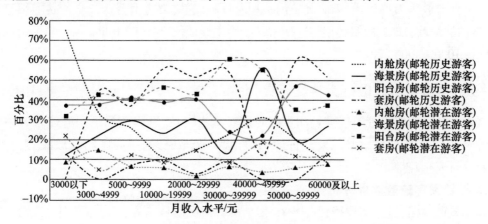

图 10-2 中国邮轮乘客的舱室类型选择-收入水平变化趋势

进一步分析消费能力随收入水平的变化规律可以发现,在邮轮历史乘客数据中,随着收入水平的不断提升,消费能力也随之有一定提升;月收入水平在 10000 元以下时,消费能力期望值在 3000 元左右;月收入水平超过 40000 元时,大额消费能力开始显著提升,其他水平消费能力逐步下降,且小额消费能力降幅最为显著;月收入水平超过50000元时,万元以上消费成为主要消费能力,消费欲望达到顶峰。与之相比,邮轮潜在乘客的消费能力随收入水平的增加变化不明显,主要消费能力集中在1000~3000元;月收入水平超过40000元时,小额消费能力开始下降,以5000~10000元为主的大额消费能力开始提升;月收入水平超过60000元时,大额消费能力成为主要消费能力,略高于小额消费能力,如图10-3所示。

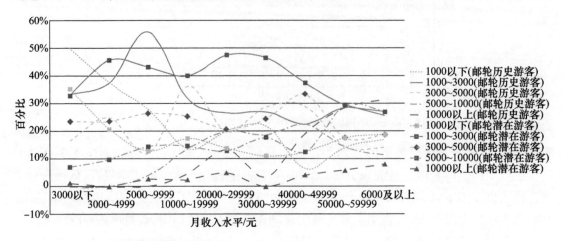

图10-3 中国邮轮游客的消费能力-收入水平变化趋势图

综上所述,我国邮轮乘客存在极为明显的家庭观念与团体特征,同行人类型随团组规模的变化而规律变化,且团组家庭属性随团队规模的扩大而不断下降直至消失。

消费理念方面,数据分析表明我国邮轮市场曾以中高等收入人群为主要受众,但随着我国群众消费理念的不断变化,以及对邮轮游认识的不断加深,目前邮轮的潜在乘客已经开始向中低等收入人群渗透;乘客邮轮消费理念日趋成熟,乘客消费认知与消费习惯已发生改变,理性的消费心理在舱室类型的选择中开始占主导地位,整体船上非必需消费能力稳定在单次航程1000~3000元水平。

10.1.2 中国乘客疏散行为特性研究

邮轮的活动流线设计不仅需要注重邮轮乘客基本特性,准确把握不同群体乘客体验与游览需求,同时也需要注重邮轮安全保障,合理设计疏散路线,提高邮轮疏散能力,切实保障乘客及时安全疏散。

1. 邮轮乘客疏散要求分析

邮轮疏散线路设计,需要确保邮轮在发生紧急情况时所有乘客均能及时(一般要求在60min内)完成疏散(不仅包括乘客抵达指定疏散位置所用时间,还包括乘客对紧急情况的反应时间、救生艇具的登乘时间与下放时间等)[260]。目前,邮轮疏散时间的预测通常通过计算机仿真的方式完成:依据邮轮特点统计或预测乘客的性别比例与年龄分布,通过实际测量获取不同性别、不同年龄乘客的移动数据,以此作为疏散仿真模型的输入条件[261]。但由于开展实船测试乘客速度的可行性不高,为此IMO于2007年10月30日颁布实施了

《MSC.1/Circ.1238》,在《ANNEX2 APPENDIX》3.2条中明确了乘客的性别比例、年龄分布与疏散模型,以此作为疏散仿真的模型输入。

然而,针对中国邮轮乘客疏散仿真,直接使用IMO数据存在以下问题:首先,IMO的数据来自Ando等于1988年发表的文章[262],且采集对象主要为依托铁路轨道交通出行的日本被试人员,因此该数据无论是被试人群还是实验环境均不能很好地适用于中国乘客在邮轮上的行为仿真;其次,Ando文章中的被试均为独立个体,被试间不存在任何关系,与中国邮轮乘客典型的情侣出行、家庭出行等特点差别较大;最后,Ando文章中实际仅采集了无遮挡情况下被试人员在平坦通道的行走速度,与紧急情况下人员的奔跑情景差距较大。因此,IMO公布的该项数据,无论是实验环境、实验方式,以及被试特征等方面,均不能很好地满足中国乘客在邮轮上的疏散仿真需求。

2. 乘客疏散行为特性研究

中船综合院人因工程全国重点实验室(船舶)依托实船近似场景开展了模拟邮轮正常疏散(船体平衡)情况的逃生疏散实验,采集了不同年龄、不同结伴人的中国乘客在正常疏散(船体平衡)情况下的逃生速度,分析了正常疏散情况下不同通道类型对逃生速度的影响,建立了不同通道类型下的中国邮轮乘客年龄 - 逃生速度预测模型,为邮轮活动流线设计提供技术支持。

中国邮轮乘客疏散行为特性研究,重点关注不同通道设施类型条件下模拟乘客逃生速度与模拟乘客年龄间的关系,为邮轮活动流线设计提供依据。

1)实验方案设计

邮轮乘客疏散行为特性研究实验[263]依托某实船近似场景,通过在各典型区域(直行通道、舱门、90°转角、楼梯)设置标记带,确定实验采集区域的起点、终点及长度;通过布设图像采集设备,获取人员在发出疏散警告后的应急反应时间,以及通过起点与终点的时间;通过图像离散与数据处理,获取疏散状态下人员在各典型位置的移动速率。实船疏散实验共开展两组,每组100名被试。其中:第1组实验为集体疏散实验,实验开始后所有被试向指定疏散集合地点移动;第2组实验为分组疏散实验,实验开始后以小组为单位向指定疏散集合地点移动,当前疏散小组完成疏散后再开始下一组疏散。由于疏散实验过程中被试需进行快速移动,并有可能发生拥挤情况,考虑到实验安全问题,因此实验被试选取22~53周岁的男性健康人群。

2)实验数据整体分析

分析两组实验中模拟乘客的平均逃生速度,并与IMO中构建的乘客年龄 - 速度模型进行对比,如图10-4所示。对比数据可以看出,实验获取的逃生速度并未随年龄呈规律性变化,逃生速度与年龄并无显著性关系;第1组集体疏散实验数据与IMO公布的数据更为接近,第2组团组疏散实验获取的逃生速度较IMO数据更高。回顾两组实验情况,发现第1组集体疏散实验中逃生通道出现了严重拥堵、步行通过等情况,因此其逃生速度与IMO接近,且呈现出与年龄无关的跳跃性变化。而第2组团组疏散实验中模拟乘客为奔跑逃生状态,因此速度数据与IMO数据有显著差异。

由于第1组实验的逃生速度同时受模拟乘客年龄、疏散环境、疏散拥挤度等多重因素耦

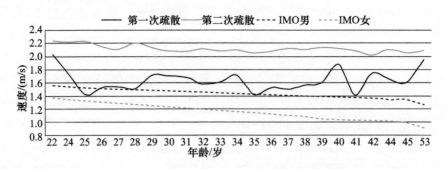

图 10-4 实验数据-IMO 数据对比曲线

合影响,因此只对第 2 组实验数据进行拟合。考虑到 IMO 颁布的速度估算公式为基于模拟乘客年龄的线性方程,因此实验数据同样基于模拟乘客年龄开展拟合,得到的拟合结果为

$$v = -0.0057a + 2.1182$$
$$R^2 = 0.7869$$

式中:v 为模拟乘客的逃生速度(m/s);a 为模拟乘客的年龄,且 $21 < a < 54$;R^2 为拟合曲线的决定系数。

3)通道特征对逃生速度的影响分析

本小节主要研究模拟乘客在直行通道、转弯通道、上下楼梯的逃生速度。下面以直行通道为例进行详细分析。实验设计了 3 类直行通道,包括无障碍宽通道(宽度 2200mm)、有障碍宽通道(通道宽度 2200mm、障碍物宽度 500mm)、无障碍窄通道(宽度 1500mm),如图 10-4 所示。

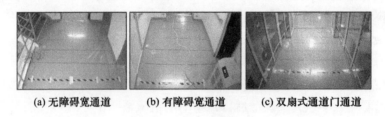

(a) 无障碍宽通道　　(b) 有障碍宽通道　　(c) 双扇式通道门通道

图 10-5　直行通道类型

统计实验数据,得到两组实验中模拟乘客的年龄-速度曲线,如图 10-6 所示。对比数据可以看出,第 2 组实验中各位置的平均逃生速度接近,且均大幅高于第 1 组实验中的平均逃生速度,证明通道形式与宽度对逃生速度的影响不大,影响逃生速度的最主要因素为逃生疏散过程中的通道拥挤度。

对第 2 组实验中各直行位置的速度数据进行综合拟合,得到的拟合结果为

$$v_{直行} = -0.0055a + 1.9405$$
$$R^2 = 0.8015$$

式中:v 为模拟乘客的逃生速度(m/s);a 为模拟乘客的年龄,$21 < a < 54$;R^2 为拟合曲线的决定系数。

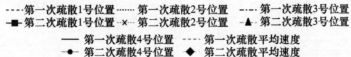
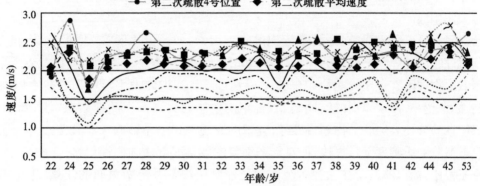

图 10-6 直行位置模拟乘客年龄-速度曲线

同理,统计转弯通道的逃生实验数据,得到两组实验中模拟乘客的年龄—速度曲线。对比数据可以看出,两组实验中转弯位置的平均速度无明显差异,均高于第1组实验的整体平均逃生速度、接近第2组实验的整体平均逃生速度,证明转弯通道对逃生速度的影响不大。统计上下楼梯的逃生实验数据,得到两组实验中模拟乘客的年龄-速度曲线。对比数据可以看出,两组实验中上下楼位置的逃生速度均大幅低于各组实验的整体平均逃生速度,证明上下楼位置对逃生有较大影响;两组实验中下楼速度均高于上楼速度,证明与上楼相比下楼对乘客逃生速度的影响较小。因此,在邮轮疏散路径的设计中,若无法实现同层疏散,则应尽量选择下层集合点,以提高乘客的逃生效率。

10.1.3 中国乘客路径标识认知特性研究

基于认知心理学开展以游览、消费为活动目标的、不同乘客特性(性别、年龄)对路径标识信息的判断与决策特性研究,依托虚拟游览实验,采集不同性别、不同年龄下人员对标识的判断行为与判断时间,建立不同路径标识对乘客游览行为影响的关系模型,为邮轮活动流线设计提供技术支持。

1. 基于乘客特性的标识判断与决策特性分析

从认知心理学的角度来说,标识认知就是人对于外部标识的感知,是通过视觉系统完成信息摄入、分析、归纳、比较判断、储存、输入的过程。在这一过程中,标识是信息的载体,人对标识的认知过程即是人对标识的信息加工过程。标识的认知过程包含人、标识和环境三个因素。

1) 人的因素

认知心理学认为,认知过程是人对客观世界的认识和观察,包括感觉、知觉、注意、记忆、思维、语言等生理与心理活动。感觉是大脑对直接作用于感觉器官的当前客观事物的个别属性的反应,会受到个体生理特征的影响[264]。例如随着年龄的增大,个体的视敏度会下降,搜索识别标识的能力也会下降,而色盲则会直接影响人们对标识颜色的感知。相关大量研究表明,对同一标识,不同个体会有不同的认知结果,这与个体的年龄、教育背景、生活经验等各方面的因素有关[265-267]。

2) 标识因素

标识因素可以分为两类:一类是标识的物理因素,如标识的形状、大小、色彩、亮度、对比度、动态性等;另一类是标识的知觉因素,如语义距离、具体性、熟悉性、视觉复杂性等。

标识的物理因素主要影响标识的搜索识别过程。标识的大小对标识的搜索识别有显著影响,标识越小,搜索识别的时间越长;标识的色彩会提高标识的搜索识别效率,且会增强标识信息的分类表达。除物理特性外,标识的表现形式也能影响人对其搜索与认知。视觉对静态细节的敏感度下降很快,但对动态细节的敏感度下降则要慢得多,与颜色、形状等物理特征相比,标识的运动在大视野范围内更能吸引视觉系统中央凹的注意,从而实现视觉增强。

3) 环境因素

环境因素不仅影响标识的物理属性,也会影响用户的认知能力。人感知到的标识大小不仅与标识本身尺寸有关,也与观察距离、观察条件及标识的显示质量等因素有关[268];在恶劣的天气状况下,人员搜索识别露天标识的难度会增加,认知能力也会随之下降。还有研究表明,人在一天中不同的时段对标识的认知能力也会有所不同,且在下午时认知效率相对较低[269]。

2. 基于反应时的标识认知实验及分析

基于标识信息中影响认知的因素特征分析,选定性别、年龄作为影响认知反应时的人员因素,选定颜色、复杂度作为影响认知反应时的标识因素,不考虑环境因素对标识认知的影响。

实验依托自行开发的标识认知模拟程序开展,共分3项实验内容:第1项实验,程序会在提示后呈现50个不同颜色、相同复杂度的指示类标识(背景色为标识色的反色),被试需要在确保正确的情况下,根据标识信息通过按键完成决策输入,程序会自动采集被试的反应时间与决策行为;第2项实验,程序会在提示后呈现50个相同颜色、不同复杂度的指示类标识(背景色为标识色的反色),被试需要在确保正确的情况下,根据寻径要求与标识信息通过按键完成决策输入,程序会自动采集被试的反应时间与决策行为;第3项实验,程序会呈现某邮轮购物区仿真模型,被试需根据寻径要求,自行在模型中到达指定地点,程序会自动采集被试在各个标识位置的反应时间与决策行为。实验共开展6组,每组20名被试,涵盖男女各年龄段被试,所有被试视觉正常、身体健康、无色盲色弱症状,均为右利手。实验过程中环境保持安静,被试以固定坐姿与显示屏保持0.5m距离,实验中不得随意更改姿势。

1) 第1项实验——色彩因素实验

标识色彩实验中选用的标识样例如图10-7所示。

通过图10-8的曲线分布可以分析出,被试对不同颜色标识的认知时间有较明显差异,

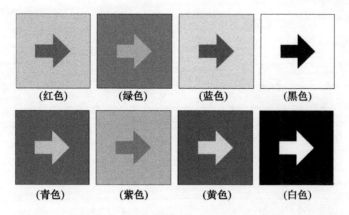

图 10-7　标识色彩实验中选用的标识样例(无边框)(见彩插)

红色、黄色作为常用警示色,其认知时间最短;白色、蓝色、黑色、青色由于色彩对比较为明显,其认知时间适中;而绿色、紫色认知时间最长,且与其他颜色的认知时间有较明显差距。对于同种颜色、不同性别的被试而言,除男女被试对绿色标识的认知时间有较明显差距外,性别对不同颜色标识的认知时间影响不大,男女被试对各类颜色的认知时间较为接近,男性被试认知时间略小于女性被试,如图 10-9 所示。对于同种颜色,年龄对认知时间的影响较为明显,宏观表现为年龄越大、对同种颜色标识的认知时间越长,如图 10-10 所示。

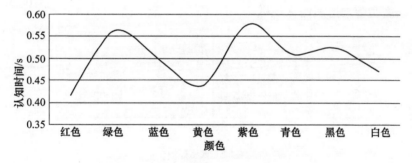

图 10-8　不同颜色标识的认知时间分布

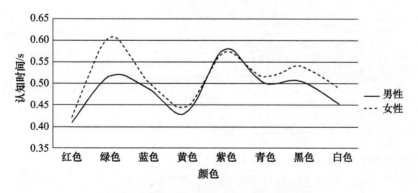

图 10-9　不同性别被试的认知时间分布

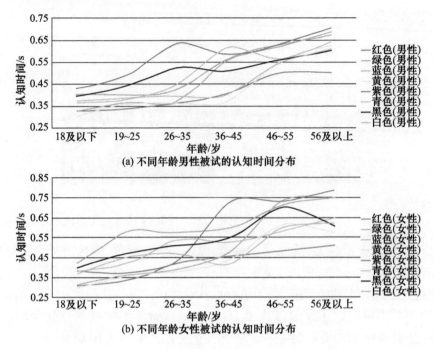

图 10-10　不同年龄被试的认知时间分布（见彩插）

2）第 2 项实验——复杂度因素实验

标识复杂度实验中选用的标识样例如图 10-11 所示。

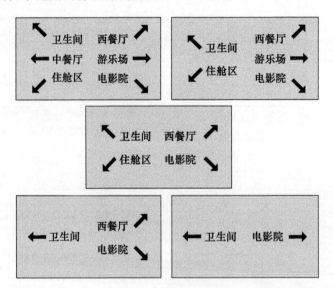

图 10-11　标识复杂度实验中选用的标识样例（无边框）

被试对不同信息数量标识的认知时间有较明显差异,如图 10-12 所示:当信息数量由 1 个增加为 2 个时,认知时间即有明显增加,说明与单个信息数量标识相比,信息数量的增加会带来极为明显的认知负荷,导致认知时间显著增加;随着信息数量的不断增加,认知时间也随之增加,且在标识信息数量超过 4 个时,认知时间的增长速度再次提高,说明当标识的信息数量超过 4 个时,被试认知负荷再次跳跃性增长,导致认知时间也随之大幅增长。

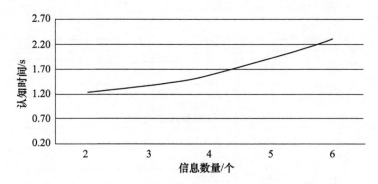

图 10-12　被试对不同信息数量标识的认知时间分布曲线

对于不同性别被试而言,信息数量的增加均会导致认知时间的增加,且信息数量越多,认知时间增幅越明显;在信息数量较少的情况下,男女被试的标识认知时间差距不明显,但随着标识信息数量的不断增加,女性被试的认知时间开始逐渐超越男性被试,如图 10-13 所示。通过实验完成后的被试访谈得出,这一认知时间的增加,是女性被试更担心在实验中出现错误选择,因此通常在每个标识出现后会花费更多的认知时间以确保正确性。

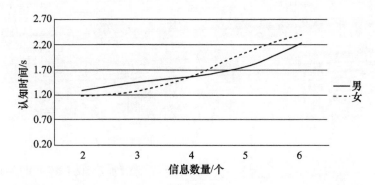

图 10-13　不同性别被试对不同信息数量标识的认知时间分布曲线

对于同等信息数量的标识,年龄对认知时间有一定影响,但影响效果并不显著;宏观表现为年龄越大,对同等信息数量标识认知的时间越长,但对个别信息数量标识,个别年龄间的认知时间出现波动,如图 10-14 所示。

3) 第 3 项实验——模拟仿真实验

通过程序模拟图 10-15 所示的邮轮购物区场景,并通过设置图 10-16 所示的各类指示标识,让被试抵达指定目的地,以采集被试在各类指示标识位置的认知时间与决策行为。

被试在模拟程序中对指示类标识的认知时间与复杂度实验中对应信息数量的认知时间相比稍长,但曲线总体趋势与复杂度实验中的曲线相似,说明在模拟程序中被试对标识

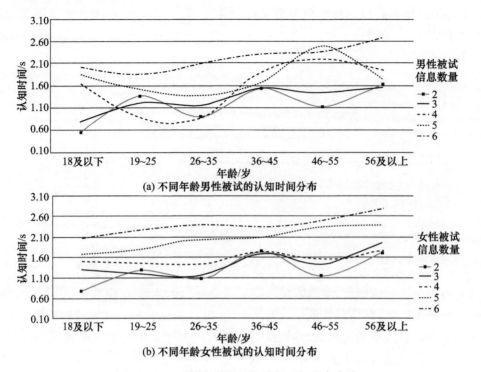

(a) 不同年龄男性被试的认知时间分布

(b) 不同年龄女性被试的认知时间分布

图 10-14　不同年龄被试的认知时间分布曲线

图 10-15　邮轮购物区模拟场景

的认知规律与单一标识认知规律保持一致,认知时间的增加是由于额外增加环境认知负荷造成的,如图 10-17 所示。

被试在模拟程序中对总布局标识的认知时间较长,认知时间随年龄的增长而增长,但与性别并无相关关系,如图 10-18 所示。说明在被试观察总布局标识时,所面对的认知负荷较高,需要在布局图中完成确定自身当前位置、找寻目的地位置、建立抵达目的地路径等认知过程,因此认知时间与指示类标识相比增加较多;且决定对总布局标识认知时间的关键因素之一是构建当前位置与目的地间的方位关系,这取决于被试自身空间认知能力与生活经验,因此 35 岁以下女性被试的认知时间普遍较低,而其他年龄被试的认知时间则与性别无相关关系。

通过多组实验采集了不同性别、不同年龄被试对各类标识的认知特性数据。数据分析发现被试对标识的认知具有以下特点:

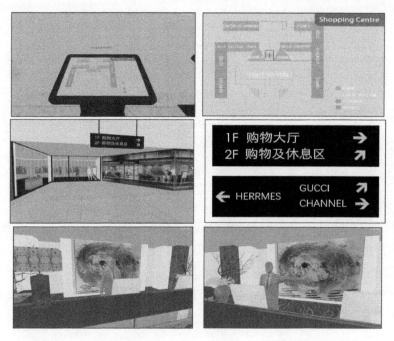

图 10 – 16 邮轮购物区模拟场景中的各类指示标识

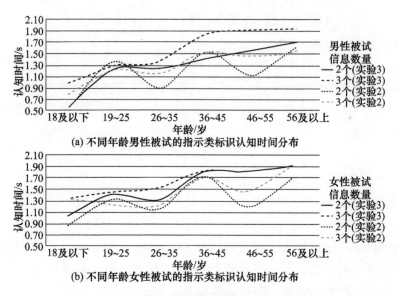

图 10 – 17 不同年龄被试的指示类标识认知时间分布

（1）对于同类标识，男性被试的认知时间通常小于女性被试，但不同性别被试对同类标识的认知时间差别较小。

（2）对于同类标识，认知时间随年龄的增长而逐步增大，但标识认知负荷越大（如标识信息数量增多），年龄带来的认知时间差距越小。

（3）标识内容色彩对标识认知有较大影响，其中被试对红色、黄色最为敏感，认知时间

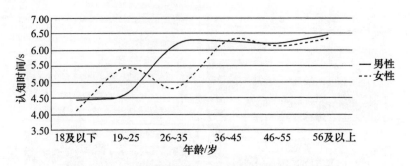

图 10-18 不同年龄被试的总布局标识认知时间分布

最短,对绿色、紫色最不敏感,认知时间最长。

(4) 总布局标识能够提供大量寻径信息,也会带来额外的认知负荷,在被试有明确目的地的情况下应用效果不佳,但可酌情布置在主通道出入口、楼梯口、电梯口等关键位置,弱化其指示功能,突出其对人员空间认知的辅助功能。

综上所述,通过中国乘客路径标识认知特性研究,建议邮轮应合理设计游览指示标识,降低标识认知负荷,并在邮轮运营管理中开展计划性疏导游览流线设计,以提高邮轮乘客的游览感受。

10.2 邮轮特殊规范应用需求研究

梳理适用于邮轮的各类特殊规范,分析不同规范对邮轮的适用性,应重点关注乘客的健康卫生、高密度人群区域的安全设计、特殊人群的空间需求与交互需求等方面的特殊规范在邮轮上的应用,梳理形成相应的设计指标与建造要求,为豪华邮轮的设计和运营提供技术支撑与规范依据。

10.2.1 邮轮特殊规范需求分析

1. 卫生健康需求分析

1) 邮轮疫情数据统计

美国疾病预防控制中心(Center for Disease Control and Prevention, CDC)的报告显示,每年平均有 10 艘停靠美国港口的邮轮会爆发各类病源引起的传染性疾病。2006 年 11 月,"海洋自由"号爆发诺如病毒,在一周时间内即导致 300 余名乘客和工作人员感染;2008 年 11 月,"钻石公主"号在上海停靠时爆发诺如病毒,283 名乘客确诊,大量乘客出现呕吐、腹泻症状;2009 年 5 月,"太平洋黎明"号上的 175 名乘客感染呼吸系统疾病、130 名乘客出现感冒症状,且因对疫情处置不当,导致船上人员大规模染病,全船 2000 余名乘客被迫在锚地隔离;2012 年 12 月,"奥丽埃纳"号邮轮爆发诺如病毒,9 名乘客确诊,150 名乘客出现呕吐、腹泻等症状,400 余名乘客被迫隔离;2014 年 12 月,"黎明公主"号爆发诺如病毒,200 余名乘客感染;2019 年 1 月,"海洋绿洲"号爆发诺如病毒,277 名乘客感染,被迫提前返程;2020

年1月,"钻石公主"号爆发新冠肺炎疫情,从首例确诊到全船3711名人员完成检疫,历时18天,而船上的感染人数也从10名增长到621名,最终确诊病例712人,死亡7人。

2) 邮轮卫生健康情况分析

海上船舶传染性疾病的爆发与流行因为受到船舶航行海区的不同、季节变换的频繁、温度昼夜起伏较大、航行不规则运动、船上人员集中等因素的影响,导致各种传染性疾病流行特征的改变和流行规律的模糊。其主要表现在季节性差异不明显、易感性增高以及人群密集度增高、致疫情波及比例高等,与陆地有很大差异。

邮轮传染性疾病以急性胃肠炎为主,均由食源性或水源性感染引起,以腹泻、呕吐、腹痛、发烧等为主要症状。关注邮轮饮食饮水卫生,是预防传染病发生的主要途径。唯一发生的一例嗜肺军团杆菌感染流行也是通过中央空调冷却水系统的污染,继而形成船舶舱室空气气溶胶而引发。因此,邮轮上的饮食卫生、饮水卫生、水源消毒与处理、垃圾污物的消毒与处理,是防范邮轮传染性疾病爆发的必要措施和条件。

邮轮传染性疾病爆发流行的致病因子主要为病毒与细菌,其中尤以病毒为主。诺沃克病毒和轮状病毒引发的病毒性胃肠炎发生概率最高,但症状较轻,潜伏期24h左右,一般症状在24~48h可自行消退,只要发现及时,采取休息、隔离、补水等合理治疗措施,无须抗生素即可阻止疫情的蔓延。病毒性气溶胶也可称为病原传播途径,在预防和治疗中不容忽视。

致病的细菌繁殖体主要为志贺氏菌、沙门氏菌和肠道毒素性大肠杆菌。污染食物和水源是这些细菌的主要传播方式。因其引发症状严重,会导致病患大量脱水甚至休克,所以在应对中应采取补水和大剂量抗生素,并对船内环境、污染食物、污染水源、公共部位进行彻底消毒清理,才可有效控制疫情的蔓延。卡晏环孢子球虫和单细胞原生生物虽然引起的疫情不多,但医学界目前对其生物特性、致病机理了解不足,故而由其引发的疫情绝不容忽视。

随着邮轮市场在中国的蓬勃发展,船上疾病给我国医疗领域带来了新的挑战。为保障船上乘客与船员的卫生健康,应积极提高船上工作人员应对海上突发公共卫生事件的能力,积极有效应对海上船舶传染病疫情日益增大的威胁。

2. 高密度人群安全需求分析

1) 高密度人群场所的定义

美国NFPA101、NFPA5000等规范中规定,协商会议、礼拜、娱乐、饮食和运输等候等场所,建筑物局部聚集人数不小于50人,将50人定为人员密集程度的最大允许值。

我国公安部在2003年之前印发的《关于开展公众聚集场所消防安全专项治理的实施意见》和《关于深入开展公众聚集场所消防安全专项治理的实施方案》中,对"公共聚集场所"的定义是:

(1) 影剧院、夜总会、录像厅、舞厅、卡拉OK厅、游乐厅、保龄球馆、桑拿浴室等公共娱乐场所。

(2) 客房数在50间以上的旅馆、宾馆、饭店和餐位超过200座的营业性餐馆。

(3) 总建筑面积超过 3000m² 的商场、超市和室内市场。

(4) 礼堂、大型展览场馆,20 层以上的写字楼。

(5) 摄影棚、演播室。

(6) 大中专院校和中、小学校、幼儿园。

(7) 医院。

2003 年后,在公安部和国家安全生产监督管理局联合印发的《关于开展人员密集场所消防安全疏散通道、安全出口专项治理的实施意见》和《关于开展人员密集场所消防安全专项治理的实施意见》中,又将"公众聚集场所"这一术语变更为"人员密集场所",并对使用人数加以限定,主要有以下 5 类场所:

(1) 容纳 50 人以上的影剧院、礼堂、夜总会、录像厅、舞厅、卡拉 OK 厅、游乐厅、网吧、保龄球馆、桑拿浴室等公共娱乐场所。

(2) 容纳 50 人以上就餐、住宿的旅馆、宾馆、饭店和营业性餐馆。

(3) 容纳 50 人以上的商场、超市和室内市场。

(4) 学校、托儿所、幼儿园、养老院的集体宿舍,医院的病房楼。

(5) 劳动密集型生产企业的车间、员工集体宿舍。

国内研究机构对"人员密集场所"定义为:"供人们工作、生活、学习、娱乐等人员高度集中的场所,包括大型商场、集贸市场、图书馆、科技馆、车站、码头等生活场所,以及歌舞厅、影剧院、体育馆、录像厅、餐饮场所、游艺/游戏场所、保龄球馆、旱冰场、桑拿浴室、健身室、休闲场所等娱乐场所。"

综上可知,人员密集场所的主要特征为人员流动性大、容纳人数较多;公共开放性强、人际交流频繁;设施财物集中、功能复杂多样。

2) 高密度人群安全情况分析

通过对近年来的高密度人群安全事故统计分析,可以发现事故具有突发性、偶然性、复杂性、破坏性、范围广等特点。分析导致高密度人群安全事故的原因,可将其归纳为人为因素、设施因素、环境因素、管理因素四大类。

(1) 人为因素。人员的组成、人员的心理状态、人员的安全意识、人群密度、人群流动特征等,都与踩踏事故的发生紧密相关。当聚集场所的人员存在异质时更容易发生拥挤踩踏事故。根据统计发现,老人、儿童、妇女等人群更容易在踩踏事故中受到伤害。

群体动力学表明,当人员密度达到一定程度时,人员摔倒有极大可能诱发踩踏事故;若人员密集集中在楼梯、窄通道、转角等处时,极易出现"成拱现象"或"异向集群",导致人员极易出现恐慌、焦虑、从众等心理状态,导致缺乏自我保护意识和安全意识的人员无法准确判断现场形式、增加自身受伤概率。

(2) 设施因素。设施因素包括导致火灾、坍塌、爆炸等事故发生或蔓延的材料、结构、设备和设施。这些因素本身不会导致拥挤踩踏事故的发生,但却在事故发生后加剧事故的严重程度,并引发人员恐慌情绪,间接增加拥挤踩踏事故的后果。

(3) 环境因素。环境因素包括自然环境与人工环境。人群在躲避风雨、甲板上浪等突发自然情景时易发生拥挤踩踏，人员在密集场所出入口、通道、观景台等位置时，也会因通道不合理、船舶晃荡、照明不足等引发拥挤踩踏。

（4）管理因素。管理因素包括风险的辨识、安全管理机构的设置、应急预案的制订、应急能力的建设等多个方面。邮轮管理运营机构需要在邮轮正式运营前对人群数量进行评估，科学设置引导标识与引导人员，制订翔实的风险预警机制与应对方案，尽可能避免人员拥挤踩踏事故的发生。

3. 特殊人群需求分析

1）老年人

随着我国进入老龄化社会以及老人生活水平的提高、思想观念的转变，老年人出游的愿望普遍增强，老年人群出游正迎来高峰。全国老龄委一项调查显示，目前我国60岁以上老年人口已经超过2亿，每年老年人旅游人数已占全国旅游总人数20%以上，2015年老年人走出家门旅游的有8.24亿人次，平均每人每年达4次，超过全国人均水平1/3。医疗保健、养老养生和旅游休闲等已成为中老年人需要量最大的生活消费项目。

可以预见的是，随着我国经济和旅游事业的发展，老年人群走出家门，甚至走出国门的机会越来越多，行程也越来越远。与飞机、高铁等快节奏交通工具相比，乘坐感受更为舒适、兼具"行"与"玩"的邮轮更适合老年人。作为老人旅游的首选，邮轮设计与运营需要更加重视老年旅游这一潜力巨大、规模庞大的群体，为老年人出游提供更多更完善的保障措施。

但是，与日益增长的老年人出游热度相对的，是老年人群相对滞后的安全意识。在2015年"东方之星"事故后，有文献对老年人群在邮轮上的安全意识进行了调查。调查结果显示，船上安全培训简单，个别游船甚至不对乘客进行安全培训与演习，导致大部分乘客、特别是老年人不了解船上的疏散路径，有的老人"甚至连救生衣在哪都不知道"。

作为特殊群体，老年人与普通乘客的需求并不一致。老年人需要的是旅途舒适、配备完善医疗与急救保障的出行服务；同时，老年人在行动、洗澡时容易摔伤或因船体晃荡而发生磕碰，因此也要求在设计中对老年人的乘船需求予以考虑。

2）残障人士

"残疾人"及"行动障碍人"是指任何由于身体残疾（感官方面或运动方面，临时或永久）及由于各种原因而造成的残疾，同时也是指因为年龄等原因行动不便的人群。要给予这一人群特别的关怀，同时也要针对他们的身体状况满足其相应需求。残疾人不是一个同源群体，其需求各有不同，有的残疾特征并不明显，有的症状是间歇性的，而有的残疾特征不止一个。

欧盟针对残障人士水路出行的权利及保障与快速发展的邮轮旅游业不相匹配的情况，首次在《海上旅客权利条例》中为残障旅客的旅游出行设定了较为全面的权利和相应保障，并规定了承运人及旅游经营人应对残障旅客提供相关援助措施及标准。明确残疾旅客及行动障碍旅客，不管是由于身体残疾、年龄或其他原因，都应与其他普通旅客一样有权利进行邮轮旅行，享受旅行服务。除此之外，也应享有选择自由及不受歧视的权利，有权体验到无差别的旅游服务，以及享有受到免费援助的权利。这一制度让残障旅客有了较为系统的法律保护,是欧盟在海上旅客权利保护角度的突破性进步。

3) 儿童

以儿童为中心的亲子旅游快速发展,成为现代旅游业的一个重要组成部分。认识到儿童作为一个旅游细分市场的重要性,业界已推出多种产品和服务来满足这个市场的需求,而学术界对于儿童旅游的研究尚处于起步阶段。

前期调研结果表明,邮轮游中儿童主要以"家庭旅游"为代表,并可进一步细化为 8 类儿童旅游形态,如图 10 - 19 所示。

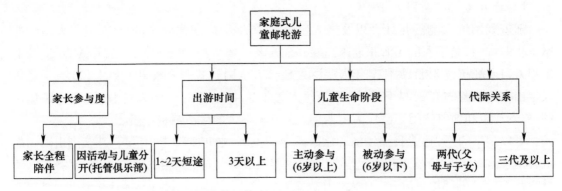

图 10 - 19　儿童旅游形态划分

4) 特殊人群的共同需求

通过对三类特殊人群的心理、生理以及行为特征的分析,归纳了他们的共同需求。并根据以上调查和数据分析及马斯洛需求原理,总结出以下几点需求:

(1) 安全需求。特殊人群保障自身安全,应对复杂的外界环境相较其他人群较为困难。

(2) 关注与爱的需求。人内在的情感联结是人的基础需求。

(3) 尊重需求。社会的认可和尊重对个体来说至关重要,在同等的社会状况下得到平等的权利是显示尊重的关键。

(4) 自我实现需求。每个人都希望在社会中贡献并获得自我价值,现代科学技术日益发达,有更好的技术水平支持特殊人群融入社会,最大限度地释放能力实现自我价值,得到自我内心中情感的升华,才能满足他们的自我实现需求。

5) 特殊群体对无障碍设计的要求

(1) 肢体障碍人群对无障碍设计的要求。根据肢体障碍人群的行为特征,可以得出一个简单的结论,肢体障碍人群大多无法独立或不借助外力的情况之下完成一些动作(如拎东西、拾捡动作、跑、跳,甚至是行走),肢体障碍者对无障碍设计的要求更偏重于尺寸的合理性。例如,坐在轮椅上的人希望一些公共场所的吧台和柜台可以矮些;上肢障碍的人更希望卫生间坐便的冲水按钮可以设计成脚踏按钮等。

(2) 视听障碍人群对无障碍设计的要求。此类人群的障碍主要是来源于他们对世界感知方式的局限性所导致的,主要原因是由其感官功能的障碍或者丧失,导致视听障碍人群对世界认识的方式有所不同(视觉障碍者对色彩的理解只能来自他人的描述)。视觉障碍人群虽然看不见世物,但他们的听觉却十分敏锐;听觉障碍者即听不到声音,他们对世界的了解只能通过眼睛来观察。综上分析,不难找出视听障碍人群对无障碍设计的一个共同的要求——提示系统。提示系统包含应该是十分广泛的,可以是声音的提示,亦可是图像的提示,更可是触觉的提示(如视觉障碍者希望可以有更多的并且连续的盲道,可以供他们安全出行;听觉障碍者则希望公共场所具有指示性、提示性以及警告性的标志更完善些)。

(3) 老年人和儿童对无障碍设计的要求。可以说老年人和儿童的障碍性是多方面的,但又是阶段性的。儿童的障碍一般是处在0~12岁,这个阶段人类正处在生长发育期,尤其是智力和身材都处在发育阶段。那么,儿童对无障碍设计的要求则更偏重于尺寸和材质两个方面,比如说儿童对日常生活中的很多设施有比较特殊的要求(床的高度、椅子的高度、洗手盆及便池的安装等)。而老年人与儿童处于的阶段刚好相反,老年人无论是身体各机能或是智力反应都在逐步的衰退阶段。因此,老年人对于无障碍设计的具体要求体现为视听障碍人群和肢体障碍人群对无障碍设计的共同要求。

10.2.2 特殊规范对比分析

依据邮轮特殊规范需求,开展邮轮特殊规范对比分析,收集整理了大量国际法律法规、国际公约与标准规范,如表10-1所示。

表10-1 特殊规范对比分析列表

序号	出处	法规/公约/标准名称
1	国际海事组织	《国际海上人命安全公约综合文本及其修正案》(2014)(SOLAS)
2	国际劳工大会	《海事劳工公约》(2006)(MLC)
3	国际劳工大会	《船员起居舱室公约》(1949)(ILO)
4	国际海事组织	《国际防止船舶造成污染公约》(2011)(MARPOL)
5	国际海事组织	《海员培训、发证和值班标准国际公约》(1978)(STCW)
6	海事安全委员会	《国际救生设备规则》(1996)(LSA)
7	国际海事组织	《国际消防安全系统规则》(FSS)
8	美国船级社	《船舶乘客舒适性指南》(2015)(COMF)
9	美国船级社	《船舶船员适居性指南》(2016)(HAB)
10	挪威船级社	《客船入级规范》(2017)
11	劳氏船级社	《船舶入级规范》(2016)
12	中国船级社	《邮轮规范》(2017)
13	中国船级社	《船舶有害物质清单编制及检验指南》(2016)
14	国家质检总局	《出入境邮轮检疫管理办法》(2017)
15	美国残疾人法案	《通达性指南》(ADAAG)

续表

序号	出处	法规/公约/标准名称
16	美国建筑和运输障碍合规委员会	《客船通达性指南》(2013)(PVAG)
17	美国公共卫生署和疾控中心	《船舶卫生计划》(VSP)
18	建筑行业标准	《城市道路和建筑物无障碍设计规范》(JGJ 50—2001)
19	广电总局	《电影院建筑设计规范》(JGJ 58—2008)
20	中国住建部	《建筑设计防火规范》GB 50016—2014(2018年版)

1. 邮轮卫生健康规范

1)邮轮卫生健康相关规范统计

基于各类国际公约与船级社规范,针对邮轮舱室布置、食品健康、生活用水、餐厅设施、厨房设施、医疗设施、娱乐设施、卫生洗手设施、垃圾存放与处理、空气质量、预防有害生物等典型卫生健康相关设计要素,开展大范围规范调研与对比分析,提炼适用于目标邮轮的卫生间健康相关设计要求。下面节选舱室布置、餐厅设施、厨房设施、娱乐设施、卫生洗手设施五个方面的规范要求进行对比,具体如表10-2~表10-6所示。

表10-2 舱室布置

标准名称	内容节选
《邮轮规范》	厨房位置尽可能接近餐厅传菜路线不与其他公共区域交叉
《船舶船员适居性指南》	餐厅应远离住舱布置,并尽量靠近厨房
MLC 2006	卧室不得与货物和机器处所、厨房、仓库、烘干房或公共卫生区域直接相通。餐厅的位置应与卧室隔开,并尽可能靠近厨房
ILO	餐厅的设置应远离卧室,但应尽可能靠近通道

表10-3 餐厅设施

标准名称	内容节选
《邮轮规范》	(1)有不同类别的餐厅。 (2)有供客人休息交流且提供饮品(酒水或茶饮)服务的处所。 (3)有专门供客人休息交流且提供饮品(酒水或茶饮)服务的处所
《船舶船员适居性指南》	若可用的餐具室不能直通餐厅,餐厅应提供餐具收纳柜和相应的餐具清洗设施。 长餐桌尺寸至少740mm×430mm,8人圆餐桌直径至少1980mm。餐桌之间两个餐椅的背靠间距至少1525mm。 人均甲板面积至少1.9m^2
MLC 2006	餐厅既可以共用也可以分开。关于此事项的决定应在与海员和船东组织协商并经主管当局批准后做出。应考虑到诸如船舶的尺寸和海员不同的文化、宗教和社会需要等方面的因素。 在客船以外的船舶上,海员餐厅的地板面积应不少于按计划容纳人数每人1.5m^2。 如果可用的餐具室不与餐厅直接相通,应提供充足的餐具柜和洗涤餐具的适当设备

续表

标准名称	内容节选
ILO	每个餐厅的面积和设备应足够一定数目的人员同时使用。 餐厅应配备足够一定数目的人员同时使用的餐桌和座位。 应为船长和高级船员等人员提供单独的餐食空间

表 10-4 厨房设施

标准名称	内容节选
CCS《邮轮规范》	(1) 应设有独立的专用食物处理区,且与其他公共处所或通道相隔。 (2) 公共用具、食品加工处理及储存等用具应配有消毒设施或措施。 (3) 厨房与餐厅的布置应考虑生熟食品的分开加工与存放,防止交叉污染。 (4) 厨房应至少设有一个工作人员专用的洗手站(包括清洁用品及干燥设施)。 (5) 应设有专用的垃圾桶/废物箱。 (6) 摆放在服务区及自助餐桌上的食品,应设有展示罩或其他措施进行防护,并保持合适的温度
《船舶船员适居性指南》	厨房应具有备餐功能、烹饪、服务和洗涤设施等,以及相应的存储设备

表 10-5 娱乐设施

标准名称	内容节选
《邮轮规范》	(1) 娱乐水设施的装饰面和工作面应使用无孔易清洁的材料。 (2) 供婴儿使用的水上娱乐设施,应使用耐久、不吸水、防滑及无毒的地板材料。 (3) 娱乐水设施的排水口和吸水口及其装置的设计,应能防止人体及四肢陷入。 (4) 娱乐水设施应设有过滤和消毒系统,以确保娱乐水在通往娱乐水设施前已经过过滤和消毒。 (5) 过滤器存放位置应易于接近,以便检查、清洁和保养。 (6) 应安装合适容量的循环泵、过滤器和消毒设备,以确保娱乐设施的换水率。 (7) 娱乐水设施泵房间的布置应易于接近并有良好通风。每个泵房间应设有甲板排水系统
VSP	娱乐水设施应具备化学控制、UV 监控系统、过滤装置、泵等,以保证其运行的更新率。其中,儿童泳池的更新率为 0.5h,大型游泳池的更新率为 4h

表 10-6 卫生洗手设施

标准名称	内容节选
《邮轮规范》	(1) 人员密集或使用频率较高的公共区域邻近设有男女分设的间隔式公共卫生间。 应有残障人士专用卫生间。 (2) 应在食品操作区、准备区和清洗区域、食品(如汤、冰块等)分发员等待区、厕所等区域配备洗手站。应为每个主厨房、特色厨房以及餐具室内堆放回收的脏盘子处配备洗手站。 (3) 在船员餐厅、乘客自助餐服务区,应设置一个洗手站。每个洗手站至少有一个洗手槽、一个皂液器和一个卫生纸筒,洗手槽可用自动洗手系统代替。皂液器和卫生纸筒不应直接安装在清洁器具存储处、食品堆放处、食品准备台、吧台以及水喷泉点的上方。

续表

标准名称	内容节选
《邮轮规范》	(4) 垃圾桶应尽量靠近洗手槽,其大小要适合产生的废纸数量。洗手站的装饰材料应为不吸水、耐久且易清洁
《船舶船员适居性指南》	洗手池应布置在使船员步行7.5m以内可达的位置
VSP	公共卫生间的设施应该设计成能够使乘客和船员离开卫生间时不需要徒手触碰门的把手。若不能达到,则必须为使用者提供手帕纸、毛巾等,并用标识提示使用者用来开门
MLC 2006	船上的所有海员均应能够使用满足最低健康和卫生标准以及合理的舒适标准的卫生设施,为男海员和女海员应提供分开的卫生设施。 应在方便的位置为没有个人设施的海员每6名或以下至少提供一个厕所、一个洗脸池和一个浴盆或淋浴设备。 所有盥洗场所均应有流动的冷热淡水
ILO	如果可用餐具室与餐厅不通时,应提供古的餐具柜和合适的餐具冲洗设施。 所有船舶都应配置足够的卫生间,其中包括洗脸盆、浴缸和淋浴设备

2) 邮轮卫生健康规范分析

通过搜集与邮轮卫生健康相关的法律法规、国际公约、船级社标准,梳理出现有标准对卫生健康方面关注的指标要求可分为11类,分别是舱室布置、食品健康、生活用水、餐厅设施、厨房设施、医疗设施、娱乐设施、卫生洗手设施、垃圾存放与处理、空气质量、预防有害生物。

目前,专项开展的邮轮规范相关研究较少。国际公约方面,主要有国际劳工组织制定的《海事劳工公约》(Maritime Labour Convention, MLC)、《海员培训、发证和值班标准国际公约》(International Convention on Standards of Training, Certification and Watchkeeping for Seafarers, STCW)与《国际防止船舶造成污染公约》(International Convention for the Prevention of Pollution from Ships, MARPOL)。MLC公约的目的是为海员争取更好的工作环境,公约详细规定了海员的最低从业要求、就业条件、船上生活设施标准、职业健康安全保障等内容,明确了海员的权利和成员国的义务。STCW公约主要用于控制船员职业技术素质和值班行为,公约的实施对促进各缔约国海员素质的提高,在全球范围内保障海上人命、财产的安全和保护海洋环境,有效地控制人为因素对海难事故的影响,起到了积极的作用。MARPOL公约主要规定了有害物质排入海洋后危害人类健康,损害休息环境等的防控规则,该公约旨在将向海洋倾倒污染物、排放油类以及向大气中排放有害气体等污染降至较低的水平。通过彻底消除向海洋中排放油类和其他有害物质而造成的污染来保持海洋的环境,并将意外排放此类物质所造成的污染降至最低。以上国际公约偏重于强调海员的相关权益,公约的技术指标要求相对较低,通常仅规定船舶需满足的最低标准,考虑到邮轮乘客对娱乐功能和舒适性的更高需求,因此以上国际公约不能完全适用于邮轮的应用背景。

船级社规范方面,分析研究了美国船级社、挪威船级社、劳氏船级社、意大利船级社、中国船级社等多家船级社相关的客船入级规范,其中大多数客船入级规范中对卫生健康方面未做明确要求,可见传统的客船设计规范完全无法满足当前目标邮轮的建造需求。美国船级社的船员适居性指南以及乘客舒适性指南中从适居性角度对卫生健康相关的起居处所的布置、设施配备等方面进行了规定,其中部分规定沿用了MLC,同时在此基础上对餐厅、厨房、卫生间等区域做出了部分补充要求,如舱室布置、设施配备等,多为定性规定,且非针对于大型邮轮制定的规范,对于邮轮的设计指导作用不足。

此外,本书还研究分析了美国公共卫生署和疾控中心的《船舶卫生计划》(Vessel Sanitation Program,VSP)。该项计划针对船舶运营和建造过程中的卫生控制进行了相关规定,如该计划要求进行公共健康检查,依据VSP操作手册检查邮轮的健康标准,保证高密度乘客和船员在邮轮上的健康,有效预防乘客和船员的腹泻与晕船呕吐等特定的疾病。

国内主要以中国船级社为主体,2017年专项制定了《邮轮规范》。针对乘客的舒适和休闲体验要求、人员健康和安全保障的设计与建造技术要求进行了规定。该规范基于国际公约和行业设计标准对邮轮的卫生健康多个技术指标均做出相应要求,但对虫害疾病防疫方面未涉及。同时,国家质检总局制定了出入境邮轮检疫管理办法,从顶层对邮轮卫生健康相关问题进行管理和规定,但未提供详细的技术指导。

邮轮乘客数量庞大,需要存放大量食品物资,且每天会产生大量的生活垃圾与污水。这些食品物资一旦存储转运不当、生活垃圾污水未能有效存放与隔离,将会严重影响邮轮食物供给质量,甚至在邮轮上诱发疫情,进而威胁全船乘客的健康安全。通过分析现有标准规范发现,目前能够系统地指导邮轮卫生健康设计的标准较少,相关标准多以条目形式的定性要求为主,规范未形成体系,因此为更好地指导邮轮设计,仍需对相关标准的适用性开展后续研究。

2. 高密度人群规范

基于各类国际公约与船级社规范,同时参考影院、游乐场等近似高密度人群场所设计规范与管理规定,对高密度人群多发场所或区域的紧急情况下的人员疏散、空气环境与救生设备的配置等内容进行了规范要求比对与分析。

1)高密度人群安全相关规范统计

高密度人群安全相关规范包括《船舶船员适居性指南》《建筑设计防火规范》《电影院建筑设计规范》《国际海上人命安全公约》(SOLAS)、《国际救生设备规则》(LSA)、《国际消防安全系统规则》(FSS)等。规范对高密度人群区域的安全指标主要可以分为人员疏散、空气环境、救生设备等3个方面,见表10-7~表10-9。

表10-7 人员疏散

标准名称	内容节选
《邮轮规范》	影剧院、餐厅和舞厅等人员密集处所,应至少设有两个彼此尽可能远离的出口,且人员撤离方向应避免发生对冲现象

续表

标准名称	内容节选
《建筑设计防火规范》	保证疏散人流的畅通与安全,有利于疏散门在紧急情况下能从内部快速打开。 (1)设计采用带门槛的疏散门等,紧急情况下人流往外拥挤时很容易被摔倒,后面的人也会随之摔倒,以致造成疏散通路的堵塞,甚至造成严重伤亡。 (2)人员密集的公共场所的室外疏散小巷,其宽度规定不应小于3m,是规定的最小宽度,设计时应因地制宜地尽量加大。为保证人流快速疏散,根据实际管理经验,增加了室外不小于3m净宽的疏散小巷,并应直接通向宽敞地带的规定。当基地面积比较狭小紧张时,设计人员也应积极地与城市规划、建筑管理等有关部门研究,力求能够在公共建筑周围提供一个比较开阔的室外疏散条件。主要出入口临街的剧院、电影院和体育馆等公共建筑,其主体建筑应后退红线一定的距离,以保证有较大的露天候场面积和疏散缓冲用地,避免在散场时,密集的疏散人流拥入街道阻塞交通。此外,建筑物周围环境宽敞对展开室外灭火扑救等也是非常有利的
《电影院建筑设计规范》	电影院主要出入口前应设有供人员集散用的空地或广场,其面积指标不应小于$0.2m^2$/座,且大型电影院的集散空地的深度不应小于10m。 疏散走道宽度除了应符合计算,还应符合下列规定: 中间纵向走道净宽不应小于1.0m; 边走道净宽不应小于0.8m; 横向走道除排距尺寸以外的通行净宽不应小于1.0m。 疏散楼梯平台宽度与楼梯宽度相同,并且规定最小宽度1.2m,应满足两股人流同时通过。 扇形通道的楼梯设计中有时选用,须按规范规定的要求设计,以便人员在紧急情况下不易摔倒。 为保证人员在观众厅外,穿越休息厅或其他房间时的走道疏散通畅,厅内的陈设物不能使疏散路线被中断。 疏散通道上有高差变化时,为了便于快速通行,提倡设置坡道,当受限制时,不能设坡道而设台阶时,必须有明显标识和采光照明,大台阶应有护栏,避免出现意外。 疏散通道设计时应尽量在统一标高上,若有高度变化,室内坡道不应大于1:8,这是人员行走可以忍受的最大坡度
《国际消防安全系统规则》(FSS)	客船梯道的净宽度应不小于900mm,对于超过90人的情况,每超过1人则梯道的净宽度应至少增加10mm。经由该梯道撤离的总人数应假定为该梯道所服务区域内船员和旅客总人数的2/3。脱离通道的尺度应根据从梯道和通过门廊、走廊和梯道平台逃生的预计总人数来计算。对于逃生路线的每一组成部分,所确定的尺度应不小于按每一种情况确定的最大尺度。例如,公共处所中的旅客占据最大容量的3/4,公共处所中的船员占据最大容量的1/3
SOLAS	提供脱险通道,从而使船上人员能够安全迅速撤向救生艇和救生筏登乘甲板。为此,应满足下列功能要求:① 应提供安全的脱险通道;② 脱险通道应保持安全状况,无障碍物;③ 应提供其他必要的辅助逃生设施,确保其易于到达、标志清晰、设计能满足紧急情况需要

表 10-8　空气环境

标准名称	内容节选
《邮轮规范》	（1）新风量：不同人员密度下的每人最小新风量，静态公共处所（如会议室、图书室、棋牌室、起居室）人员密度大于 1.0 的情况下每人最小新风量 $16m^3/h$，动态公共处所（如休息室、餐饮处所、赌场、购物区域、酒吧、歌舞厅、健身处所）的情况下每人最小新风量 $36m^3/h$。 （2）最大空气流速：静态公共处所 0.2m/s，动态公共处所 0.25m/s
《船舶船员适居性指南》	对单个空间的外界新鲜空气供应量最少不能少于的总空气供应量的 40%。外界新鲜空气的供应量不能少于每人 8L/s，人员数量按照该舱室的坐席设计人数计算
ILO	通风系统应使空气处于良好状态并确保在一切天气和气候的情况下，有足够的空气流动
《电影院建筑设计规范》	特级电影院观众厅最小新风量为 $25m^3/(A·h)$

表 10-9　救生设备

标准名称	内容节选
SOLAS	从事非短途国际航行的客船，救生艇在每舷的总容量应能容纳船上人员总数的 50%，另再配备能容纳人员总数 25% 的救生筏。 每艘救生艇的存放应处在连续使用的准备状态，应使 2 名船员能在 5min 内完成降落和登乘准备工作。 客船上所有救生艇筏应能在发出弃船信号后 30min 内载足全部乘员和属具降落
LSA	救生衣应在被火完全包围 2s 内，不致燃烧或继续熔化。 每件成人救生衣的结构应能使至少 75% 的完全不熟悉救生衣的人在无人帮助、指导或事先示范的情况下在 1min 内能正确地穿好

2）高密度人群规范分析

国际公约主要涉及消防和人员逃生，规范部分条目可适用于客船。具体来说，《国际海上人命安全公约》（SOLAS）的主要内容涉及船舶构造、分舱、救生消防设备、无线电通信、航行规则和安全证书等。《国际救生设备规则》（LSA）主要基于 SOLAS 公约的要求，对个人救生设备、视觉信号、救生艇筏、救生艇、救助艇的性能指标做出具体要求。《国际消防安全系统规则》（FSS）规范包括人员保护、灭火系统、低位照明、脱险通道布置的要求，为 SOLAS 中所要求的消防安全系统提供特定工程技术规定。以上国际公约未对客船的高密度人群区域安全进行划分，考虑到大型邮轮上人员对娱乐功能需求不同，人员分布存在明显的密度分布差异，如电影院、剧院、观景台等封闭式区域可能出现高密度人群聚集的情况，但海事公约和船舶规范中涉及较少。

此外，对应邮轮高密度人群区域的使用场景，对比分析了建筑行业的设计规范，其中主要包括《电影院建筑设计规范》和《建筑设计防火规范》。《建筑设计防火规范》在人员疏散方面由于与邮轮应用场景区别较大,不存在室外街区疏散的情况,因此适用性较低。《电影院建筑设计规范》为保证电影院建筑的设计质量,使其满足适用、安全、卫生及电影工艺等方面的基本要求,制定相应要求。电影院属于功能性较强的民用建筑之一,人员较多,需要合理安排观众入场和出场人流,以及放映、管理人员和营业之间的运行线路,使观众、管理人员和营业便捷、畅通、互不干扰。因此,必须有一个好的功能布局,合理安排人员运行流程用以指导设计。传统电影院存在运行路线不简便和相互干扰问题,邮轮上电影院由于船上空间限制、场地多功能使用等原因,也可能出现类似问题,在进行方案设计之前要合理组织安排人流线路。

空气环境方面,中国船级社《邮轮规范》对高密度区域的空气新风量等空气指标做出定量要求,根据设计人数的不同以及区域使用场景的不同,对新风量和空气流速进行了详细的规定,该要求高于美国船级社(ABS)《船舶船员适居性指南》以及其他船级社的客船舒适性规范,可应用于我国邮轮的设计。

3. 特殊人群活动空间与交互特性规范

基于各国船级社规范、法律法规,重点关注特殊群体设施需求与特性需求,对邮轮上特殊人群活动空间与交互特性相关规范进行了比对与分析。

1)特殊人群活动空间与交互特性相关规范统计

对于特殊人群活动空间与交互特性需求相关规范分析包括儿童、老人以及残障人士等使用人群,规范涉及美国残疾人法案《通达性指南》(Americans with Disabilities Act Accessibility Guide, ADAAG)、《客船通达性指南》(Passenger Vessel Accessibility Guidelines, PVAG),以及国内《城市道路与建筑物无障碍设计规范》《电影院建筑设计规范》等。规范涉及的特殊人群活动空间方面指标主要分为儿童卫生及娱乐设施、残障人士通道、视野范围、残疾人士设施配备、无障碍设施等,如表10-10~表10-15所示。

表10-10 儿童设施

标准名称	内容节选
《邮轮规范》	(1)儿童活动中心内的桌子、椅子或其他家具的表面应采用易清洁与不吸水材料。 (2)每一儿童活动中心均应配置洗手设施。洗手设施应位于厕所外,水槽距地面高度不超过560mm。洗手设施应包括皂液、纸筒或干手机及垃圾桶。 (3)儿童活动中心应按每25个儿童配置一间厕所。厕所应包括下述设施:①儿童马桶(高度不超过280mm,马桶座开口不超过203mm);②洗手设施(符合6.2.3.8(2)规定);③手套和抹布;④气密、可洗的垃圾桶;⑤厕所出口门应为自闭式。 (4)若设有换尿布设施,则每个换尿布设施应包括如下设备:①换尿布用的台子(不渗漏、不吸水、无毒、平滑、耐久、清洁);②存放脏尿布的垃圾桶(气密);③附近设有洗手设施(符合6.2.3.8(2)规定);④具有存放尿布、手套、抹布、消毒器的位置

续表

标准名称	内容节选
VSP	在儿童活动中心的洗手间应配备儿童尺寸的相应设备。儿童马桶高度不超过280mm,马桶座开口不超过203mm。儿童洗手池高度不高于560mm。儿童专用的水设施应配备安全标识,字体高度至少为26mm。该区域仅为穿着纸尿裤的儿童提供,目前患有疾病(包括但不限于呕吐、发热等)的儿童不可以使用该设施,儿童必须全程有成人陪同,儿童必须穿着干净的游泳裤并且游泳裤应及时更换
ADAAG	3~12周岁儿童抽水马桶尺寸要求

	3~4岁	5~8岁	9~12岁
抽水马桶中心线	305mm	305–380mm	380–455mm
马桶座位高度	280–305mm	305–380mm	380–430mm
扶手高度	455–510mm	510635mm	635–685mm
按钮高度	355mm	355–430mm	430–485mm

表10-11 残障人士通道及坡道

标准名称	内容节选
ADAAG	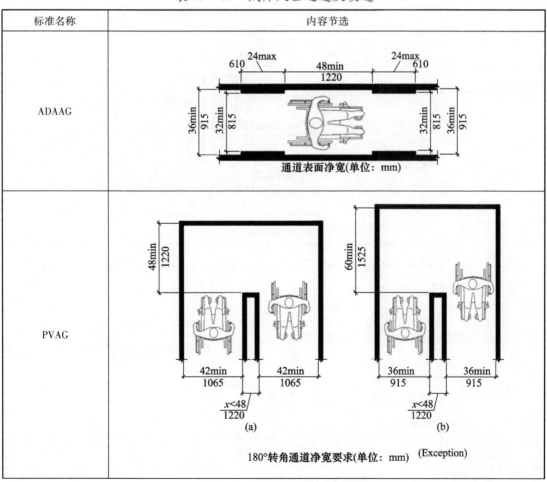 通道表面净宽(单位:mm)
PVAG	180°转角通道净宽要求(单位:mm) (Exception)

续表

标准名称	内容节选
《城市道路和建筑物无障碍设计规范》	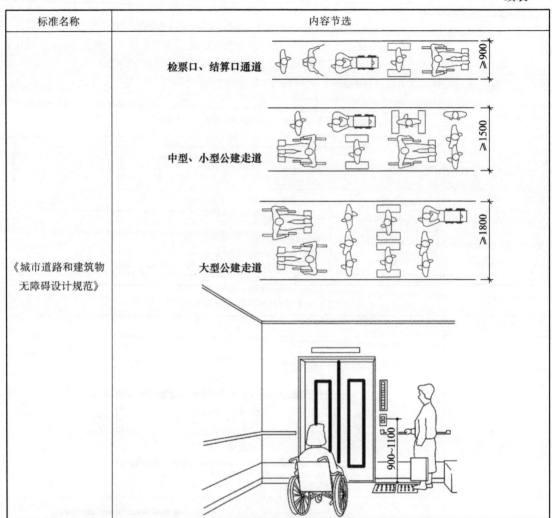

表 10-12 视野范围

标准名称	内容节选
ADAAG	应满足观看者头顶不遮挡视线
《电影院建筑设计规范》	为方便老年人和行动不便的残疾观众，除总平面上考虑对出入口、道路的特殊要求外，建筑设计中要贯彻执行有关规定

表 10-13　可达域

标准名称	内容节选
ADAAG	无障碍前部可达范围(单位：mm)
PVAG	与 ADAAG 相同

表 10-14　残疾人士设施配备

标准名称	内容节选
《邮轮规范》	乘客公共处所前厅附近配备轮椅,有残障人士专用卫生间或厕位
《城市道路和建筑物无障碍设计规范》	为公众服务和使用的公共建筑,不论规模大小,其设计内容、使用功能与配套设施均应符合乘轮椅者、拄拐杖者、视残者及老年人在通行和使用上的安全与便利。公共建筑的无障碍设施,其主要部位为建筑入口、水平通道、垂直交通、洗手间、浴室、服务台、电话、客房、观众席、停车车位、室外通路、轮椅标志等 无障碍设施从建筑入口到室内应保持相应的连贯性和完整性,使行动不便者能顺利到达、进入和使用。 供残疾人使用的门应符合下列规定:应采用自动门,也可采用推拉门、折叠门或平开门,不应采用力度大的弹簧门;在旋转门一侧应另设残疾人使用的门;轮椅通行门的净宽自动门应大于 1m,推拉门、平开门、弹簧门应大于 0.8m。 坡道、台阶及楼梯两侧应设高 0.85m 的扶手;设两层扶手时,下层扶手高应为 0.65m

表 10-15　供残疾人使用的无障碍公共厕所

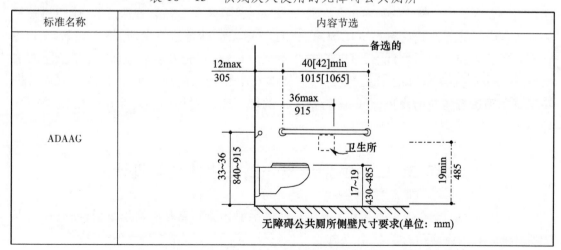

无障碍公共厕所侧壁尺寸要求(单位：mm)

续表

标准名称	内容节选
《城市道路和建筑物无障碍设计规范》	洗手盆:(1)距洗手盆两侧和前缘50mm应设安全抓杆。 (2)洗手盆前应有1.10m×0.80m乘轮椅者使用面积。 男厕所:(1)小便器两侧和上方,应设宽0.60~0.70m、高1.20m的安全抓杆。 (2)小便器下口距地面不应大于0.50m。 无障碍厕位:(1)男、女公共厕所应各设一个无障碍隔间厕位。 (2)新建无障碍厕位面积不应小于1.80m×1.40m。 (3)改建无障碍厕位面积不应小于2.00m×1.00m。 (4)厕位门扇向外开启后,入口净宽不应小于0.80m,门扇内侧应设关门拉手。 (5)坐便器高0.45m,两侧应设高0.70m水平抓杆,在墙面一侧应设高1.40m的垂直抓杆。 安全抓杆:(1)直径应为30~40mm。 (2)内侧应距墙面40mm。 (3)抓杆应安装坚固

2) 特殊人群活动空间与交互特性规范分析

ADAAG基于成人和儿童身体尺寸以及人体测量学,对残障人士通道、门、出入口、电梯等区域的尺寸进行规定,保证使用轮椅的残障人士可以方便通行。同时,对餐厅就餐面积、扶手、取餐通道宽度、高度以及购物柜台、结账柜台宽度、高度也有具体要求。PVAG是美国建筑和运输障碍合规委员会基于美国残疾人法案的要求对客船通达性编制的指南,以确保客船能使残疾人士方便通行和使用相应设施。PVAG适用于客船、渡轮等载客150人以上或承载49人以上过夜乘客的情况,在指标和技术要求上与ADAAG基本一致。

我国《城市道路和建筑物无障碍设计规范》和美国PVAG规范对使用轮椅的残障人士或老人的通道宽度、卫生设施等指标尺寸差异性不大。儿童设施方面,CCS邮轮规范儿童设施尺寸的要求与美国VSP基本相同。

国际海事公约和船级社客船标准对特殊人群的活动空间和交互方式相关的规范涉及较少,分析借鉴建筑残疾人规范对通道和设施的尺寸有一定的指导意义,但仍缺乏交互特性相关的规范要求。邮轮的乘客包含有老人、儿童、残障人士等各类特殊人群,他们对邮轮的空间布局与交互方式具有特殊的要求,一旦邮轮无法满足这一要求,既可能影响上述特殊人群的乘船感受,也可能带来新的安全隐患。目前,邮轮专项规范匮乏,客船标准多借鉴建筑行业、酒店标准的相关要求,以上标准在邮轮特殊的应用场景下的适用性需进一步研究和进行相应的修正,并基于特殊人群的使用需求对标准中尚未涉及的缺项进行补充。

10.3 邮轮典型场景人因工程仿真与设计

邮轮的核心功能在于为所有乘客提供舒适的乘船体验和高端的娱乐享受,同时切实保障所有乘客在旅途期间的安全,并在邮轮发生意外情况时,保障所有乘客能够安全、迅速地完成疏散,确保人员安全。为此,需要开展邮轮布局特点分析,针对邮轮顶层甲板大型活动区等公共区域以及居住舱室区域进行人因工程仿真与优化设计。

10.3.1 邮轮的布局特点

与普通的客轮主要以提供交通通行服务不同,邮轮更注重对乘客提供餐饮、休闲娱乐、观光旅游等方面服务。邮轮上的服务人员、基础设施、各区域布局合理性将对邮轮的服务质量产生较大的影响,因此要求邮轮设计者除了考虑娱乐和观光特点之外,还需更多考虑人员的安全疏散效率等一系列问题。

1. 大型邮轮的功能区

为了满足邮轮日常的运行与运营需要,邮轮上舱室和设备繁多,布局较为复杂。邮轮舱室和场所主要分为保障船体正常运行的区域和满足邮轮进行运营的区域。其中运行区域一般位于船体下层甲板,主要包括一些机器舱室,各类液体舱室等。其中驾驶区域、海图室等区域位于较高层的甲板中,可以拥有较为开阔的视野。运营区位于上层的甲板中,主要分为客舱和其他公共娱乐区域,具体运营区舱室组成如图10-20所示。邮轮在设计考虑时,一般会从安静和私密的角度考虑,将客舱和其他公共场所布置在不同的甲板层。一些室内的娱乐休闲场所如音乐厅、免税店、酒吧、餐厅等一般设置在靠近下层的甲板层中,而室外的场所如露天泳池、运动场、太阳浴场等一般设置在靠近顶层甲板的区域。而在这两个区域之间的甲板层一般是客舱区域,为乘客休息和就寝的区域。

图10-20 邮轮运营区舱室组成

2. 大型邮轮上人员的类别

邮轮上人员按服务者和服务对象一般分为船上的工作人员和乘客两类。在紧急情况下，酒店部的员工可充当行人疏散的引导者。而且邮轮上的工作人员一般接受过较长时间的安全培训，对于邮轮上的路线和布置较为熟悉，出现紧急情况不容易慌乱，有一套完整的疏散对策。但乘客一般上船时间较短，对邮轮环境不熟悉，容易出现慌乱，因此邮轮疏散评估的主要对象为邮轮上乘客的疏散过程。

对于乘客来说，在邮轮上游览时，其可进入的区域实际上也仅限于邮轮的运营区域，非运营区域关系到船舶的运行安全，一般情况下乘客是禁止进入的。因此，主要聚焦的疏散区域也限于乘客活动的范围，即邮轮的运营区域。

10.3.2 公共区域典型空间人因工程疏散仿真

从邮轮的布局特点可知，邮轮上的各层甲板公共区域类别多、分布广，一些区域能够容纳大量的人员，发生紧急情况时，容易发生人群惶恐、慌乱，极易造成人员伤亡。因此，有必要从邮轮的布局特点出发，分析与评估邮轮撤离通道设置的合理性。邮轮的撤离通道由两部分组成，一个是分布在甲板平面的撤离通道，另一个则为垂直的撤离梯道。

人员流动仿真技术是通过人员流动仿真模型来模拟现实系统，可对人员流动设施规划、组织方案的实施效果进行分析，从而根据仿真结果的分析提出相应的改善建议。利用人员流动仿真技术不仅可以减少邮轮疏散通道前期组织及规划的盲目性，降低人员流动的风险，还可以减少实际预演的费用。

下面以邮轮的顶层甲板大型活动区与主题餐厅为例，进行邮轮公共活动区的紧急疏散仿真分析。本案例使用 Legion 行人仿真软件开展仿真分析工作。

1. CAD 图纸整理修正

Legion 默认的平面图识别程序认为图纸中线条未闭合的地方为行人可以进入的区域，线条闭合的地方为行人不可进入的区域，因此输入软件中的 Legion 文件，除了出入口的线条需要敞开，其他线条必须封闭。

2. 设置行人组成情况及进入频率

设置行人组成情况及进入频率在 Legion 软件中体现为设置 Entity Type 与 Arrival Profile。在建立基础模型之初，需要先对行人组成情况及达到情况进行设置，在本案例中，Entity Type 设置为系统默认人员组成情况；对 Arrival Profile 的设定，由于每个出入口的人流到达情况不一样，因此本案例设定所有行人均沿最短路径疏散。

3. 设置出入口模块

在 Legion 软件模拟系统中，系统默认模拟区域的进出口需要设置 Entrance 与 Exit 模块，Entrance 表示入口，Exit 表示出口。Entrance 模块在设置时需要选择 Entity Type 与 Arrival Profile，Exit 模块在设置时需要选择人流进入的方向。在输入数据时，采用估算的方法，只对本层进行模拟仿真，没有上下楼层之间的连通，所以无须在楼梯处继续设置楼梯参数模块。

4. 确定行人行走路径

确定行人行走路径需要分别将 Delay Point 与 Entrance 和 Exit 模块连接起来，连线的方式即确立了行人的行走路径。连线原则为：行人从入口 Entrance 进入模拟区域，或从起始点（座位位置）出发，从出口 Exit 离开模拟区域，因此在进行确定行人路径时，入口 Entrance 按照进入的人流数量比例与每组 Delay Point 连接，每组 Delay Point 按照行人离开的人流数量比例与需要进入的下一个 Delay Point 或 Exit 连接，通常一组按平均分配的方式分配人流即可。

5. 仿真结果分析

1）邮轮顶层甲板大型活动区域

邮轮顶层甲板大型活动区域是集观景、娱乐、休闲等众多功能于一体的综合体，也是乘客选择邮轮体验的重要参照因素。在邮轮顶层设计中，各个局部的场地空间设计都不是孤立存在的，各个局部的联系和布局对邮轮顶层的整体设计发挥着重要作用。邮轮顶层大型活动区域是人员高度密集区域，是邮轮疏散仿真分析的重点，需要分析与评估不同疏散条件下的设计方案，以确保邮轮顶层甲板大型活动区域设计的疏散安全。

以某邮轮顶层甲板活动区为例，发生事故时所有乘客均从当前位置出发，按照最短路径原则搜寻最近的出口并进行疏散。相应疏散结果如图 10-21 所示。全部 162 名乘客的疏散完成时间为 51.60s。但在个别位置与出入口位置，存在长时间乘客拥挤停滞的问题，既影响整体疏散效率，还可能因为人员过度密集而发生踩踏等伴生事故。

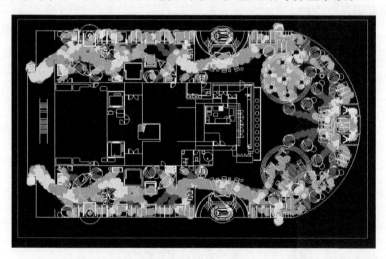

图 10-21 某活动区最短路径疏散结果示意图（见彩插）

在不修改布置方案的条件下，采取最短路径疏散方法，人为增加乘客的疏散路径干预（即实际邮轮中的疏散演习、分区疏散、人工疏导等方式），将乘客根据所在区域进行简单划分，并分别指定疏散出口。再次进行疏散仿真，结果如图 10-22 所示。从疏散结果中可知，出口位置的拥堵有效减少，且整体疏散时间由原本的 51.60s 下降到 36.00s，疏散效率同比提高了 30.23%。

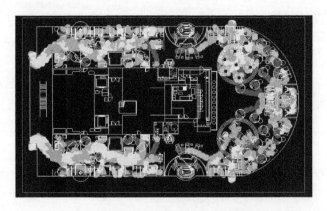

图10-22 某活动区区块化疏散结果示意图(见彩插)

2)主题餐厅

主题餐厅是邮轮上的特色,跟邮轮的主题相结合,一般以自助餐厅、民族特色餐厅的形式展现。每个主题餐厅所提供的食物都是不一样的,针对的乘客也是不一样的,所以主题餐厅规模会比主餐厅小。主题餐厅的容纳量设计在50~350人,根据餐厅内容形式的不同在这个人数区间中设计餐厅的大小,餐厅的净高应该不低于2100mm,并且保证每位乘客在餐厅中获得平均$2 \sim 3m^2$的空间才能使得乘客有一个较为宽敞位置进餐和取餐,并避免出现与疏散方向不一致的餐桌排布或通道设计。

以某邮轮主题餐厅为例,原始方案中船舷左右两侧的餐厅能够满足人均面积、通道宽度等规范要求,但由于通道设计与疏散认知不一致,导致在个别位置出现人群聚集拥挤(如图10-23所示),两舷侧餐厅的疏散时间分别为34.2s与24.0s;而根据疏散认知调整后,疏散方向与通道设计方向保持一致,不再出现局部人群拥挤,如图10-24所示。两舷侧餐厅的疏散时间分别为28.8s与21.6s,疏散效率同比提高18.75%与11.11%。

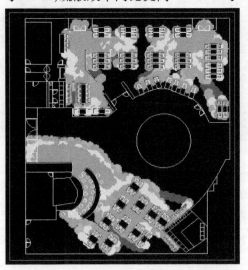

图10-23 某餐厅原方案疏散仿真结果(见彩插)

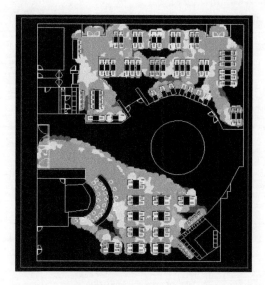

图 10-24　某餐厅方案调整后疏散仿真结果(见彩插)

10.3.3　居住舱室典型区域人因工程仿真

想要满足乘客的居住需求、使用需求和娱乐需求,应使居住舱室的设计符合乘客的行为能力与日常习惯,满足人因工程设计的相关要求,体现"以人为本"的设计理念,避免出现"看不到、够不着、用不惯"的情况。为此,需要针对居住舱室进行人因工程仿真分析。

开展针对居住舱室的人因工程仿真研究,需要从中国乘客的特性出发,结合目标邮轮居住舱室的功能特点,依托构建的三维仿真模型,利用数字人体技术,针对居住舱室的典型位置,开展基于乘客的视域、操作域、交互干涉以及姿势评估等模拟仿真,分析评估居住舱室在空间布局与设施交互两方面的不足,为居住舱室的设计提供优化改进建议。

本案例中,从邮轮居住舱室无障碍设计入手,开展典型区域人因工程仿真研究,主要步骤包括:①人体尺寸百分位数选择;②三维虚拟乘客构建;③仿真分析工具选择;④邮轮居住舱室人因工程仿真分析。

1. 人体尺寸百分位数选择

百分位数是一种位置指标或界值,以符号 P_K 表示。一个百分位数将群体或样本的全部观测值分为两部分,有 $K\%$ 的观测值等于和小于它,有 $(100-K)\%$ 的观测值大于它。人体尺寸用百分位数表示时,称人体尺寸百分位数。例如:第 5 百分位代表"小"身材,即只有 5% 的数值低于此下限值;第 95 百分位代表"大"身材,即只有 5% 的数值高于此上限值;第 50 百分位代表"适中"身材,即有 50% 的数值高于和低于此值。所设计的产品在尺寸上能满足多少人使用,以合适地使用的人占使用者群体的百分比表示,称为满足度。

《在产品设计中应用人体尺寸百分位数的通则》(GB/T 12985—1991)中对人体尺寸百分位数的选择原则见表 10-16。

表 10-16 人体尺寸百分位数的选择原则

1. 产品尺寸设计的分类	(1) Ⅰ型产品尺寸设计:需要两个人体尺寸百分位数作为尺寸上限值和下限值的依据,称为Ⅰ型产品尺寸设计,又称双限值设计
	(2) Ⅱ型产品尺寸设计:只需要一个人体尺寸百分位数作为尺寸上限值或下限值的依据,称为Ⅱ型产品尺寸设计,又称单限值设计
	(3) ⅡA型产品尺寸设计:只需要一个人体尺寸百分位数作为尺寸上限值的依据,称为ⅡA型产品尺寸设计,又称大尺寸设计
	(4) ⅡB型产品尺寸设计:只需要一个人体尺寸百分位数作为尺寸下限值的依据,称为ⅡB型产品尺寸设计,又称小尺寸设计
	(5) Ⅲ型产品尺寸设计:只需要第50百分位数(P50)作为产品尺寸设计的依据,称为Ⅲ型产品尺寸设计,又称平均尺寸设计
2. 百分位数的选择	(1) Ⅰ型产品尺寸设计时,对涉及人的健康、安全的产品,应选用P99和P1作为尺寸上、下限值的依据,这时满足度为98%;对于一般工业产品,选用P95和P5作为尺寸上、下限值的依据,这时满足度为90%
	(2) ⅡA型产品尺寸设计时,对于涉及人的健康、安全的产品,应选用P99或P95作为尺寸上限值的依据,这时满足度为99%或95%;对于一般工业产品,选用P90作为尺寸上限值的依据,这时满足度为90%
	(3) ⅡB型产品尺寸设计时,对于涉及人的健康、安全的产品,应选用P1或P5作为尺寸下限值的依据,这时满足度为99%或95%;对于一般工业产品,选用P10作为尺寸上限值的依据,这时满足度为90%
	(4) Ⅲ型产品尺寸设计时,选用P50作为产品尺寸设计的依据
	(5) 在成年男、女通用的产品设计时,根据(1)~(3)的准则,选用男性的P99、P95或P90作为尺寸上限值的依据;选用女性的P1、P5或P10作为尺寸下限值的依据
3. 产品功能尺寸的设定	产品最小功能尺寸 = 人体尺寸百分位数 + 功能修正量 产品最佳功能尺寸 = 人体尺寸百分位数 + 功能修正量 + 心理修正量
4. 功能修正量和心理修正量确定	(1) 功能修正量举例 着衣修正量:坐姿时的坐高、眼高、肩高、肘高加6mm。胸厚加10mm,臀膝距加20mm。 穿鞋修正量:身高、眼高、肩高、肘高对男子加25mm,对女子加20mm。 姿势修正量:立姿时的身高、眼高等减10mm;坐姿时的坐高、眼高减44mm。 功能修正量通常为正值,但有时也可能为负值。例如针织弹力衫的胸围功能修正量取负值。 功能修正量通常用实验方法求得 (2) 心理修正量 例1:在护栏高度设计时,对于3000~5000mm高的工作平台,只要栏杆高度略微超过人体重心高度就不会发生因人体重心高所致的跌落事故。但对于高度更高的平台来说,操作者在这样高的平台栏杆旁时,因恐惧心理而足发酸、软,手掌心和腋下出冷汗,患恐高症的人甚至会晕倒,因此只有将栏杆高度进一步加高才能克服上述心理障碍。这项附加的加高量便属于"心理修正量"。

续表

4. 功能修正量和心理修正量确定	例2:在确定下蹲式厕所的长度和宽度时,应以下蹲长和最大下蹲宽为尺寸依据,再加上由于衣服厚度引起的尺寸增加和上厕所时所进行的必要动作引起的变化量作为功能修正量。但这时厕所的门就几乎紧挨着鼻子,使人在心理上产生一种"空间压抑感",因此还应增加一项心理修正量。 心理修正量也是用实验的方法求得	
5. 产品尺寸设计举例	(1) Ⅰ型产品尺寸设计	例:汽车驾驶员的可调式座椅的调节范围设计
	(2) ⅡA型产品尺寸设计	例:在设计门的高度、床的长度时,只要考虑到高身材的人的需要,那么对低身材的人使用时必然不会产生问题。所以应取身高的 P90 或 P95 为上限值的依据
	(3) ⅡB型产品尺寸设计	例:在确定工作场所采用的栅栏结构、网孔结构或孔板结构的栅栏间距时,网、孔直径应取人的相应肢体部位的厚度的 P1 作为下限值的依据
	(4) Ⅲ型产品尺寸设计	例1:门的把手或锁孔离地面的高度、开关在房间墙壁上离地面的高度设计时,都分别只确定一个高度供不同身高的人使用,所以应平均地取肘高的 P50 为产品尺寸设计的依据;
		例2:当工厂由于生产能力有限,对本来应采用尺寸系列的产品只能生产其中一个尺寸规格时,也取相应人体尺寸的 P50 为设计依据

2. 三维虚拟乘客构建

采用中国国民的人体测量学数据构建不同百分位的三维虚拟乘客。构建 P5 女性、P95 女性、P5 男性以及 P95 男性四种类型的三维虚拟乘客,如图 10 – 25 所示。

3. 人因工程仿真分析工具选择

如何有效提升邮轮乘客在使用相关设施时的满意度与舒适度,是开展舱室设计时必须考虑的问题。可开展可达性分析、可视性分析、活动姿势分析和容膝空间分析,保证舱室内各类设施的位置合理,便于操作使用。

1) 可达性分析工具

可达性分析为尽可能覆盖更多人员,通常采用第 5 百分位人体尺寸参数对人员操作域进行仿真分析。可达性分析工具基于人体的生理特性,以仅需手肘关节驱动、需要肩关节驱动、需要腰部关节驱动,可生成舒适操作域、有效操作域、扩展操作域等类型操作域。

2) 可视性分析工具

居住舱室内物品的布局应充分考虑乘客的人体尺寸数据,包括身高、操作范围、视野范围等。基于人体的生理特性,以是否需要眼球转动、头颈转动,可生成最佳视域、有效视域、扩展视域、最大视域等类型视域。

(a) P5百分位女性乘客模型　　　　(b) P95百分位女性乘客模型

(c) P5百分位男性乘客模型　　　　(d) P95百分位男性乘客模型

图 10 - 25　不同百分位身高的三维虚拟乘客模型

3) 活动姿势分析工具

为了分析评估居住舱室内的重要物品布局位置是否合理,采用快速上肢评估方法(Rapid Upper Limb Assessment,RULA)和工作姿势评估方法(Ovako Working Posture Analysis,OWAS)对人员的活动姿势进行分析评估。

(1) RULA 快速上肢评估方法。

RULA 快速上肢评估方法是根据评估上臂、前臂、手腕、颈部、身躯、腿部在不同的姿势角度上的不同得分,并考察姿势的施力大小和肌肉的使用状态来得到最后总的评价分值。由求得的 RULA 总评分,即可根据表 10 - 17 确定上肢姿势的对应等级及处理方案。

表 10-17 RULA 指数及等级标准

等级	分值	说明
Ⅰ级	1~2 分	表明如果该姿势不持续或重复很长时间则认为可以接受
Ⅱ级	3~4 分	表明工作姿势不在舒适范围或即使在舒适范围但需要重复动作且有静态负荷或需要用力,需要对该操作进行分析调整
Ⅲ级	5~6 分	表明工作姿势不在舒适范围,需要重复动作且有静态负荷或需要用力,需要尽快对该操作进行分析调整
Ⅳ级	7 分及以上	各部分姿势处于或接近活动的极限,需要重复动作且超负荷,需要马上对该操作进行分析调整,减少负荷

(2) OWAS 姿势评估方法。

OWAS 姿势评估方法可以快速检查操作姿势,评价基于背部、手臂和腿部负荷的姿势不适程度,提供采取纠正措施紧迫性的评估姿势分数,从而快速评估某种姿势对人造成损害或伤害的可能性大小,以获得更舒适的操作姿势,优化改进现有设计缺陷。

可以用 OWAS 工具的分析结果来设计一个姿势不适度的最低风险。对于指定的姿态,OWAS 工具制定了背部、手臂的评分,腿的位置及负荷要求。这些评分及姿势的"纠正需求"等级显示在一个对话框中。由求得的 OWAS 总评分,即可根据表 10-18 确定操作姿势的对应等级及处理方案。

表 10-18 OWAS 等级标准

等级	说明
Ⅰ级	表明该姿势是正常的,没有纠正的必要
Ⅱ级	表明该姿势可能有一定的不良影响,虽不需要立即采取行动,但也应在近期调整
Ⅲ级	表明该姿势有不良影响,应尽快纠正
Ⅳ级	表明该姿势非常有害,必须立即纠正

4) 干涉检查分析工具

对于作业空间的分析可应用干涉检查分析工具,例如开展容膝空间设计时应按照大尺寸,即选择第 95 百分位的中国人体几何尺寸来设计,以满足绝大多数中国乘客坐姿的容膝需求。应用干涉检查工具与数字乘客人体模型,可实现相关作业空间仿真分析。

4. 邮轮居住舱室人因工程仿真分析

从邮轮居住舱室设备布局设计入手,开展典型区域人因工程仿真研究,典型场景包括:女士使用母婴台、特殊人员使用写字台、特殊人员使用洗手台、特殊人员使用坐便器。

邮轮居住舱室整体布局如图 10-26 所示,主要设施包括写字台、沙发、床头柜、双人床、电视柜、电视机、浴缸、淋浴头、洗手台、母婴台和坐便器等,下面以典型使用场景为例说明开展邮轮居住舱室人因工程仿真分析过程。

带小孩乘客的人因工程设计方面,主要分析乘客使用母婴台的情况。无障碍设计方面主要分析坐轮椅乘客在邮轮居住舱室内使用写字台、洗手台、坐便器等设施的情况,从可视性分析、可达性分析、活动姿势分析、干涉检查分析四方面进行邮轮居住舱室的无障碍优化设计,保证舱室各设备设施的位置合理,便于乘客操作使用。主要设施数字人体选择原则见表 10-19。

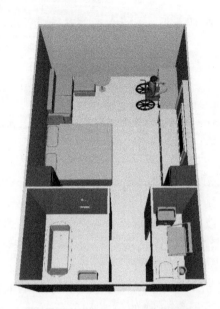

图 10 - 26 邮轮舱室整体布置图

表 10 - 19 数字人体选择原则

典型场景	人员选择	百分位选择	分析目标
母婴台	"高"身材女性乘客	第 95 百分位	乘客无需弯腰,使用母婴台
写字台	"高"身材男性/女性乘客	第 95 百分位	容膝空间充足
写字台	"小"身材男性/女性乘客	第 5 百分位	写字台高度合适
坐便器	"小"身材男性/女性乘客	第 5 百分位	坐便器空间和设施尺寸合理
洗手台	"小"身材男性/女性乘客	第 5 百分位	洗手台容膝空间充足,便于使用水龙头

1) 女士使用母婴台分析

通过第 5 百分位和第 95 百分位中国女性乘客人体尺寸构建仿真模型,对母婴台开展仿真分析结果见表 10 - 20。

表 10 - 20 女士使用母婴台场景仿真分析

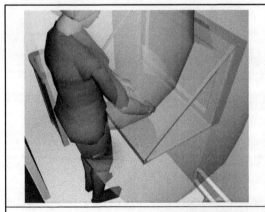 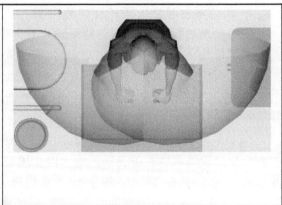

有效操作域分析(第 95 百分位女性乘客)

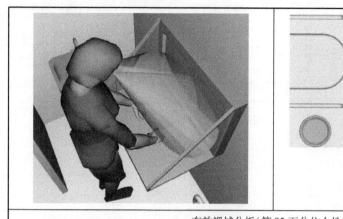 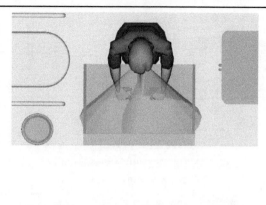

有效视域分析(第95百分位女性乘客)

通过第 95 百分位中国女性使用母婴台场景开展仿真分析可知,母婴台台面应不低于 900mm 不高于 1000mm,以利于大部分的乘客使用,母婴台的设计不存在对乘客的视野遮挡,可以满足乘客使用。

2) 特殊人员使用写字台仿真分析

通过第 5 百分位和第 95 百分位中国男性和女性乘客人体尺寸构建仿真模型,对乘客使用写字台场景开展仿真分析结果见表 10 – 21。

表 10 – 21 特殊人员使用写字台场景仿真分析

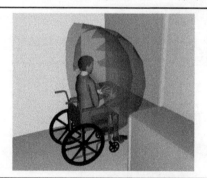 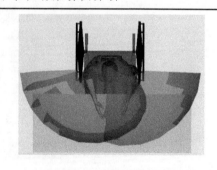

有效操作域分析(第 5 百分位男性乘客)

 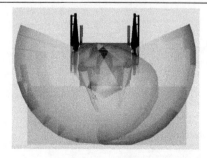

扩展操作域分析(第 5 百分位男性乘客)

续表

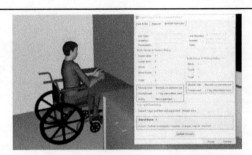 特殊人员使用写字台 RULA 快速上肢评估 （第 5 百分位男性乘客）	此时乘客坐在轮椅上，使用写字台阅读书籍。乘客当前姿势的 RULA 评分值为 3，即姿势风险水平较低的 II 级。说明当前工作姿势基本合理
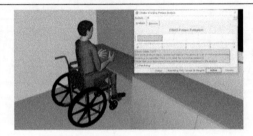 特殊人员使用写字台 OWAS 姿势评估 （第 5 百分位男性乘客）	此时乘客坐在轮椅上，使用写字台阅读书籍。乘客当前姿势的 OWAS 评分等级为 I 级，即姿势正常，说明当前工作姿势合理
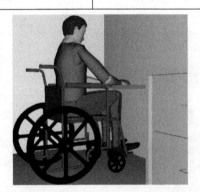 特殊人员使用写字台容膝空间分析（第 95 百分位男性乘客）	
 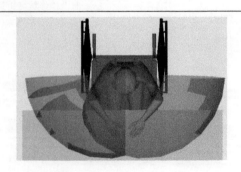 有效操作域分析（第 5 百分位女性乘客）	

续表

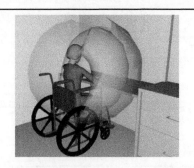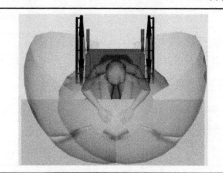 扩展操作域分析（第 5 百分位女性乘客）	
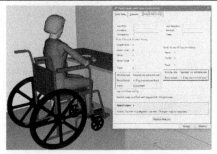 特殊人员使用写字台 RULA 快速上肢评估 （第 5 百分位女性乘客）	此时乘客坐在轮椅上，使用写字台阅读书籍。乘客当前姿势的 RULA 评分值为 3，即姿势风险水平较低的 II 级。说明当前工作姿势基本合理
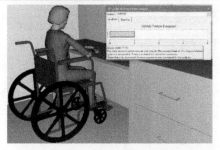 特殊人员使用写字台 OWAS 姿势评估 （第 5 百分位女性乘客）	此时乘客坐在轮椅上，使用写字台阅读书籍。乘客当前姿势的 OWAS 评分等级为 I 级，即姿势正常，说明当前工作姿势合理
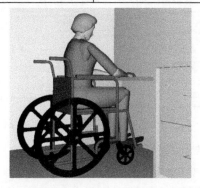 特殊人员使用写字台容膝空间分析（第 95 百分位女性乘客）	

通过第 5 百分位乘客仿真分析可知,除桌子的左上角和右上角之外,其余部分处于有效操作域范围内,桌子的尺寸基本满足乘客的操作使用要求。应用第 95 百分位乘客对写字台容膝空间开展分析,通过仿真分析可知,当用户使用轮椅在写字台前阅读时,写字台的容膝深度应大于 570mm、容膝宽度应大于 1505mm、容膝高度应大于 730mm。

3) 特殊人员使用坐便器仿真分析

通过第 5 百分位中国男性和女性乘客人体尺寸构建仿真模型,对特殊人员使用坐便器场景开展仿真分析结果见表 10-22。

表 10-22 特殊人员使用坐便器场景仿真分析

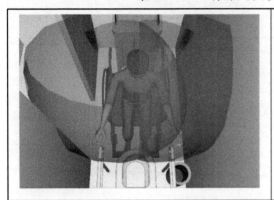	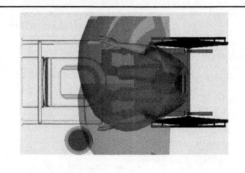
有效操作域分析(第 5 百分位男性乘客)	
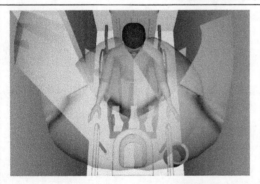	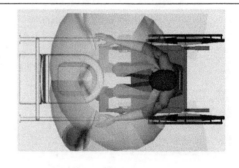
扩展操作域分析(第 5 百分位男性乘客)	
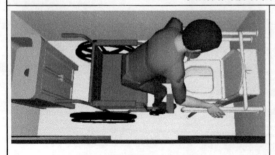 特殊人员使用坐便器干涉检查 1 (第 5 百分位男性乘客)	此时乘客坐着轮椅使用无障碍坐便器,舱室空间充足,可以满足特殊人员的使用

续表

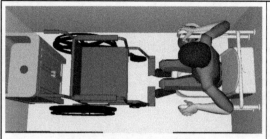 特殊人员使用坐便器干涉检查2 (第5百分位男性乘客)	此时乘客坐着轮椅使用无障碍坐便器,舱室空间充足,可以满足特殊人员的使用
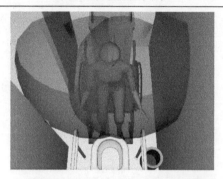	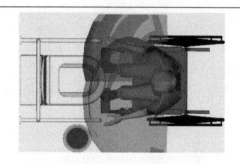
有效操作域分析(第5百分位女性乘客)	
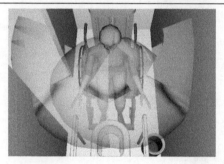	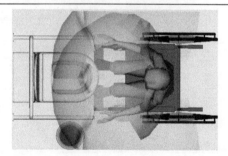
扩展操作域分析(第5百分位女性乘客)	
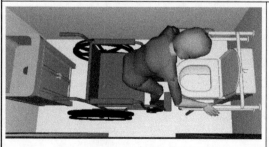 特殊人员使用坐便器干涉检查1 (第5百分位女性乘客)	此时乘客坐着轮椅使用无障碍坐便器,舱室空间充足,可以满足特殊人员的使用

续表

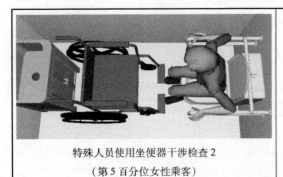

	此时乘客坐着轮椅使用无障碍坐便器,舱室空间充足,可以满足特殊人员的使用
特殊人员使用坐便器干涉检查2 (第5百分位女性乘客)	

通过第5百分位乘客使用坐便器场景开展仿真分析可知,坐便器空间充足(坐便器前方预留空间不小于1000mm),且扶手的尺寸合理(距地高度约700mm),可以满足特殊人员的使用。

4) 特殊人员使用洗手台仿真分析

通过第5百分位中国男性和女性乘客人体尺寸构建仿真模型,对特殊人员使用洗手台场景开展仿真分析结果见表10–23。

表10–23 特殊人员使用洗手台场景仿真分析

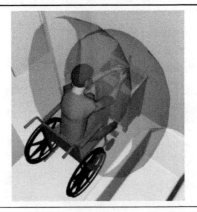	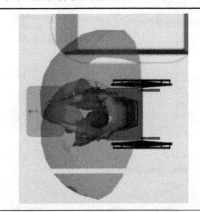
有效操作域分析(第5百分位男性乘客)	
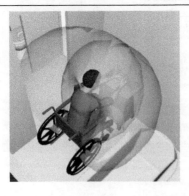	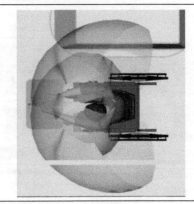
扩展操作域分析(第5百分位男性乘客)	

续表

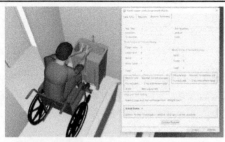 特殊人员使用洗手台 RULA 快速上肢评估 （第 5 百分位男性乘客）	此时乘客在轮椅上使用洗手台，乘客当前姿势的 RULA 评分值为 3，即姿势风险水平较低的 Ⅱ 级。说明当前姿势基本合理，但对于残疾乘客而言，该姿势并不在舒适区域内，对于躯干和上肢的负荷较大
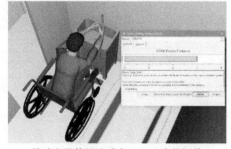 特殊人员使用洗手台 OWAS 姿势评估 （第 5 百分位男性乘客）	此时乘客在轮椅上使用洗手台，乘客当前姿势的 OWAS 评分等级为 Ⅲ 级，即该姿势有不良影响，应尽快纠正
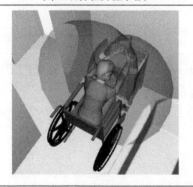 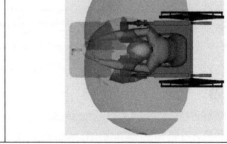	
有效操作域分析（第 5 百分位女性乘客）	
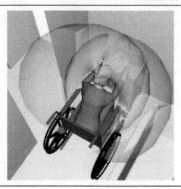 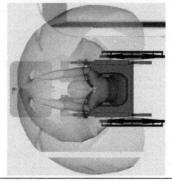	
扩展操作域分析（第 5 百分位女性乘客）	

续表

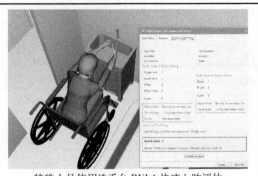 特殊人员使用洗手台 RULA 快速上肢评估 （第 5 百分位女性乘客）	此时乘客坐在轮椅上使用洗手台，乘客当前姿势的 RULA 评分值为 3，即姿势风险水平较低的 II 级。说明当前姿势基本合理，但对于残疾乘客而言，该姿势并不在舒适区域内，对于躯干和上肢的负荷较大
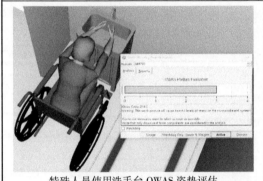 特殊人员使用洗手台 OWAS 姿势评估 （第 5 百分位女性乘客）	此时乘客坐在轮椅上使用洗手台，乘客当前姿势的 OWAS 评分等级为 III 级，即该姿势有不良影响，应尽快纠正

通过第 5 百分位乘客对洗手台开展仿真分析可知，乘客为了使用洗手台身体需要明显前倾，此时作业姿势风险较高。因此为特殊人员设计的洗手台，应取消洗手台下方的储物柜，为使用轮椅的乘客预留足够的容膝空间，便于特殊人员的操作与使用。

5. 小结

针对邮轮居住舱室典型区域，开展包括可达性、可视性、作业姿势、作业空间等维度的人因工程仿真分析，可以确保设计方案同时考虑人（乘客）、机（系统与设施）、环（居住和使用环境），确保邮轮设计中的人－机－环的协调统一，使邮轮设计更加符合乘客生理特征、心理特点，实现设计与乘客需求的最佳匹配，从而提高乘客在邮轮上的居住和娱乐感受，并确保乘客在邮轮上的人身安全。此外，通过人因工程仿真分析对居住舱室典型区域、典型设施开展人因工程评估，可锁定部分人因工程设计问题，并提出相应的优化建议，为邮轮居住舱室设计提供技术支撑。

参 考 文 献

[1] DE WINTER J C F, HANCOCK P A. Why human factors science is demonstrably necessary: historical and evolutionary foundations[J]. Ergonomics, 2021, 64(9): 1115 - 1131.

[2] 丁立, 柳忠起, 李艳. 人体工效学[M]. 北京: 北京航空航天大学出版社, 2016.

[3] MCFARLAND R A. Human factors in air transport design[M]. New York, NY, US: McGraw - Hill, 1946.

[4] WATTENBARGER B L. Human factors at Bell laboratories[J]. Proceedings of the Human Factors Society Annual Meeting, 1986, 30(5): 459 - 460.

[5] 陈善广, 李志忠, 葛列众, 等. 人因工程研究进展及发展建议[J]. 中国科学基金, 2021, 35(2): 203 - 212.

[6] SHISHKO R, ASTER R. NASA systems engineering handbook[M]. Washington, DC: NASA Special Publication, 1995.

[7] SANDERS M S, MCCORMICK E J. Human factors in engineering and design[M]. Columbus, OH: McGraw - Hill, 1993.

[8] Human factors engineering program review model (NUREG - 0711, Revision 3)[EB/OL]. (2021 - 03 - 09)[2022 - 05 - 28]. https://www.nrc.gov/reading - rm/doc - collections/nuregs/staff/sr0711/index.html.

[9] Human - system interface design review guidelines (NUREG - 0700, Revision 3)[EB/OL]. (2021 - 03 - 24)[2022 - 05 - 28]. https://www.nrc.gov/reading - rm/doc - collections/nuregs/staff/sr0700/r3/index.html.

[10] SENDERS W, SELLEN A. Remembering John W. senders, pioneer of human - factors engineering[EB/OL]. (2019 - 04 - 30)[2022 - 06 - 15]. https://spectrum.ieee.org/remembering - john - w - senders - pioneer - of - humanfactors - engineering.

[11] JOHN W. SENDERS (1920—2019)[EB/OL]. (2019 - 02 - 12)[2022 - 06 - 15]. http://www.johnwsenders.net/.

[12] SENDERS J W, KRISTOFFERSON A B, LEVISON W H, et al. The attentional demand of automobile driving[J]. Highway Research Record, 1967, 195: 15 - 33.

[13] ISO. ISO 16673:2017 Road vehicles - Ergonomic aspects of transport information and control systems - Occlusion method to assess visual demand due to the use of in - vehicle systems[S]. 2017.

[14] READ G J M, SHORROCK S, WALKER G H, et al. State of science: evolving perspectives on 'human error'[J]. Ergonomics, 2021, 64(9): 1091 - 1114.

[15] YOUNG M S, BROOKUIS K A, WICKENS C D, et al. State of science: mental workload in ergonomics[J]. Ergonomics, 2015, 58(1): 1 - 17.

[16] STANTON N A, SALMON P M, WALKER G H, et al. State - of - science: situation awareness in individuals, teams and systems.[J]. Ergonomics, 2017, 60(4).

[17] WOOD B, REA M S, PLITNICK B, et al. Light level and duration of exposure determine the impact of self - luminous tablets on melatonin suppression[J]. Applied ergonomics, 2013, 44(2): 237 - 240.

[18] MARANGUNIC N, GRANIC A. Technology acceptance model: a literature review from 1986 to 2013[J]. Universal access in the information society, 2015, 14(1): 81 - 95.

[19] LEWIS J R. The system usability scale: past, present, and future[J]. International journal of human - computer interaction, 2018, 34(7): 577 - 590.

[20] ELLIS D A, DAVIDSON B I, SHAW H, et al. Do smartphone usage scales predict behavior? [J]. International Journal of

Human – Computer Studies,2019,130:86 – 92.

[21] SHIN D. The effects of explainability and causability on perception, trust, and acceptance: Implications for explainable AI [J]. International Journal of Human – Computer Studies,2021,146:102551.

[22] HOFF K A,BASHIR M. Trust in automation:integrating empirical evidence on factors that influence trust[J]. Human Factors,2015,57(3):407 – 434.

[23] HANCOCK P A,BILLINGS D R,SCHAEFER K E,et al. A meta – analysis of factors affecting trust in human – robot interaction[J]. Human Factors,2011,53(5):517 – 527.

[24] IJAZ K,AHMADPOUR N,WANG Y F,et al. Player experience of needs satisfaction(PENS)in an immersive virtual reality exercise platform describes motivation and enjoyment[J]. International Journal of Human – Computer Interaction,2020,36(13):1195 – 1204.

[25] SEABORN K,FELS D I. Gamification in theory and action:A survey[J]. International Journal of Human – Computer Studies,2015,74:14 – 31.

[26] CHOI J K,JI Y G. Investigating the importance of trust on adopting an autonomous Vehicle[J]. International Journal of Human – Computer Interaction,2015,31(10):692 – 702.

[27] SHAHRIYARI M,AFSHARI D,Latifi S M. Physical workload and musculoskeletal disorders in back,shoulders and neck among welders[J]. International Journal of Occupational Safety and Ergonomics,2020,26(4):639 – 645.

[28] DUTTA T. Evaluation of the Kinect(TM)sensor for 3 – D kinematic measurement in the workplace[J]. Applied Ergonomics,2012,43(4):645 – 649.

[29] DE LOOZE M P,BOSCH T,KRAUSE F,et al. Exoskeletons for industrial application and their potential effects on physical work load[J]. Ergonomics,2016,59(5):671 – 681.

[30] 郭伏,胡名彩,李明明. 文献共被引视角下的国际人因工程研究热点分析[J]. 工业工程与管理,2018,23(3):1 – 8.

[31] ERIKSSON A,STANTON N A. Takeover time in highly automated vehicles:noncritical transitions to and from manual control [J]. Human Factors,2017,59(4):689 – 705.

[32] KEEBLER J R,SALAS E,ROSEN M A,et al. Preface:special issue on human factors in healthcare[J]. Human Factors,2022,64(1):5.

[33] HIGNETT S,CARAYON P,Buckle P,et al. State of science:human factors and ergonomics in healthcare[J]. Ergonomics,2013,56(10):1491 – 1503.

[34] CARAYON P,WETTERNECK T B,RIVERA – RODRIGUEZ A J,et al. Human factors systems approach to healthcare quality and patient safety[J]. Applied Ergonomics,2014,45(1):14 – 25.

[35] AUSTIN E,BLAKELY B,SALMON P,et al. Identifying constraints on everyday clinical practice:applying work domain Analysis to emergency department Care[J]. Human Factors,2022,64(1):74 – 98.

[36] CATCHPOLE K,PRIVETTE A,ROBERTS L,et al. A smartphone application for teamwork and communication in trauma: pilot evaluation "in the wild"[J]. Human Factors,2022,64(1):143 – 158.

[37] LI J D,MA Q,CHAN A H S,et al. Health monitoring through wearable technologies for older adults:Smart wearables acceptance model[J]. Applied Ergonomics,2019,75:162 – 169.

[38] HARGITTAI E,PIPER A M,MORRIS M R. From internet access to internet skills:digital inequality among older adults [J]. Universal Access in the Information Society,2019,18(4):881 – 890.

[39] HASLAM R. Ergonomics at 60:mature,thriving and still leading the way[J]. Ergonomics,2017,60(1):1 – 5.

[40] Human systems integration – DCTO(MC)[EB/OL]. [2022 – 06 – 14]. https://ac.cto.mil/hsi/.

[41] The United States Army | Human Systems Integration Program | Home[EB/OL]. [2022 – 05 – 29]. https://www.armyg1.army.mil/hsi/index.html.

[42] SAGE A P,ROUSE W B. Handbook of systems engineering and management[M]. John Wiley & Sons,2014.

[43] What Is Ergonomics(HFE)？| The international ergonomics association is a global federation of human factors/ergonomics societies,registered as a nonprofit organization in Geneva,Switzerland.[EB/OL].[2022.07.01]. https://iea.cc/what-is-ergonomics/.

[44] ISO.9241-11 Ergonomics of human-system interaction Part//:Usability:Definitions and concepts[S].2018.

[45] 钱学森.系统科学、思维科学与人体科学[J].自然科学,1981(1):3-9.

[46] What Is Ergonomics(HFE)？[EB/OL].[2022-05-29]. https://iea.cc/what-is-ergonomics/.

[47] CD 威肯斯,JD 李.,刘乙力,等.人因工程学导论[M].2版.张凯等,译.上海:华东师范大学出版社,2007.

[48] 曾鹏,何中文,张小凡,等.蓝军舰艇指控系统人因工程设计[J].现代防御技术,2018,46(4):45-52.

[49] BUSH P M.工效学基本原理、应用及技术[M].陈善广,周前祥,柳忠起,等译.北京:国防工业出版社,2016.

[50] GOGGINS R W,SPIEIHOLZ P,NOTHSTEIN G. Estimating the effectiveness of ergonomics interventions through case studies:Implications for predictive cost-benefit analysis [J]. Journal of Safety Research,2007,39(3):339-344.

[51] STANTON N A,SALMON P M,Rafferty A A,et al. 人因工程学研究方法:工程与设计实用指南[M].罗晓利,陈德贤,陈勇刚,译.重庆:西南师范大学出版社,2017.

[52] 葛列众,等.工程心理学[M].上海:华东师范大学出版社,2017.

[53] SANDERS M S,MCCORMICK E J. 工程和设计中的人因学[M].7版.于瑞峰,卢岚,译.北京:清华大学出版社,2009.

[54] DOD USA. DoD Architecture Framework version2.02 change1[R].u.s.DoD,2010.

[55] BRUSEBERG A. Human Views for MODAF as a Bridge Between Human Factors Integration and Systems Engineering[J]. Journal of Cognitive Engineering and Decision Making,2008,2(3):220-248.

[56] HANDLEY H A H,SMILLIE R J. Human view dynamics the NATO approach[J]. Systems Engineering,2010,13(1):72-79.

[57] HAUSE M,WILSON M,Integrated human factors views in the unified architecture framework[J]. INCOSE International Symposium,2017,27(1):1054-1069.

[58] ORELLANA D W,MADNI A M. Human system integration ontology:enhancing model based systems engineering to evaluate human-system performance[J]. Procedia Computer Science,2014,28:19-25.

[59] STANTON N A.,BABER C,HARRIS D. 指挥与控制建模:系统协作事件分析[M].夏惠诚,毛建舟,朱小平,译.北京:电子工业出版社,2014.

[60] STANTON N A,ROBERTS A P J,FAY D T. Up periscope:understanding submarine command and control teamwork during a simulated return to periscope depth[J]. Cognition,Technology & Work,2017,19(2/3):399-417.

[61] AARON P J R,NEVILLE A S,DANIELT F. Go deeper,go deeper:understanding submarine command and control during the completion of dived tracking operations[J]. Applied Ergonomics,2018,69.

[62] HOUGHTON R J,BABER C,MCMASTER R,et al. Command and control in emergency services operations:a social network analysis[J]. Ergonomics,2006,49(12/13):1204-1225.

[63] STANTON N,WALKER G H,SALMON P M. Distributed situation awareness[M]. Hampshire,UK:Ashgate Publishing Limited,2009.

[64] SALMONP M,READ G J M,WALKER G H,et al. STAMP goes EAST:Integrating systems ergonomics methods for the analysis of railway level crossing safety management[J]. Safety Science,2018,110:31-46.

[65] BANKS V A,STANTON N A,BURNETT G,et al. Distributed cognition on the road:using EAST to explore future road transportation systems[J]. Applied Ergonomics,2018,68:258-266.

[66] STANTON N A,ROBERTS A. Better together？Investigating new control room configurations and reduced crew size in submarine command and control[J]. Ergonomics,2020,63(3):307-323.

[67] ROBERTS A P J,STANTON N A,FAY D T,et al. The effects of team co-location and reduced crewing on team communi-

cation characteristics[J]. Applied ergonomics,2019,81:102875.

[68] STANTON N A,ROBERTS A P J,POPE K A,et al. The quest for the ring:a case study of a new submarine control room configuration[J]. Ergonomics,2022,65(3):384-406.

[69] 刘玉婷. 生命伦理学视域下基因编辑技术伦理问题研究——以2018年"基因编辑婴儿事件"为中心[D]. 上海师范大学伦理学,2021.

[70] 中华人民共和国国家质量监督检验检疫总局,中国国家标准化管理委员会. GB/T 7727.1-2008 船舶通用术语 第1部分:综合[S].2008.

[71] 本刊编辑部."东方之星"号客轮翻沉事件原因调查及防范整改措施[J]. 中国应急管理,2015(12):52-60.

[72] SALMONP M,READ G J M,WALKER G H,et al. Methodological issues in systems human factors and ergonomics:perspectives on the research-practice gap,reliability and validity,and prediction[J]. Human factors and ergonomics in manufacturing & service industries,2022,32(1):6-19.

[73] LIAO Z,ZHANG C,ZHANG Y Q,et al. The effect of long time simulated voyage on sailors' athletic ability[C]//Rau P L. HCII 2020. Cham:Springer International Publishing,2020:463-473.

[74] 魏闻晓,苏明,李昊. 美海军系列撞船事故背后的原因分析中国船舶工业综合技术经济研究院副院长廖镇访谈[J]. 舰船知识,2017.

[75] LIAO Z,LIU,LI Z,et al. A model-based analysis of the complexity of collaborative command-and-control system[C],2022. SPIE,2022.

[76] 郑冬英. 复杂任务环境下的人机交互信息网络拓扑结构研究[D]. 南京:东南大学,2019.

[77] 王飞跃. 指控5.0平行时代的智能指挥与控制体系[J]. 指挥与控制学报,2015,1(1):107-120.

[78] PLANT K L,STANTON N A. Distributed cognition in search and rescue:loosely coupled tasks and tightly coupled roles[J]. Ergonomics,2016,59(10):1353-1376.

[79] 廖镇. 基于网络复杂度的指挥控制系统人因分析方法研究[D]. 北京:清华大学,2023.

[80] 中国船舶集团有限公司. 非凡十年·船海产业创新篇|服务国家战略开新局 聚焦主责实业展新姿[EB/OL]. http://www.cssc.net.cn/n135/n171/n177/c26197/content.html.

[81] FREDERICK,ENDSLEY. The national academies board on human-systems integration(BOHSI) Panel:human-AI teaming:research frontiers:2022 HFES 66th international annual meeting[C],2022.

[82] 廖镇,王鑫,刘双. 人因工程在指挥控制信息系统中的应用研究:第五届中国指挥控制大会[C],中国北京,2017.

[83] 彭聃龄. 普通心理学[M]. 北京:北京师范大学出版社,2012.

[84] 王瑞元,苏全生. 运动生理学[M]. 北京:人民体育出版社,2012.

[85] 王慧玲,樊勇军,吴亚明,等. 远洋航行对船员肺功能的影响[J]. 解放军预防医学杂志,2001,19(1):17-18.

[86] 王慧玲,孙兵,尹耀兴,等. 远洋航行对船员血液系统影响的探讨[J]. 医学理论与实践,2006,19(7):859.

[87] 盛进路,赵晓玲,王新华,等. 远洋船员的机体功能状态与适航性研究[J]. 中国安全科学学报,2008,18(1):67-71.

[88] 唐鑫,何新斌,汪俊谷,等. 远航对船员机体微量元素及免疫系统的影响[J]. 西北国防医学杂志,2017,38(4):224-227.

[89] 王广兰,汪学红. 体育保健学[M]. 武汉:华中科技大学出版社,2015.

[90] 王庭槐,等. 生理学[M]. 北京:人民卫生出版社,2015.

[91] 朱智贤. 儿童心理学[M]. 北京:人民教育出版社,1993.

[92] 中华人民共和国国家卫生和计划生育委员会.0岁~5岁儿童睡眠卫生指南:WS/T 579—2017[S].2017.

[93] ALHOLA P,POLO-KANTOLA P. Sleep deprivation:Impact on cognitive performance[J]. Neuropsychiatric Disease and Treatment,2007,3(5):553-567.

[94] 胡爱霞,李彩霞,吴宣树. 长期远洋航行官兵睡眠质量调查与分析[J]. 人民军医,2013,56(2):142-143.

[95] LIANG J,WANG X,ZHANG L,et al. The effect of a long simulated voyage on sailors' alertness[M]//Rau P L. HCII 2022. Cham:Springer International Publishing,2020:454-462.

[96] 韩晨霞,李峰,马捷,等. 长航人员心理疲劳与GABA机制相关性探讨[J]. 现代生物医学进展,2016,16(2):397-400.

[97] 丁伟,汪伟,杨辉,等. 某舰船舰员长航时疲劳状况调查及原因分析[J]. 海军医学杂志,2015,36(1):10-12.

[98] 冼励坚. 生物节律与时间医学[M]. 郑州大学出版社,2003.

[99] 钱铭怡. 变态心理学[M]. 北京:北京大学出版社,2006.

[100] 乐秀鸿,陈国根,王德才,等. 新型常规潜艇长航60昼夜对艇员体能耐力及心理工效的影响[J]. 解放军预防医学杂志,1999,17(4):246-250.

[101] WEYBREW B B. The Abc's of stress:a submarine psychologist's perspective[M]. Westport:Praeger,1992.

[102] 王慧玲,杨烨,尹耀兴,等. 远洋航行对健康船员心理卫生的影响[J]. 医学理论与实践,2005,18(10):1151-1152.

[103] 傅小兰. 情绪心理学[M]. 上海:华东师范大学出版社,2016.

[104] 王甦,汪安圣. 认知心理学[M]. 北京:北京大学出版社,1992.

[105] 布里奇特·罗宾逊-瑞格勒,格雷戈里·罗宾逊-瑞格勒. 认知心理学[M]. 凌春秀,译. 北京:人民邮电出版社,2020.

[106] 杨仲利,刘小兵,林汉,等. 长时间持续护航作业对官兵认知功能的影响[J]. 华南国防医学杂志,2014,28(01):46-47.

[107] BADDELEY A D,HITCH G. Working memory[M]. New York:Academic Press,1974.

[108] OBERAUER K. Access to information in working memory:exploring the focus of attention[J]. J Exp Psychol Learn Mem Cogn,2002,28(3):411-421.

[109] 李政汉,杨国春,南威治,等. 冲突解决过程中认知控制的注意调节机制[J]. 心理科学进展,2018,26(6):966-974.

[110] ROBERT L S,MACLIN O H,MACLIN H K. 认知心理学[M]. 邵志芳,李林,徐媛,等译. 上海:上海人民出版社,2018.

[111] 王璐璐,李永娟. 心理疲劳与任务框架对风险决策的影响[J]. 心理科学进展,2012,20(10):1546-1550.

[112] ZHENG Y,LIU X. Blunted neural responses to monetary risk in high sensation seekers[J]. Neuropsychologia,2015,71:173-180.

[113] 李鹏程,王以群,张力. 人误模式与原因因素分析[J]. 工业工程与管理,2006,11(1):94-99.

[114] COMMISSION T A I. Maritime Accidents 1998-1999[R]. Wellington:Maritime Safety Authority of New Zealand,2000.

[115] 刘正江. 船舶避碰过程中的人的可靠性分析[D]. 大连:大连海事大学,2004.

[116] BI S S X,SALVENDY G. Analytical modeling and experimental study of human workload in scheduling of advanced manufacturing systems[J]. The International journal of human factors in manufacturing,1994,4(2):205-234.

[117] HART S G,STAVELAND L E. Development of NASA-TLX(Task Load Index):results of empirical and theoretical research[J]. Advances in psychology,1988,52:139-183.

[118] HUEY B M,Wickens C D. Workload transition:implications for individual and team performance[G]. Washington,DC:National Academy Press,1993.

[119] 陈珂锦. 数字化工业系统中诊断任务绩效影响因素研究[D]. 北京:清华大学,2015.

[120] 吴筱君. 数字化主控室告警系统设计及其对操纵员绩效的影响[D]. 北京:清华大学,2015.

[121] STANTON N,HEDGE A,BROOKHUIS K,et al. Handbook of human factors and ergonomics methods[M]. Boca Raton,FL:CRC Press,2005.

[122] CAIN B. A review of the mental workload literature[R]. Defence Research and Developmeng Canada Toronto,2007.

[123] HANSSON G K,BALOGH I,OHLSSON K,et al. Physical workload in various types of work:Part I. Wrist and forearm[J]. International Journal of Industrial Ergonomics,2009,39(1):221-233.

[124] HANSSON G K,BALOGH I,OHLSSON K,et al. Physical workload in various types of work:Part II. Neck,shoulder and upper arm[J]. International Journal of Industrial Ergonomics,2010,40(3):267-281.

[125] BOWERS C A,BRAUN C C,Morgan Jr B B. Team workload:Its meaning and measurement[M]. Mahwah, NJ, US:Lawrence Erlbaum Associates Publishers,1997:85-108.

[126] 田小川. 航空母舰的"衣食住行"[M]. 北京:海潮出版社,2012.

[127] 金瑜. 心理测量[M]. 上海:华东师范大学出版社,2005.

[128] 苗丹民,肖玮,刘旭峰,等. 军人心理选拔[M]. 北京:人民军医出版社,2014.

[129] AIKEN R L. 心理测量与评估[M]. 张厚粲,黎坚,译. 北京:北京师范大学出版社,2006.

[130] RUSSELL D W. UCLA Loneliness Scale(Version 3):reliability,validity,and factor structure[J]. Journal of personality assessment,1996,66(1):20-40.

[131] 张明园,何燕玲. 精神科评定量表手册[M]. 长沙:湖南科学技术出版社,2015.

[132] HAFF G G,DUMKE C. 运动生理学实验及体能测试指导手册[M]. 赵芮,译. 2版. 北京:人民邮电出版社,2021.

[133] Buysse D J,Reynolds C F,Monk T H,et al. The pittsburgh sleep quality index:a new instrument for psychiatric practice and research[J]. Psychiatry Research,1989,28(2):193-213.

[134] 郑棒,李曼,王凯路,等. 匹兹堡睡眠质量指数在某高校医学生中的信度与效度评价[J]. 北京大学学报(医学版),2016,48(03):424-428.

[135] 路桃影,李艳,夏萍,等. 匹兹堡睡眠质量指数的信度及效度分析[J]. 重庆医学,2014,43(3):260-263.

[136] 潘玲. 匹兹堡睡眠质量指数在军人中应用的信效度研究[J]. 中国疗养医学,2017,26(12):1235-1237.

[137] 朱莹莹,马晓晴,唐卓仪,等. 不同睡眠时型对心理行为活动的影响及其作用机制[J]. 心理技术与应用,2021,9(10):629-640.

[138] 陈永进,黄惠珍,支愧云,等. 睡眠时型与抑郁的关系及其机制[J]. 心理科学进展,2020,28(10):1713-1722.

[139] 谢铠杰,刘君,刘骏发,等. 作业疲劳的生理测量方法研究综述[J]. 人类工效学,2020,26(2):76-80.

[140] 彭军强,吴平东,殷罡. 疲劳驾驶的脑电特性探索[J]. 北京理工大学学报,2007,27(7):585-589.

[141] 韩明秀,王盛,王煜文,等. 基于EEG的飞行员脑力疲劳评估研究进展[J]. 载人航天,2021,27(5):639-645.

[142] 田野,何陆宁,刘天娇,等. 趣味性听觉材料对驾驶疲劳的作用:来自EEG的证据[J]. 心理与行为研究,2020,18(4):474-481.

[143] 吴绍斌,高利,王刘安. 基于脑电信号的驾驶疲劳检测研究[J]. 北京理工大学学报,2009,29(12):1072-1075.

[144] 王睿. 递增负荷运动中肌电、肌氧和主观体力感觉的动态变化研究[D]. 北京:首都体育学院,2020.

[145] 董毅. 生物节律与运动[J]. 中国体育科技,2019,55(4):22-30.

[146] 董晓. 生物节律紊乱对大脑警觉度影响的研究[D]. 天津:天津大学,2020.

[147] 王振,王渊,吴志国,等. 应激感受量表中文版的信度与效度[J]. 上海交通大学学报(医学版),2015,35(10):1448-1451.

[148] 肖计划,许秀峰. "应付方式问卷"效度与信度研究[J]. 中国心理卫生杂志,19961,10(4):164-168.

[149] 黄丽,杨廷忠,季忠民. 正性负性情绪量表的中国人群适用性研究[J]. 中国心理卫生杂志,2003,17(1):54-56.

[150] GROSS J J,JOHN O P. Individual differences in two emotion regulation processes:implications for affect,relationships,and well-being[J]. Journal of personality and social psychology,2003,85(2):348-362.

[151] 王力,陆一萍,李中权. 情绪调节量表在青少年人群中的试用[J]. 中国临床心理学杂志,2007,15(3):236-238.

[152] 赵鑫,张冰人,张鹏,等. 斯坦福情绪调节量表在我国中学生中的信、效度检验[J]. 中国临床心理学杂志,2015,23(1):22-25.

[153] 赵鑫,周仁来. 情绪调节测量:工具、应用及问题[J]. 西北师范大学报(社会科学版),2014,51(5):119-123.

[154] GARNEFSKI N,KRAAIJ V,SPINHOVEN P. Negative life events,cognitive emotion regulation and emotional problems[J]. Personality and Individual Differences,2001,30(8):1311-1327.

[155] 魏义梅,刘永贤. 认知情绪调节量表在大学生中的初步信效度检验[J]. 中国心理卫生杂志,2008,22(4):281-283.

[156] 董光恒,朱艳新,杨丽珠. 认知情绪调节问卷中文版的应用[J]. 中国健康心理学杂志,2008,16(4):456-458.

[157] 朱熊兆,罗伏生,姚树桥,等. 认知情绪调节问卷中文版(CERQ-C)的信效度研究[J]. 中国临床心理学杂志,2007,15(2):121-124.

[158] FAN J,MCCANDLISS B D,SOMMER T,et al. Testing the efficiency and independence of attentional networks.[J]. Journal of cognitive neuroscience,2002,14(3):304-307.

[159] FAN J,GU X S,GUISE K G. et al. Testing the behavioral interaction and integration of attentional networks[J]. Brain and Cognition,2009,70(2):209-220.

[160] LEJUEZ C W,READ J P,KAHLER C W,et al. Evaluation of a behavioral measure of risk taking:the Balloon Analogue Risk Task(BART)[J]. Journal of experimental psychology. Applied,2002,8(2):75-84.

[161] 肖玮. 军事人员心理选拔研究的不足与展望——军人选拔研究获得"国家一等奖"后的思考[J]. 医学争鸣,2011,2(1):7-10.

[162] 何连源,邹彤,胡海燕. 某部潜艇艇员心肺耐力调查[J]. 解放军医院管理杂志,2018,25(7):699-700.

[163] 王焕林,孙剑,余海鹰,等. 我国军人症状自评量表常模的建立及其结果分析[J]. 中华精神科杂志,1999(1):38.

[164] 王强,许毅,王波,等. 16PF在潜艇人员性格分析中的应用[J]. 中华航海医学与高气压医学杂志,2001(3):180-182.

[165] 王强,许毅,施步程,等. 明尼苏达多相个性测查表在潜艇艇员选拔及性格分析中的应用[J]. 中华航海医学杂志,2000,7(2):124-127.

[166] 杨国愉,张大均,冯正直,等. 卡特尔16种人格因素问卷中国军人常模的建立[J]. 第四军医大学学报,2007,28(8):750-753.

[167] 裴伦理,李想. 美国海军陆战队对军事/体能考核标准进行全面修订[J]. 现代军事,2017(01):88-89.

[168] Psychological screening of submariners[EB/OL].[2022.11.1]. https://docplayer.net/10126994-Psychological-screening-of-submariners.html.

[169] EGGLESTON R G,KULWICKI P V. A technology forecasting and assessment method for evauliting system utility and operator workload[J]. Proceedings of the Human Factors Society Annual Meeting,1984,28(1):31-35.

[170] WIERWILLE W W,CASALI J G. A validated rating scale for global mental workload measurement applications[J]. Proceedings of the Human Factors Society Annual Meeting,1983,27(2):129-133.

[171] CASALI J G,WIERWILLE W W. A comparison of rating scale,secondary-task,physiological,and primary-task workload estimation techniques in a simulated flight task emphasizing communications load[J]. Human Factors,1983,25(6):623-641.

[172] WIERWILLE W W,RAHIMI M,CASALI J G. Evaluation of 16 Measures of Mental Workload using a Simulated Flight Task Emphasizing Mediational Activity[J]. Human Factors,1985,27(5):489-502.

[173] WEI Z M,ZHUANG D M,WANYAN X R,et al. A model for discrimination and prediction of mental workload of aircraft cockpit display interface[J]. Chinese Journal of Aeronautics,2014,27(5):1070-1077.

[174] YAN S Y,TRAN C C,CHEN Y,et al. Effect of user interface layout on the operators' mental workload in emergency operating procedures in nuclear power plants[J]. Nuclear Engineering and Design,2017,322:266-276.

[175] GAO Q,WANG Y,SONG F,et al. Mental workload measurement for emergency operating procedures in digital nuclear power plants[J]. Ergonomics,2013,56(7):1070-1085.

[176] HWANG S L,YAU Y J,LIN Y T,et al. Predicting work performance in nuclear power plants[J]. Safety Science,2008,46

(7):1115-1124.

[177] WALTER C,ROSENSTIEL W,BOGDAN M,et al. Online EEG – based workload adaptation of an arithmetic learning environment[J]. Frontiers in Human Neuroscience,2017,11.

[178] BORGHETTI B J,GIAMETTA J J,RUSNOCK C F. Assessing continuous operator workload with a hybrid scaffolded Neuro-ergonomic Modeling Approach[J]. Human factors,2017,59(1):134-146.

[179] ISMAIL D K B,GRIVARD O. A model – driven approach to the a priori estimation of operator workload[C]//2015 IEEE International Multi – Disciplinary Conference on Cognitive Methods in Situation Awareness and Decision,Orlando,FL,USA,2015:1-7.

[180] AZADEH A,SABERI M,ROUZBAHMAN M,et al. A neuro – fuzzy algorithm for assessment of health,safety,environment and ergonomics in a large petrochemical plant [J]. Journal of Loss Prevention in the Process Industries,2015,34:100-114.

[181] PRETORIUS A. A systems approach to the assessment of mental workload in a safety – critical environment[M]//WILSON J R,MILLS A,CLARKE T,et al. Rail human factors around the world:impacts on and of people for successful rail operations. Boca Raton FL:CRC Press,2012:370-382.

[182] BOWERS C A,URBAN J M,MORGAN B B. The study of crew coordination and performance in hierarchical team decision making[R]. Orlando:Team Performance Laboratory,199278.

[183] FUNKE G J,KNOTT B A,SALAS E,et al. Conceptualization and measurement of team workload:a critical need [J]. Human Factors,2012,54(1):36-51.

[184] WU Y B,MIWA T,UCHIDA M. Using physiological signals to measure operator's mental workload in shipping – an engine room simulator study[J]. Journal of Marine Engineering and Technology,2017,16(2):61-69.

[185] ORLANDI L,BROOKS B. Measuring mental workload and physiological reactions in marine pilots:Building bridges towards redlines of performance[J]. Appl. Ergon. ,2018,69:74-92.

[186] MURAI K,OKAZAKI T,HAYASHI Y,et al. Measurement for mental workload of bridge team on leaving/entering port [C]//PLANS 2004,Monterey,CA,USA. 2004:746-751.

[187] MURAI K,HAYASHI Y,NAGATA N,et al. The mental workload of a ship's navigator using heart rate variability [J]. Interact. Technol. Smart Educ. ,2004,1(2):127-133.

[188] 王正伦,杨磊,丁嘉顺. 心率变异性在脑力负荷评价中的应用[J]. 中华劳动卫生职业病杂志,2005,23(3):182-184.

[189] 李鹏杰,姚志,王萌,等. 心率变异性在手控交会对接操作脑力负荷评价中的应用[J]. 人类工效学,2013,19(3):1-5,11.

[190] MARQUART G,CABRALL C,DE WINTER J. Review of eye – related measures of drivers' mental workload[J]. Procedia Manufacturing,2015,3:2854-2861.

[191] NIEZGODA M,TARNOWSKI A,KRUSZEWSKI M,et al. Towards testing auditory – vocal interfaces and detecting distraction while driving:A comparison of eye – movement measures in the assessment of cognitive workload[J]. Transportation Research Part F:Traffic Psychology and Behaviour,2015,32:23-34.

[192] AHLSTROM U,FRIEDMAN – BERG F J. Using eye movement activity as a correlate of cognitive workload [J]. International Journal of Industrial Ergonomics,2006,36(7):623-636.

[193] DE GREEF T,LAFEBER H,VAN OOSTENDORP H,et al. Eye movement as indicators of mental workload to trigger adaptive automation[C]//FAC 2009,San Diego,CA,USA. 2009:219-228.

[194] KLINGNER J,KUMAR R,HANRAHAN P. Measuring the task – evoked pupillary response with a remote eye tracker [C]//Proceedings of the 2008 symposium on Eye tracking research & applications,Savannah,Georgia:Association for Computing Machinery,2008:69-72.

[195] CASTOR M, HANSON E, SVENSSON E, et al. GARTEUR handbook of mental workload measurement[R]. Group for Aeronautical Research and Technology in EURope(GARTEUR),2003.

[196] 石玉生,黄伟芬,田志强. 团队情景意识的概念、模型及测量方法[J]. 航天医学与医学工程,2017,30(6):463-468.

[197] 耿欢,王言伟,冯悦,等. 情景意识测量方法综述[J]. 飞机设计,2020,40(4):30-34.

[198] SALMON P M, STANTON N A, WALKER G H, et al. What really is going on? Review of situation awareness models for individuals and teams[J]. Theoretical Issues in Ergonomics Science,2008,9(4):297-323.

[199] ARTMAN H. Team situation assessment and information distribution[J]. Ergonomics,2000,43(8):1111-1128.

[200] KABER D B, ENDSLEY M R. Team situation awareness for process control safety and performance[J]. Process Safety Progress,1998,17(1):43-48.

[201] JONSSON K, BRULIN C, HÄRGESTAM M, et al. Do team and task performance improve after training situation awareness? A randomized controlled study of interprofessional intensive care teams[J]. Scandinavian Journal of Trauma, Resuscitation and Emergency Medicine,2021,29(1):73.

[202] MANSIKKA H, VIRTANEN K, UGGELDAHL V, et al. Team situation awareness accuracy measurement technique for simulated air combat - Curvilinear relationship between awareness and performance.[J]. Applied ergonomics,2021,96:103473.

[203] ENDSLEY M R, GARLAND D J. Situation awareness analysis and measurement[M]. Mahwah,NJ:Erlbaum,2000.

[204] MIN Y, WANYAN X, LIU S, et al. Quantitative analysis of team communication for maritime collaborative task performance improvement[J]. International Journal of Industrial Ergonomics,2022,92:103362.

[205] 杨密. 人体三维扫描技术研究[J]. 机电一体化,2011,17(09):45-47.

[206] 徐津. 海军新兵晕船病敏感性自评量表的编制[D]. 上海:第二军医大学,2017.

[207] BYRNE M D, PEW R W. A history and primer of human performance modeling[J]. Reviews of Human Factors and Ergonomics,2009,5(1):225-263.

[208] NEISSER U. Visual search[J]. Scientific American,1964,210(6):94-102.

[209] FISHER D L, COURY B G, TENGS T O, et al. Minimizing the time to search visual displays:the role of highlighting[J]. Human Factors The Journal of the Human Factors and Ergonomics Society,1989,31(2):167-182.

[210] MELLOY B J, DAS S, GRAMOPADHYE A K, et al. A model of extended, semisystematic visual search[J]. Human Factors,2006,48(3):540-554.

[211] FLEETWOOD M D, BYRNE M D. Modeling the visual search of displays:a revised ACT-R model of icon search based on eye-tracking data[J]. Human-Computer Interaction,2006,21(2):153-197.

[212] SENDERS J W. The human operator as a monitor and controller of multidegree of freedom systems[J]. IEEE Transactions on Human Factors in Electronics,1964(1):2-5.

[213] SHERIDAN T B. On how often the supervisor should sample[J]. IEEE Transactions on Systems Science and Cybernetics,1970,6(2):140-145.

[214] WICKENS C D. Multiple resources and mental workload[J]. Human Factors,2008,50(3):449-455.

[215] WICKENS C D, GOH J, Helleburg J, et al. Attentional models of multi-task pilot performance using advanced display technology.[J]. Human Factors,2003(45):360-380.

[216] HICK W E. On the rate of gain of information[J]. Quarterly Journal of Experimental Psychology,1952(4):11-26.

[217] HYMAN R. Stimulus information as a determinant of reaction time[J]. Journal of Experimental Psychology,1953(45):188-196.

[218] FITTS P M. The information capacity of the human motor system in controlling the amplitude of movement[J]. Journal of Experimental Psychology,1954(47):381-391.

[219] ACCOT J,ZHAI S. Beyond Fitts' law:Models for trajectory - based HCI tasks:proceedings of CHI 97[C],New York:Association for Computing Machinery,1997.

[220] ACCOT J,ZHAI S. Performance evaluation of input devices in trajectory - based tasks:An application of the steering law:In Human Factors in Computing Systems:Proceedings of CHI 99[C],New York,1999.

[221] LAUGHERY R,ARCHER S,PLOTT B,et al. Task network modeling and the micro saint family of tools[J]. European Journal of Clinical Microbiology & Infectious Diseases,2000,44(6):721 - 724.

[222] NEWELL A. Unified theories of cognition. [M]. Cambridge,MA:Harvard University Press. ,1990.

[223] HORNOF A J,KIERAS D E. Cognitive modeling reveals menu search is both random and systematic:Human Factors in Computing Systems:Proceedings of CHI 97[C],New York,1997.

[224] WU C,LIU Y. Queuing network modeling of transcription typing[J]. ACM Transactions on Computer - Human Interaction (TOCHI),2008,15(1):1 - 45.

[225] WU C,LIU Y. Queuing network modeling of driver workload and performance[J]. IEEE Transactions on Intelligent Transportation Systems,2007,8(3):528 - 537.

[226] ANDERSON J R. How can the human mind occur in the physical universe? [M]. New York:Oxford University Press,2007.

[227] ANDERSON J R,LEBIERE C J. The atomic components of thought[M]. New York & London:Psychology Press,1998.

[228] SALVUCCI D D. Modeling Driver Behavior in a Cognitive Architecture[J]. Human Factors,2006,48(2):362 - 380.

[229] BYRNE M D. ACT - R/PM and menu selection:applying a cognitive architecture to HCI[J]. International Journal of Human - Computer Studies,2001,55(1):41 - 84.

[230] GLUCK K,BALL J,KRUSMARK M,et al. A Computational process model of basic aircraft maneuvering[C]. Conference on Behavior Representation in Modeling and Simulation,Bamberg,2003:117 - 122. 2003.

[231] BYRNE M D,KIRLIK A. Using Computational Cognitive Modeling to Diagnose Possible Sources of Aviation Error[J]. The International Journal of Aviation Psychology,2005,15(2):135 - 155.

[232] GONZALEZ C,LERCH J F,LEBIERE C. Instance - based learning in dynamic decision making[J]. Cognitive Science,2003,27(4):591 - 635.

[233] TAATGEN N A,HUSS D,DICKISON D,et al. The acquisition of robust and flexible cognitive skills[J]. Journal of Experimental Psychology:General,2008,137(3):548.

[234] PEEBLES D,CHENG P C H. Modeling the Effect of Task and Graphical Representation on Response Latency in a Graph Reading Task[J]. Human Factors,2003,45(1):28 - 46.

[235] FU W,PIROLLI P. SNIF - ACT:A Cognitive Model of User Navigation on the World Wide Web:[Z]. Fort Belvoir,VA:Defense Technical Information Center,2007.

[236] 唐广智,胡裕靖,周新民,等. ACT - R 认知体系结构的理论与应用[J]. 计算机科学与探索,2014,8(010):1206 - 1215.

[237] Lebiere C,Archer R,Warwick W,et al. Integrating modeling and simulation into a general - purpose tool:proceedings of the 11th international conference on human computer interaction[C],Las Vegas,NV,2005.

[238] ANDERSON J R. How can the human mind occur in the physical universe? [M]. ix. New York:Oxford University Press,2007.

[239] 陈为. 精细追踪类作业的认知行为分析及建模研究[D]. 武汉:华中科技大学,2016.

[240] 胡清梅. 轨道交通车站客流承载能力的评估与仿真研究[D]. 北京:北京交通大学,2011.

[241] 李得伟,韩宝明. 行人交通[M]. 北京:人民交通出版社,2011.

[242] CARD S K,MORAN T P,NCWELL A. The psychology of human - computer interaction[M]. Boca Raton,FL:CRC Press,2008.

[243] MCCRACKEN J H, ALDRICH T B. Analyses of selected LHX mission functions: Implications for operator workload and system automation goals[R]. Anacapa Sciences Inc Fort Rucker AL,1984.

[244] 齐二石,焦建新,孙炳. 基于功能需求模式识别的变异式产品需求分析建模方法及其在产品设计中的应用[J]. 系统工程理论与实践,1999,19(3):13-23.

[245] 中华人民共和国国家经济贸易委员会. DL/T 575.2—1999 控制中心人机工程设计导则 第2部分:视野与视区划分[S]. 2000.

[246] 中华人民共和国国家经济贸易委员会. DL/T 575.3—1999 控制中心人机工程设计导则 第3部分:手可及范围与操作区划分[S]. 2000.

[247] 国防科学技术工业委员会. GJB 2873—97 军事装备和设施的人机工程设计准则[S]. 1997.

[248] DOD U. MIL-STD-1472 Department of defense design criteria standard: human engineering[S]. 2020.

[249] 徐泽水. 几类多属性决策方法研究[D]. 南京:东南大学,2003.

[250] LIANG J, WANG X, LI S, et al. Study on cognitive behavior and subjective evaluation index of seafarer's alertness[C]//International Conference on Human-Computer Interaction. Springer, Cham,2022:164-170.

[251] ZHANG C, LI S, ZHANG Y, et al. Study on the sailors' athletic ability change rule of long-time simulated voyage[C]//International Conference on Human-Computer Interaction. Springer, Cham,2022:342-353.

[252] LIANG J, WANG X, ZHANG L, et al. The effect of a long simulated voyage on sailors' alertness[C]//International Conference on Human-Computer Interaction. Springer, Cham,2020:454-462.

[253] YU Y, ZHANG Z, LIANG J, et al. The influence of a long voyage on mental status: an experimental study[C]//International Conference on Human-Computer Interaction. Springer, Cham,2020:530-539.

[254] WANG X, ZHANG L, ZHOU T, et al. Risk-taking propensity during a prolonged voyage at sea: a simulator experiment study[C]//International Conference on Human-Computer Interaction. Springer, Cham,2020:519-529.

[255] FAN Y, LIANG J, CAO X, et al. Effects of noise exposure and mental workload on physiological responses during task execution[J]. International Journal of Environmental Research and Public Health,2022,19(19):1-21.

[256] ZHANG J, PANG L, CAO X, et al. The effects of elevated carbon dioxide concentration and mental workload on task performance in an enclosed environmental chamber[J]. Building and Environment,2020,178:1-11.

[257] WENG Z, WEI L, SONG J, et al. Effect of enclosed lighting environment on work performance and visual perception: 2020 17th China international forum on solid state lighting & 2020 international forum on wide bandgap semiconductors China (SSLChina: IFWS)[C],2020.

[258] GUO J H, MA X H, MA H, et al. Circadian misalignment on submarines and other non-24-h environments-from research to application[J]. Military Medical Research,2020,7(1):1-12.

[259] 刘源,邓野,姚强,等. 中国邮轮游客团组构成与消费特征分析研究[J]. 船舶标准化与质量,2020,1(286):48-53.

[260] Guidelines for evacuation analysis for new and existing passenger ships[S]. London: International Maritime Organization,2007.

[261] 杨琪,王维莉,胡志华. 突发事件下邮轮应急疏散模拟及其验证[J]. 大连海事大学学报,2018,44(2).

[262] ANDO K, OTA H, and OKI T. Forecasting the flow of people[J]. Railway Research Review,1988,45:8-14.

[263] 邓野,刘源,黄天成,等. 中国邮轮游客逃生特性实验研究[J]. 船舶标准化与质量,2020,4(289):45-47,61.

[264] LINDBERG T, NASANEN R, MULLER K. How age affects the speed of perception of computer icons[J]. Displays,2006,27(4):170-177.

[265] GROBELNY J, KARWOWSKI W, DRURY C. Usability of graphical icons in the design of human-computer interfaces[J]. International journal of human-computer interaction,2005,18(2):167-182.

[266] HANCOCK H E, ROGERS W A, Schroeder D, et al. Safety symbol comprehension: effects of symbol type, familiarity, and age[J]. Hum Factors,2004,46(2):183-195.

[267] ZWAGA H J,BOERSEMA T. Evaluation of a set of graphic symbols[J]. Appl Ergon,1983,14(1):43-54.

[268] NG A W Y,CHAN A H S. Visual and cognitive features on icon effectiveness:proceedings of the International MultiConference of Engineers and Computer Scientists[C],Hong Kong,2008.

[269] MCDOUGALLS T V. Searching for signs,symbols and icons:effects of time of day,visual complexity and grouping [J]. Journal of Experimental Psychology:Applied,2006,12(2):118-128.

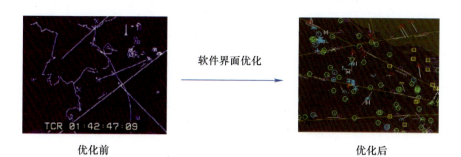

图 1-4 "宙斯盾"软件设计优化对比

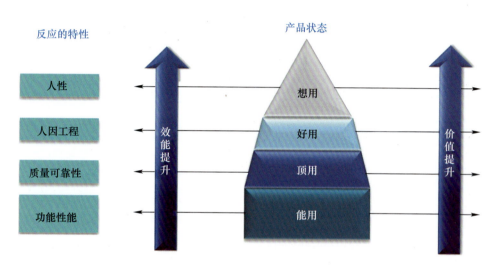

图 2-1 产品状态的"四用"模型

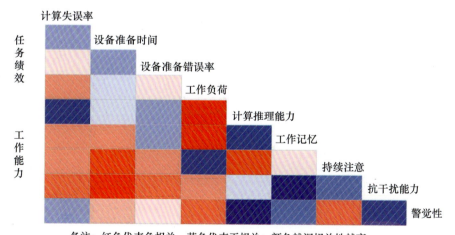

备注：红色代表负相关，蓝色代表正相关；颜色越深相关性越高。

图 3-4 某岗位船员特性与任务绩效相关性

彩1

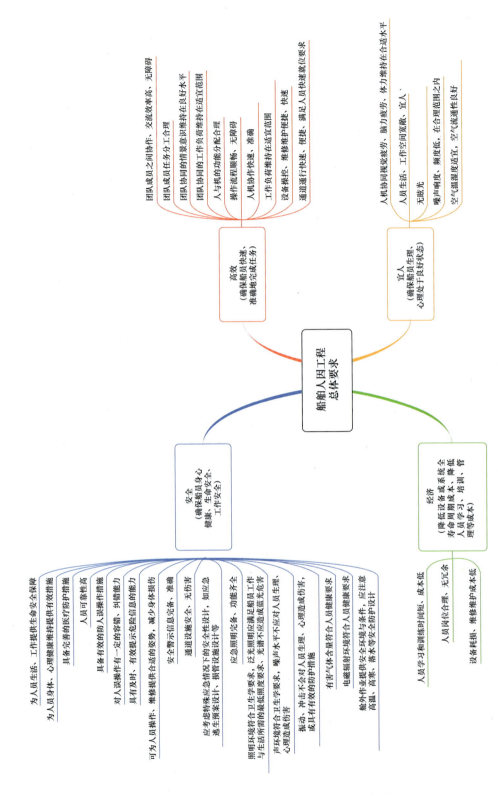

图 5-1 船舶人因工程总体要求

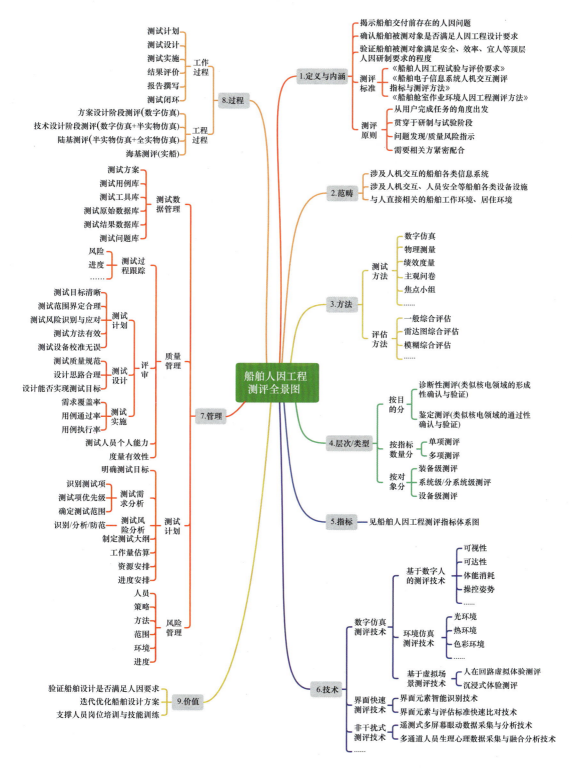

图 6-1 船舶人因工程测评全景图

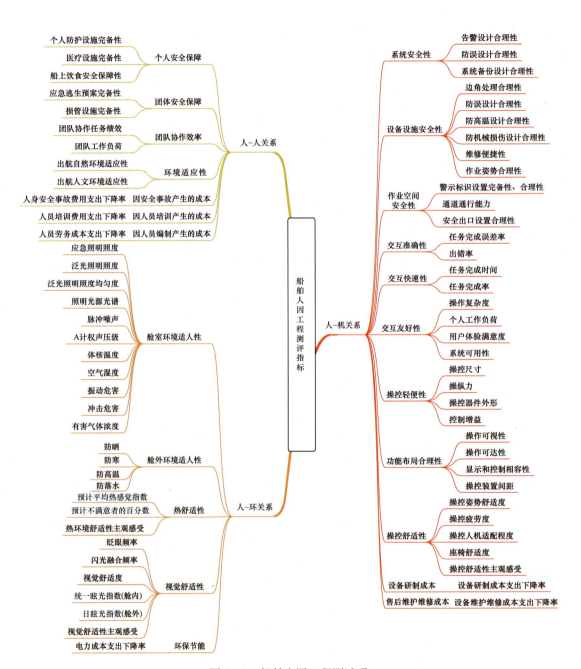

图6-4 船舶人因工程测试项

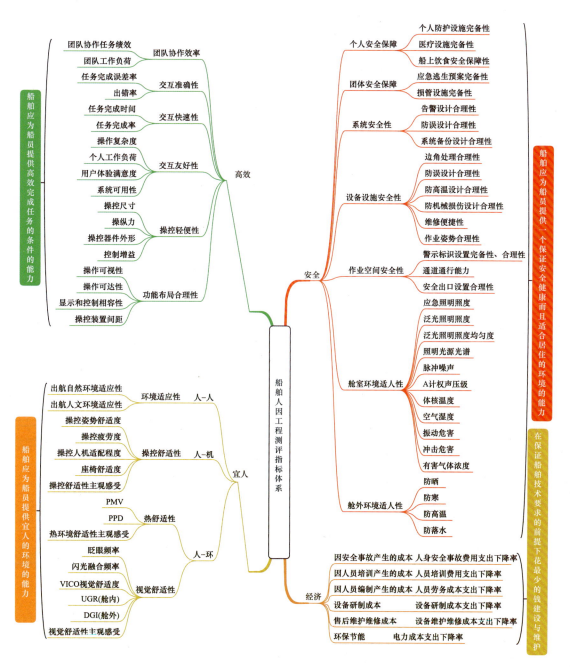

图 6-5 船舶人因工程评估指标体系架构

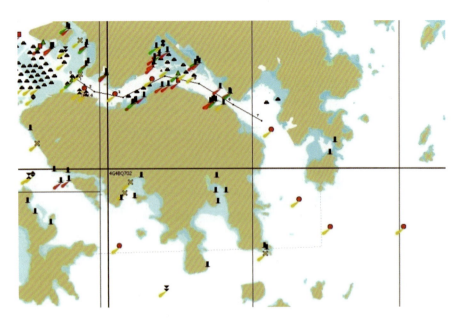

图 6-10 进出港航行任务海域海图

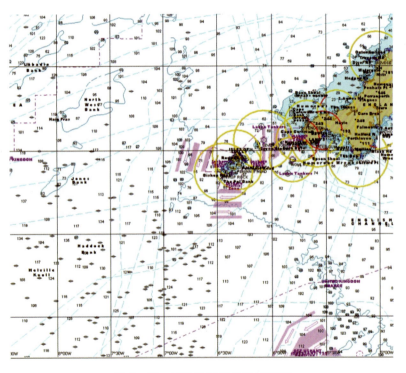

图 6-12 远洋航行任务海域海图

彩 6

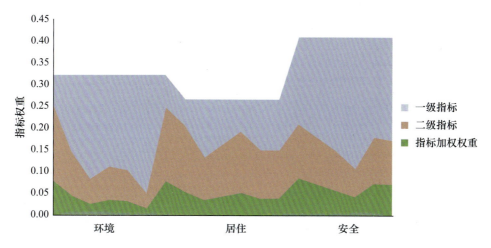

图6-14 舱室适居性评估指标权重分布

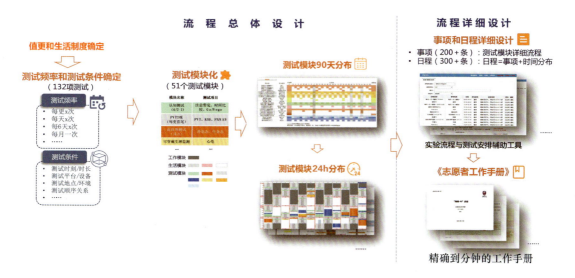

图7-5 实验期模拟船员工作手册编制流程

彩7

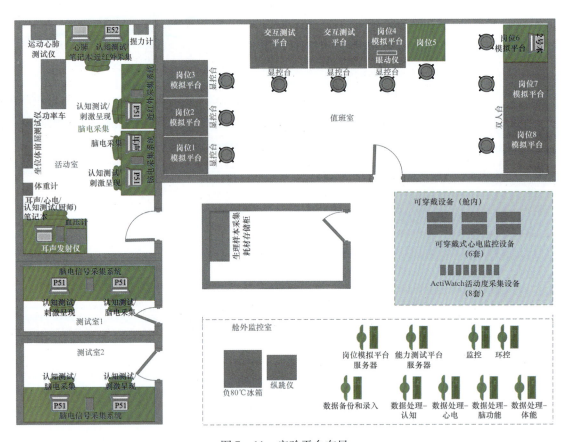

图 7-11 实验平台布局

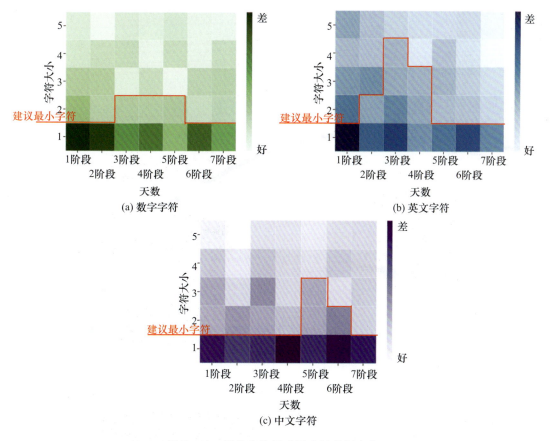

图 7-18 最佳字符尺寸需求随航行变化

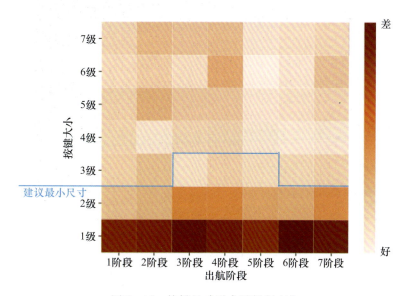

图 7-19 按键尺寸需求随航行变化

彩9

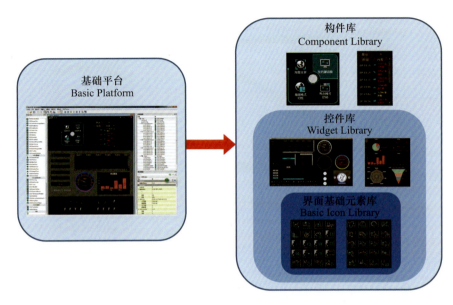

图 9-2　信息系统人机界面设计软件组成

图 9-13　图表类通用功能模板

彩 10

图 9-14　仪表类通用功能模板

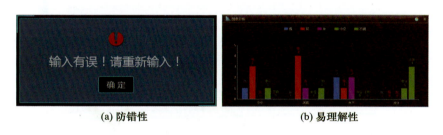

(a) 防错性　　　　　　　　　　　　(b) 易理解性

图 9-18　信息系统人机界面设计软件友好性示意图

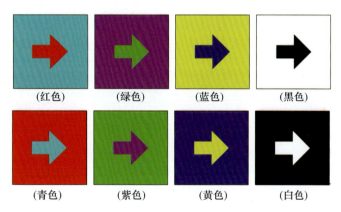

图 10-7　标识色彩实验中选用的标识样例（无边框）

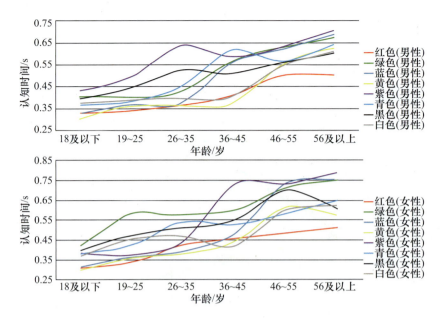

图 10-10 不同年龄被试的认知时间分布

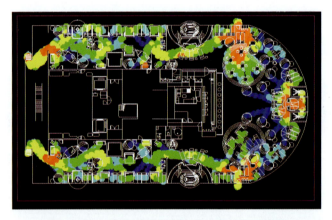

图 10-21 某活动区最短路径疏散结果示意图

图 10-22 某活动区区块化疏散结果示意图

图 10-23　某餐厅原方案疏散仿真结果

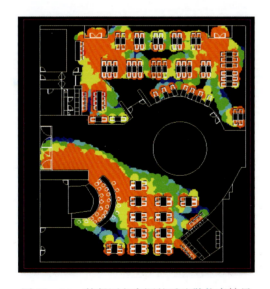

图 10-24　某餐厅方案调整后疏散仿真结果